박연수 저

동역학

도서출판
구미서관

머리말

동역학(dynamics)은 물체의 운동학·운동역학적 거동 특성 등을 규명하기 위한 학문이다. 정역학은 물체가 정지하고 있을 때의 역학이지만, 동역학은 물체가 시간과 함께 이동하고 있을 때의 역학이다. 즉, 동역학은 **운동**(motion)하고 있을 때의 **역학**(mechanics)에 대하여 공부하는 것이다.

이 책의 경우, 제2장 **직선운동**과 **평면운동** 그리고 제3장 **원운동**과 **곡선운동**은 **질점의 운동학**에 관한 사항이고, 제4장 **힘**과 **운동법칙**에서 제6장 **운동량**과 **충격량**까지는 **질점의 운동역학**에 관한 사항이다. 제7장 **질점계의 운동역학**은 질점 하나에 대하여 적용했던 동역학의 원리들을 일반적인 질점계로 운동을 확장시켜 적용한 것이다. 마지막 제8장은 **강체의 운동**에 관한 사항을 취급한다.

이 책은 동역학을 처음 접하는 학생들에게 동역학의 원리를 명확히 이해시키는데 많은 노력을 기울였다. 또한, 동역학에 대한 철저한 개념정리와 동역학 문제 등을 체계적으로 분석·기술하였다. 이를 위해 각 장에서는 기본원리를 명확히 이해할 수 있도록 자세한 설명을 아끼지 않았으며, 원리를 이해하는데 도움이 될 수 있는 예제와 연습문제를 수록하였다. 또한, 이 책에서는 학생들에게 동역학의 공학적 기본개념과 깊이 있는 이해에 다소나마 도움이 되었으면 하여 모든 연습문제의 해답(자세한 연습문제 풀이집은 강의하시는 교수님에게만 배포함)을 수록하였다. 따라서 이 책은 정적해석에 익숙한 학생에게 동하중으로부터 발생되는 **동역학 문제를 간단하고 정확하게 처리할 수 있는 방법을 안내**해줄 것이다.

책을 집필하면서 많은 노력을 기울이긴 했지만 보완이 필요하리라고 생각된다. 이 교재의 내용 중 미비한 부분에 대해서는 지속적으로 수정·보완하여 간결하면서 **최고**의 **동역학 교재**가 될 수 있도록 한다는 **원칙**을 약속드린다.

끝으로, 출판에 많은 지원을 아끼지 않으신 도서출판 구미서관 대표님을 비롯한 편집부 관계자 여러분의 노고에 깊이 감사드린다.

2020년 1월

저자 **박연수**

목 차

목 차

CHAPTER

1 개 론

CHAPTER 1

개 론

1.1 동역학의 정의와 이 책의 구성

인공위성을 쏘아 올린다고 생각해 보자. **로켓**으로 우주까지 운반하지 않으면 안 되기 때문에 될 수 있는 한 가볍게 만들 필요가 있다. 또한, 인공위성을 탑재한 로켓은 **위성궤도**에 진입하기 위하여 그림 1.1(a)와 같이 연료를 분사하며 비행한다. 이때, **로켓의 운동**을 제어할 필요가 있다. 운동하는 로켓의 정확한 궤도를 계산하기 위해서는 어떻게 하면 좋을까? 먼저, 로켓의 **위치**와 **속도**를 정밀하게 계산・측정하는 것이 필요하다. 이를 위해 로켓의 **추력**과 **운동량** 변화의 관계에 관한 지식이 필요하다. 그리고 궤도상에 안착된 인공위성(그림 1.1(b))에 대해서는 각운동량 원리를 이용하여 정밀한 자세의 제어를 하고 있다. 이러한 것들의 운동학・운동역학적 거동특성 등을 규명하기 위해서는 **동역학**(dynamics)이라는 학문이 필요하다.

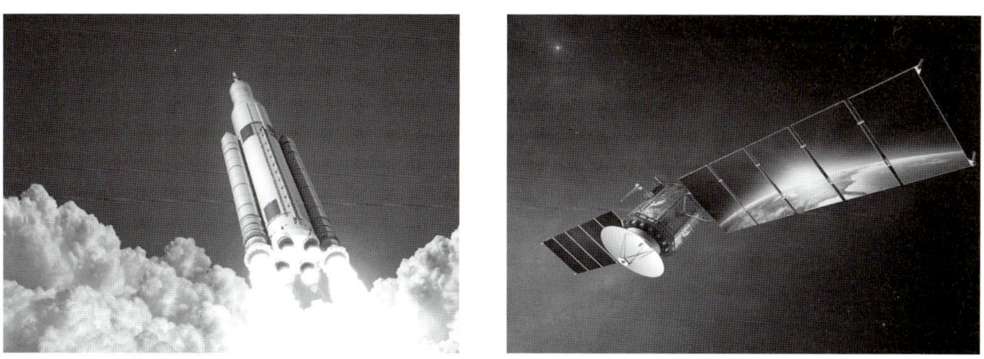

(a) 비행하고 있는 로켓　　　(b) 궤도상의 인공위성

그림 1.1 로켓과 인공위성

정역학(statics)은 물체가 정지하고 있을 때의 **역학**(mechanics)이지만, **동역학**은 물체가 시간과 함께 이동하고 있을 때의 **역학**이다. 즉, 동역학은 운동(motion)하고 있을 때의 역학에

대하여 공부하는 것으로 먼저, 운동을 유발하는 힘은 고려대상이 아니고 운동의 기하학적 표현만을 다루는 **운동학**(kinematics)에 관한 사항을 취급한다. 다음으로, 동역학은 **힘**의 작용으로 나타나는 물체의 운동을 다루는 **운동역학**(kinetics)에 관한 사항을 취급한다.

이 책의 경우, 제2장 **직선운동**과 **평면운동** 그리고 제3장 **원운동**과 **곡선운동**은 **질점의 운동학**에 관한 사항이고, 제4장 **힘**과 **운동법칙**에서 제6장 **운동량**과 **충격량**까지는 **질점의 운동역학**에 관한 사항이다. 여기서 **질점**(particle)은 크기를 무시할 수 있는 물체를 말한다. 즉, 물체를 1개의 점으로 나타내기 때문에 질량은 가지고 있지만 크기가 없는 이상적인 물체를 질점이라고 부른다. 예를 들어, 로켓의 비행경로를 다룰 때, 그림 1.1(a)의 로켓은 질점으로 생각할 수 있다. 그리고 제7장 **질점계(system of particles)의 운동역학**은 질점 하나에 대하여 적용했던 동역학의 원리들을 일반적인 질점계로 운동을 확장시켜 적용한 것이다.

한편, 물체가 유한의 크기를 가지고 있으며 회전운동을 무시할 수 없을 경우에는 **강체**로 취급하지 않으면 안 된다. 강체는 물체에 질량이 분포되어 있고 물체 자체는 변형하지 않는 이상적인 개념이다. 이 책의 제8장은 **강체의 운동**에 관한 사항을 취급한다.

이러한 **동역학** 문제를 매우 효율적으로 풀이하는데 필요한 기술은 **정역학**에서와 마찬가지로 **자유물체도**(free-body diagram)를 잘 그리는 것이다. 자유물체도에서는 각 힘들의 작용과 반작용을 명확히 구분하고 외부로부터 계(system, 시스템)에 작용하는 모든 힘들을 정확하게 나타내야 한다.

1.2 힘과 단위계

1.2.1 힘

힘이란 정지하고 있는 물체를 움직이게 하고, 움직이고 있는 물체의 속도나 운동방향이 바뀌도록 작용하는 것을 말한다. 즉, 물체에 힘이 작용하였는지 아닌지는 물체의 속도가 변했는지 아니면 물체의 모양이 바뀌었는지를 보면 알 수 있다. 바꾸어 말하면 힘을 가하더라도 물체가 움직이지 않거나 힘을 주는 방향과 수직인 방향으로 움직였다면 그 힘은 **일**을 하지 않은 것이 된다. 예를 들어 가방을 들고 서있는 경우는 위쪽으로 힘을 주고 있으나 가방이 움직이지 않으므로 일은 “0”이 된다. 또한 가방을 들고 앞으로 걷는 것도 힘의 작용방향은 위쪽이나 가방이 움직이는 방향은 힘의 작용방향과 수직인 앞쪽으로 움직이게 되므로 일은 “0”이 된다.

힘을 설명하기 위한 물리량은 크게 **스칼라**(scalar)와 **벡터**(vector)로 구분할 수 있다. 각각은 물리량, 즉 힘을 대표하는 수가 몇 개인지에 따라 구분하면 이해가 쉽다.

먼저 **스칼라**(혹은 스칼라량)는 길이, 면적, 부피, 질량, 시간, 온도, 밀도, 에너지 등과 같이 방향을 갖지 않으며, 각각의 단위가 정해지면 1개의 수치로 나타낼 수 있는 양을 말한다. 예를 들어, 2차원 공간에 힘이 작용하고 있을 때 스칼라의 경우 $2^0=1$개의 수로, 3차원 평면에 힘이 작용하는 경우에도 $3^0=1$개의 수로 이 힘이 대표되어 결정될 뿐이다.

벡터(량)의 경우에는 2차원 공간에 작용하는 힘을 기술하기 위해서는 $2^1=2$개의 수로 대표되는 물리량(즉, 힘의 **크기**와 **방향**)이 필요하며, 그림 1.2의 경우처럼 3차원 공간에 힘이 작용하는 경우에는 $3^1=3$개의 수가 필요하다. 여기에서 3개의 수는 힘의 크기 F와 벡터가 z축과 이루는 각 θ, 그리고 벡터를 xy평면에 투영한 선이 x축과 이루는 각 ϕ이다.

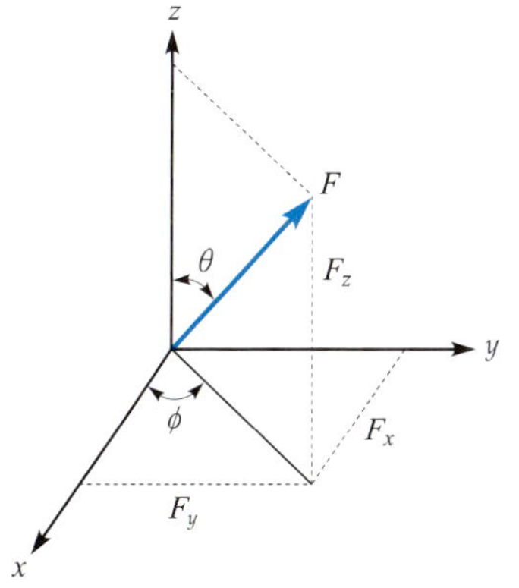

그림 1.2 3차원 공간의 벡터

2차원 평면에 작용하는 힘에 대해 벡터와 스칼라를 구별해 보면 벡터의 경우 크기와 방향에 해당하는 2개의 수가 필요하며, 스칼라의 경우 크기만을 나타내는 1개의 수가 필요할 뿐이다. 이를 좀 더 일반적으로 정리하면 다음과 같다.

- 스칼라 : n차원의 공간에서 $n^0=1$개의 수로 대표되는 물리량
- 벡터 : n차원의 공간에서 $n^1=n$개의 수로 대표되는 물리량

스칼라(scalar)라는 말은 "사다리, 계단"을 뜻하는 라틴어 scalaris에 그 어원을 두고 있는 것으로 알려져 있으며, 벡터(vector)라는 말은 라틴어 vectus(나른다, 옮긴다)에 어원을 두고 있다.

마지막으로 텐서에 대해서 알아보자. 텐서(tensor)의 어원은 라틴어 tensus(잡아 늘린다)

라는 말에서 왔으며, 이 말도 19세기에 와서야 쓰인 말이라고 한다. 텐서는 벡터와 달리 방향이 두 종류 이상 필요한 경우이다. 텐서에 대해서는 추후에 재료역학의 응력(stress)과 변형률(strain) 부분을 공부하면서 이해하도록 하고, 여기에서는 텐서에 대한 간단한 개념만을 알아보자. 위에서 n차원의 공간에서 $n^0 = 1$개의 수로 대표되는 물리량을 스칼라, $n^1 = n$개의 수로 대표되는 물리량을 벡터라고 정의하였다. 그렇다면 텐서는 $n^2 = n \times n$, $n^3 = n \times n \times n$개 등으로 대표되는 물리량을 의미한다. 전자의 경우를 2차 텐서, 후자의 경우를 3차 텐서라 한다. 스칼라는 0차 텐서, 벡터는 1차 텐서라 할 수 있다.

1.2.2 힘의 종류

(1) **외력 · 내력** : 물체가 외부의 **하중**에 의해 이동과 변형을 경험하는 과정에서 내부에서는 이동과 변형에 저항하려는 힘이 발생하게 되는데, 이를 **내력**(internal force)이라 한다. 또 물체에 작용하여 이동과 변형이나 내력을 발생시키는 힘을 **외력**(external force) 또는 하중(load)이라 한다.

(2) **중력** : 물체 상호 간의 **인력**(만유인력)을 나타내는 **뉴턴(Newton)의 중력법칙**은 다음과 같다.

$$F = G\frac{m_1 m_2}{r^2} \tag{1.1}$$

여기서, F : 질점 상호 간의 인력

m_1, m_2 : 두 질점의 **질량**

G : **중력상수**라고 불리는 일반상수

r : 두 질점의 중심 간의 거리

위 식에서 실험으로부터 구한 중력상수 값은 $G = 6.674 \times 10^{-11} \mathrm{m^3/(kg \cdot s^2)}$이다.

(3) **중량(무게)** : 지구 위의 물체에 작용하는 중력의 크기, 즉 지표에 있는 물체를 지구의 중심방향으로 끌어당기는 힘으로 다음과 같다.

$$F = mg \tag{1.2}$$

여기서, m은 질량이고, g는 **중력가속도**이다. 지구의 회전 때문에 적도지방으로 갈수록 그리고 고도가 높아질수록 g값은 작아진다. 만약, 질량 m이 60kg인 사람이 있다면, 중량은 다음과 같다.

$$F = mg = 60\ \text{kgf} = (60\ \text{kg})(9.807\text{m/s}^2) = 588.42\text{N}$$

(4) **용수철력(스프링력)** : 용수철(spring, 스프링)이 가지고 있는 힘으로 다음과 같다.

$$F = kx \tag{1.3}$$

여기서, k : **용수철상수** [단위변위를 일으키는데 필요한 힘(N/m)]

x : 변위(m)

(5) **마찰력** : 물체가 다른 물체의 표면에 접하여 움직이려고 할 때 또는 움직이고 있을 때 그 운동을 저지하려는 힘이 접촉면을 따라 작용한다. 이 작용력(저항력)을 마찰력이라 하고 다음과 같이 나타낸다.

$$F = \mu N \tag{1.4}$$

여기서, μ : **마찰계수**

N : Newton 힘$(= 1\text{kg} \cdot \text{m/s}^2)$

힘을 나타내기 위해서는 **크기**, **방향**, **작용점**의 3가지 요소, 즉 힘의 3요소가 필요하다. 그림 1.3은 힘의 3요소를 설명하고 있다. 힘의 크기는 길이의 단위로 나타내며($l = \overline{SA}$), 힘의 방향은 각도의 단위인 θ, 힘의 작용점은 평면상의 좌표값(x, y)을 사용하여 나타낸다.

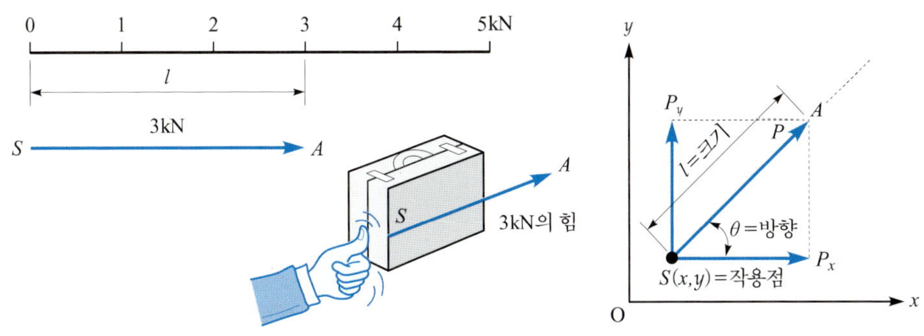

그림 1.3 힘의 표시, 힘의 3요소

힘의 단위를 나타내는데 있어서 절대단위와 중력단위를 다음과 같이 구분할 수 있다. 예를 들어, 절대단위인 1N(Newton)은 질량 1kg의 물체에 1m/s^2의 가속도가 생기게 하는 힘을 말한다. 즉, $F=ma$로부터 $1\text{N} = (1\text{kg})(1\text{m/s}^2) = 1\text{kg}\cdot\text{m/s}^2$이다. 그리고 중력단위인 1kgf (1kg force : 1kg의 힘)는 1kgw(1kg weight : 1kg인 물체의 무게)와 같고 중량 1kg이라 말하기도 하며 보통 1kg으로 사용한다. 따라서 $1\text{kgf} = (1\text{kg})(1\text{g}) = (1\text{kg})(9.807\text{m/s}^2) = 9.807\text{N}$이다. 여기서, 1g는 중력가속도 9.807m/s^2을 나타낸다.

1.2.3 SI단위계

SI단위계는 1960년의 제11회 국제도량형총회(General Conference on Weights and Measures)에서 미터법을 대신하여 **국제단위계**(International System of Units : **SI단위계**)로 채용하게 되었다. 미터계의 단위는 점차 **SI단위계**로 통일되어가고 있다. 표 1.1에는 단위계에 따라 사용되고 있는 대표적인 단위들을 예시하였다. 공학 분야에서 많이 사용되고 있는 힘의 단위 N과 응력의 단위 $\text{Pa}(\text{N/m}^2)$을 SI단위계에서 확인할 수 있다.

표 1.1 단위계에 따른 단위의 비교

구 분	길 이	질 량	힘	응 력	에너지(일)
SI계(국제단위계)	m	kg	N	N/m^2 또는 Pa	J
CGS계(미터법)	cm	g	dyn	dyn/cm^2	erg
MKS계(미터법)	m	kg	kgf	kgf/m^2	kgf · m
FPS계(파운드법)	ft	lb	lb	lb/ft^2	ft · lb

※ lb = pound, N = newton, dyn = dyne, Pa = pascal($\text{Pa} = \text{N/m}^2$)

SI단위계를 이용해서 크거나 작은 수를 나타낼 때 영(zero)을 나열해서 표시하는 대신에 표 1.2에 보여준 접두어를 이용하여 나타내고 있다. 즉, G는 10^9, k는 10^3, n는 10^{-9}을 말한다. 예를 들면, $1\text{GPa} = 10^3\text{MPa} = 10^6\text{kPa} = 10^9\text{Pa}$이다.

표 1.2 SI단위 표기에 사용되는 주요한 접두어

기 호	의 미
G(giga)	10^9
M(mega)	10^6
k(kilo)	10^3
c(centi)	10^{-2}
m(mili)	10^{-3}
μ(micro)	10^{-6}
n(nano)	10^{-9}

1.2.4 단위 환산

이와 같은 다양한 단위들은 단위 상호간에 그 크기를 비교할 수 있는 단위 환산이 필요하다. 단위 환산은 다음 표를 이용하면 쉽게 바꿀 수 있다.

표 1.3 단위 환산표(길이와 힘의 단위)

	기준	in	ft	cm	m
길 이	1in	1	0.0833	2.54	0.0254
	1ft	12	1	30.48	0.3048
	1cm	0.3937	0.0328	1	0.01
	1m	39.37	3.28	100	1
힘	기준	N	dyn	kgf	lb
	1N	1	1×10^{5}	1.02×10^{-1}	2.248×10^{-1}
	1dyn	1×10^{-5}	1	1.02×10^{-6}	2.248×10^{-6}
	1kgf	9.807	9.807×10^{5}	1	2.205
	1lb	4.448	4.448×10^{5}	4.536×10^{-1}	1

위의 단위 환산표를 이용하여 응력과 휨모멘트의 단위를 환산해보면 다음과 같다. 즉,

응력 : $1\text{kgf/cm}^2 = (9.807\text{N})/(100\text{mm}^2) = 0.09807\text{MPa} \approx 0.1\text{MPa}$

휨모멘트 : $1\text{kgf}\cdot\text{m} = 9.807\text{N}\cdot\text{m} \approx 9.8\text{N}\cdot\text{m}$

TIP

마스 클라이미트 오비터(Mars Climate Orbiter ; 화성 기후 궤도탐사선)는 NASA가 발사한 화성 탐사선이다. 1999년 화성 궤도에 진입했으나 폭발하고 말았다. 그 원인은 우주선 제작자인 록히드 마틴은 야드파운드법을 쓰고 NASA는 미터법을 사용했기 때문이다.

마스 클라이미트 오비터는 1998년 12월 11일 18:45:51 UT에 델타 7425 로켓에 의해 플로리다 주 케이프 커내버럴 공군 기지의 LC-17A 발사대에서 발사되었다. 최초로 지구 궤도를 항행한 후, 델타 II 로켓의 제3단 엔진이 탐사선을 화성까지의 행성 간 궤도에 올렸다. 발사 15일 후, 하이드라진 추진기에 의해 최대 규모의 궤도 접속 조종(Trajectory Connection Maneuver ; TCM)을 했다. 이후, 화성까지의 항행 중에 1999년 3월 4일, 6월 25일, 9월 15일에 하이드라진 추진기에 의한 TCM을 했다.

탐사선은 1999년 9월 23일 09:01 UST(5:01 EST)에 화성에 도달해 궤도 진입을 위해서 16분 13초 간 주 엔진을 연소시켰다. 그 후 탐사선은 09:06 UT ERT(Earth Received Time, 지구로 수신되었을 때의 UST 시간, 전파신호는 화성으로부터 지구에 도달하는 데 10분 55초 걸린다)에 화성의 뒤편에 숨었다.

주 엔진의 연소가 끝나 10분 후인 09:27 UT ERT에 다시 모습을 나타내 지구와의 전파 교신을 재개할 것이었다. 그러나 탐사선과의 교신이 재개되지 않았고, 탐사선으로부터의 신호는 완전히 끊겨 버렸다. 조사위원회의 보고에 의한 실패의 원인은 탐사선의 데이터가 미터법으로 보고되어야 하는데, 야드파운드법에 따라 보고되고 있었다는

항행상의 실수에 의하는 것으로 판명되었다. 이로 인해, 자세제어용 추력기에서 발생하는 힘을 실제보다 약 4.45배 (1파운드 힘 = 약 4.45 뉴턴) 적은 것으로 예측하게 되어, 탐사선은 궤도 진입 시에 예정되어 있던 화성 표면 위 140~150km 상공의 궤도가 아닌 57km 상공의 궤도에 진입하였고, 저고도에서의 대기 압력과 마찰을 견디지 못하고 파괴된 것으로 판단된다.

(사진, 글 출처 : 위키백과)

CHAPTER

2 직선운동과 평면운동

2.1 개요
2.2 위치, 속도, 가속도
2.3 질점의 직선운동
2.4 질점의 평면운동

CHAPTER 2

직선운동과 평면운동

2.1 개 요

그림 1.1(a)의 비행하고 있는 인공위성을 탑재한 로켓의 비행궤도를 그림으로 나타내면 그림 2.1과 같이 된다. 로켓의 운동을 표현하기 위해서는 먼저 **로켓**을 1개의 **질점**(particle 또는 point)으로 나타낸 후, 이 질점이 그림 2.1의 비행고도를 따라 이동하는 것으로 나타내는 것이 필요하다. 이러한 **운동학**(kinematics)적 표현은 물체의 운동(motion)을 나타내는 데 매우 유익하다. 이때, **물체**의 **운동**을 정확히 나타내기 위해서는 **시간**과 **위치**의 2가지 요소가 중요하고, 이것으로부터 어느 위치에서 어느 방향으로 얼마의 크기의 속도로 움직이고 있는가를 알 수 있다.

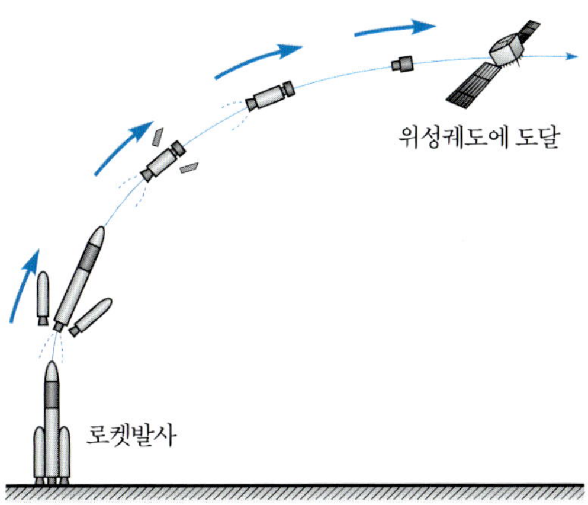

그림 2.1 인공위성을 탑재한 로켓의 비행 궤도

이 장에서는 물체의 운동을 생각할 때 기초가 되는 **질점**으로 나타낸 물체의 **위치**, **속도**, **가속도**와 **시간**과의 관계에 대하여 설명한다. 또한, **질점의 운동학**(kinematics of particles)에서 많이 나타나는 **직선운동**과 **평면운동**의 계산방법에 대해서도 기술한다. 이러한 운동학은 때때로 **운동의 기하학**(geometry of motion)이라고 하고, 운동학에 대한 지식을 갖는 것이 운동역학을 학습하는데 꼭 필요하다.

2.2 위치, 속도, 가속도

2.2.1 위치

질점의 운동은 질점의 **위치**가 시간과 함께 변화하는 것을 말한다. 운동하는 질점이 통하는 궤적을 **경로**(path)라고 부른다. 경로가 직선인 경우를 **직선운동**(linear motion), 곡선인 경우를 **곡선운동**(curved motion)이라고 부른다. 특히, 경로가 원(circle)인 경우를 **원운동**(circular motion)이라고 부른다.

그림 2.2(a)는 질점이 점 P로부터 점 Q까지 곡선운동을 하는 경로(s)를 보여주고 있다. 점 O를 원점으로 하는 벡터 $\overrightarrow{OP} = \mathbf{r}$ 및 $\overrightarrow{OQ} = \mathbf{r} + \Delta\mathbf{r}$을 각각 점 P 및 점 Q의 **위치벡터**(position vector)라고 부른다. 이때, 점 P로부터 점 Q까지 Δt 동안의 위치변화 Δs를 **변위**(displacement)라고 부른다. 여기서, 만일 질점이 **양의 방향**(이 경우는 점 P로부터 점 Q 쪽 방향)이 아닌 **음의 방향**(점 P로부터 아래쪽 방향)으로 움직였다면 변위는 음수가 된다.

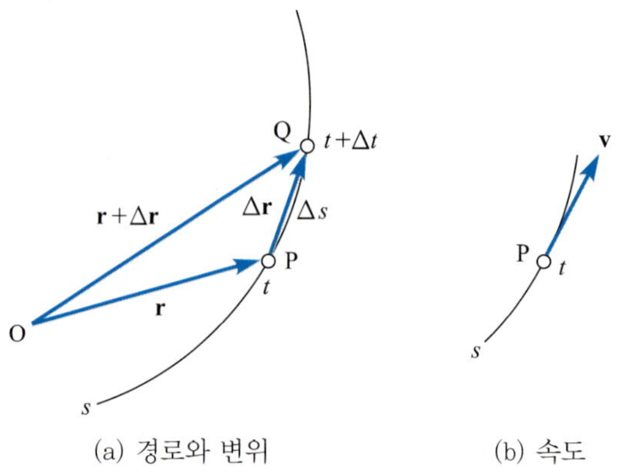

(a) 경로와 변위 (b) 속도

그림 2.2 질점의 경로, 변위, 속도

2.2.2 속도

그림 2.2(a)와 같이 평면상을 운동하는 질점이 임의의 시간 t에서는 점 P에 있고, 그 후 시간 $t+\Delta t$에서는 경로상의 점 Q에 도달하였다고 하자. 즉, 시간 t에 $\mathbf{r}$의 위치에 있었던 질점이 시간 $t+\Delta t$에 $\mathbf{r}+\Delta\mathbf{r}$까지 이동했다면, $\Delta\mathbf{r}$은 Δt 시간의 이동한 값이기 때문에

$$\mathbf{v}_{\mathrm{av}} = \frac{\Delta \mathbf{r}}{\Delta t} \tag{2.1}$$

은 Δt시간동안의 **평균속도**이다. 시간 Δt가 아주 작아 **극한값**인 0에 접근하면, 점 Q는 점 P에 매우 근접하게 되어 평균속도 $\mathbf{v}_{\mathrm{av}}$는 시간 t에서의 **순간속도**(instantaneous velocity)에 접근한다. 즉, 점 P에서 순간속도는

$$\mathbf{v} = \lim_{\Delta t \to 0} \frac{\Delta \mathbf{r}}{\Delta t} = \frac{d\mathbf{r}}{dt} = \dot{\mathbf{r}} \tag{2.2}$$

이고, 그 방향은 그림 2.2(b)와 같이 점 P에서 경로의 **접선방향**과 일치한다. 즉, 위치벡터 $\mathbf{r}$의 시간변화율인 식 (2.2)의 $\mathbf{v}$를 시간 t에서의 **속도**(velocity)라고 부른다. 이와 같은 속도 $\mathbf{v}$는 **벡터**이기 때문에, 그 **크기**는 2차원 평면상의 **직교좌표계**(xy좌표계)에서 직교 성분을 이용하면

$$v = |\mathbf{v}| = \sqrt{v_x^2 + v_y^2} = \sqrt{\left(\frac{dx}{dt}\right)^2 + \left(\frac{dy}{dt}\right)^2} \tag{2.3}$$

이 되고, 이 속도의 크기 v를 스칼라량인 **속력**(speed)이라 한다. 그리고 속도의 **방향**은

$$\theta = \tan^{-1}\left(\frac{v_y}{v_x}\right) = \tan^{-1}\left[\frac{\left(\frac{dy}{dt}\right)}{\left(\frac{dx}{dt}\right)}\right] \tag{2.4}$$

로 주어진다. 즉, 속도의 부호(+ 또는 −)는 변위의 부호와 같다.

한편, 그림 2.2(a)와 같이 점 P로부터 점 Q까지의 경로의 길이를 Δs라고 하면, Δt 동안의 평균속력 v_{av}는 다음과 같이 된다.

$$v_{\mathrm{av}} = \frac{\Delta s}{\Delta t} \tag{2.5}$$

시간 Δt가 아주 작아 0에 접근하면, 점 Q는 점 P에 매우 근접하게 되어 평균속력 v_{av}는 시간 t에서의 순간속력에 접근한다. 즉, 순간속력은

$$v = \lim_{\Delta t \to 0} \frac{\Delta s}{\Delta t} = \frac{ds}{dt} = \dot{s} \tag{2.6}$$

로 표기된다. 여기서, 위치좌표 s의 시간변화율인 v를 시간 t에서의 **속력**(speed)이라고 부른다. 속력은 방향을 고려하지 않는 스칼라이지만, 속도(velocity)는 크기와 방향을 가진 벡터이다. 참고로, 단위로는 속력과 속도 모두 m/s 및 km/h를 사용하고 있다.

예제 2.1

자동차를 타고 180km 떨어진 도시를 100km/h 속도로 갔다가 60km/h 속도로 오는 경우와 그것의 평균 속도 80km/h로 왕복하는 경우 중에서, 어느 방법의 왕복시간이 짧을까요?

풀이

100km/h 속도로 갔다가 60km/h 속도로 오는 경우의 왕복시간은

$$t = \frac{180}{100} + \frac{180}{60} = 4.8\mathrm{h}$$

으로 4시간 48분 걸린다. 한편, 평균속도 80km/h 경우의 왕복시간은

$$t = 2 \times \frac{180}{80} = 4.5\mathrm{h}$$

으로 4시간 30분 걸린다. 따라서 평균속도 80km/h로 왕복하는 경우가 18분 짧게 걸린다.

2.2.3 가속도

그림 2.3(a)와 같이 시간 t에서 질점의 속도를 $\mathbf{v}$, 시간 $t+\Delta t$에서 속도를 $\mathbf{v}+\Delta\mathbf{v}$라고 하자. 속도는 곡선의 접선방향을 향하기 때문에, 그림 2.3(b)와 같이 이들의 화살표의 시작점을 P에 일치시키면, 화살표의 선단은 Δt시간 동안에 $\Delta\mathbf{v}$ 만큼 방향이 변한 것이 된다. 이때, 시간에 대한 **속도의 변화율** $\dfrac{\Delta\mathbf{v}}{\Delta t}$가 이 시간동안의 **평균가속도**이고, 시간 t에서 **가속도**(acceleration 또는 **순간가속도**)는 다음과 같이 된다.

$$\mathbf{a} = \lim_{\Delta t \to 0} \frac{\Delta\mathbf{v}}{\Delta t} = \frac{d\mathbf{v}}{dt} = \frac{d}{dt}\left(\frac{d\mathbf{r}}{dt}\right) = \frac{d^2\mathbf{r}}{dt^2} = \ddot{\mathbf{r}} \tag{2.7}$$

속도와 마찬가지로 가속도도 **벡터**이고, 그 방향은 $\Delta\mathbf{v}$의 방향과 일치한다. 가속도의 단위로는 $\mathrm{m/s^2}$이 사용되고 있다.

직선운동의 경우, 속도의 방향이 직선운동이기 때문에 가속도의 방향도 일정하고 **가속도의 크기**(또는 **가속력**)는 다음과 같이 된다.

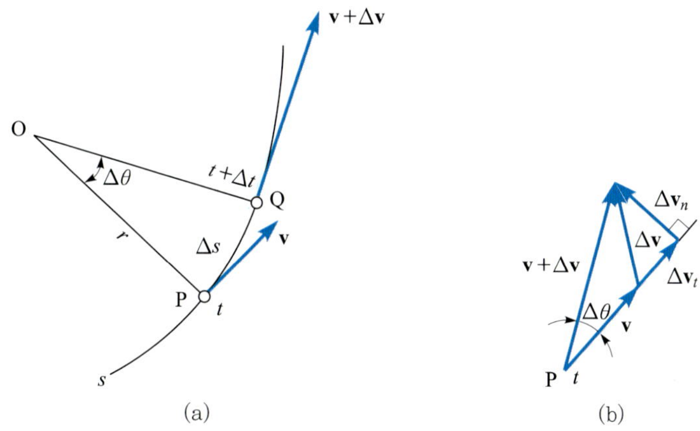

그림 2.3 질점의 속도 변화

$$a = |\mathbf{a}| = \frac{dv}{dt} = \frac{d}{dt}\left(\frac{ds}{dt}\right) = \frac{d^2s}{dt} = \ddot{s} \qquad (2.8)$$

곡선운동의 경우, 속도 $\mathbf{v}$의 방향이 변하기 때문에 가속도의 방향이 속도의 방향과 일치한다고 한정할 수는 없다. 그림 2.3(b)에 보여준 것과 같이 $\Delta\mathbf{v}$를 점 Q에서의 접선방향 성분 $\Delta\mathbf{v}_t$와 법선방향 성분 $\Delta\mathbf{v}_n$으로 분해하면, **접선가속도**(tangential acceleration) $\mathbf{a}_t$ 및 **법선가속도**(normal acceleration) $\mathbf{a}_n$은 다음과 같이 나타낼 수 있다.

$$\mathbf{a}_t = \lim_{\Delta t \to 0} \frac{\Delta \mathbf{v}_t}{\Delta t} = \dot{\mathbf{v}}_t \qquad (2.9)$$

$$\mathbf{a}_n = \lim_{\Delta t \to 0} \frac{\Delta \mathbf{v}_n}{\Delta t} = \dot{\mathbf{v}}_n \qquad (2.10)$$

점 Q에서 곡률반경을 r 그리고 $\angle$POQ를 $\Delta\theta$라고 하면

$$\lim_{\Delta\theta \to 0} \frac{\Delta s}{\Delta \theta} = \frac{ds}{d\theta} = r \qquad (2.11)$$

이다. 또한, $\cos\Delta\theta = \dfrac{v+\Delta v_t}{v+\Delta v}$, $\sin\Delta\theta = \dfrac{\Delta v_n}{v+\Delta v}$이고, $\Delta\theta$가 미소이기 때문에 $\cos\Delta\theta \approx 1$, $\sin\Delta\theta \approx \Delta\theta$라고 할 수 있다. 그러므로 **접선가속도의 크기** a_t 및 **법선가속도의 크기** a_n은 다음과 같이 된다.

$$a_t = \lim_{\Delta t \to 0} \frac{\Delta v_t}{\Delta t} = \lim_{\Delta t \to 0} \frac{(v+\Delta v)\cos\Delta\theta - v}{\Delta t} = \lim_{\Delta t \to 0} \frac{\Delta v}{\Delta t} = \frac{dv}{dt}$$
$$= \dot{v} \tag{2.12}$$

$$a_n = \lim_{\Delta t \to 0} \frac{\Delta v_n}{\Delta t} = \lim_{\Delta t \to 0} \frac{(v+\Delta v)\sin\Delta\theta}{\Delta t} = \lim_{\Delta t \to 0} \frac{v\Delta\theta}{\Delta t}$$
$$= \lim_{\Delta t \to 0} \frac{v\Delta\theta}{\Delta s}\frac{\Delta s}{\Delta t} = \frac{v^2}{r} \tag{2.13}$$

여기서, 접선가속도는 진행하는 속도의 크기를 변하게 하는 가속도이고, 법선가속도는 진행하는 방향을 변하게 하는 가속도라고 생각할 수 있다.

식 (2.12), (2.13)에 의하여, **가속도의 크기**(또는 **가속력**)는 다음과 같이 된다.

$$a = |\mathbf{a}| = \sqrt{a_t^2 + a_n^2} = \sqrt{\left(\frac{dv}{dt}\right)^2 + \left(\frac{v^2}{r}\right)^2} \tag{2.14}$$

속도가 증가하면 가속도의 부호는 양(+)이 되고, 속도가 감소하면 가속도의 부호는 음(−)이 된다. 그리고 질점의 속도가 감소한다는 것은 질점이 **감가속**(decelerating)한다는 것을 의미한다.

예제 2.2

자동차가 발차하여 80초에서 144km/h가 되었다. 이때, 자동차의 평균가속도의 크기와 가속도의 방향을 구하시오.

풀이

144km/h = 40m/s이기 때문에, 평균가속도의 크기는

$$\frac{40-0}{80-0} = 0.5\,\text{m/s}^2$$

이 된다. 그리고 가속도의 방향은 자동차의 진행하는 방향과 같다.

2.3 질점의 직선운동

속도가 일정한 직선운동을 **등속도 직선운동**(uniform linear motion), 가속도가 일정한 직선운동을 **등가속도 직선운동**(uniform acceleration linear motion)이라고 부른다.

등속도 직선운동의 경우 가속도가 0이다. 일정한 속도를 v_0, 최초의 변위(초기변위)를 s_0, 그리고 시간 t에서 변위를 s라 하면

$$\frac{ds}{dt} = v_0 \Rightarrow ds = v_0\,dt \tag{2.15}$$

가 된다. 위 식을 시간 0으로부터 t까지 적분하고 초기변위 s_0을 더하면

$$s = s_0 + \int_0^t v_0\,dt = s_0 + v_0 t \tag{2.16}$$

가 된다(그림 2.4에서 s_0, $v_0 t$ 값 참조). 여기서, s_0은 $t=0$일 때의 질점의 변위(위치)이고, s는 시간 t에서 질점의 변위(이동거리)이다. 이 경우의 s는 직선이 된다. 즉, 등속도 직선운동에서 변위와 시간은 그림 2.4와 같이 직선의 관계가 되고, 이 직선의 경사 $\tan\theta$가 일정한 속도 v_0의 크기를 나타낸다.

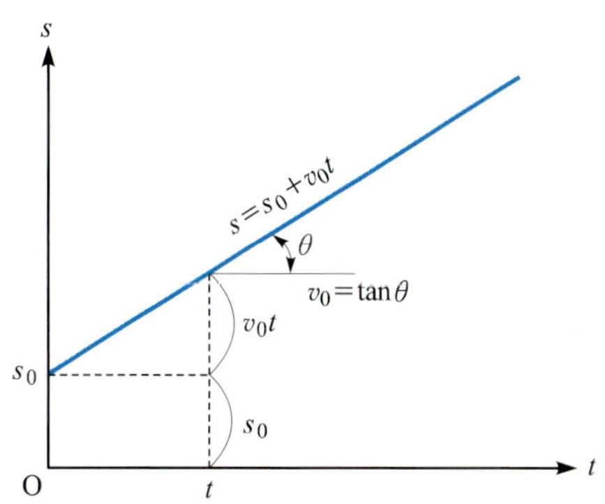

그림 2.4 등속도 직선운동과 시간 t에서 변위(위치)

등가속도 직선운동의 경우, 가속도 a가 일정하기 때문에 속도 v와 시간 t의 관계 그림 2.5와 같이 일정한 경사를 갖는 직선으로 나타낼 수 있다. 이것으로부터, 시간 $t=0$에서 초기속도 v_0으로 출발한 질점(물체)이 시간 t에서 속도가 v가 되었다면

$$\frac{dv}{dt} = a \Rightarrow dv = a\,dt \tag{2.17}$$

가 된다. 위 식을 시간 0으로부터 t까지 적분하고 초기속도 v_0을 더하면

$$v = v_0 + \int_0^t a\,dt = v_0 + at \tag{2.18}$$

가 된다(그림 2.5에서 v_0, at 값 참조). 여기서, v는 직선이 된다. 즉, 그림 2.5와 같이 속도와 시간은 직선의 관계가 되고, 이 직선의 경사 $\tan\theta$가 일정한 가속도 a의 크기를 나타낸다.

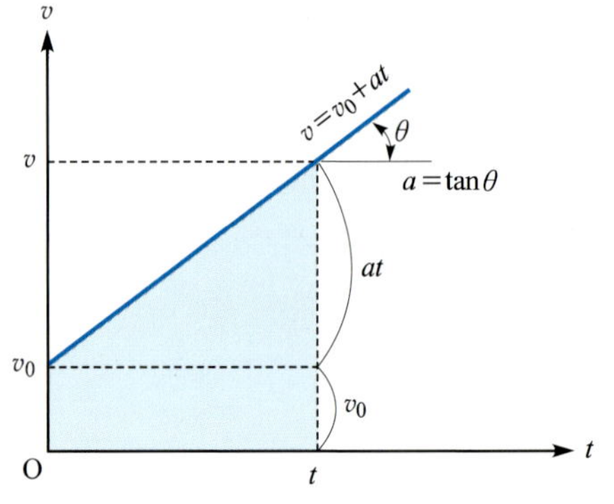

그림 2.5 등가속도 직선운동

또한, 최초의 위치(초기변위)를 s_0 그리고 시간 t에서 변위를 s라고 하면

$$\frac{ds}{dt} = v \Rightarrow ds = v\,dt = (v_0 + at)\,dt \tag{2.19}$$

가 된다. 위 식을 시간 0으로부터 t까지 적분하고 초기변위 s_0을 더하면, 다음과 같은 식이 얻어진다.

$$s = s_0 + \int_0^t (v_0 + at)\,dt = s_0 + v_0 t + \frac{1}{2}at^2 \tag{2.20}$$

여기서, $v_0 t + \frac{1}{2}at^2$은 그림 2.5에서 직선 아래 면적(파란색의 영역)으로, 이것에 초기변위

s_0을 더하면 등가속도 직선운동에서 원점으로부터의 변위인 식 (2.20)이 된다. 식 (2.20)을 그림으로 나타내면 그림 2.6과 같이 곡선이 되고, 시간 t에서 속도 v는 이 곡선의 경사 $\tan\theta$로 나타내어진다. 그리고 식 (2.18), (2.20)으로부터 시간 t를 소거하면, 다음과 같은 속도, 가속도, 변위의 관계식이 얻어진다.

$$s = s_0 + \frac{1}{2a}\left(v^2 - v_0^2\right) \text{ 또는 } v^2 = v_0^2 + 2a(s - s_0) \tag{2.21}$$

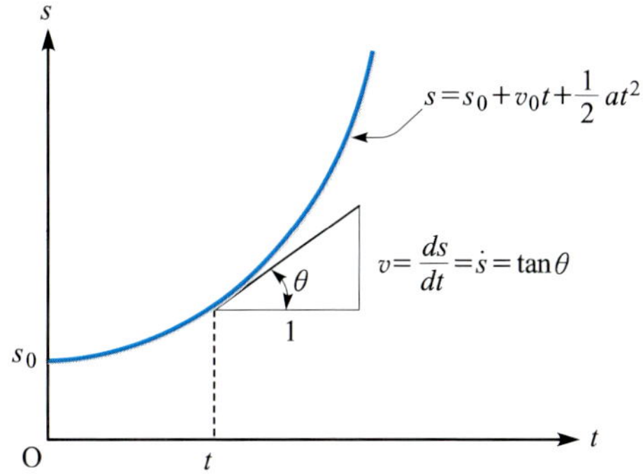

그림 2.6 등가속도 직선운동과 시간 t에서 변위(위치)

가속도가 변화하는 일반적인 경우, 가속도는 시간의 함수로 주어지고 다음 식의 형태로 나타낼 수 있다.

$$\frac{d^2s}{dt^2} = \frac{dv}{dt} = a(t) \tag{2.22}$$

$t=0$에서 초기속도를 v_0이라 하면, 시간 t에서 속도 v는 다음 식과 같이 된다.

$$v = v_0 + \int_0^t a(t)\,dt = v_0 + f(t) \tag{2.23}$$

여기서,

$$f(t) = \int_0^t a(t)\,dt \tag{2.24}$$

이다. 초기변위(최초의 위치)를 s_0 그리고 시간 t에서 변위를 s라고 하면

$$\frac{ds}{dt} = v \Rightarrow ds = v\,dt \tag{2.25}$$

가 된다. 위 식을 시간 0으로부터 t까지 적분하고 초기변위 s_0을 더하면, 가속도가 변화하는 일반적인 경우에 변위(위치) s를 구할 수 있는 다음과 같은 식이 얻어진다.

$$\begin{aligned} s &= s_0 + \int_0^t v\,dt \\ &= s_0 + v_0 \int_0^t dt + \int_0^t f(t)\,dt \end{aligned} \tag{2.26}$$

예제 2.3

직선주행을 하는 자동차의 위치 s(m)가 시간 t(s)의 식

$$s = 0.5t^3 + 2t^2 + 10t + 20 \tag{1}$$

으로 표현되어질 때, 다음 물음에 답하시오.

1) $t = 0$과 4s에서 위치, 속도, 가속도를 구하시오.
2) $t = 0 \sim$ 4s 동안의 평균속도와 평균가속도를 구하시오.

풀이

1) 위치 s를 시간 t에 관하여 순차적으로 미분하면, 속도 v(m/s)와 가속도 a(m/s^2)가 다음과 같이 얻어진다.

$$v = \frac{ds}{dt} = \dot{s} = 1.5t^2 + 4t + 10 \tag{2}$$

$$a = \frac{dv}{dt} = \dot{v} = 3t + 4 \tag{3}$$

따라서 $t = 0$에서 위치 s_0(m), 속도 v_0(m/s), 가속도 a_0(m/s^2)은 $t = 0$을 식 (1), (2), (3)에 대입하면, 다음과 같이 얻어진다.

$$s_0 = 0.5 \times 0^3 + 2 \times 0^2 + 10 \times 0 + 20 = 20\text{m}$$

$$v_0 = 1.5 \times 0^2 + 4 \times 0 + 10 = 10\text{m/s}$$

$$a_0 = 3 \times 0 + 4 = 4\text{m/s}^2$$

$t = 4$s에서 위치 s_4(m), 속도 v_4(m/s), 가속도 a_4(m/s^2)는 $t = 4$s를 식 (1), (2), (3)에 대입하면, 다음과 같이 얻어진다.

$$s_4 = 0.5 \times 4^3 + 2 \times 4^2 + 10 \times 4 + 20 = 124\text{m}$$

$$v_4 = 1.5 \times 4^2 + 4 \times 4 + 10 = 50\text{m/s}$$

$$a_4 = 3 \times 4 + 4 = 16\text{m/s}^2$$

2) $t = 0 \sim 4\,\mathrm{s}$ 동안의 평균속도 $v_{av}(\mathrm{m/s})$와 평균가속도 $a_{av}(\mathrm{m/s^2})$는 다음과 같다.

$$v_{av} = \frac{\Delta s}{\Delta t} = \frac{s_4 - s_0}{\Delta t} = \frac{124-20}{4} = 26\,\mathrm{m}$$

$$a_{av} = \frac{\Delta v}{\Delta t} = \frac{v_4 - v_0}{\Delta t} = \frac{50-10}{4} = 10\,\mathrm{m/s^2}$$

예제 2.4

다음 그림과 같이 60m/s로 진행하고 있던 기차가 일정하게 감속하여 75s 후에 정지하였다. 감속을 시작한 시간 $t = 0$에서 위치를 기준으로 하여, 기차의 변위(위치) s, 속도 v, 가속도 a를 시간 t의 함수로 나타내고 정지할 때까지의 주행한 거리를 구하시오.

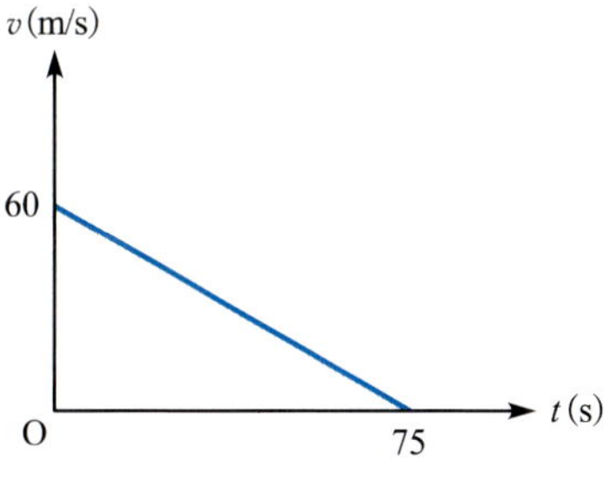

그림 예제 2.4 기차의 감속

풀이

가속도 $a(\mathrm{m/s^2})$는 일정하고 다음과 같이 구해진다.

$$a = \frac{\Delta v}{\Delta t} = \frac{0-60}{75-0} = -0.8\,\mathrm{m/s^2}$$

속도 $v(\mathrm{m/s})$는 초기속도 $v_0 = 60\,\mathrm{m/s}$라는 것에 주의하면서 위 식을 적분하면 다음과 같이 구해진다[식 (2.18) 참조].

$$v = v_0 + \int_0^t a\,dt = 60 + \int_0^t (-0.8)\,dt = 60 + [-0.8t]_0^t$$
$$= 60 - 0.8t$$

위치 $s(\mathrm{m})$는 초기위치 $s_0 = 0$이라는 것에 주의하면서 위 식을 적분하면 다음과 같이 구해진다[식 (2.16) 참조].

$$s = s_0 + \int_0^t v\,dt = 0 + \int_0^t (60 - 0.8t)\,dt = \left[60t - \frac{0.8}{2}t^2\right]_0^t$$
$$= 60t - 0.4t^2$$

정지할 때까지의 주행한 거리 $s(\mathrm{m})$는 $t = 75$를 위 식에 대입하면, 다음과 같이 얻어진다.

$$s = 60 \times 75 - 0.4 \times 75^2 = 2{,}250\,\mathrm{m}$$

예제 2.5

자동차가 직선도로를 초기변위(최초의 위치) $s_0 = 0$으로부터 출발하여 속도 $v = 4t^2 + 4t$(m/s)로 주행하고 있다. 6초 후의 변위(위치) s, 속도 v, 가속도 a를 구하시오.

풀이

식 (2.26)으로부터, $t=6$에서 변위(위치) s는 다음과 같이 된다.

$$s = s_0 + \int_0^t v\,dt = 0 + \int_0^6 (4t^2+4t)\,dt = \left[\frac{4}{3}t^3 + 2t^2\right]_0^6 = 360\,\mathrm{m}$$

$t=6$에서 속도 v는

$$v = (4t^2+4t)_{t=6} = 4\times 6^2 + 4\times 6 = 168\,\mathrm{m/s}$$

가 된다. 그리고 식 (2.22)로부터, $t=6$에서 가속도 a는 다음과 같이 된다.

$$a = \frac{dv}{dt} = (8t+4)_{t=6} = 8\times 6 + 4 = 52\,\mathrm{m/s^2}$$

예제 2.6

기차가 A, B역간을 다음 그림과 같이 등가속도 주행을 하여 4분 후에 일정한 속도 $v = 200$km/h에 도달하였다. 그리고 출발 후 20분에서 등감속도를 시작하여 4분 후에 정지하였다. 두 역간의 거리를 구하시오.

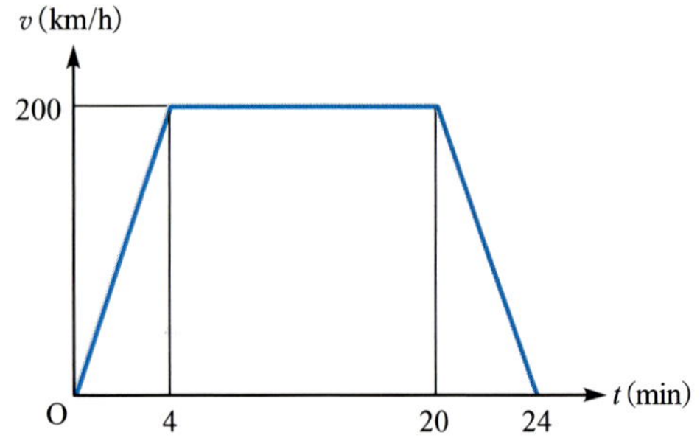

그림 예제 2.6 기차의 속도 v와 시간 t의 관계

풀이

그림 예제 2.6의 사다리꼴 면적이 두 역간의 거리(주행거리) s가 되기 때문에,

$$s = \frac{1}{2}\times 4\times\frac{200}{60} + 16\times\frac{200}{60} + \frac{1}{2}\times 4\times\frac{200}{60} = 66.7\,\mathrm{km}$$

2.4 질점의 평면운동

2.4.1 곡선을 따라가는 운동

그림 2.7(a)와 같이 질점이 곡선 S를 따라가는 운동을 생각하여 보자. 곡선 S를 따라가는 질점의 위치를 s로 나타내고, 질점은 t초 후에 위치 A_t까지 그리고 $t+\Delta t$초 후에 위치 $A_{t+\Delta t}$까지 곡선을 따라 거리 $s+\Delta s$만큼 이동하였다고 하자. 이때, 속도 및 가속도의 크기 v, a는 직선운동에서와 같이 각각 식 (2.25) 및 식 (2.22)로 나타내어진다. 그러나 곡선형상이 임의의 형태이기 때문에, 그 상태대로 질점의 거동을 표현하기에는 어렵다.

따라서 운동 표현을 더 일반화시키기 위하여 그림 2.7(b)에 보인 것과 같은 직교좌표계를 이용해 보자. 이 경우, 운동은 평면 내에서 한정되어지고 곡선 S상의 질점 위치는 xy좌표로 나타내어진다. 즉, s로부터 $s+\Delta s$까지 이동할 때, xy좌표가 x로부터 $x+\Delta x$까지 그리고 y로부터 $y+\Delta y$까지 변화한다고 하면 각 방향의 **속도**는

$$v_x = \lim_{\Delta t \to 0} \frac{\Delta x}{\Delta t} = \frac{dx}{dt} \quad (2.27a)$$

$$v_y = \lim_{\Delta t \to 0} \frac{\Delta y}{\Delta t} = \frac{dy}{dt} \quad (2.27b)$$

가 된다. 속도 v와 v_x, v_y와의 관계는 기하학적으로 다음과 같이 나타내어진다.

$$v^2 = v_x^2 + v_y^2 \quad (2.28)$$

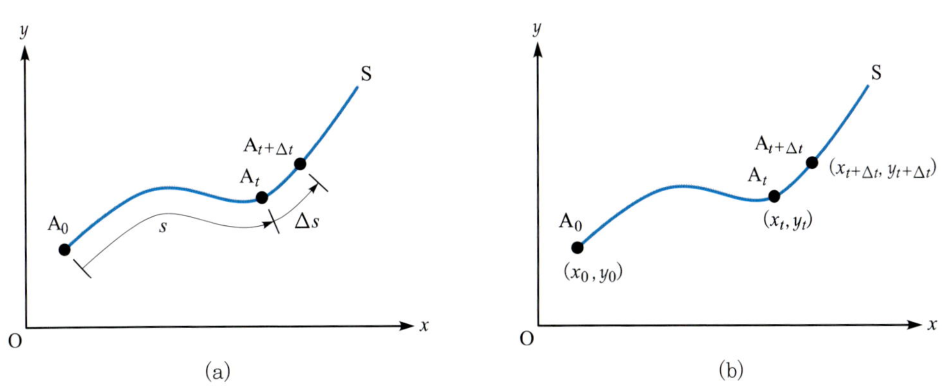

그림 2.7 곡선을 따라가는 질점의 운동

위 식은 다음과 같이 표현될 수 있다.

$$\left(\frac{ds}{dt}\right)^2 = \left(\frac{dx}{dt}\right)^2 + \left(\frac{dy}{dt}\right)^2 \tag{2.29}$$

한편, **가속도** a의 x, y의 방향 성분에 대해서도 위의 속도와 같은 방법으로 다음 식과 같이 표현될 수 있다.

$$a_x = \lim_{\Delta t \to 0} \frac{\Delta v_x}{\Delta t} = \frac{dv_x}{dt} = \frac{d^2 x}{dt^2} \tag{2.30a}$$

$$a_y = \lim_{\Delta t \to 0} \frac{\Delta v_y}{\Delta t} = \frac{dv_y}{dt} = \frac{d^2 y}{dt^2} \tag{2.30b}$$

2.4.2 곡선을 따라가는 운동의 벡터 표현

2차원 직교좌표계상의 질점의 위치를 **벡터**를 사용하여 나타내 보자. 먼저, 질점의 위치를 나타내는 벡터를 r(그림 2.2의 **위치벡터** r 참조) 그리고 x, y축 방향의 **단위벡터**(unit vector, 크기가 1인 벡터)를 i, j 라고 하면,

$$\mathrm{r} = x\,\mathrm{i} + y\mathrm{j} \tag{2.31}$$

로 나타낼 수 있다. 식 (2.2)에 의하여, 질점의 **속도벡터**는 $\mathrm{v} = \dfrac{d\mathrm{r}}{dt} = \dot{\mathrm{r}}$ 이므로

$$\mathrm{v} = \frac{d\mathrm{r}}{dt} = \dot{\mathrm{r}} = \dot{x}\,\mathrm{i} + \dot{y}\mathrm{j} \tag{2.32}$$

로 표현될 수 있다. 또한, 식 (2.7)에 의하여 질점의 **가속도벡터**는 $\mathrm{a} = \dfrac{d\mathrm{v}}{dt} = \dfrac{d^2\mathrm{r}}{dt^2} = \ddot{\mathrm{r}}$ 이므로

$$\mathrm{a} = \frac{d^2\mathrm{r}}{dt^2} = \ddot{\mathrm{r}} = \ddot{x}\,\mathrm{i} + \ddot{y}\mathrm{j} \tag{2.33}$$

가 된다.

예제 2.7

다음 그림과 같이 높이가 0m인 지상으로부터 경사방향으로 물체를 던졌다. 수평면으로부터 던진 각도를 $\theta = 35°$, 초기속도를 $v_0 = 60\text{m/s}$라 할 때, 수평방향·연직방향의 물체의 위치를 표현하는 식을 유도하시오. 또한, 물체가 땅에 도달할 때에 수평방향의 최대 도달거리를 구하시오.

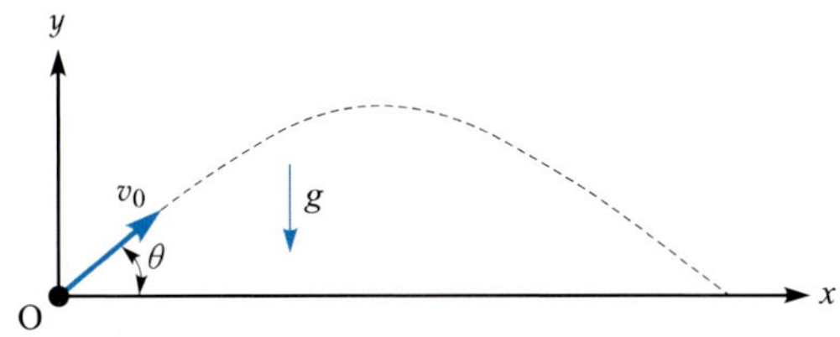

그림 예제 2.7

풀이

그림 예제 2.7과 같이, 물체를 던진 위치를 원점 O로 하고, 수평방향을 x, 수직방향을 y라고 하자. 이 경우, x, y방향의 가속도는 각각

$$a_x = 0 \tag{1}$$

$$a_y = -g \tag{2}$$

가 된다. 여기서, g는 중력가속도이다. 그리고 수평방향과 수직방향의 초기속도의 조건은 각각

$$(v_x)_0 = v_0 \cos\theta \tag{3}$$

$$(v_y)_0 = v_0 \sin\theta \tag{4}$$

가 된다. 가속도의 식 (1), (2)를 시간 t에 관하여 적분한 후에 식 (3), (4)의 초기속도의 조건을 대입하면,

$$v_x = v_0 \cos\theta \tag{5}$$

$$v_y = -gt + v_0 \sin\theta \tag{6}$$

가 된다. 식 (5), (6)을 시간 t에 관하여 한 번 더 적분한 후에 위치에 관한 초기조건(시간이 0일 때에 원점 O)을 대입하면, 다음과 같은 수평방향 · 연직방향의 물체의 위치를 표현하는 식이 각각 유도된다.

$$x = v_0 t \cos\theta \tag{7}$$

$$y = -\frac{1}{2} g t^2 + v_0 t \sin\theta \tag{8}$$

물체가 땅에 도달할 때에 수평방향의 최대 도달거리 $x_{\max}$는 먼저 y가 지면에 도달할 때까지의 시간을 식 (8)에서 $y = 0$으로부터 구하고, 계속해서 식 (7)에 이 시간을 대입하면 다음과 같이 얻어진다.

$$x_{\max} = \frac{2v_0^2 \cos\theta \sin\theta}{g} \tag{9}$$

따라서 $\theta = 35°$, $v_0 = 60\text{m/s}$이기 때문에 $x_{\max}$는 다음과 같이 된다.

$$x_{\max} = \frac{2v_0^2 \cos\theta \sin\theta}{g} = \frac{2(60)^2(\cos 35°)(\sin 35°)}{9.807} = 344.947\text{m}$$

예제 2.8

다음 그림과 같이 높이 H인 건물의 옥상에서 구슬을 자유낙하 시켰다. 또한, 동시에 건물의 직하로부터 거리 x_1만큼 떨어진 지상의 점 O로부터 돌을 θ의 경시각도로 위로 던져서 떨어지는 구슬을 명중시키고 싶다. 지상으로부터 몇도 각도(θ)로 돌을 던지면 좋을까? 단, 돌의 초기속도는 v_0이다.

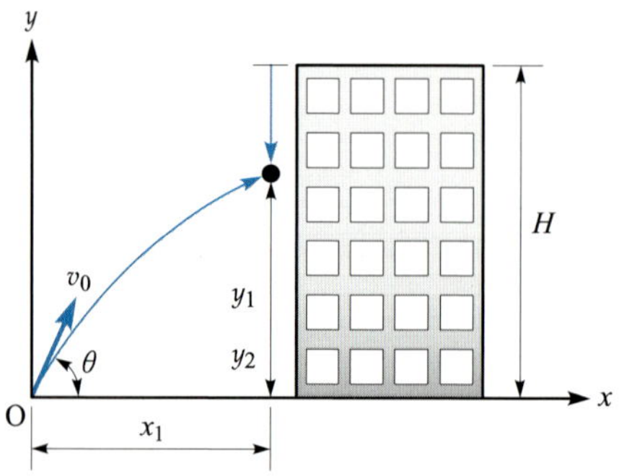

그림 예제 2.8

풀이

그림 예제 2.8에서 지상의 점 O를 원점으로 한다. 충돌하기까지의 시간을 t_0이라고 하면, 돌의 초기속도가 v_0이므로 예제 2.7의 식 (7) $x = v_0 t\cos\theta$로부터,

$$t_0 = \frac{x_1}{v_0\cos\theta} \tag{1}$$

이 된다. 예제 2.7의 식 (8) $y = -\frac{1}{2}gt^2 + v_0 t\sin\theta$에 위 식을 대입하면, 지상으로부터 던져진 돌의 지상으로부터의 높이 y_1은 다음과 같이 구해진다.

$$y_1 = -\frac{1}{2}g\left(\frac{x_1}{v_0\cos\theta}\right)^2 + x_1\tan\theta \tag{2}$$

또한, 시간 $t_0 = \frac{x_1}{v_0\cos\theta}$에서 건물의 옥상으로부터 자유낙하시킨 구슬의 지상으로부터의 높이 y_2는 예제 2.7의 식 (10)으로부터 다음과 같이 구해진다.

$$y_2 = H - \frac{1}{2}g\left(\frac{x_1}{v_0\cos\theta}\right)^2 \tag{3}$$

$y_1 = y_2$이기 때문에

$$-\frac{1}{2}g\left(\frac{x_1}{v_0\cos\theta}\right)^2 + x_1\tan\theta = H - \frac{1}{2}g\left(\frac{x_1}{v_0\cos\theta}\right)^2 \tag{4}$$

이 된다. 위 식을 정리하면, 구하고자 하는 θ가 다음과 같이 얻어진다.

$$\tan\theta = \frac{H}{x_1} \Rightarrow \theta = \tan^{-1}\left(\frac{H}{x_1}\right) \tag{5}$$

연 습 문 제

2.1 자동차가 직선도로를 속도 80km/h로 달리고 있을 때, 400m를 이동한 시간을 구하시오.

2.2 직선도로를 주행하고 있는 자동차가 어떤 시간에 속도가 20m/s, 그 시간의 2초 후에 속도가 30m/s가 되었다. 이 자동차의 가속도의 크기와 진행방향을 구하시오.

2.3 직선주행을 하는 자동차의 위치 s(m)가 시간 t(s)의 식

$$s = 4t^3 + 20t^2 + 8t + 40 \tag{1}$$

으로 표현되어질 때, $t = 10$s에서 위치, 속도, 가속도를 구하시오.

2.4 시속 $v_0 = 300$km/h로 주행하고 있던 KTX 고속열차가 브레이크를 밟고 $t = 60$s 후에 정지하였다. 이때, 이 고속열차의 가속도 a와 브레이크를 밟고 난 후의 진행거리 s를 구하시오. 단, 열차는 등가속도 운동을 한다.

2.5 시속 80km로 직선도로를 주행하고 있던 자동차가 브레이크를 밟고 $t = 3$s 후에 정지하였다. 자동차가 등가속도 운동을 한다고 가정할 때, 이 자동차의 가속도 a와 브레이크를 밟고 난 후의 진행거리 s를 구하시오.

2.6 시간 t(s)에서 위치 x(m)가 $x = 10t + 6$로 주어지는 자동차가 있다. 이 자동차의 위치와 시간($x - t$)의 관계를 그래프로 나타내고 속력을 구하시오.

2.7 로켓을 지상으로부터 6g의 가속도로 연직방향으로 쏘아 올렸다고 하자. 시간 $t = 40$s 후, 이 로켓의 고도와 속도를 구하시오. 단, 로켓은 등가속도 운동을 한다.

2.8 시속 $v_0 = 80$km/h로 주행하고 있던 자동차가 급브레이크를 밟자 15m 진행한 후에 멈추었다. 자동차의 제동능력이 속도에 상관없이 일정하다고 하면, 시속 $v_0 = 160$km/h의 자동차는 급브레이크를 밟은 후 정지할 때까지 주행거리와 시간이 어느 정도일까?

2.9 다음 물음에 답하시오. 단, 중력가속도는 g이고, 공기의 저항은 무시한다.

1) 다음 그림과 같이 높이가 H인 건물의 옥상으로부터 위쪽 연직방향으로 물체를 던졌다. 물체의 초기속도가 v_0인 경우, 물체가 도달하는 최고 높이 $y_{\max}$를 구하시오.

2) 다음 그림과 같이 높이가 H인 건물의 옥상으로부터 아래쪽 연직방향으로 물체를 자유낙하 시켰다. 물체의 초기속도가 0인 경우, 물체가 지상에 도달할 때까지의 시간 t와 그때의 속도를 구하시오.

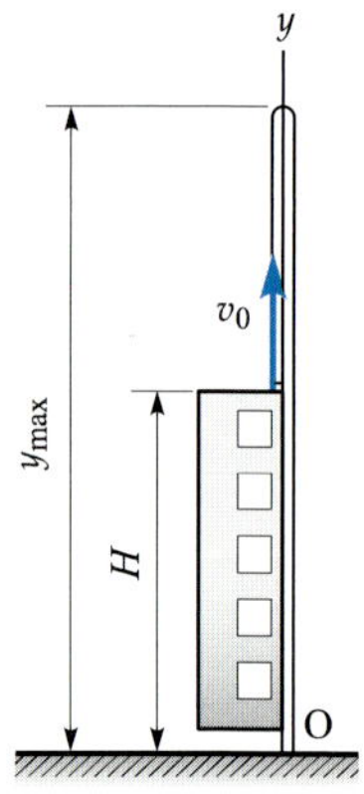

그림 연습문제 2.9

2.10 돔(dome) 야구장의 타석으로부터 외야 스탠드까지의 최소거리는 110m, 천장의 높이는 63m이다. 공기의 영향을 무시할 때, 다음 물음에 답하시오.

1) 홈런이 되는 경우, 야구공의 최소 초기속도 v_0(m/s)을 구하시오.

2) 천장에 닿는 경우, 야구공의 최소 초기속도 v_0(m/s)을 구하시오.

2.11 평면운동을 하는 질점의 위치가 직교좌표 표시에 의하여 $x = r\cos\omega t$, $y = r\sin\omega t$로 나타내어질 때, 이 질점의 속도 · 가속도의 x 성분과 y 성분 그리고 크기를 구하시오. 단, r, ω는 상수이다.

2.12 다음 그림과 같이 높이가 100m인 건물의 옥상으로부터 물체를 수평방향으로 던졌다. 물체의 초기속도가 v_0 = 20m/s인 경우, 물체가 지상에 도달할 때까지의 시간 t와 그때의 수평도달거리 s(m)를 구하시오.

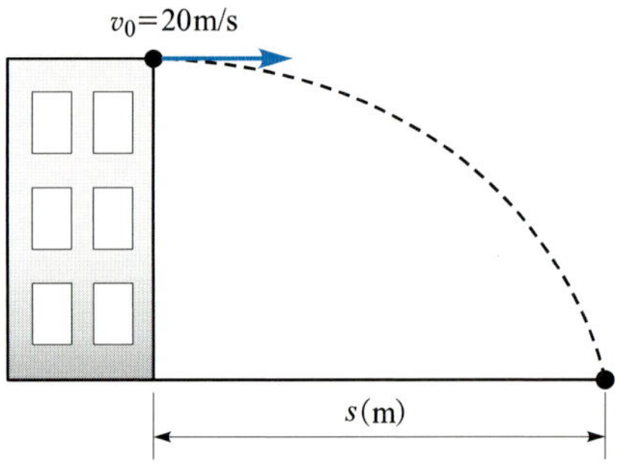

그림 연습문제 2.12

2.13 50m 상공을 60km/h의 속도로 수평비행하고 있는 헬리콥터로부터 물체를 투하하면, 물체는 어느 지점에 떨어질까?

2.14 높이가 0m인 지상으로부터 경사방향으로 물체를 던졌다. 수평면으로부터 던진 각도를 $\theta = 60°$, 초기속도를 $v_0 = 80$m/s라 할 때, 8s 후의 물체의 높이 및 수평방향 · 연직방향의 속도를 구하시오.

2.15 폭이 50m인 하천이 있다. 볼(ball)을 던져서 이 하천의 건너편 호안에 볼이 도달하게 하려면, 볼을 어느 정도 크기의 최소 초기속도로 던져야 하는가?

2.16 교량 위에서 강으로 정지상태의 돌을 떨어뜨렸더니, 돌이 4초 후에 수면에 도달하였다. 교량으로부터 수면까지의 거리를 구하시오.

2.17 20m 높이로부터 정지상태의 어떤 물체를 낙하시켰다. 이 물체가 지면에 도달하기 직전의 속도는 얼마인가?

2.18 지면으로부터 물체를 위쪽 연직방향으로 던졌다. 이 물체의 초기속도가 $v_0 = 60$m/s인 경우, 몇 초 후에 속도를 잃어버릴까? 또한, 이때의 높이와 물체가 지면에 도달하는 시간을 구하시오.

2.19 다음 그림과 같이 높이가 $H = 600$m인 건물의 옥상으로부터 아래쪽 연직방향으로 정지상태의 물체를 자유낙하 시켰다. 동시에, 지상으로부터 초기속도 $v_0 = 60$m/s로 다른 물체를 위쪽 연직방향으로 던졌다. 두 물체가 만나는 점의 높이와 만나기까지의 시간을 구하시오.

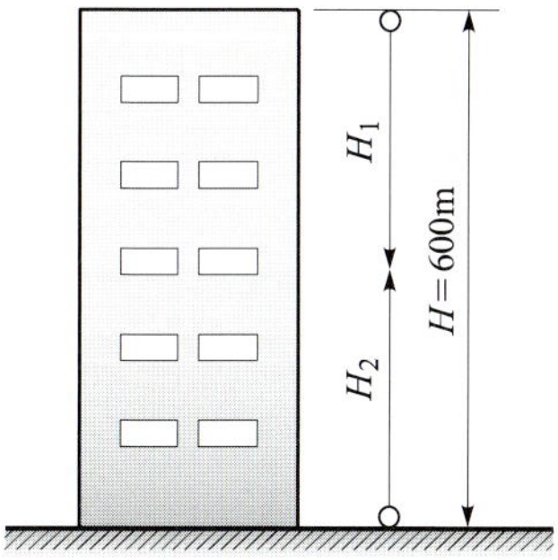

그림 연습문제 2.19

2.20 물체가 수평방향으로 60m/s의 초기속도로 발사되었다. 물체가 지면에 떨어진 장소는 발사된 위치로부터 80m 떨어져 있었다. 물체를 발사한 위치는 지면으로부터 몇 m의 높이인가? 또한, 지면에 떨어지기까지의 시간을 구하시오.

CHAPTER

3 원운동과 곡선운동

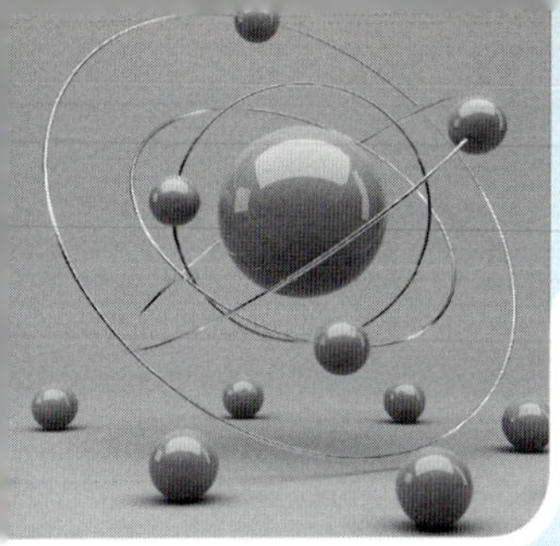

CHAPTER 3

원운동과 곡선운동

3.1 개 요

2장에서는 가장 기본적인 운동의 형태로서 직선운동을 취급하였다. 그리고 평면 내의 곡선운동의 예로서 포물선운동을 대상으로 물체의 위치를 벡터로 표시하고, 성분별로 분해하여 해를 구하고 이해하는 방법을 공부하였다. 곡선을 따라가는 운동에는 여러 가지 것이 있지만, 특히 반지름 방향으로 이동이 구속되면서 중심축 주위의 원 궤도를 따라가는 그림 3.1과 같은 운동을 많이 관찰할 수 있다. 그림 3.1(a)는 육상경기의 하나인 투포환이다. 투포환 경기의 경우, 될 수 있으면 멀리 던지기 위해 선수는 먼저 원 궤도를 따라가면서 해머의 운동에너지를 증폭시킨다. 던져진 순간, 해머는 포물선운동을 하면서 날아간다. 그림 3.1(b)와 같이 오토바이가 코너를 달릴 때, 운전자는 원 궤도를 따라가는 운동 특성상 코너 내측으로 경사진 자세를 취하면서 주행한다.

(a) 투포환의 원운동　　(b) 오토바이의 코너링(cornering)

그림 3.1 원 궤도를 따라가는 운동의 예

이 장에서는 **원 궤도를 따라가는 운동**(원운동)을 하는 물체에 어떤 속도 및 가속도가 발생하는가에 대하여 알아본다. 즉, 물체가 **원운동**을 할 때의 **위치**, **속도**, **가속도**를 나타내는 방법, 그리고 그들의 **운동학**적 관계에 대하여 설명한다. 또한, **곡선운동**을 **직교좌표계**로 나타내고 질점의 운동을 성분별로 분해하여 표현한다. 곡선운동의 구체적인 예로서, 이 장에서는 원 궤도를 따라가는 질점의 운동을 수학적 식으로 나타내고, 속도와 가속도의 크기 및 그들의 작용방향에 대해서도 보다 상세히 기술한다. 이 경우, 새로운 **각속도**와 **각가속도**를 정의하고, **극좌표**(polar coordinate)를 도입하여 원 궤도의 **접선방향** 성분과 **법선방향** 성분으로 분해하는 방법에 대하여 설명한다.

3.2 원운동에서 접선 · 법선가속도 성분

물체가 반지름 r의 **원운동**을 하는 경우를 고려해 보자. 이러한 운동은 앞 절의 개요에서 소개한 투포환의 해머를 돌릴 때[그림 3.1(a)], 일정곡률의 커브(curve)를 주행하는 오토바이[그림 3.1(b)]나 자동차 등에서 볼 수 있다. 그림 3.2와 같이, 시간이 t일 때 점 A에 있던 **질점**이 Δt초 후에 **각변위**(angular displacement, 각도)가 $\Delta\theta$ 만큼 증가한 위치 B로 이동하였다고 하자. 이때,

$$\omega = \lim_{\Delta t \to 0} \frac{\Delta\theta}{\Delta t} = \frac{d\theta}{dt} = \dot{\theta} \tag{3.1}$$

로 정의되어지는 ω를 **각속도**(angular velocity)라고 부른다. 각속도는 단위시간당 진행하는 각변위(각도)이고, 단위는 rad/s이다. 참고로 각속도와 등가인 양으로 회전수가 있고, 단위시간당 회전수를 나타낸다. 통상적으로 회전수의 단위는 rpm이다.

그림 3.2에서 질점이 이동하는 원호 AB 상의 길이는 **호도법**[라디안(radian)을 단위로 하여 중심각을 재는 방법]의 정의로부터 다음과 같이 된다.

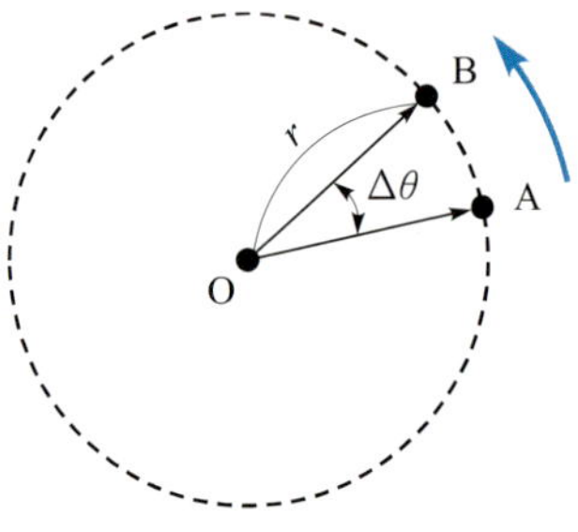

그림 3.2 원운동에서 Δt초 후의 각변위(각도) $\Delta\theta$

$$\widehat{\mathrm{AB}} = r\Delta\theta \tag{3.2}$$

식 (2.5)와 같이 식 (3.2)를 Δt로 나누어 원주상의 평균속도로 나타내면

$$\frac{\widehat{\mathrm{AB}}}{\Delta t} = r\frac{\Delta\theta}{\Delta t} \tag{3.3}$$

가 된다. 위 식에서 $\Delta t \to 0$의 극한을 취하면, 원호를 따라가는 질점의 **속도**(circumferential velocity) v는 다음과 같이 얻어진다.

$$\begin{aligned} v &= r\lim_{\Delta t\to 0}\frac{\Delta\theta}{\Delta t} = r\frac{d\theta}{dt} = r\dot{\theta} \\ &= r\omega \end{aligned} \tag{3.4}$$

식 (3.4)로부터 알 수 있는 것처럼, 원운동을 하는 경우 속도 v는 각속도 ω뿐만이 아니라 원 궤도의 반지름 r이 커지면 빨라진다.

그리고 단위시간당 각속도의 변화를 **각가속도**(angular acceleration)라고 정의한다. 즉, 각가속도는 다음과 같이 표현된다.

$$\alpha = \lim_{\Delta t\to 0}\frac{\Delta\omega}{\Delta t} = \frac{d\omega}{dt} = \dot{\omega} \tag{3.5}$$

식 (3.1)로부터, 위 식은 다음과 같이 변형된다.

$$\alpha = \frac{d}{dt}\left(\frac{d\theta}{dt}\right) = \frac{d^2\theta}{dt^2} = \ddot{\theta} \tag{3.6}$$

각속도가 일정할 때, 단위시간당 변화량이 0이기 때문에 각가속도는 0이 된다. 일정한 속도로 회전하는 놀이동산의 롤러코스터 등은 이런 상태가 된다. 한편, 각가속도가 양의 방향인 경우에는 각속도가 증가하기 때문에, 던지는 순간까지 서서히 회전 속력(speed)을 올리고 있는 투포환 해머의 운동은 이 경우에 해당한다. 이것과는 반대로, 커브에서 브레이크를 밟아 속도를 떨어뜨리면서 커브를 주행하고 있는 자동차의 경우는 각가속도가 음의 값을 갖는다.

다음으로, 간략하게 기술하기 위하여 질점이 일정한(constant) 각속도로 원운동을 한다고 하자. 이 경우 속도도 일정하기 때문에 그림 3.3(a)와 같은 원운동에 의한 속도변화를

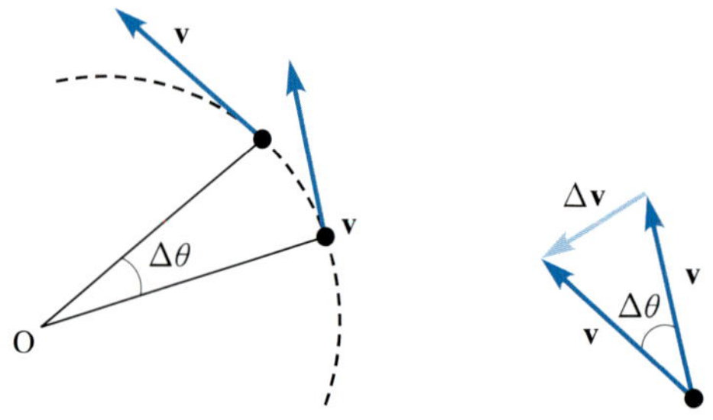

그림 3.3 속도 벡터의 변화

그림 3.3(b)와 같이 화살표의 시점을 중첩시켜 나타낼 수 있다. 그러면, 속도의 변화량을 나타내는 벡터 $\Delta \mathbf{v}$의 크기 Δv는 그림 3.3(b)의 기하학적 관계로부터 다음 식과 같이 나타낼 수 있다.

$$\Delta v = v\,\Delta\theta \tag{3.7}$$

그림 3.3으로부터, 벡터 $\Delta \mathbf{v}$의 접선·법선방향 성분은 다음의 관계를 만족한다.

$$\Delta v_t = 0 \tag{3.8a}$$

$$\Delta v_n = \Delta v = v\,\Delta\theta \tag{3.8b}$$

식 (3.8)을 Δt로 나누고 $\Delta t \to 0$의 극한을 취하면, 일정한(constant) 속도로 원운동을 하는 질점의 **접선가속도**와 **법선가속도**가 다음과 같이 각각 얻어진다.

$$a_t = \lim_{\Delta t \to 0} \frac{\Delta v_t}{\Delta t} = 0 \tag{3.9a}$$

$$a_n = \lim_{\Delta t \to 0} \frac{\Delta v_n}{\Delta t} = \lim_{\Delta t \to 0} \frac{v\,\Delta\theta}{\Delta t} = v\,\omega = \frac{v^2}{r} = r\,\omega^2 \tag{3.9b}$$

위 식과 같이, 속도가 일정한 경우는 원운동의 접선가속도가 0이 되고 법선가속도가 항상 원의 중심방향을 향하고 있다. 특히, 법선가속도를 **구심가속도**(centripetal acceleration)라고 부른다.

한편, 속도가 일정하지 않는 경우에는 접선방향으로는 식 (3.6)의 각가속도가 발생하고,

법선방향으로는 식 (3.9b)의 구심가속도가 발생하고 있다. 가속도의 발생 원인은 힘이 물체에 작용한 결과 생기는 물리량이기 때문에, 원운동에서도 이러한 힘이 관여한다. 이것을 구심가속도에 대응시켜서 **구심력**이라고 부른다. 예를 들면, 투포환의 해머를 회전시키는 동안은 로프를 통하여 인간에게 구심력이 전해지기 때문에 해머는 원 궤도를 유지하지만, 로프를 놓는 순간 해머는 똑바로 날아간다. 힘과 가속도의 관계는 **운동역학**(kinetics)에 대한 것으로 4장에서 설명한다.

TIP

라디안(radian)은 호의 길이 l을 반지름 r의 비로 나타낸 것이다. 따라서 각도 360°는 2πrad이고(반지름의 길이에 대한 원 전체 둘레의 길이의 비는 $2\pi r/r = 2\pi$이다), 각도 180°는 πrad이 된다. 라디안을 사용하여 중심각의 크기가 θ, 반지름이 r인 부채꼴의 호의 길이를 l이라 하면 다음과 같다.

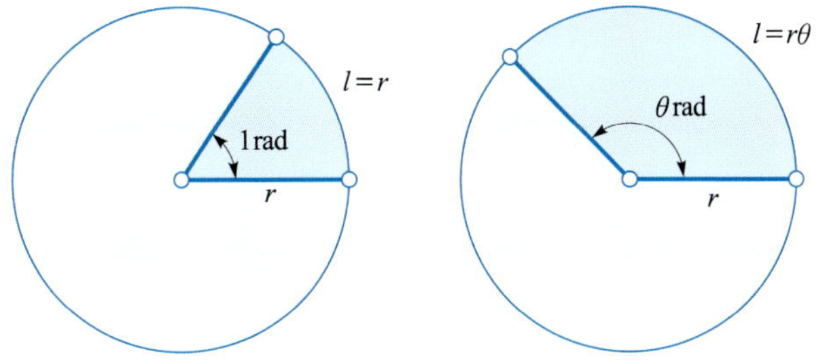

같은 각도를 60분법으로 나타냈을 때를 $x°$, 라디안으로 나타냈을 때를 θrad이라 하면, x와 θ 사이에는 $x/180 = \theta/\pi$인 관계가 성립한다. 또 $\pi = 3.141592\cdots$를 원주율로 하면, 1rad = $180°/\pi \fallingdotseq 57.29577951°$가 된다.

예제 3.1

물체가 반지름 3.00m의 원주를 1회전하는데 10.00초 소요되었다. 이 물체의 각속도와 속도를 구하시오.

풀이

1회전은 2π(rad)로 주기가 10s이기 때문에, 각속도 ω는 식 (3.1)에 의하여

$$\omega = \frac{d\theta}{dt} = \frac{2\pi}{10} = \frac{2\times 3.14}{10.00} = 0.628\,\text{rad/s}$$

가 된다. 또한, 속도 v는 식 (3.4)에 의하여

$$v = r\omega = 3.00\times 0.628 = 1.88\,\text{m/s}$$

가 된다.

예제 3.2

다음 그림과 같이 정지하고 있던 원판이 2초 후에 100rpm이 되었다. 이때, 각가속도를 구하시오.

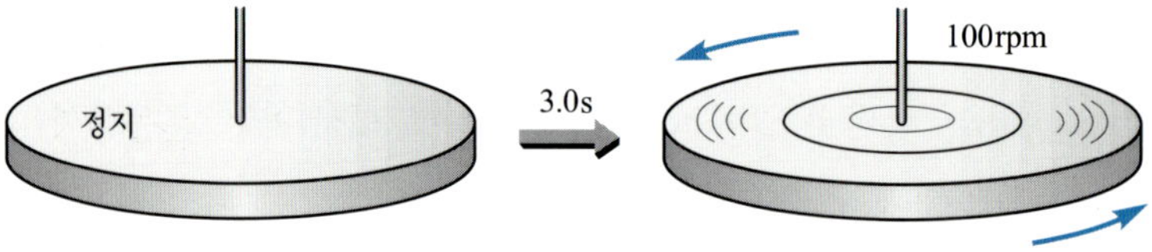

그림 예제 3.2

풀이

2s 후의 회전수가 100rpm이기 때문에, 각속도 ω는

$$\omega = \frac{2 \times 3.14 \times 100}{60} = 10.47\,\text{rad/s}$$

가 된다. 따라서 각가속도 α는

$$\alpha = \frac{10.47 - 0}{3 - 0} = 3.49\,\text{rad/s}^2$$

이 된다.

예제 3.3

투포환선수가 해머를 7초간에 9번 회전시킨 후 던졌다. 이 사이에 회전이 일정한(constant) 비율로 가속되었다고 할 때, 각가속도와 던지기 직전의 각속도를 구하시오.

풀이

각가속도 $\alpha\,(\text{rad/s}^2)$가 일정하기 때문에, 각속도 $\omega\,(\text{rad/s})$와 각변위 $\theta\,(\text{rad})$는 각각 식 (3.5), (3.1)을 시간 t에 관하여 적분하면

$$\omega = \int_0^t \alpha\,dt + \omega_0 = \alpha t + \omega_0 \tag{1}$$

$$\theta = \int_0^t \omega dt + \theta_0 = \int_0^t (\alpha t + \omega_0)dt + \theta_0 = \frac{1}{2}\alpha t^2 + \omega_0 t + \theta_0 \tag{2}$$

과 같이 계산된다. 여기서, $\theta_0\,(\text{rad})$은 초기각변위, $\omega_0\,(\text{rad/s})$은 초기각속도이고, 회전시작을 $t = 0$에서 한다. 이 경우, 초기각변위 θ_0과 초기각속도 ω_0은 모두 0이라고 할 수 있다. 회전종료시간을 $t_e\,(\text{s})$라고 하면, 이때의 각속도 ω_e와 각변위 θ_e는 각각

$$\omega_e = \alpha t_e \tag{3}$$

$$\theta_e = \frac{1}{2}\alpha t_e^2 \tag{4}$$

이 된다. 식 (3), (4)로부터, 각가속도 α와 회전종료 시의 각속도 ω_e는

$$\alpha = \frac{2\theta_e}{t_e^2} \tag{5}$$

$$\omega_e = \frac{2\theta_e}{t_e} \tag{6}$$

로 구해진다. 여기서, $t_e = 7\text{s}$이고, 9번 회전시킨 후 던졌기 때문에 $\theta_e = 2\pi \times 9 = 18\pi(\text{rad})$가 된다. 따라서

$$\alpha = \frac{2\theta_e}{t_e^2} = \frac{2\times 18\pi}{7^2} = 2.31\,\text{rad/s}^2,\ \omega_e = \frac{2\theta_e}{t_e} = \frac{2\times 18\pi}{7} = 16.16\,\text{rad/s}$$

가 된다.

예제 3.4

정지위성(stationary satellite)은 적도 상공의 고도 약 36,000km의 원 궤도상을 지구의 자전과 같은 주기로 다음 그림과 같이 지구를 돌고 있는 인공위성이다. 지구의 반지름을 6,378km라고 할 때, 정지위성의 속도와 가속도를 구하시오.

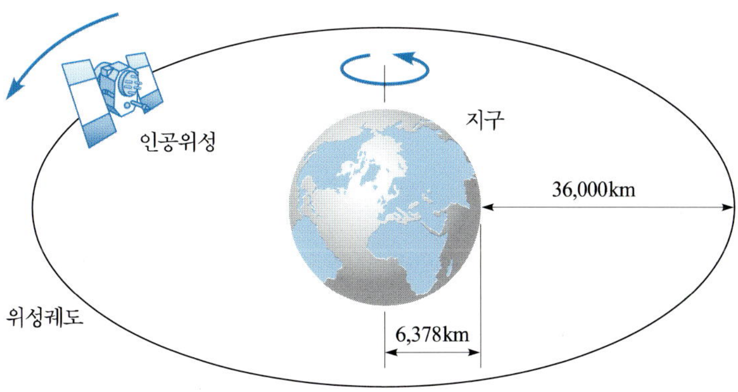

그림 예제 3.4

풀이

정지위성의 속도는 일정하고 지구의 자전과 같은 주기이기 때문에 초로 환산하면, $24\text{h} = 24\times 60\times 60 = 86{,}400\text{s}$가 된다. 이 시간 동안에 궤도상을 일주하기 때문에, 정지위성의 속도는 다음과 같이 된다.

$$v = \frac{2\pi \times (6{,}378 + 36{,}000)\times 1{,}000}{86{,}400} = 3{,}081.82\,\text{m/s}$$

속도가 일정하기 때문에 가속도는 구심방향 성분만을 갖고 그 값은 식 (3.9b)에 의하여

$$a_n = -r\omega^2 = -r\left(\frac{v}{r}\right)^2 = -\frac{v^2}{r} = -\frac{3{,}081.82^2}{(6{,}378+36{,}000)\times 1{,}000} = -0.22\,\text{m/s}^2$$

이 된다.

3.3 회전운동

그림 3.4와 같이 물체가 점 O에서 평면에 수직한 축을 중심으로 회전을 하는 운동을 **회전운동**(rotation)이라고 부른다. 이 경우 물체의 전체는 일정한 각속도 ω로 회전하고 있지만, 서로 다른 2점 P, Q의 접선방향 속도 v_{P}, v_{Q}는 각각 $v_{\mathrm{P}} = r_{\mathrm{P}}\omega$, $v_{\mathrm{Q}} = r_{\mathrm{Q}}\omega$가 되고 같은 값을 갖지 않는다. 따라서 회전운동에서는 자전을 포함하지 않는 운동인 **병진운동**(translation)의 경우와 같이 운동(motion)을 1점에 대표시켜서 표현하는 것이 불가능하다.

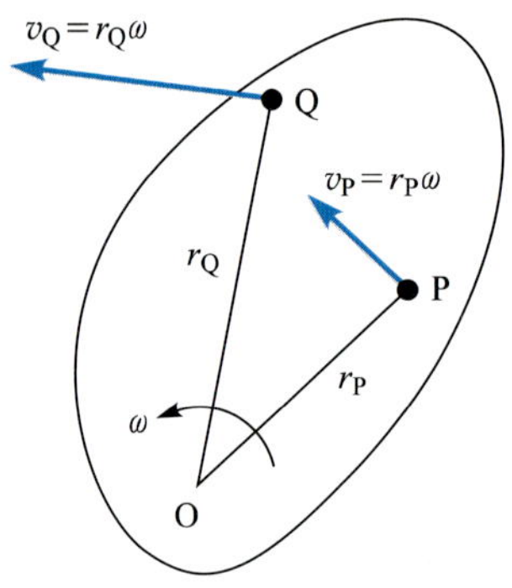

그림 3.4 속도벡터의 변화

2장의 **질점의 운동학**(kinematics of particles)이라고 불리는 **병진운동**에서는 **변위**, **속도**, **가속도**를 각각 s, v, a로 나타내었다. **회전운동**의 경우는 각도에 관한 변위, 속도, 가속도라고 불리는 개념을 도입하여 각각을 **각변위**(각도) θ(rad), **각속도** ω(rad/s), **각가속도** α(rad/s^2)라고 3.2절에서 정의하였다. 회전운동에서 각변위, 각속도, 각가속도와 구별하기 위하여 병진운동 경우의 변위, 속도, 가속도를 각각 선변위, 선속도, 선가속도라고 표현하기도 한다. 병진운동과 회전운동의 사이에는 다음과 같은 관계가 있다. 즉, 원주상의 변위 s, 접선방향의 속도 v, 접선방향의 가속도 a_t, 법선방향의 가속도 a_n의 관계를 식으로 나타내면,

$$s = r\theta \tag{3.10a}$$

$$v = \dot{s} = r\omega \tag{3.10b}$$

$$a_t = \dot{v} = r\alpha \tag{3.10c}$$

$$a_n = \frac{v^2}{r} = r\omega^2 \tag{3.10d}$$

가 된다.

회전 기계의 **속력**(speed)은 대부분의 경우 1분당 **회전수** n(rpm)으로 표시하고 있다. 이 n과 각속도 ω의 관계는 다음 식으로 주어진다.

$$\omega = \frac{2\pi n}{60} \tag{3.11}$$

그림 3.5는 물체가 점 O를 중심으로 각속도 ω로 회전하고 있는 거동을 보여주고 있다. 물체 중에 임의의 점 P(x, y)를 잡고, 물체의 중심 O로부터의 반지름을 r이라 하자. 그러면 점 P의 x, y방향의 변위는 각각

$$x = r\cos\omega t \tag{3.12a}$$

$$y = r\sin\omega t \tag{3.12b}$$

가 된다.

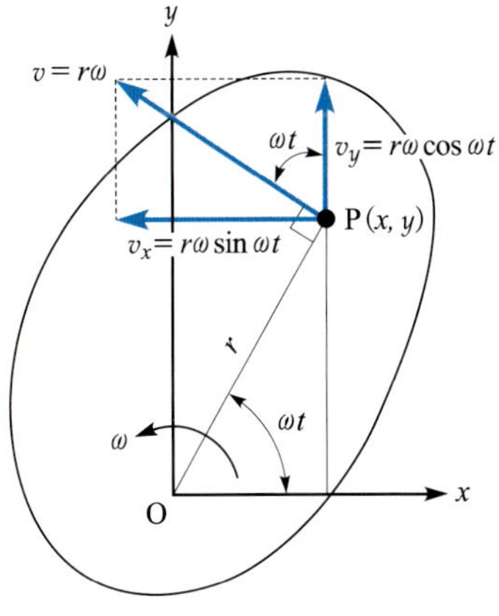

그림 3.5 속도벡터의 변화

또한, x, y축 방향의 속도 성분 v_x, v_y는 식 (3.12)를 각각 시간 t에 관하여 미분하여

$$v_x = -r\omega\sin\omega t = -y\omega \tag{3.13a}$$

$$v_y = r\omega\cos\omega t = x\omega \tag{3.13b}$$

가 된다. 그리고 위 식을 각각 시간 t에 관하여 미분하면, x, y축 방향의 가속도성분 a_x, a_y가 다음과 같이 된다.

$$a_x = -r\omega^2 \cos \omega t = -x\omega^2 \tag{3.14a}$$

$$a_y = -r\omega^2 \sin \omega t = -y\omega^2 \tag{3.14b}$$

예제 3.5

다음 그림은 반지름 $r=1\text{m}$의 차륜(wheel)이 수평면 상을 미끄러짐이 없이 굴러가고 있는 상태를 보여주고 있다. 차륜 중심점의 속도가 $v_0=20\text{m/s}$로 일정할 때, 시간 $t=7\text{s}$에서 차륜 접지점 P의 변위 s, 속도 v, 가속도 a를 구하시오.

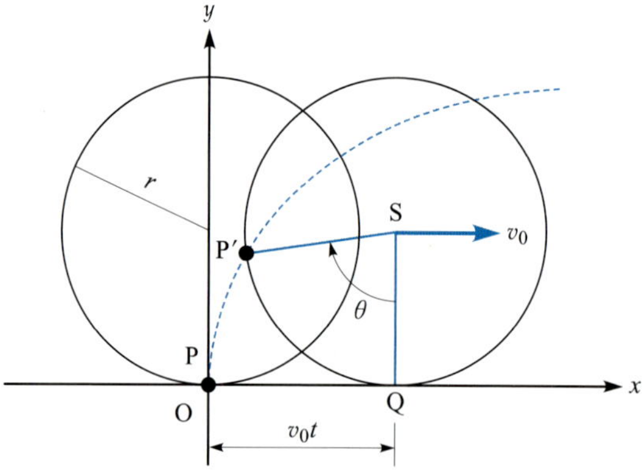

그림 예제 3.5

풀이

차륜 접지점 P를 x, y좌표의 원점으로 취하고, 시간 t초 후의 점 P의 위치를 P′ 그리고 접지점을 Q라고 하면, 원호 $\widehat{P'Q}=v_0t$, $\angle P'SQ=\theta=\dfrac{v_0t}{r}$가 된다. 따라서 점 P′의 x, y좌표는 다음과 같이 된다.

$$x=v_0t-r\sin\theta=v_0t-r\sin\frac{v_0t}{r} \tag{1}$$

$$y=r-r\cos\theta=r-r\cos\frac{v_0t}{r} \tag{2}$$

식 (1), (2)로부터, 변위 s는 다음과 같이 구해진다.

$$s=\sqrt{x^2+y^2}=\sqrt{\left(v_0t-r\sin\frac{v_0t}{r}\right)^2+\left(r-r\cos\frac{v_0t}{r}\right)^2}$$
$$=\sqrt{\left(20\times7-1\times\sin\frac{20\times7}{1}\right)^2+\left(1-1\times\cos\frac{20\times7}{1}\right)^2}=139.02\,\text{m} \tag{3}$$

식 (1), (2)를 시간 t에 관하여 미분하면, x, y축 방향의 속도성분이 다음과 같이 구해진다.

$$v_x = v_0\left(1 - \cos\frac{v_0 t}{r}\right) \tag{4}$$

$$v_y = v_0 \sin\frac{v_0 t}{r} \tag{5}$$

식 (4), (5)로부터, 속도 v는 다음과 같이 구해진다.

$$v = \sqrt{v_x^2 + v_y^2} = v_0\sqrt{2\left(1 - \cos\frac{v_0 t}{r}\right)}$$

$$= 20 \times \sqrt{2 \times \left(1 - \cos\frac{20 \times 7}{1}\right)} = 30.96\,\mathrm{m/s} \tag{6}$$

식 (4), (5)를 시간 t에 관하여 미분하면, x, y축 방향의 가속도성분이 다음과 같이 구해진다.

$$a_x = \frac{v_0^2}{r}\sin\frac{v_0 t}{r} \tag{7}$$

$$a_y = \frac{v_0^2}{r}\cos\frac{v_0 t}{r} \tag{8}$$

식 (7), (8)로부터, 가속도 a는 다음과 같이 구해진다.

$$a = \sqrt{a_x^2 + a_y^2} = \frac{v_0^2}{r}$$

$$= \frac{20^2}{1} = 400\ \mathrm{m/s^2} \tag{9}$$

3.4 곡선운동의 극좌표 표현

2장에서는 주로 직교좌표계를 이용하여 물체의 직선운동과 평면운동을 설명하였다. 그러나 특히 원운동과 같은 **곡선운동**을 취급하는 경우에는 **극좌표**(polar coordinate)를 도입하여 궤도의 **접선방향**(궤도를 따라가는 방향) 성분과 **법선방향**(궤도에 직각인 방향) 성분으로 분해하여 고찰하면, 운동이 간단히 수식으로 표현되고 운동이 직감적으로 쉽게 이해된다. 이 절에서는 극좌표를 이용한 곡선운동의 표현방법에 대하여 설명한다.

3.4.1 직교좌표와 극좌표

평면운동을 표현하는데 사용한 **직교좌표계**에서는 고정점을 기준으로 하여 물체의 위치를 (x, y)로 나타내었다. 한편, **극좌표**에서는 고정점으로부터 물체까지의 거리 r과 각도 θ를 이용하여 물체의 위치를 (r, θ)로 나타낸다. 부호의 경우 통상적으로, r방향에 대해서는 원점 O로부터 멀어지는 방향을 양의 방향으로 하고, θ방향에 대해서는 반시계방향을 양의 방향으로 한다.

그림 3.6은 직교좌표와 극좌표의 관계를 보여주고 있다. 2개의 좌표계가 같은 고정점 O를 원점으로 할 때, (x, y)와 (r, θ)의 사이에는 다음 식과 같은 관계가 성립한다.

$$x = r\cos\theta \tag{3.15a}$$

$$y = r\sin\theta \tag{3.15b}$$

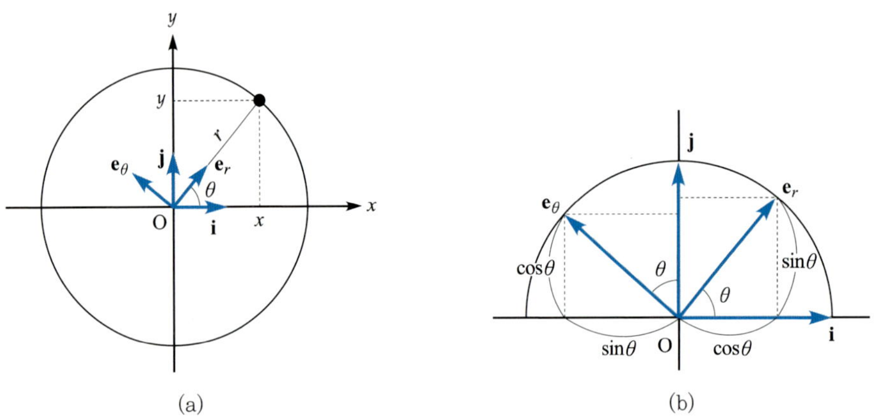

그림 3.6 직교좌표와 극좌표, 단위벡터의 관계

평면운동을 하는 물체의 위치는 원점 O로부터 물체를 향하는 벡터로 표현될 수 있다. 2장에서 배운 직교좌표계에서는 x, y축 방향의 **단위벡터**(unit vector) $\mathbf{i}$, $\mathbf{j}$와 물체의 (x, y)좌표를 이용하여 물체의 위치를 식 (2.31)과 같이 표현하였다. 즉, 2개의 벡터를 합성해서 **위치벡터**를 $\mathbf{r} = x\,\mathbf{i} + y\mathbf{j}$로 표현하였다. 여기서, 단위벡터는 크기가 1인 벡터를 말한다. 예를 들면, 어떤 벡터 $\mathbf{r}$의 단위벡터의 기호를 $\mathbf{e}_p$로 표기하는 경우, 크기가 1이고 방향은 $\mathbf{r}$과 같은 것으로서

$$\mathbf{e}_p = \frac{\mathbf{r}}{|\mathbf{r}|} = \frac{\mathbf{r}}{r} \tag{3.16}$$

로 나타낼 수 있다. 위 식에서, $|\mathbf{r}|$은 벡터 $\mathbf{r}$의 크기이다. 같은 방법으로 극좌표에서도 고정점 O로부터 물체로 향하는 반지름방향의 단위벡터를 $\mathbf{e}_r$이라 하고 그것과 직교하는 접선

방향의 단위벡터 $\mathbf{e}_\theta$를 이용하여 물체의 위치를 표현한다.

다음으로, 단위벡터 $\mathbf{i}$, $\mathbf{j}$와 $\mathbf{e}_r$, $\mathbf{e}_\theta$의 관계에 대하여 고찰해 보자. 그림 3.6(b)로부터, 이들 벡터 사이에는 다음의 관계가 성립한다.

$$\mathbf{e}_r = \cos\theta\,\mathbf{i} + \sin\theta\,\mathbf{j} \tag{3.17a}$$

$$\mathbf{e}_\theta = -\sin\theta\,\mathbf{i} + \cos\theta\,\mathbf{j} \tag{3.17b}$$

계속해서, **단위벡터의 시간변화율**에 대하여 고찰해 보자. 직교좌표계에서는 2개의 축이 고정되어 있기 때문에 축이 움직이지 않는다. 그러나 극좌표계에서는 물체의 운동과 함께 반지름방향이 변화하기 때문에 단위벡터를 $\mathbf{e}_r$, $\mathbf{e}_\theta$의 방향도 변화한다. 먼저, 직교좌표계 단위벡터의 시간미분에 대해서는 다음과 같이 된다.

$$\dot{\mathbf{e}}_x = 0 \tag{3.18a}$$

$$\dot{\mathbf{e}}_y = 0 \tag{3.18b}$$

즉, 벡터가 불변이기 때문에 위 식에서처럼 시간미분하면 0(영벡터)이 된다. 반면에, 식 (3.17)의 관계를 이용하여 극좌표계의 단위벡터를 시간미분하면 다음과 같이 된다.

$$\begin{aligned}\dot{\mathbf{e}}_r &= -\dot{\theta}\sin\theta\,\mathbf{i} + \dot{\theta}\cos\theta\,\mathbf{j} = \dot{\theta}(-\sin\theta\,\mathbf{i} + \cos\theta\,\mathbf{j}) \\ &= \dot{\theta}\,\mathbf{e}_\theta\end{aligned} \tag{3.19a}$$

$$\begin{aligned}\dot{\mathbf{e}}_\theta &= -\dot{\theta}\cos\theta\,\mathbf{i} - \dot{\theta}\sin\theta\,\mathbf{j} = -\dot{\theta}(\cos\theta\,\mathbf{i} + \sin\theta\,\mathbf{j}) \\ &= -\dot{\theta}\,\mathbf{e}_r\end{aligned} \tag{3.19b}$$

식 (3.19)로부터, $\dot{\mathbf{e}}_r$, $\dot{\mathbf{e}}_\theta$의 방향은 각각 $\mathbf{e}_\theta$, $-\mathbf{e}_r$의 방향과 같게 된다는 것을 알 수 있다. 이것은 단위벡터가 미소시간 Δt동안에 $\Delta\theta$만큼 회전한 경우를 보여주는 그림 3.7에서 r방향, θ방향의 단위벡터 변화량 $\Delta\mathbf{e}_r$, $\Delta\mathbf{e}_\theta$가 각각 상호의 방향을 향하고 있다는 것으로부터 알 수 있다.

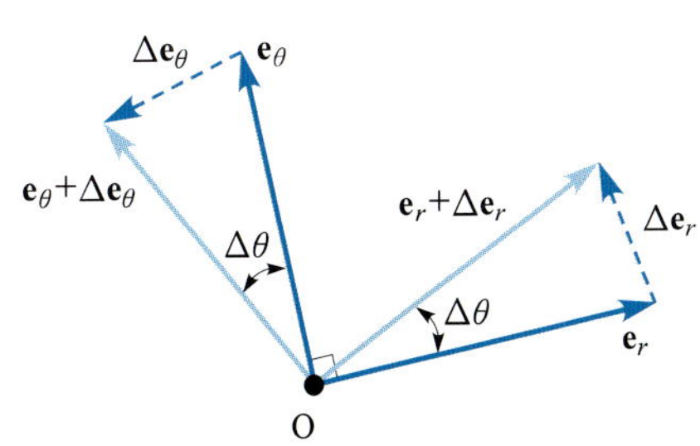

그림 3.7 단위벡터의 변화

3.4.2 곡선운동의 극좌표 표현

평면운동을 하는 질점의 **위치벡터** $\mathbf{r}$은 극좌표의 단위벡터와 원점으로부터 질점까지의 거리 r을 이용하여 다음과 같이 나타낼 수 있다.

$$\begin{aligned}\mathbf{r} &= r\mathbf{e}_r + 0\mathbf{e}_\theta \\ &= r\mathbf{e}_r\end{aligned} \tag{3.20}$$

극좌표의 경우, 고정점과 물체를 잇는 반지름방향의 단위벡터 $\mathbf{e}_r$과 위치벡터 $\mathbf{r}$의 방향이 일치하기 때문에 식 (3.20)과 같이 위치벡터 $\mathbf{r}$이 $\mathbf{e}_r$만으로 표현된다. 즉, 위치를 나타내는 것에는 θ방향의 벡터와는 관계가 없다는 것에 주의하길 바란다.

다음으로, 질점의 **속도벡터**는 식 (3.20)을 시간 t에 관하여 미분하고 식 (3.19a)를 고려하면 다음과 같이 얻어진다.

$$\begin{aligned}\mathbf{v} = \dot{\mathbf{r}} &= \dot{r}\mathbf{e}_r + r\dot{\mathbf{e}}_r \\ &= \dot{r}\mathbf{e}_r + r\dot{\theta}\mathbf{e}_\theta \\ &= \dot{r}\mathbf{e}_r + r\omega\mathbf{e}_\theta\end{aligned} \tag{3.21}$$

위 식과 그림 3.8에서 보여준 것처럼, 어떤 순간의 물체의 속도 $\mathbf{v}$는 극좌표의 r방향과 θ방향으로 각각 크기가 $\dot{r}$와 $r\dot{\theta}(=r\omega)$인 속도성분을 갖는다. 일반적인 곡선운동에서는 기준점 O로부터 물체까지의 거리 r이 일정하지 않기 때문에 식 (3.21)과 같이 r에 관한 시간미분 항인 $\dot{r}$가 나타나 있다. 또한, $r\dot{\theta}(=r\omega)$는 그림 3.8과 같은 방향의 속도에 상당한다.

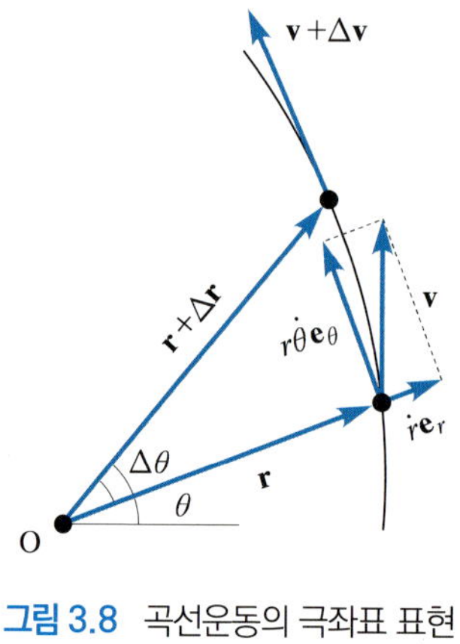

그림 3.8 곡선운동의 극좌표 표현

그리고 질점의 **가속도벡터**는 속도의 식 (3.21)을 시간 t에 관하여 미분하고 식 (3.19)를 고려하면 다음과 같이 구해진다.

$$\begin{aligned} \mathbf{a} = \dot{\mathbf{v}} = \ddot{\mathbf{r}} &= \ddot{r}\mathbf{e}_r + \dot{r}\dot{\mathbf{e}}_r + \dot{r}\dot{\theta}\mathbf{e}_\theta + r\ddot{\theta}\mathbf{e}_\theta + r\dot{\theta}\dot{\mathbf{e}}_\theta \\ &= (\ddot{r} - r\dot{\theta}^2)\mathbf{e}_r + (r\ddot{\theta} + 2\dot{r}\dot{\theta})\mathbf{e}_\theta \\ &= (\ddot{r} - r\omega^2)\mathbf{e}_r + (r\alpha + 2\dot{r}\omega)\mathbf{e}_\theta \end{aligned} \tag{3.22}$$

식 (3.22)에서, 가속도의 r방향 성분에는 반지름방향을 따라가는 속도의 변화에 대응하는 가속도 $\ddot{r}$와 구심가속도 $r\dot{\theta}^2(=r\omega^2)$가 포함되어 있다는 것을 알 수 있다. 또한, θ방향 성분에는 접선가속도 $r\ddot{\theta}(=r\alpha)$의 항과 **코리올리**(Coriolis) **가속도** $2\dot{r}\dot{\theta}(=2\dot{r}\omega)$의 항이 포함되어 있다.

코리올리(Coriolis) 가속도라고 불리는 $2\dot{r}\dot{\theta}$는, 예를 들면 물체가 고정점을 중심으로 회전하면서 반지름이 증가하는 방향(고정점으로부터 멀어지는 방향)으로 움직일 때, 회전방향의 속도가 증가하는 것을 의미한다. 그림 3.9는 그 예를 보여주고 있다. 즉, 각속도 $\dot{\theta}(=\omega)$로 회전하고 있는 원판(**회전좌표**) 위에 P와 Q의 두 사람이 서있고 두 사람은 원판과 함께 운동을 하고 있다. 그리고 원판 외부의 정지좌표(**비회전좌표**) 위에는 서있는 사람 C가 있다. 어떤 순간에 그림 3.9(a)와 같이 P가 Q를 향하여 볼을 똑바로 던졌을 때, C의 시점에서는 볼이 그림 3.9(b)와 같이 똑바로 날아가고 있는 모양이 관찰된다. 반면에, 원판 위에 서있는 P의 시점에서는 볼이 그림 3.9(c)와 같이 오른쪽으로 휘어지면서 날아가고 있는 모양이 관찰된다. 이 결과 초래되는 힘이 코리올리(Coriolis) 힘이고 이때 생기고 있는 가속도 $2\dot{r}\dot{\theta}$가 코리올리(Coriolis) 가속도이다. 다시 말하면, $2\dot{r}\dot{\theta}$의 항은 비회전좌표에서 측정된 가속도와 회전좌표에서 측정된 가속도 사이의 차이를 의미한다.

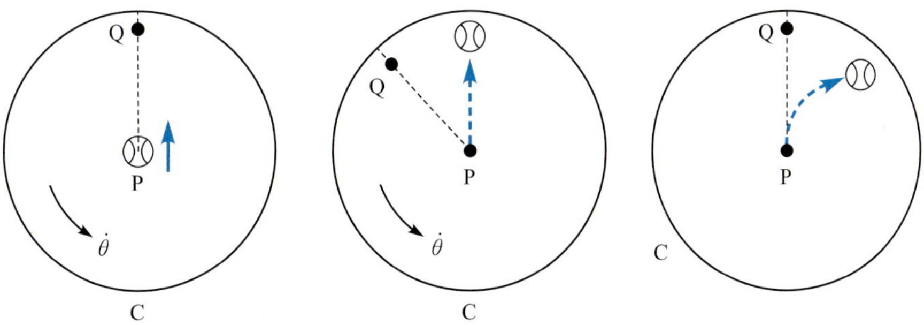

(a) 볼을 놓여진 순간 (b) C로부터 본 볼의 궤적 (c) P로부터 본 볼의 궤적

그림 3.9 코리올리(Coriolis) 가속도의 예

3.4.3 원운동의 극좌표 표현

3.4.2항에서는 일반 곡선운동을 극좌표에 의하여 나타내었다. 여기서는 곡선운동의 구체적인 예로서 다시 **원운동**에 대하여 **극좌표**를 이용하여 고찰해 본다.

먼저, 원주상의 질점의 **위치벡터** r은 식 (3.20)에 의하여 표현될 수 있다. 다음으로, 그림 3.10과 같이 원 궤도에서는 반지름의 크기가 불변이기 때문에 단위벡터 $\mathbf{e}_r$방향(반지름방향)으로는 속도성분을 갖지 않는다. 또한, 원운동의 접선방향은 $\mathbf{e}_\theta$방향(원주방향)과 일치하고, 그 속도성분의 크기는 속도의 식 (3.4)에 의하여 $r\dot{\theta}(=r\omega)$이다. 따라서 원운동의 **속도벡터**는 다음과 같이 표현된다.

$$\mathbf{v}=r\dot{\theta}\mathbf{e}_\theta=r\omega\mathbf{e}_\theta \tag{3.23}$$

참고로, 식 (3.21)에서 $\dot{r}=0$을 하면 식 (3.23)이 얻어진다. 식 (3.23)의 결과로부터, 원운동하는 질점의 속도 v의 극좌표 표시는

$$\mathbf{v}=v_r\mathbf{e}_r+v_\theta\mathbf{e}_\theta \tag{3.24}$$

가 되고 그림 3.10과 같이 $\mathbf{e}_r$방향과 $\mathbf{e}_\theta$방향은 서로 수직을 이루며, $\mathbf{e}_r$방향 및 $\mathbf{e}_\theta$방향 각각의 성분은

$$v_r=0 \tag{3.25a}$$

$$v_\theta=r\dot{\theta}=r\omega \tag{3.25b}$$

로 표현된다.

그리고 원운동의 가속도벡터에 대하여 고려해 보자. 먼저, 식 (3.9)에서 고찰한 것과 같이 속도의 방향을 바꾸기 위한 구심가속도가 궤도의 중심방향에 작용하고 있기 때문에, $\mathbf{e}_r$방향의 가속도는 $-r\dot{\theta}^2(=-r\omega^2)$의 크기를 갖는다. 다음으로, $\mathbf{e}_\theta$에 대해서는 속도가 일정하다고 한정할 수 없기 때문에, 그것의 시간변화로 인하여 초래되는 가속도는 $r\ddot{\theta}(=r\alpha)$의 크기를 갖는다. 따라서 원운동의 **가속도벡터**는 그림 3.11과 같이 이 2개를 합성하여 구하면, 다음과 같이 된다.

$$\begin{aligned}\mathbf{a}&=-r\dot{\theta}^2\mathbf{e}_r+r\ddot{\theta}\mathbf{e}_\theta\\&=-r\omega^2\mathbf{e}_r+r\alpha\mathbf{e}_\theta\end{aligned} \tag{3.26}$$

참고로, 식 (3.22)에서 $\dot{r}=0$, $\ddot{r}=0$을 하면 식 (3.26)이 얻어진다. 식 (3.26)의 결과로부터, 원운동하는 질점의 가속도 **a**의 극좌표 표시는

$$\mathbf{a} = a_r \mathbf{e}_r + a_\theta \mathbf{e}_\theta \tag{3.27}$$

로 표현되고, $\mathbf{e}_r$방향 및 $\mathbf{e}_\theta$방향 각각의 성분은

$$a_r = -r\dot{\theta}^2 = -r\omega^2 \tag{3.28a}$$

$$a_\theta = r\ddot{\theta} = r\alpha \tag{3.28b}$$

가 된다.

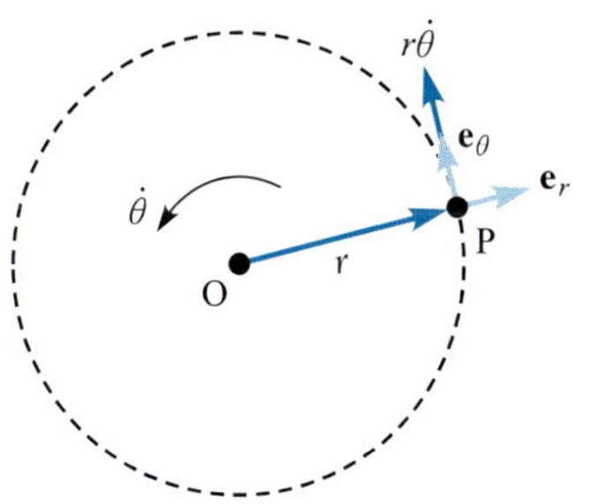

그림 3.10 원운동의 속도

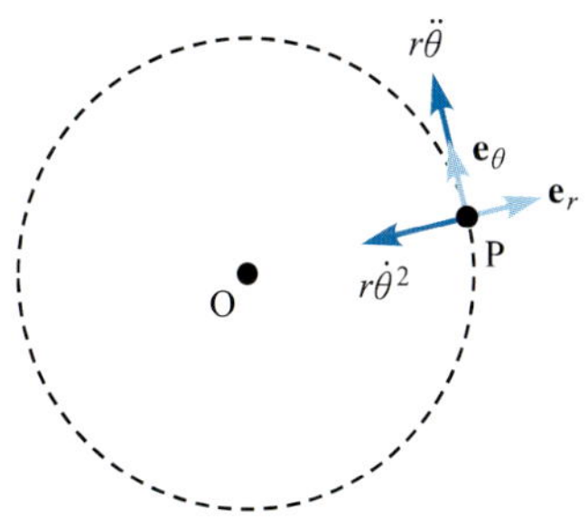

그림 3.11 원운동의 가속도

예제 3.6

다음 그림과 같이 실의 길이가 L(m)인 단진자운동은 연직방향으로부터 측정한 실의 각도를 θ(rad/s)라고 할 때 최대 각도 $\theta_{\max}$가 작으면 $\theta = \theta_{\max}\cos \Omega t$가 될 수 있다. 추의 속도, 가속도 각각의 반지름방향과 원주방향 성분을 시간 t(s)의 식으로 나타내고, $t=0$과 $t=\dfrac{\pi}{2\Omega}$일 때의 속도와 가속도의 크기를 구하시오. 단, $\Omega = \sqrt{\dfrac{g}{L}}$ 이고, g(m/s^2)는 중력가속도이다.

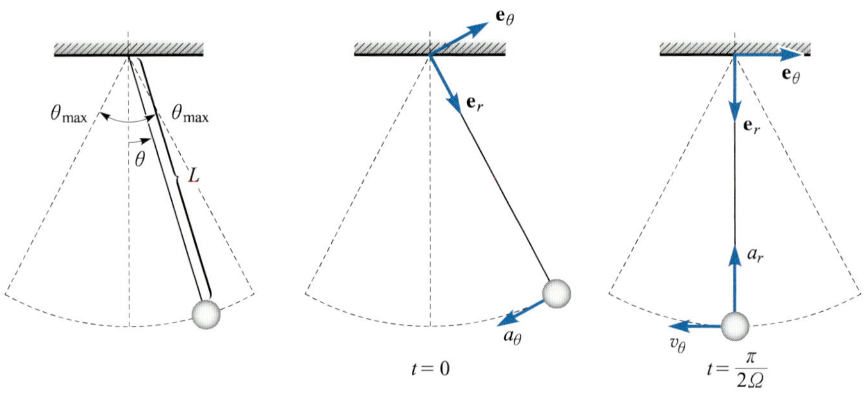

그림 예제 3.6

풀이

추의 운동은 연직면 내의 원운동이다. 각속도 $\dot{\theta}$(rad/s)와 각가속도 $\ddot{\theta}$(rad/s^2)는 시간 t에 관하여 순차적으로 미분하면 다음과 같이 구해진다.

$$\dot{\theta} = -\theta_{max}\,\Omega \sin \Omega t \tag{1}$$

$$\ddot{\theta} = -\theta_{max}\,\Omega^2 \cos \Omega t \tag{2}$$

식 (3.25a)로부터 속도의 반지름방향 성분 v_r이 얻어지고, 식 (3.25b)에 식 (1)과 $r=L$을 대입하면 속도의 원주방향 성분 v_θ가 구해진다. 즉,

$$v_r = 0 \tag{3}$$

$$v_\theta = L\dot{\theta} = -L\ \theta_{max}\,\Omega \sin \Omega t \tag{4}$$

가 된다.

식 (3.28a)에 식 (1)과 $r=L$을 대입하면 가속도의 반지름방향 성분 a_r이 얻어지고, 식 (3.28b)에 식 (2)와 $r=L$을 대입하면 가속도의 원주방향 성분 a_θ가 구해진다. 즉,

$$a_r = -L\dot{\theta}^2 = -L\ \theta_{max}^2\,\Omega^2 \sin^2 \Omega t \tag{5}$$

$$a_\theta = L\ddot{\theta} = -L\ \theta_{max}\,\Omega^2 \cos \Omega t \tag{6}$$

가 된다.

$t=0$일 때는

$$v_r = 0,\ v_\theta = 0,\ a_r = 0,\ a_\theta = -L\ \theta_{max}\,\Omega^2$$

이 되며, 속도의 크기와 가속도의 반지름방향 성분의 크기는 0이 되고, 가속도는 원주방향(접선방향)으로 그림 예제 3.6(b)와 같이 각도를 작게 하는 방향을 향하게 된다.

$t = \dfrac{\pi}{2\Omega}$ 일 때는

$$v_r = 0,\ v_\theta = -L\,\theta_{max}\,\Omega,\ a_r = -L\ \theta_{max}^2\,\Omega^2,\ a_\theta = 0$$

이 되며, 그림 예제 3.6(c)와 같이 속도는 원주방향(접선방향)으로 각도를 작게 하는 방향을 향하게 되고 가속도는 반지름방향으로 회전중심을 향하게 된다.

예제 3.7

20m/s로 주행하고 있던 자동차가 다음 그림과 같은 반경 100m의 커브에 진입함과 동시에 커브를 따라 1s 당 2m/s의 비율로 감속을 하였다. 커브 진입 직후 및 4초 후의 위치, 속도, 가속도의 크기를 구하시오.

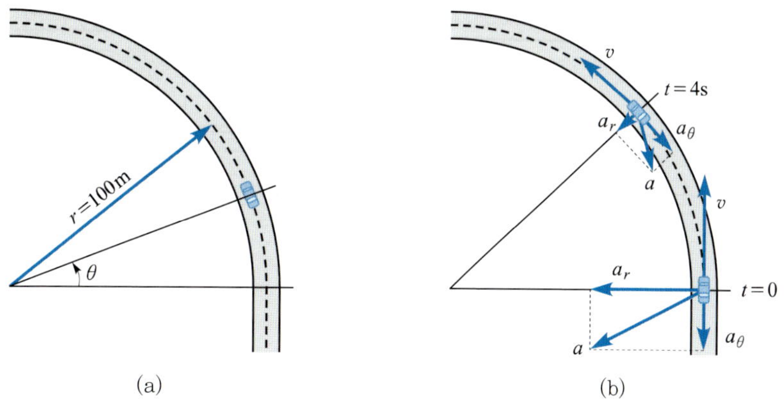

그림 예제 3.7

풀이

커브를 따라가는 운동은 원운동의 원주방향 운동에 해당하고, 그 방향의 속도와 가속도는 각각 v_θ와 a_θ이다. 커브를 따라가는 감속은 가속도의 원주방향 성분 a_θ에 해당한다. 즉,

$$a_\theta = \frac{-2}{1} = -2\,\mathrm{m/s^2} \tag{1}$$

이다. 원호상의 커브를 따라가는 운동의 경우는 커브의 궤도가 정해져 있기 때문에 직선운동과 같이 취급할 수 있고, 위치, 속도, 가속도의 사이에는 2장의 직선운동의 관계식이 성립한다. 식 (1)의 가속도가 일정한 값이기 때문에 속도의 원주방향 성분 v_θ(m/s)는 식 (2.18)에 의하여

$$v_\theta = v_0 + \int_0^t a_\theta\, dt = v_0 + a_\theta t = 20 - 2t \tag{2}$$

가 된다. 위치(커브를 따라 진행한 거리) s(m)는 식 (2.20)에 의하여

$$s = s_0 + \int_0^t (v_0 + a_\theta t)\, dt = s_0 + v_0 t + \frac{1}{2}a_\theta t^2 = 0 + 20t + \frac{1}{2}(-2)t^2 = 20t - t^2 \tag{3}$$

이 된다. 또한, 속도의 반지름방향 성분 v_r(m/s)과 가속도의 반지름방향 성분 a_r(m/s^2)은 각각 식 (3.25a)와 식 (3.28a)에 의하여

$$v_r = 0 \tag{4}$$

$$a_r = -r\dot{\theta}^2 = -r\omega^2 = -r\left(\frac{v_\theta}{r}\right)^2 = -\frac{v_\theta^2}{r} \tag{5}$$

이 된다.

커브 진입 직후의 위치, 속도, 가속도의 크기는 $t=0$을 식 (1)~(5)에 대입하면 다음과 같이 구해진다. 즉, 위치는 $t=0$을 식 (3)에 대입하면

$$s = 0$$

이 된다. 또한, $t = 0$을 식 (2)에 대입하면 $v_\theta = 20 - 2 \times 0 = 20\text{m/s}$가 된다. 따라서 속도의 크기는 다음과 같이 구해진다.

$$v = \sqrt{v_r^2 + v_\theta^2} = \sqrt{0^2 + 20^2} = 20\text{m/s}$$

그리고 $v_\theta = 20\text{m/s}$를 식 (5)에 대입하면 $a_r = -\dfrac{v_\theta^2}{r} = -\dfrac{20^2}{100} = -4\text{m/s}^2$이 된다. 따라서 $t = 0$에서 가속도의 크기는 다음과 같이 구해진다.

$$a = \sqrt{a_r^2 + a_\theta^2} = \sqrt{(-4)^2 + (-2)^2} = 4.47\text{m/s}^2$$

4초 후의 위치, 속도, 가속도의 크기는 $t = 4\text{s}$를 식 (1)~(5)에 대입하면 다음과 같이 구해진다. 즉, 위치는 $t = 4\text{s}$를 식 (3)에 대입하면

$$s = 20 \times 4 - 4^2 = 64\text{m}$$

가 된다. 또한, $t = 4\text{s}$를 식 (2)에 대입하면 $v_\theta = 20 - 2 \times 4 = 12\text{m/s}$가 된다. 따라서 속도의 크기는 다음과 같이 된다.

$$v = \sqrt{v_r^2 + v_\theta^2} = \sqrt{0^2 + 12^2} = 12\text{m/s}$$

그리고 $v_\theta = 12\text{m/s}$를 식 (5)에 대입하면 $a_r = -\dfrac{v_\theta^2}{r} = -\dfrac{12^2}{100} = -1.44\text{m/s}^2$이 된다. 따라서 $t = 4\text{s}$에서 가속도의 크기는 다음과 같이 된다.

$$a = \sqrt{a_r^2 + a_\theta^2} = \sqrt{(-1.44)^2 + (-2)^2} = 2.46\ \text{m/s}^2$$

3.5 3차원 공간곡선운동

3.5.1 3차원 공간곡선의 매개변수표현

공간상의 점 A를 **시작점**(initial point), 점 B를 **끝점**(terminal point)으로 하는 **벡터**를 $\overrightarrow{AB}$로 나타낸다. 시작점과 끝점이 불분명한 경우에는 볼드체 소문자 **a** 또는 화살표(arrow)를 붙인 문자 $\vec{a}$로 나타낸다. **벡터미적분**은 기하학이나 물리학에서 이 절의 **3차원 공간곡선**에 중요하게 이용된다. 기하학에 대하여 **벡터미분**을 응용하는 것을 **미분기하학**(differential geometry)이라 한다. 미분기하학의 응용은 공학설계 및 컴퓨터를 이용한 해석·설계, 상대성 이론, 항공, 지리학, 측지학 등에 응용된다.

곡선 C는 그림 3.12와 같이 움직이는 **질점**(물체)의 **경로**를 나타낸다. 이것에 대한 표현

법으로 **매개변수표현법**(parametric representation)이 이용되는데, 여기서는 다음과 같이 **매개변수**(parameter)로 t를 사용하고, 이것은 시간 혹은 다른 어떤 것이 될 수도 있다. 일반적인 **3차원 공간곡선**의 **매개변수표현법**은 다음과 같이 주어진다. 즉, $\alpha_1 \leq t \leq \alpha_2$를 만족하는 **매개변수** t에 대하여 3차원 공간에서 질점 P가 정해졌을 때, 질점 P의 **위치벡터** $\mathbf{r}$의 x성분, y성분, z성분은 t의 **매개변수**가 되고,

$$\mathbf{r} = \begin{Bmatrix} x(t) \\ y(t) \\ z(t) \end{Bmatrix} = x(t)\,\mathbf{i} + y(t)\mathbf{j} + z(t)\mathbf{k} \tag{3.29}$$

로 나타낼 수 있다. 여기서 x, y, z는 일반적인 직교좌표를 나타내고, $\mathbf{r} = \mathbf{r}(t)$를 나타낸다. 또한, **3차원 벡터공간**에 대한 **표준기저**는 $\mathbf{i} = \begin{Bmatrix} 1 \\ 0 \\ 0 \end{Bmatrix}$, $\mathbf{j} = \begin{Bmatrix} 0 \\ 1 \\ 0 \end{Bmatrix}$, $\mathbf{k} = \begin{Bmatrix} 0 \\ 0 \\ 1 \end{Bmatrix}$로 나타낸다. 즉 $\mathbf{i}$, $\mathbf{j}$, $\mathbf{k}$는 통상의 좌표계인 **직교좌표계**에서 세 축의 양의 방향 단위벡터들이다.

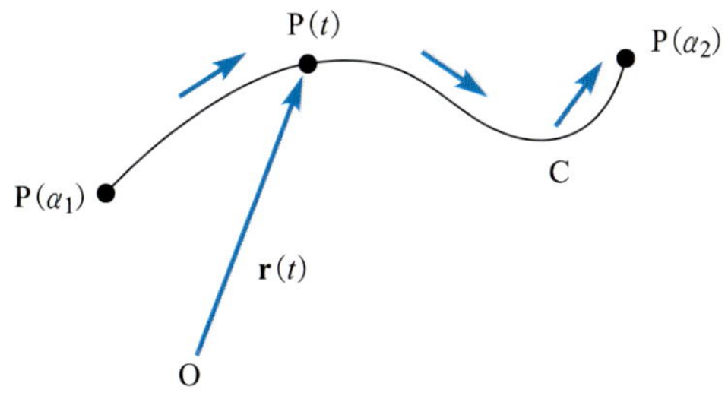

그림 3.12 곡선의 매개변수표현

정리하면, 함수 $x(t)$, $y(t)$, $z(t)$가 연속일 때, **질점** $\mathrm{P}(x(t), y(t), z(t))$는 3차원 공간에 곡선 C를 그린다. 이때 $\mathbf{r} = \mathbf{r}(t)$를 곡선 C의 매개변수표현이라 부르고, 변수 t를 매개변수, 그리고 $\alpha_1 \leq t \leq \alpha_2$를 곡선 C의 **정의역**이라 부른다. 이것은 t축상의 구간 $\alpha_1 \leq t \leq \alpha_2$를 xyz공간의 곡선 C의 일부로 **사상**(mapping)하는 것, 즉 그 구간의 모든 t를 **위치벡터** $\mathbf{r} = \mathbf{r}(t)$를 가지는 C점으로 **사상**하는 것이다. 여기서, 질점 $\mathrm{P}(x(t), y(t), z(t))$는 간단하게 $\mathrm{P}(t)$로 나타내기도 한다. $\mathrm{P}(\alpha_1)$을 시작점 그리고 $\mathrm{P}(\alpha_2)$를 끝점이라고 부른다. t가 증가할 때, $\mathrm{P}(t)$가 이동하는 방향을 곡선 C의 **양의 방향**(positive position)이라 한다. 따라서 t가 감소할 때, $\mathrm{P}(t)$가 이동하는 방향은 곡선 C의 **음의 방향**(negative position)이 된다.

예제 3.8

다음 곡선을 매개변수를 사용하여 나타내시오.

1) 그림 3.13과 같이 $P_0(x_0, y_0, z_0)$을 시작점, $P(x, y, z)$를 끝점으로 하는 선분

2) $P_0(-1, 0, 2)$를 시작점, $P(1, 2, 4)$를 끝점으로 하는 선분

3) 그림 3.14와 같이 평면 $z=c$(단, c는 상수)상에 있으며, 점 $(0, 0, c)$가 중심이고 반지름이 4인 원

4) 그림 3.15와 같이 $z=ct$(단, c는 상수)상에 있는 원 나선(circular helix)

풀이

1) 그림 3.13과 같이 시작점 $P_0(x_0, y_0, z_0)$의 위치벡터를 $\mathbf{p}_0$이라 할 때, 끝점 $P(x, y, z)$를 통과하고 벡터 $\mathbf{a}=a_1\mathbf{i}+a_2\mathbf{j}+a_3\mathbf{k}$에 평행한 직선은

$$\mathbf{r}=\mathbf{p}_0+t\mathbf{a}=\begin{Bmatrix} x_0+a_1t \\ y_0+a_2t \\ z_0+a_3t \end{Bmatrix} \tag{1}$$

로 나타낼 수가 있다. 여기서, $\mathbf{p}_0=x_0\mathbf{i}+y_0\mathbf{j}+z_0\mathbf{k}$이다. 식 (1)을 성분을 이용하여 나타내면

$$\begin{aligned}\mathbf{r}&=\mathbf{p}_0+t\mathbf{a}=x_0\,\mathbf{i}+y_0\mathbf{j}+z_0\mathbf{k}+t(a_1\mathbf{i}+a_2\mathbf{j}+a_3\mathbf{k})\\&=(x_0+a_1t)\,\mathbf{i}+(y_0+a_2t)\,\mathbf{j}+(z_0+a_3t)\,\mathbf{k}\end{aligned} \tag{2}$$

가 된다. 벡터 $\mathbf{a}=a_1\mathbf{i}+a_2\mathbf{j}+a_3\mathbf{k}=(x-x_0)\,\mathbf{i}+(y-y_0)\,\mathbf{j}+(z-z_0)\,\mathbf{k}$이므로, 식 (2)는 다음과 같이 된다.

$$\begin{aligned}\mathbf{r}&=(x_0+a_1t)\,\mathbf{i}+(y_0+a_2t)\,\mathbf{j}+(z_0+a_3t)\,\mathbf{k}\\&=[x_0+(x-x_0)t]\,\mathbf{i}+[y_0+(y-y_0)t]\mathbf{j}+[z_0+(z-z_0)t]\mathbf{k}\end{aligned} \tag{3}$$

식 (3)에서, 직선상의 점 $P(t)$는 $t=0$일 때 시작점 $P_0(x_0, y_0, z_0)$이 되고 $t=1$일 때 끝점 $P(x, y, z)$가 되기 때문에, 따라서 식 (3)은 다음과 같이 된다.

$$\mathbf{r}=[x_0+(x-x_0)t]\,\mathbf{i}+[y_0+(y-y_0)t]\,\mathbf{j}+[z_0+(z-z_0)t]\,\mathbf{k}\ \ (0\le t\le 1) \tag{4}$$

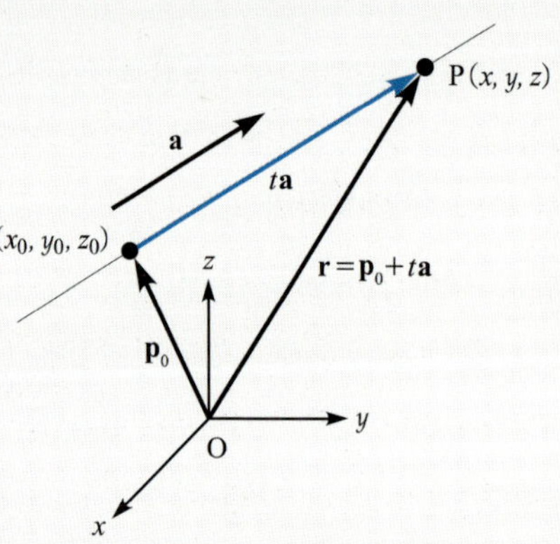

그림 3.13 직선의 매개변수표현

2) 식 (4)로부터, $P_0(-1, 0, 2)$를 시작점, $P(1, 2, 4)$를 끝점으로 하는 직선은 다음과 같이 된다.

$$\mathbf{r} = [-1+(1-(-1))t]\mathbf{i} + [0+(2-0)t]\mathbf{j} + [2+(4-2)t]\mathbf{k}$$
$$= (-1+2t)\,\mathbf{i} + 2t\mathbf{j} + (2+2t)\mathbf{k} \quad (0 \le t \le 1)$$

3) xy평면과 평행한 평면 $z=c$(단, c는 상수)상에 있으며, 점 $(0, 0, c)$가 중심이고 반지름이 4인 점은 $(4\cos t, 4\sin t, c)$로 나타내어진다. 따라서 이 원의 위치벡터함수는 다음과 같이 된다.

$$\mathbf{r} = 4\cos t\mathbf{i} + 4\sin t\mathbf{j} + c\mathbf{k} \tag{5}$$

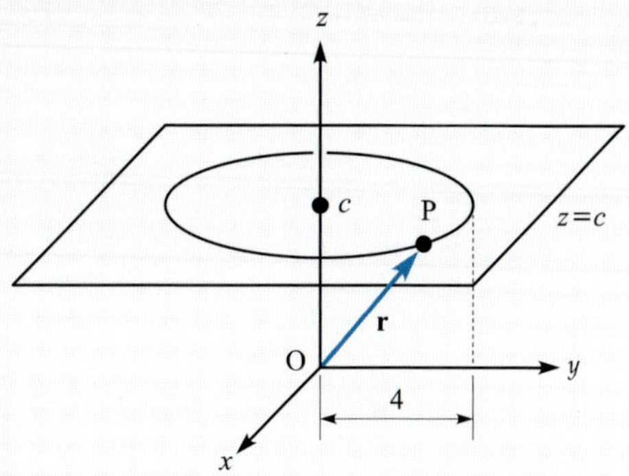

그림 3.14 원의 매개변수표현

참고로, 위치벡터함수

$$\mathbf{r} = \begin{Bmatrix} \alpha\cos t \\ \beta\sin t \\ 0 \end{Bmatrix} = \alpha\cos t\mathbf{i} + \beta\sin t\mathbf{j} \tag{6}$$

는 중심이 원점이고 주축이 x축과 y축인 xy평면의 타원을 표현한다. 즉, $\sin^2 t + \cos^2 t = 1$이므로, 식 (6)으로부터

$$\frac{x^2}{\alpha^2} + \frac{y^2}{\beta^2} = 1, \ z = 0 \tag{7}$$

이 얻어진다. 만약 $\alpha = \beta$이면, 식 (7)은 반지름이 α인 원이 된다.

4) 3)의 원은 z좌표가 c이다. 이것에 대하여, 곡선

$$\mathbf{r} = 4\cos t\mathbf{i} + 4\sin t\mathbf{j} + ct\mathbf{k} \tag{8}$$

상의 점은 t의 변화에 동반하여 z축을 중심으로 반지름이 4인 원주면을 그림 3.15와 같이 나선형으로 감고 있다. 그리고 t가 2π씩 변화할 때, z좌표는 $2\pi c$씩 변화한다. 만약 $c > 0$이면, 그림 3.15와 같은 오른손 나사 모양이 된다. 반면에 $c < 0$이면, 왼손 나사 모양이 된다. 따라서 이 곡선을 원 나선이라 부른다.

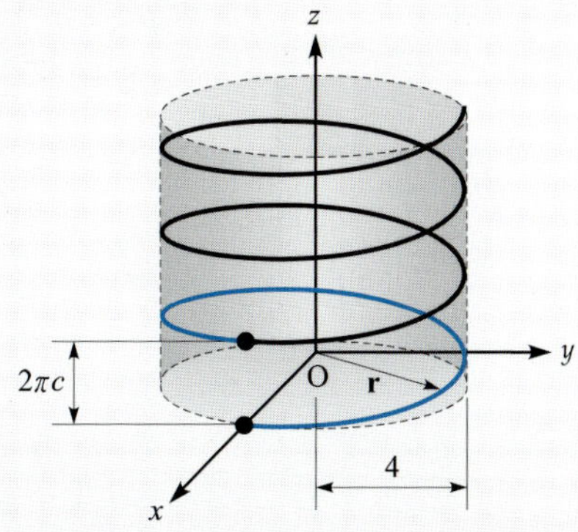

그림 3.15 원 나선의 매개변수표현

3.5.2 3차원 공간곡선의 접선(tangent), 속도와 가속도

접선이란 그림 3.16에 보여준 것처럼 곡선에 접하는 **직선**이다. 여기서 **3차원 공간곡선**이 **위치벡터** $\mathbf{r}=\mathbf{r}(t)=x(t)\mathbf{i}+y(t)\mathbf{j}+z(t)\mathbf{k}$로 표현되고 **미분**이 가능할 때, 3차원 공간곡선상의 각 **질점** $\mathrm{P}(t)$에 대하여 이 **벡터**의 **극한**은 **도함수**

$$\begin{aligned}\dot{\mathbf{r}}&=\frac{d\mathbf{r}}{dt}=\lim_{\Delta t\to 0}\frac{\mathbf{r}(t+\Delta t)-\mathbf{r}(t)}{\Delta t}\\&=\lim_{\Delta t\to 0}\left[\frac{x(t+\Delta t)-x(t)}{\Delta t}\mathbf{i}+\frac{y(t+\Delta t)-y(t)}{\Delta t}\mathbf{j}+\frac{z(t+\Delta t)-z(t)}{\Delta t}\mathbf{k}\right]\\&=\frac{dx}{dt}\mathbf{i}+\frac{dy}{dt}\mathbf{j}+\frac{dz}{dt}\mathbf{k}\end{aligned} \tag{3.30}$$

가 된다. 만약 $\dfrac{d\mathbf{r}}{dt}\neq 0$이면, $\dfrac{d\mathbf{r}}{dt}=\dot{\mathbf{r}}$를 점 $\mathrm{P}(t)$에서 곡선의 **접선벡터**(tangent vector)라 부른다. 이 접선벡터에 대응하는 단위벡터

$$\mathbf{t}=\frac{1}{|\dot{\mathbf{r}}|}\dot{\mathbf{r}}=\frac{\dfrac{d\mathbf{r}}{dt}}{\left|\dfrac{d\mathbf{r}}{dt}\right|} \tag{3.31}$$

을 **단위접선벡터**(unit tangent vector)라고 부른다.

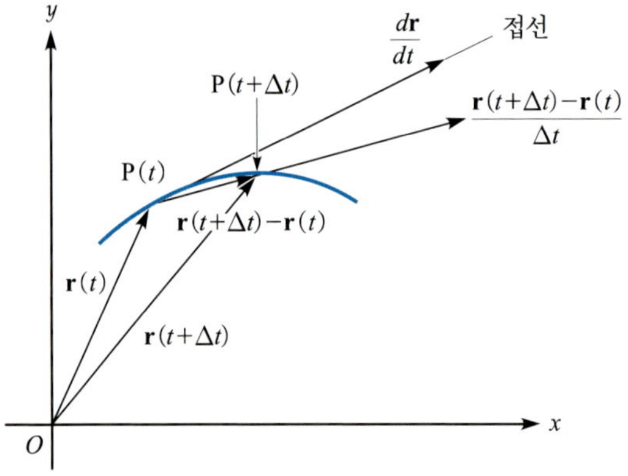

그림 3.16 곡선에서 접선의 표현

식 (3.30)에서 매개변수 t가 **시간**(time)을 나타낼 때,

$$\mathbf{v} = \dot{\mathbf{r}} = \frac{d\mathbf{r}}{dt} = \dot{x}\mathbf{i} + \dot{y}\mathbf{j} + \dot{z}\mathbf{k} \tag{3.32}$$

을 **속도벡터**(velocity vector) 또는 간단히 **속도**(velocity)라고 부른다. 이것은 순간적으로 움직이는 방향을 나타내며, 그 크기를 **속력**(speed)이라 하고 $|\mathbf{v}| = |\dot{\mathbf{r}}| = \sqrt{\dot{\mathbf{r}} \cdot \dot{\mathbf{r}}}$ 로 나타낸다. 식 (3.31)을 v를 이용하여 나타내면, $\mathbf{t} = \frac{1}{|\mathbf{v}|}\mathbf{v}$가 된다(그림 3.17 참조). **가속도벡터**(acceleration vector 또는 간단히 **가속도**(velocity)라 함) a는 속도벡터의 도함수이고, 그것의 크기는 **가속력**이라 한다. 따라서

$$\mathbf{a} = \dot{\mathbf{v}} = \ddot{\mathbf{r}} = \frac{d\mathbf{v}}{dt} = \frac{d^2 r}{dt^2} = \ddot{x}\mathbf{i} + \ddot{y}\mathbf{j} + \ddot{z}\mathbf{k} \tag{3.33}$$

이다.

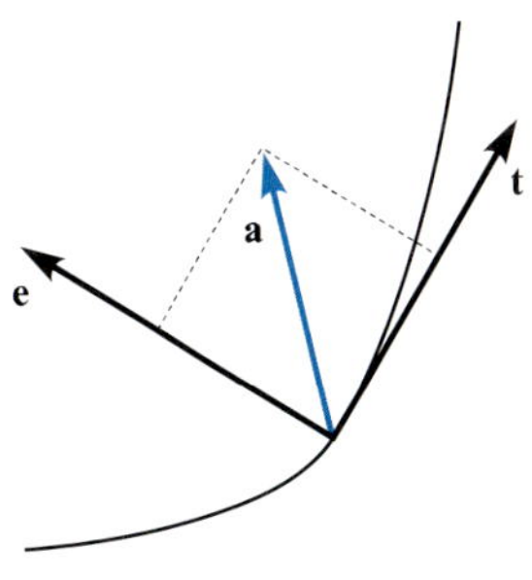

그림 3.17 단위접선벡터 t, 단위법선벡터 e, 가속도벡터 a의 표현

식 (3.31)의 경우, $\mathbf{t} \cdot \mathbf{t} = |\mathbf{t}^2| = 1$이다(• 은 벡터의 내적). $\mathbf{t} \cdot \mathbf{t} = 1$의 양변을 t에 관하여 미분하면

$$\frac{d}{dt}(\mathbf{t} \cdot \mathbf{t}) = \frac{d\mathbf{t}}{dt} \cdot \mathbf{t} + \mathbf{t} \cdot \frac{d\mathbf{t}}{dt} = 2\mathbf{t} \cdot \frac{d\mathbf{t}}{dt} = 0 \tag{3.34}$$

이 되기 때문에, 즉 내적이 0이므로 t와 $\frac{d\mathbf{t}}{dt}$는 수직을 이다. 여기서,

$$\mathbf{e} = \frac{\frac{d\mathbf{t}}{dt}}{\left|\frac{d\mathbf{t}}{dt}\right|} = \frac{1}{|\dot{\mathbf{t}}|}\dot{\mathbf{t}} \tag{3.35}$$

로 놓으면, e는 t에 수직한 **단위법선벡터**(unit normal vector)이다(그림 3.17 참조).

다음으로, **가속도벡터** a를 t와 e에 의하여 나타내보자. 식 (3.31)~(3.33)으로부터

$$\begin{aligned}\mathbf{a} &= \frac{d}{dt}(|\mathbf{v}|\mathbf{t}) \\ &= \frac{d|\mathbf{v}|}{dt}\mathbf{t} + |\mathbf{v}|\frac{d\mathbf{t}}{dt} = \frac{d|\mathbf{v}|}{dt}\mathbf{t} + |\mathbf{v}|\left|\frac{d\mathbf{t}}{dt}\right|\mathbf{e}\end{aligned} \tag{3.36}$$

가 된다. 위 식에서 $a_t = \frac{d|\mathbf{v}|}{dt}$, $a_n = |\mathbf{v}|\left|\frac{d\mathbf{t}}{dt}\right|$라 놓으면

$$\mathbf{a} = a_t\,\mathbf{t} + a_n\,\mathbf{e} \tag{3.37}$$

로 표현된다(그림 3.17 참조). 여기서, a_t는 **접선가속도 성분**이고, a_n은 **법선가속도 성분**이다. 그리고

$$\mathbf{a} \cdot \mathbf{t} = (a_t\,\mathbf{t} + a_n\,\mathbf{e}) \cdot \mathbf{t} = a_t|\mathbf{t}|^2 = a_t \tag{3.38}$$

$$\mathbf{a} \cdot \mathbf{e} = (a_t\,\mathbf{t} + a_n\,\mathbf{e}) \cdot \mathbf{e} = a_n|\mathbf{e}|^2 = a_n \tag{3.39}$$

이 된다.

예제 3.9

원 나선 곡선 $\mathbf{r} = 6\cos t\,\mathbf{i} + 6\sin t\,\mathbf{j} + 9t\,\mathbf{k}$에 대하여, 다음 물음에 답하시오.

1) 속도 v, 속력 |v|, 가속도 a를 구하시오.

2) 단위접선벡터 t, 단위법선벡터 e를 구하시오.

3) 가속도 a의 접선가속도 성분 a_t와 법선가속도 성분 a_n을 구하고, a를 t와 e를 이용하여 나타내시오.

풀이

1) 식 (3.32)로부터,

$$\mathbf{v} = \dot{\mathbf{r}} = \frac{d\mathbf{r}}{dt} = -6\sin t\,\mathbf{i} + 6\cos t\,\mathbf{j} + 9\,\mathbf{k} = \begin{Bmatrix} -6\sin t \\ 6\cos t \\ 9 \end{Bmatrix} \tag{1}$$

가 된다. $|\mathbf{v}| = |\dot{\mathbf{r}}| = \sqrt{\dot{\mathbf{r}} \cdot \dot{\mathbf{r}}}$ 이므로, 속력은

$$\begin{aligned}|\mathbf{v}| &= |\dot{\mathbf{r}}| = \sqrt{\dot{\mathbf{r}} \cdot \dot{\mathbf{r}}} \\ &= \sqrt{(-6\sin t)^2 + (6\cos t)^2 + 9^2}\end{aligned}$$

$$= \sqrt{36(\sin^2 t + \cos^2 t) + 81} = \sqrt{36 + 81} = 3\sqrt{13} \tag{2}$$

이 된다. 또는, $|\mathbf{v}| = \sqrt{v_x^2 + v_y^2 + v_z^2} = \sqrt{(-6\sin t)^2 + (6\cos t)^2 + 9^2} = 3\sqrt{13}$ 이 된다.

식 (3.33)으로부터,

$$\mathbf{a} = \dot{\mathbf{v}} = \frac{d\mathbf{v}}{dt} = -6\cos t\mathbf{i} - 6\sin t\mathbf{j} + 0\mathbf{k} = \begin{Bmatrix} -6\cos t \\ -6\sin t \\ 0 \end{Bmatrix} \tag{3}$$

이 된다.

2) $\mathbf{t} = \frac{1}{|\mathbf{v}|}\mathbf{v}$ 이므로, 단위접선벡터는

$$\mathbf{t} = \frac{1}{|\mathbf{v}|}\mathbf{v} = \frac{1}{3\sqrt{13}}(-6\sin t\mathbf{i} + 6\cos t\mathbf{j} + 9\mathbf{k}) = \frac{1}{\sqrt{13}}(-2\sin t\mathbf{i} + 2\cos t\mathbf{j} + 3\mathbf{k})$$

$$= \frac{1}{\sqrt{13}}\begin{Bmatrix} -2\sin t \\ 2\cos t \\ 3 \end{Bmatrix} \tag{4}$$

이 된다. 식 (3.35)로부터,

$$\mathbf{e} = \frac{\frac{d\mathbf{t}}{dt}}{\left|\frac{d\mathbf{t}}{dt}\right|} = \frac{1}{|\mathbf{t}'|}\mathbf{t}' = \frac{1}{2}(-2\cos t\mathbf{i} - 2\sin t\mathbf{j} + 0\mathbf{k}) = -\cos t\mathbf{i} - \sin t\mathbf{j} + 0\mathbf{k}$$

$$= \begin{Bmatrix} -\cos t \\ -\sin t \\ 0 \end{Bmatrix} \tag{5}$$

이 된다.

3) 식 (3.38), (3.39)로부터,

$$a_t = \mathbf{a} \cdot \mathbf{t} = (-6\cos t\,\mathbf{i} - 6\sin t\mathbf{j} + 0\mathbf{k}) \cdot \frac{1}{\sqrt{13}}(-2\sin t\mathbf{i} + 2\cos t\mathbf{j} + 3\mathbf{k}) = 0 \tag{6}$$

$$a_n = \mathbf{a} \cdot \mathbf{e} = (-6\cos t\,\mathbf{i} - 6\sin t\mathbf{j} + 0\mathbf{k}) \cdot (-\cos t\mathbf{i} - \sin t\mathbf{j} + 0\mathbf{k})$$

$$= 6\cos^2 t + 6\sin^2 t = 6 \tag{7}$$

이 된다. 식 (3.37)로부터,

$$\mathbf{a} = a_t\,\mathbf{t} + a_n\mathbf{e} = 0\mathbf{t} + 6\mathbf{e} = 6\mathbf{e} \tag{8}$$

가 된다. 따라서 이 경우, $\mathbf{a}$와 $\mathbf{t}$는 수직이고, 가속도 $\mathbf{a}$의 방향은 단위법선벡터 $\mathbf{e}$의 방향과 같다.

참고로, 식 (8)로부터 $\mathbf{a} = 6\mathbf{e}$ 이므로

$$|\mathbf{a}| = |6\mathbf{e}| = 6 \text{ (또는 } |\mathbf{a}| = \sqrt{a_t^2 + a_n^2 + a_z^2} = \sqrt{0^2 + 6^2 + 0^2} = 6) \tag{9}$$

이 된다. 또한, 식 (3)으로부터 $|\mathbf{a}| = \begin{Bmatrix} -6\cos t \\ -6\sin t \\ 0 \end{Bmatrix}$ 이므로

$$|\mathbf{a}| = \sqrt{a_x^2 + a_y^2 + a_z^2} = \sqrt{(-6\cos t)^2 + (-6\sin t)^2 + 0^2} = 6 \tag{10}$$

이 된다. 즉, 식 (9), (10)은 같은 $|\mathbf{a}|$값을 보여주고 있다.

3.6 상대운동과 구속

3.6.1 상대운동

그림 3.18과 같이 평면 내에서 운동하고 있는 2대의 자동차 A, B를 고찰해 보자. 자동차 B의 운동은 평면 내의 고정점 O에 서있는 사람이 보았을 때의 위치의 변화로서 인식되어진다. 한편, 운동하고 있는 자동차 A에 탑승한 사람으로부터도 자동차 B의 운동이 인식되어질 수 있지만, 이것은 고정점 O에 서있는 사람과는 다르게 보인다. 이와 같이 질점의 운동을 나타낼 때, 고정점으로부터 관측된 운동을 **절대운동**(absolute motion), 운동하고 있는 점으로부터 관측된 운동을 **상대운동**(relative motion)이라고 부른다.

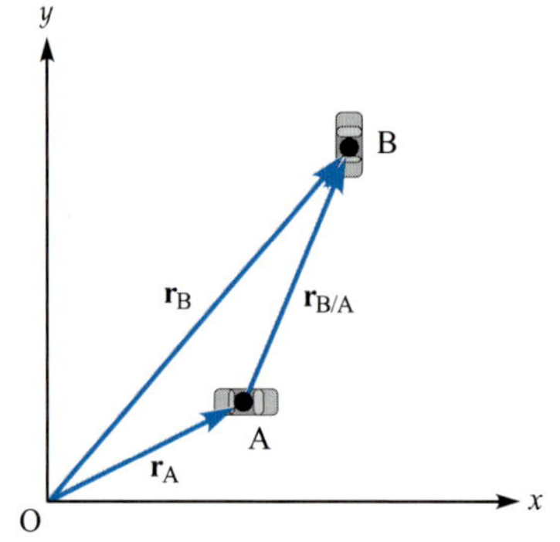

그림 3.18 절대위치와 상대위치

2.2절에서 설명한 것과 같이, 그림 3.18에서 점 B의 위치는 어떤 기준으로부터 그 점을 향하는 벡터로 표현되어 있다. 즉, 기준을 고정점 O로 하는 경우의 벡터 $\mathbf{r}_B$는 **절대위치**(absolute position), 운동하는 관측점 A로 하는 경우의 벡터 $\mathbf{r}_{B/A}$는 **상대위치**(relative position)라고 불려진다. 여기서, 이들과 A점의 절대위치 $\mathbf{r}_A$ 사이에는 그림 3.18로부터 다음과 같은 벡터적인 관계가 성립한다.

$$\mathbf{r}_B = \mathbf{r}_A + \mathbf{r}_{B/A} \tag{3.40}$$

즉,

$$\mathbf{r}_{B/A} = \mathbf{r}_B - \mathbf{r}_A \tag{3.41}$$

가 된다. 위 식에서, 아래첨자 'B/A'는 'A에서 측정한 B' 또는 'A에 관한 B'라는 의미이다.

따라서 $\mathbf{r}_{B/A}$는 A에서 측정한 B(A에 관한 B)의 위치이다. 즉, $\mathbf{r}_{B/A}$는 B의 A에 대한 상대위치이다. 식 (3.41)로부터, 상대위치는 그 점과 운동하는 관측점의 절대위치의 벡터 차에 의하여 주어진다.

식 (3.40)을 시간에 관하여 순차적으로 미분하면 다음과 같은 관계가 얻어진다.

$$\dot{\mathbf{r}}_B = \dot{\mathbf{r}}_A + \dot{\mathbf{r}}_{B/A} \quad \text{또는} \quad \mathbf{v}_B = \mathbf{v}_A + \mathbf{v}_{B/A} \tag{3.42}$$

$$\ddot{\mathbf{r}}_B = \ddot{\mathbf{r}}_A + \ddot{\mathbf{r}}_{B/A} \quad \text{또는} \quad \mathbf{a}_B = \mathbf{a}_A + \mathbf{a}_{B/A} \tag{3.43}$$

즉,

$$\dot{\mathbf{r}}_{B/A} = \dot{\mathbf{r}}_B - \dot{\mathbf{r}}_A \quad \text{또는} \quad \mathbf{v}_{B/A} = \mathbf{v}_B - \mathbf{v}_A \tag{3.44}$$

$$\ddot{\mathbf{r}}_{B/A} = \ddot{\mathbf{r}}_B - \ddot{\mathbf{r}}_A \quad \text{또는} \quad \mathbf{a}_{B/A} = \mathbf{a}_B - \mathbf{a}_A \tag{3.45}$$

가 된다. 여기서, $\dot{\mathbf{r}}_B (= \mathbf{v}_B)$와 $\dot{\mathbf{r}}_{B/A} (= \mathbf{v}_{B/A})$는 각각 점 B의 **절대속도**(absolute velocity)와 **상대속도**(relative velocity)를, $\ddot{\mathbf{r}}_B (= \mathbf{a}_B)$와 $\ddot{\mathbf{r}}_{B/A} (= \mathbf{a}_{B/A})$는 각각 점 B의 **절대가속도**(absolute acceleration)와 **상대가속도**(relative acceleration)를 의미한다. $\dot{\mathbf{r}}_A (= \mathbf{v}_A)$와 $\ddot{\mathbf{r}}_A (= \mathbf{a}_A)$는 각각 점 A의 **절대속도**와 **절대가속도**이다. 위치의 경우와 같이, 식 (3.44)에 의하여 상대속도는 그 점과 운동하는 관측점의 절대속도의 벡터 차에 의하여 주어지고, 식 (3.45)에 의하여 상대가속도는 그 점과 운동하는 관측점의 절대가속도의 벡터 차에 의하여 주어진다.

한편, 그림 3.19와 같이 **고정좌표계** xy의 원점 O와 병진운동을 하는 **이동좌표계** XY의 원점 B를 갖는 평면 내에서 운동하고 있는 그림 3.18과 똑같은 2대의 자동차 A, B를 고찰해 보자. 먼저, 이동좌표계 XY의 원점 B를 고정시킬 수 있는데, 이때 위치, 속도, 가속도의 상대운동은 다음 식과 같이 된다.

$$\mathbf{r}_B = \mathbf{r}_A - \mathbf{r}_{A/B} \tag{3.46}$$

$$\dot{\mathbf{r}}_B = \dot{\mathbf{r}}_A - \dot{\mathbf{r}}_{A/B} \quad \text{또는} \quad \mathbf{v}_B = \mathbf{v}_A - \mathbf{v}_{A/B} \tag{3.47}$$

$$\ddot{\mathbf{r}}_B = \ddot{\mathbf{r}}_A - \ddot{\mathbf{r}}_{A/B} \quad \text{또는} \quad \mathbf{a}_B = \mathbf{a}_A - \mathbf{a}_{A/B} \tag{3.48}$$

식 (3.40)~(3.48)로부터, $\mathbf{r}_{B/A} = -\mathbf{r}_{A/B}$, $\mathbf{v}_{B/A} = -\mathbf{v}_{A/B}$, $\mathbf{a}_{B/A} = -\mathbf{a}_{A/B}$가 된다. 다음으로 이동좌표계 XY가 일정한 속도로 움직이는 경우에는 이동좌표계에서 측정한 질점의

상대가속도와 고정좌표계 xy에서 측정한 절대가속도는 서로 같다. 이와 같이 이동좌표계가 일정한 속도로 움직이면 가속도의 관점에서 볼 때 이동좌표계와 고정좌표계가 동일한 역할을 한다고 할 수 있으며, 이렇게 일정속도로 병진운동을 하는 이동좌표계를 **관성좌표계**(inertial system)라고 부른다.

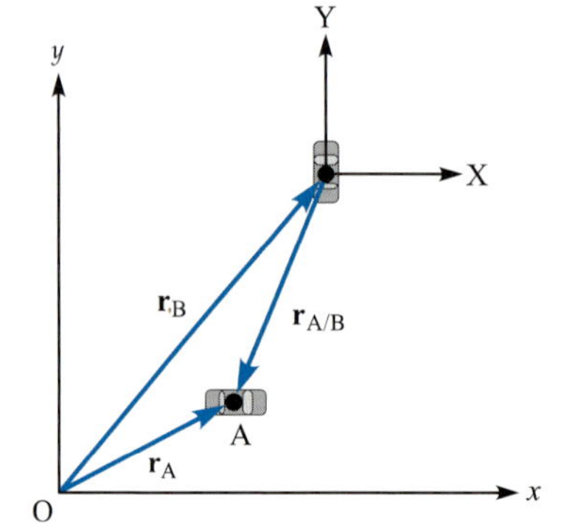

그림 3.19 고정좌표계 xy에서 절대위치와 이동좌표계 XY에서 상대위치

예제 3.10

다음 그림과 같이, 같은 고도를 동쪽으로 400km/h로 비행하는 항공기 A와 남쪽으로 780km/h로 비행하는 항공기 B가 있다. 어떤 시간에 동서로는 12km, 남북으로는 23km 떨어진 위치가 된 2개의 항공기가 그대로 비행을 계속한다면, 두 비행기는 서로 얼마만큼 접근할까?

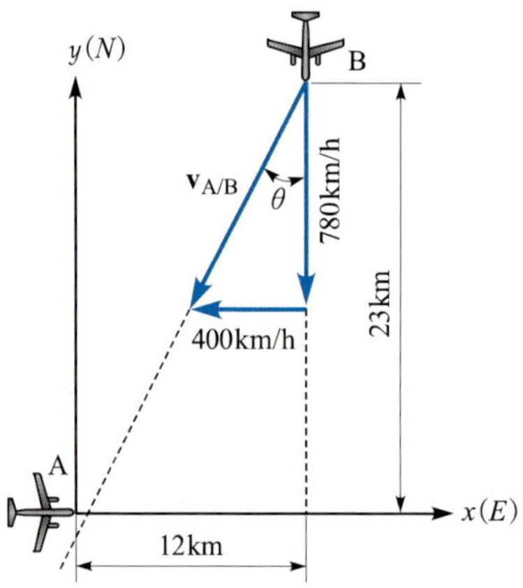

그림 예제 3.10

풀이

그림 예제 3.10과 같이, 동쪽으로 400km/h로 비행하는 A기를 기준으로 하는 직교좌표계 xy의 좌표축을

동서와 남북의 방향으로 잡는다. 남쪽으로 780km/h의 속도로 비행하는 A기의 B기에 대한 상대속도의 크기는

$$v_{A/B} = \sqrt{400^2 + 780^2} = 876.58 \text{ km/h} \tag{1}$$

로, 방향은 정남으로부터

$$\theta = \tan^{-1}\frac{400}{780} = 27^\circ 9' \tag{2}$$

서쪽을 향하고 있다. 매개변수 t를 이용하여 B기의 상대위치를 나타내면 다음과 같이 된다. 즉, 시간 $t=0$에서 B기의 상대위치를 (12, 23)이라고 하면, t초 후의 상대위치는

$$x = 12 - 400t \tag{3a}$$

$$y = 23 - 780t \tag{3b}$$

가 된다. $y=0$이 되는 시간 t는 식 (3b)에 의하여 다음과 같이 된다.

$$0 = 23 - 780t \;\Rightarrow\; t = \frac{23}{780} = 0.0295\,\text{h} = 106\,\text{s}$$

이때, 식 (3a)에 의하여

$$x = 12 - 400 \times 0.0295 = 0.2\,\text{km} = 200\,\text{m}$$

가 된다. 즉, 1분 46초 후에 남쪽으로 비행하는 B기가 동쪽으로 비행하는 A기의 직전 200m까지 근접한다.

예제 3.11

다음 그림과 같이, 직각으로 교차하는 2개의 도로 교차점에서 각각의 도로로부터 2대의 자동차가 근접하고 있다. 15m/s로 주행하는 자동차 A로부터 볼 때, 자동차 B가 전방으로부터 60°의 방향으로 접근하고 있는 것으로 보일 때 자동차 B의 속도벡터를 구하시오.

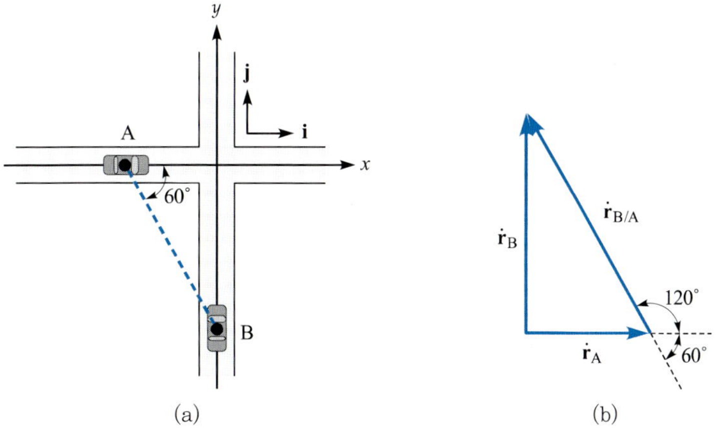

그림 예제 3.11

풀이

그림 예제 3.11(a)와 같이, 교차점을 원점으로 직교좌표계를 잡는다. 속도벡터를 x, y방향의 단위벡터 $\mathbf{i}, \mathbf{j}$로

나타내면, 자동차 A의 절대속도는

$$\mathbf{v}_A = \dot{\mathbf{r}}_A = \dot{x}_A\mathbf{i} + \dot{y}_A\mathbf{j} = 15\mathbf{i} + 0\mathbf{j} = 15\mathbf{i} \tag{1}$$

가 되다. 또한, 자동차 B의 절대속도는 속도의 크기를 v라고 하면

$$\mathbf{v}_B = \dot{\mathbf{r}}_B = \dot{x}_B\mathbf{i} + \dot{y}_B\mathbf{j} = 0\mathbf{i} + v\mathbf{j} = v\mathbf{j} \tag{2}$$

라고 할 수 있다. 따라서 B의 A에 대한 상대속도(A에 대한 B의 상대속도)는

$$\mathbf{v}_{B/A} = \dot{\mathbf{r}}_{B/A} = \mathbf{v}_B - \mathbf{v}_A = \dot{\mathbf{r}}_B - \dot{\mathbf{r}}_A = -15\,\mathbf{i} + v\mathbf{j} \tag{3}$$

가 된다. 그림 예제 3.11(b)와 같이, 식 (3)의 $\dot{\mathbf{r}}_{B/A}(=\mathbf{v}_{B/A})$는 자동차 A의 속도 $\dot{\mathbf{r}}_A(=\mathbf{v}_A)$를 바라보는 방향과 $60°$의 각도를 이루기 때문에 벡터의 크기 v는 다음과 같이 구해진다.

$$\tan 60° = \frac{v}{15} \quad \Rightarrow \quad v = 15\tan 60° = 25.98\,\text{m/s}$$

따라서 자동차 B의 속도벡터는 위의 v값을 식 (2)에 대입하면

$$\mathbf{v}_B = \dot{\mathbf{r}}_B = 25.98\mathbf{j}$$

가 된다.

예제 3.12

다음 그림과 같이 직선도로에 합류하는 반지름이 $r = 100\text{m}$인 원호상의 도로가 있다. 자동차 A는 원호상의 도로를 매초 2m/s^2의 비율로 가속하여 합류지점에서 속도의 크기가 40m/s에 도달하였다. 한편, 자동차 B는 직선도로를 매초 4m/s^2의 비율로 감속하여 합류지점에서 속도의 크기가 36m/s에 도달하였다. 합류 직전의 자동차 B의 자동차 A에 대한 상대속도와 상대가속도의 벡터를 구하시오.

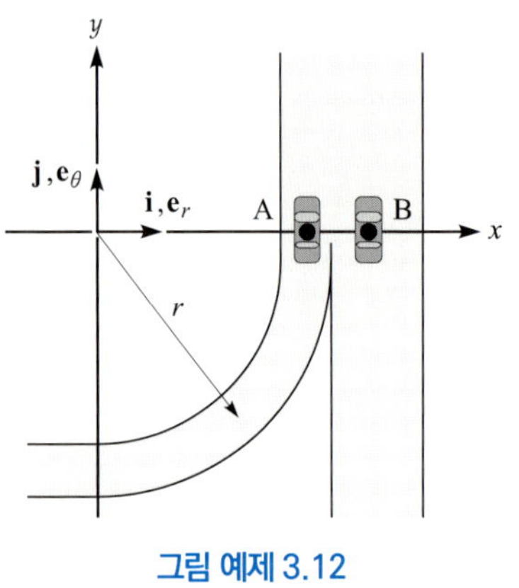

그림 예제 3.12

풀이

그림 예제 3.12와 같이, 합류점이 x축상에 오도록 직교좌표계 및 극좌표계를 잡는다. 이 경우 합류점의 각도는 $\theta = 0$이 된다. 속도벡터와 가속도벡터를 x, y방향의 단위벡터 $\mathbf{i}, \mathbf{j}$로 나타내면, 직선운동을 하고 있는 자동차 B의 합류 직전의 속도벡터와 가속도벡터는 각각 다음과 같이 된다.

$$\mathbf{v}_B = \dot{\mathbf{r}}_B = \dot{x}_B\mathbf{i} + \dot{y}_B\mathbf{j} = 0\mathbf{i} + 36\mathbf{j} = 36\mathbf{j} \tag{1}$$

$$\mathbf{a}_B = \dot{\mathbf{v}}_B = \ddot{\mathbf{r}}_B = \ddot{x}_B\mathbf{i} + \ddot{y}_B\mathbf{j} = 0\mathbf{i} - 4\mathbf{j} = -4\mathbf{j} \tag{2}$$

한편, 자동차 A는 원운동을 하고 있기 때문에 극좌표를 이용하여 고찰해 본다. 자동차 A의 합류 직전의 속도벡터는 원 궤도의 반지름의 크기가 불변이기 때문에 단위벡터 $\mathbf{e}_r$방향으로는 속도성분을 갖지 않는다. 즉, $v_r = 0$이다. 또한, 원운동의 접선방향은 $\mathbf{e}_\theta$방향과 일치하고, 그 속도성분의 크기는 $v_\theta = 40\text{m/s}$가 된다. 따라서 식 (3.24)에 의하여, 원운동을 하는 자동차 A의 속도벡터는

$$\mathbf{v}_A = v_r\mathbf{e}_r + v_\theta\mathbf{e}_\theta = 0\mathbf{e}_r + 40\mathbf{e}_\theta = 40\mathbf{e}_\theta \tag{3}$$

가 되고, 이때의 각속도는 $\omega = \dot{\theta} = \dfrac{v_\theta}{r} = \dfrac{40}{100} = 0.4\text{rad/s}$이다. 또한, 이때 가속도의 단위벡터 $\mathbf{e}_\theta$방향(원주방향) 성분은 $a_\theta = 2\text{m/s}^2$이고, 단위벡터 $\mathbf{e}_r$방향(반지름방향) 성분은 $a_r = -r\dot{\theta}^2 = -r\omega^2 = -100 \times 0.4^2 = -16\text{m/s}^2$이다. 따라서 식 (3.27)에 의하여, 원운동하는 자동차 A의 가속도벡터는 다음과 같이 된다.

$$\mathbf{a}_A = a_r\mathbf{e}_r + a_\theta\mathbf{e}_\theta = -16\mathbf{e}_r + 2\mathbf{e}_\theta \tag{4}$$

그림 예제 3.12의 좌표계에서는 $\mathbf{e}_r = \mathbf{i}$, $\mathbf{e}_\theta = \mathbf{j}$라는 것을 고려할 때, 합류 직전의 자동차 B의 자동차 A에 대한(자동차 A에 대한 자동차 B의) 상대속도와 상대가속도의 벡터는 각각 다음과 같이 구해진다.

$$\mathbf{v}_{B/A} = \dot{\mathbf{r}}_{B/A} = \dot{\mathbf{r}}_B - \dot{\mathbf{r}}_A = 36\mathbf{j} - 40\mathbf{e}_\theta = 36\mathbf{j} - 40\mathbf{j} = -4\mathbf{j}\ (\text{m/s})$$

$$\mathbf{a}_{B/A} = \ddot{\mathbf{r}}_{B/A} = \ddot{\mathbf{r}}_B - \ddot{\mathbf{r}}_A = -4\mathbf{j} + 16\mathbf{e}_r - 2\mathbf{e}_\theta = -4\mathbf{j} + 16\mathbf{i} - 2\mathbf{j} = 16\mathbf{i} - 6\mathbf{j}\ (\text{m/s})$$

3.6.2 2질점 사이의 거리가 규정된 구속

그림 3.20과 같이, 자동차 A와 수레 B를 일정한 길이의 케이블로 연결한 후 잡아당기는 경우를 고찰해 보자. A와 B는 각각 궤도상을 진행하지만, B의 운동이 A의 운동에 의하여 결정되기 때문에 두 자동차의 운동은 완전히 독립이지 않고 일정한 규약을 가지고 일어난다는 것을 알 수 있다. 이 규약은 케이블의 길이를 l이라고 하면 일반적으로 다음과 같은 식으로 표현된다.

$$|\mathbf{r}_B - \mathbf{r}_A| = l \tag{3.49a}$$

또는

$$|\mathbf{r}_B - \mathbf{r}_A|^2 = l^2 \tag{3.49b}$$

위 식은 **상대위치**를 2질점 사이의 거리에 의하여 규정한 것으로, 2질점 간의 운동을 관계 짓는 조건이 되고 있다. 이와 같이, 운동이 무엇인가의 규약을 받는 것을 **구속**되었다(constrained)라고 하고, 그 규약을 나타내는 조건을 **구속조건**(constraint)이라고 부른다.

식 (3.49b)를 벡터의 내적을 이용하여 다시 쓰면 $|\mathbf{r}_B-\mathbf{r}_A|^2=(\mathbf{r}_B-\mathbf{r}_A)\cdot(\mathbf{r}_B-\mathbf{r}_A)=l^2$이 되고, 이 식의 양변을 시간 t에 관하여 순차적으로 미분하면

$$(\mathbf{r}_B-\mathbf{r}_A)\cdot(\dot{\mathbf{r}}_B-\dot{\mathbf{r}}_A)=0 \tag{3.50}$$

$$|\dot{\mathbf{r}}_B-\dot{\mathbf{r}}_A|^2+(\mathbf{r}_B-\mathbf{r}_A)\cdot(\ddot{\mathbf{r}}_B-\ddot{\mathbf{r}}_A)=0 \tag{3.51}$$

이 얻어진다. 이들의 관계로부터 질점 B의 위치 $\mathbf{r}_B$뿐만이 아니라 속도 $\dot{\mathbf{r}}_B$ 그리고 가속도 $\ddot{\mathbf{r}}_B$도 질점 A의 운동에 의존하고 있다는 것을 알 수 있다.

그림 3.20의 예에서는 자동차 A와 수레 B의 어느 것도 정해진 궤도상을 운동하고, 각각은 1개의 변수로 위치를 나타낼 수 있었다. 운동을 기술하기 위하여 필요한 변수의 수를 **자유도**(degree of freedom)라고 부른다. 따라서 그림 3.20의 자동차 A와 수레 B의 운동은 각각 '1자유도를 갖는다'라고 할 수 있다. 구속이 없는 일반적인 경우, 질점의 평면운동은 2개의 변수로 위치를 나타낼 수 있으므로 2자유도 운동이다.

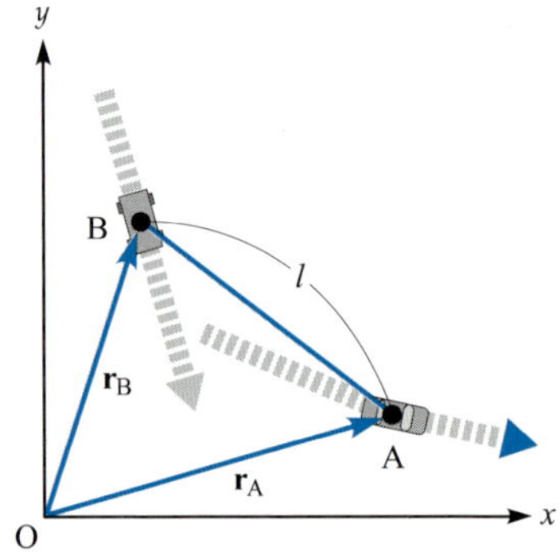

그림 3.20 2질점 간의 거리가 규정된 구속

예제 3.13

다음 그림과 같이 직선도로상을 이동 가능한 수레 B를 그것과 수직으로 직진하는 자동차 A에 길이 20m의 케이블로 연결했다. 자동차 A가 3m/s의 일정속도로 진행하여 점 O로부터 8m의 위치에 있을 때, 수레 B의 위치 · 속도 · 가속도를 구하시오.

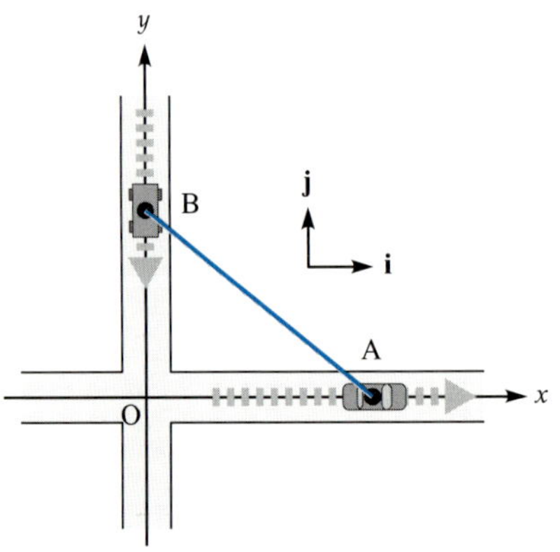

그림 예제 3.13

풀이

그림 예제 3.13과 같이 교차점을 원점으로 직교좌표계를 잡는다. 위치벡터를 x, y방향의 단위벡터 $\mathbf{i}, \mathbf{j}$로 나타내면, 자동차 A와 수레 B의 위치벡터는 각각

$$\mathbf{r}_A = x_A\mathbf{i} + y_A\mathbf{j} = x_A\mathbf{i} + 0\mathbf{j} = x_A\mathbf{i} \tag{1}$$

$$\mathbf{r}_B = x_B\mathbf{i} + y_B\mathbf{j} = 0\mathbf{i} + y_B\mathbf{j} = y_B\mathbf{j} \tag{2}$$

가 된다. 따라서 $\mathbf{r}_B - \mathbf{r}_A = -x_A\mathbf{i} + y_B\mathbf{j}$가 되기 때문에, 구속조건의 식 (3.49b)는

$$|\mathbf{r}_B - \mathbf{r}_A|^2 = |-x_A\mathbf{i} + y_B\mathbf{j}|^2$$
$$= x_A^2 + y_B^2 = l^2 \tag{3}$$

이 된다. 식 $x_A^2 + y_B^2 = l^2$의 양변을 시간 t에 관하여 순차적으로 미분하면 다음과 같이 된다.

$$x_A\dot{x}_A + y_B\dot{y}_B = 0 \tag{4}$$

$$\dot{x}_A^2 + x_A\ddot{x}_A + \dot{y}_B^2 + y_B\ddot{y}_B = 0 \tag{5}$$

식 (3), (4), (5)의 관계로부터, 수레 B의 위치 y_B · 속도 $\dot{y}_B$ · 가속도 $\ddot{y}_B$를 구하면 각각 다음과 같이 계산된다.

$$y_B = \sqrt{l^2 - x_A^2} = \sqrt{20^2 - 8^2} = 18.33\,\text{m}$$

$$\dot{y}_B = -\frac{x_A\dot{x}_A}{y_B} = -\frac{8\times 3}{18.33} = -1.31\,\text{m/s}$$

$$\ddot{y}_B = -\frac{\dot{x}_A^2 + x_A\ddot{x}_A + \dot{y}_B^2}{y_B} = -\frac{3^2 + 8\times 0 + (-1.31)^2}{18.33} = -0.58\,\text{m/s}^2$$

예제 3.14

다음 그림과 같이, 크레인의 선단에 케이블을 연결하여 화물을 잡아당기는 작업을 수행한다. 크레인의 길이는 $r = 5$m이고, 케이블의 길이는 $l = 7$m이다. 크레인의 각도를 그림과 같이 일정한 각속도 $\omega = 0.3$rad/s로 증가시킬 경우, 각도 70°가 되었을 때의 화물의 위치와 속도를 구하시오.

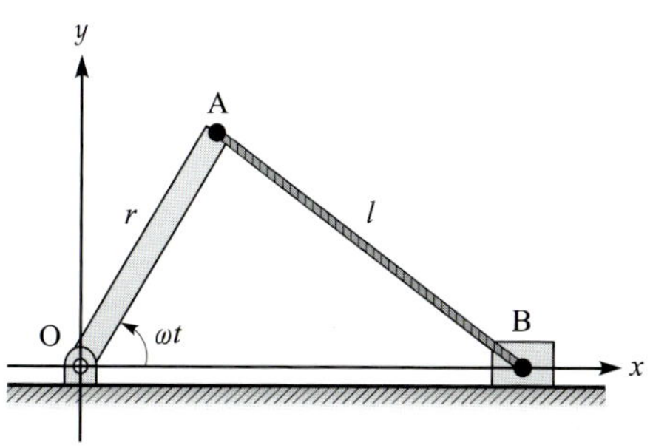

그림 예제 3.14

풀이

그림 예제 3.14와 같이 직교좌표계를 잡는다. 위치벡터를 x, y방향의 단위벡터 $\mathbf{i}, \mathbf{j}$로 나타내면, 크레인 선단 A와 화물 B의 위치벡터는 각각

$$\mathbf{r}_A = r\cos\omega t\,\mathbf{i} + r\sin\omega t\,\mathbf{j} \tag{1}$$

$$\mathbf{r}_B = x_B\mathbf{i} + y_B\mathbf{j} = x_B\mathbf{i} + 0\mathbf{j} = x_B\mathbf{i} \tag{2}$$

가 된다. 따라서 B의 A에 대한 상대위치는 $\mathbf{r}_B - \mathbf{r}_A = (x_B - r\cos\omega t)\mathbf{i} - r\sin\omega t\mathbf{j}$가 되기 때문에, 구속조건의 식 (3.49b)는

$$|\mathbf{r}_B - \mathbf{r}_A|^2 = |(x_B - r\cos\omega t)\mathbf{i} - r\sin\omega t\mathbf{j}|^2$$
$$= (x_B - r\cos\omega t)^2 + (r\sin\omega t)^2 = l^2 \tag{3}$$

이 된다. 위 식으로부터, 수레 B의 위치 x_B를 구하면 다음과 같이 계산된다.

$$x_B = \sqrt{l^2 - (r\sin\omega t)^2} + r\cos\omega t$$
$$= \sqrt{7^2 - (5\times\sin 70^\circ)^2} + 5\times\cos 70^\circ$$
$$= 6.9\,\mathrm{m}$$

식 $(x_B - r\cos\omega t)^2 + (r\sin\omega t)^2 = l^2$의 양변을 시간 t에 관하여 미분하면 다음과 같이 된다.

$$2(x_B - r\cos\omega t)(\dot{x}_B + r\omega\sin\omega t) + 2(r\sin\omega t)(r\omega\cos\omega t) = 0 \tag{4}$$

위 식으로부터, 수레 B의 속도 $\dot{x}_B$를 구하면 다음과 같이 계산된다.

$$\dot{x}_B = -\frac{r^2\omega\sin\omega t\cos\omega t}{x_B - r\cos\omega t} - r\omega\sin\omega t$$
$$= -\frac{5^2\times 0.3\times\sin 70^\circ\times\cos 70^\circ}{6.9 - 5\times\cos 70^\circ} - 5\times 0.3\times\sin 70^\circ$$
$$= -1.87\,\mathrm{m/s}$$

3.6.3 2질점의 변위를 관계 짓는 구속조건

자동차로 수레를 끌어당길 때 도르래 등의 기구가 사용되는 경우에 대하여 고찰해보자. 그림 3.21은 고정도르래를 사용하고 있는 예를 보여주고 있다. 이 경우 구속조건은 자동차 A와 수레 B 각각의 변위 $\Delta\mathbf{r}_A$와 $\Delta\mathbf{r}_B$ 사이의 관계로서, 일반적으로 다음과 같이 나타낼 수 있다.

$$|\Delta\mathbf{r}_B| = k|\Delta\mathbf{r}_A| \tag{3.52}$$

여기서, k는 2질점의 변위의 크기 $|\Delta\mathbf{r}_B|$와 $|\Delta\mathbf{r}_A|$의 비의 값이다. 고정도르래가 사용되는 경우에는 $k=1$이고, 식 (3.52)의 구속조건은 2질점의 변위의 크기 $|\Delta\mathbf{r}_B|$와 $|\Delta\mathbf{r}_A|$가 같다는 것을 말한다. 2질점을 연결하는데 사용되어지는 기구의 종류에 따라 k값이 달라지고,

구속조건도 다양한 형태를 갖게 된다.

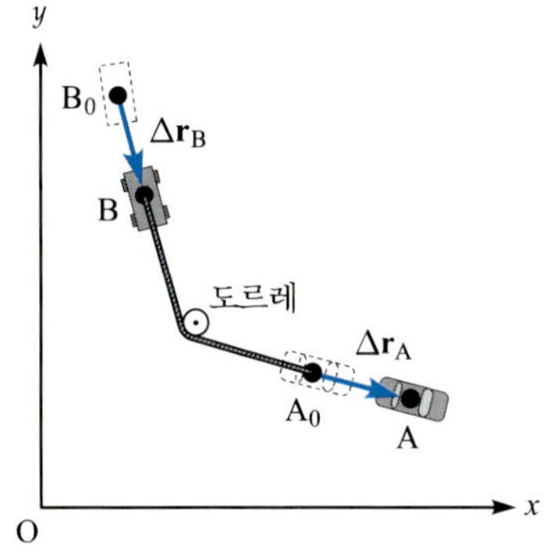

그림 3.21 2질점의 변위를 관계 짓는 구속의 예

예제 3.15

다음 물음에 답하시오.

1) 그림 예제 3.15(a)와 같은 도르래를 사용했을 때, 케이블의 선단과 추의 운동 간의 구속조건을 구하시오.
2) 그림 예제 3.15(b)와 같은 도르래를 사용했을 때, 케이블의 선단과 추의 운동 간의 구속조건을 구하시오.
3) 직경이 다른 복수의 도르래를 고정한 것을 윤축이라고 한다. 윤축을 그림 예제 3.15(c)와 같이 이용하여 추를 들어 올릴 때, 케이블의 선단과 추의 운동 간의 구속조건을 구하시오.

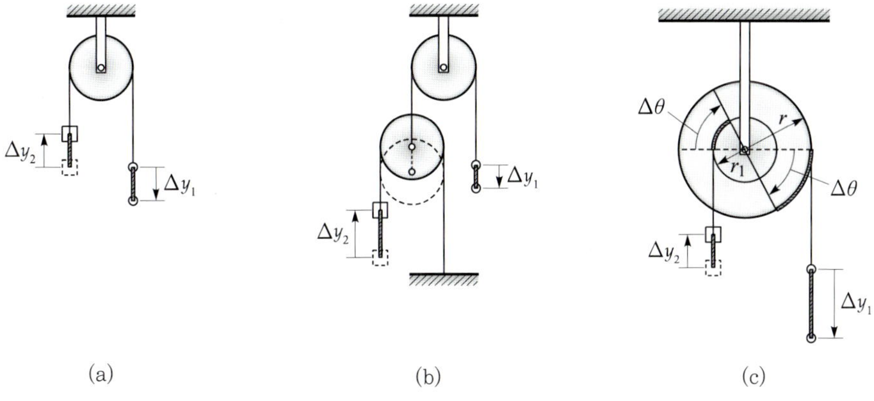

그림 예제 3.15

풀이

케이블을 잡아당긴 상태를 고려하여 케이블의 선단과 추의 최초 위치로부터의 변위를 각각 Δy_1, Δy_2라고 하자.

1) 그림 예제 3.15(a)의 고정도르래에서는 케이블을 잡아당긴 길이 Δy_1이 추의 상승량 Δy_2와 같기 때문에 구속조건은 $\Delta y_1 = \Delta y_2$가 된다.

2) 고정도르래와 움직도르래가 조합된 그림 예제 3.15(b)의 경우, 케이블을 잡아당긴 길이 Δy_1과 움직도르래의 상승량과 같다. 또한, 움직도르래의 상승량에 의하여 양측에서 필요로 하는 케이블의 길이의 합이 추의 상승량 Δy_2와 같게 되기 때문에 구속조건은 $2\Delta y_1 = \Delta y_2$가 된다.

3) 윤축의 각변위를 $\Delta\theta$라고 하자. 그림 예제 3.15(c)와 같이 케이블을 잡아당긴 길이 Δy_1은 반지름 r의 윤차로부터 케이블이 내려간 길이, 즉 반지름 r의 원주가 각변위를 $\Delta\theta$에 의하여 진행한 길이 $r\Delta\theta$와 같다. 따라서

$$\Delta y_1 = r\Delta\theta \tag{1}$$

이다. 또한, 추의 상승량 Δy_2는 반지름 r_1의 윤차가 케이블을 감는 길이, 즉 반지름 r_1의 원주가 각변위를 $\Delta\theta$에 의하여 진행한 길이 $r_1\Delta\theta$와 같다. 따라서

$$\Delta y_2 = r_1\Delta\theta \tag{2}$$

이다. 식 (1), (2)의 관계로부터 구속조건은 $\dfrac{\Delta y_1}{r} = \dfrac{\Delta y_2}{r_1}\ (= \Delta\theta)$가 된다.

연 습 문 제

3.1 반지름 120mm의 강봉을 선반으로 절삭할 때, 절삭속도를 매분 200m로 하기 위해서는 주축의 회전수를 얼마로 하면 좋은가?

3.2 자동차가 정지상태로부터 일정한 각가속도로 회전수를 증가하여 20초 후에 3,000 rpm이 되었다. 각가속도의 크기는 얼마인가? 또한, 이 20초간에 몇 번 회전하였는가?

3.3 직경 100mm로 원운동을 시켜서 구심가속도의 크기가 200mm/s^{2}이 되었을 때, 속도의 크기는 얼마인가?

3.4 다음 그림과 같은 직경 1.0m의 드럼 브레이크(drum brake)를 정지상태에서 풀었을 때, 물체의 속도가 증가하면서 낙하하여 드럼이 9초 사이에 3회전하였다. 이 사이의 드럼의 각가속도 α는 얼마인가? 또한, 물체의 낙하가속도 a는 얼마인가?

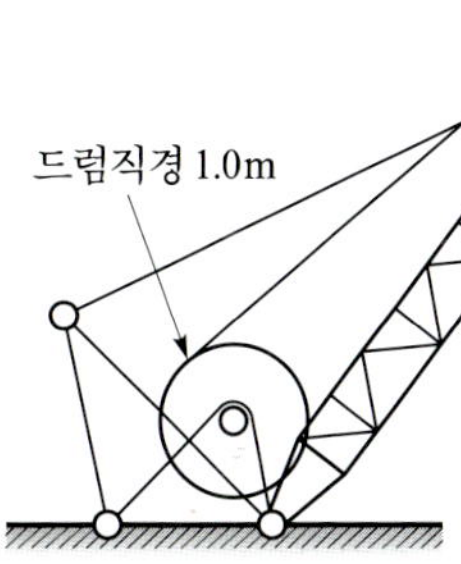

그림 연습문제 3.4

3.5 일정 회전수 2,000rpm회전하고 있는 다음 그림과 같은 원판이 있다. 이것에 브레이크를 걸어서 정지시키는데 150초가 소요되었다. 감속할 때의 각가속도 α가 일정할 경우, α의 크기는 얼마인가? 또한, 브레이크를 걸어서 정지할 때까지 원판은 몇 회전하는가? 단, $t=0$에서 각변위는 0이다.

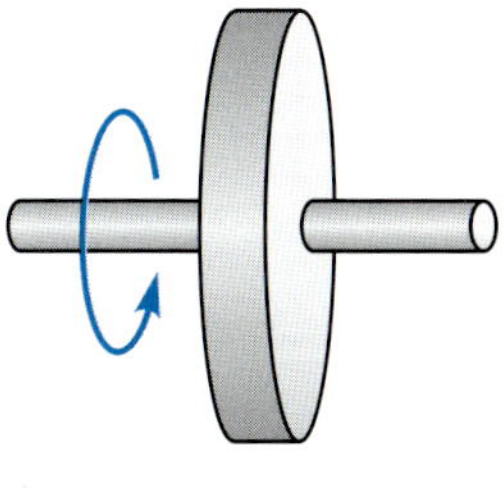

그림 연습문제 3.5

3.6 음악 CD에는 동심원상으로 데이터가 기억되어있다. 이 CD의 각속도 ω(rad/s)는 재생시작으로부터 의 시간 t(s)에 대하여, $\omega = 40e^{-\frac{t}{2,000}} + 10$으로 표현되어진다. CD의 재생 직후 및 800s 후의 각속도와 각가속도, 그리고 800s 사이에 회전한 각변위를 구하시오.

3.7 투포환 선수가 정지상태로부터 일정한 각가속도 8rad/s^{2}으로 가속하고 8회전시킨 후에 던졌다. 1회전, 4회전, 8회전 직후의 각속도 및 구심가속도를 구하시오. 단, 줄의 길이는 1.2m이고, 줄은 항상 진장된 상태에 있다.

3.8 다음 그림과 같이 40m/s로 직선주행하고 있던 자동차가 반경 150m의 1/4원의 커브에 진입함과 동시에 커브를 따라 일정한 가속도로 감속하여 커브의 끝점에 도달하였을 때의 속도가 20m/s가 되었다. 이때의 접선가속도는 얼마인가? 또한, 커브의 진입 시 · 진출 시의 법선가속도는 얼마인가?

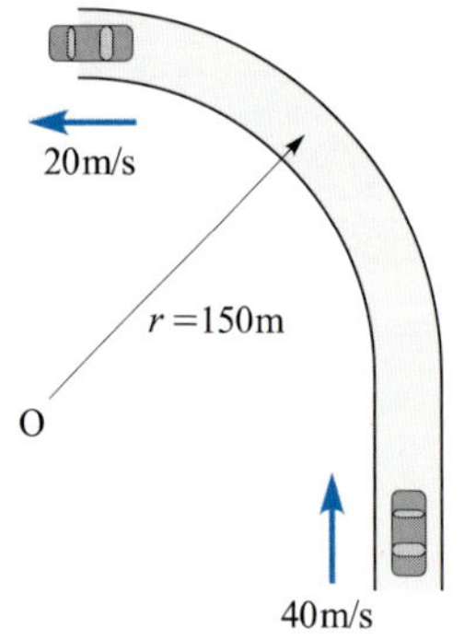

그림 연습문제 3.8

3.9 다음 3차원 공간에서의 곡선을 매개변수를 사용하여 나타내시오.

1) $P_0(1, -2, 1)$을 시작점, $P(-2, 6, 1)$을 끝점으로 하는 선분
2) 평면 $y = 2$상에 있으며, 점 (0, 2, 0)이 중심이고 반지름이 10인 원

3.10 3차원 공간곡선 $\mathbf{r} = \begin{Bmatrix} 2\sqrt{2}\,t \\ 2e^{t} \\ 2e^{-t} \end{Bmatrix} = 2\sqrt{2}\,t\,\mathbf{i} + 2e^{t}\mathbf{j} + 2e^{-t}\,\mathbf{k}$에 대하여 다음 물음에 답하시오.

1) 속도 $\mathbf{v}$, 속력 $|\mathbf{v}|$, 가속도 $\mathbf{a}$를 구하시오.
2) 단위접선벡터 $\mathbf{t}$, 단위법선벡터 $\mathbf{e}$를 구하시오.
3) 가속도 $\mathbf{a}$의 접선가속도 성분 a_t와 법선가속도 성분 a_n을 구하고, $\mathbf{a}$를 $\mathbf{t}$와 $\mathbf{e}$를 이용하여 나타내시오.

3.11 다음 그림과 같이 비행기가 속도(바람이 없을 때의 비행기의 속도)의 크기 $v_A = 500$km/h로 남쪽으로 날고 있다. 이 비행기가 동쪽으로부터 속도의 크기 $v_B = 35$m/s의 바람을 받고 있다면, 비행기가 날고 있는 속도(땅에서 바라다본 비행기의 속도, 즉 비행기의 땅에 대한 상대속도)를 구하시오.

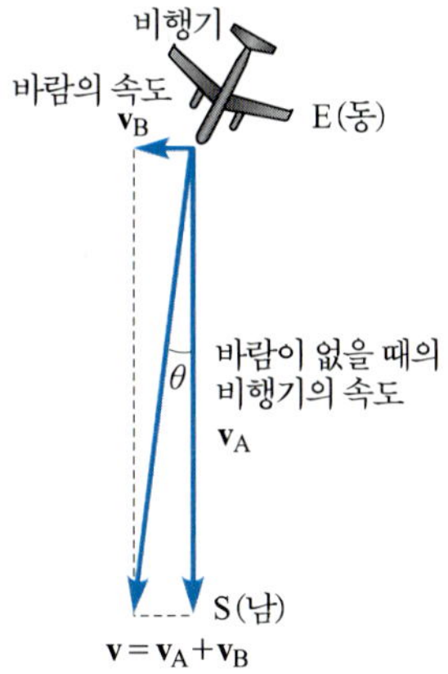

그림 연습문제 3.11

3.12 다음 그림과 같이 $v_B = 30$m/s로 연직으로 내리는 비를 $v_A = 80$km/h로 주행하고 있는 열차의 차창으로부터 바라보고 있다. 이 비의 열차에 대한 속도(상대속도)의 크기 v는 얼마인가? 또한, 연직에 대한 각도 θ는 몇 도인가?

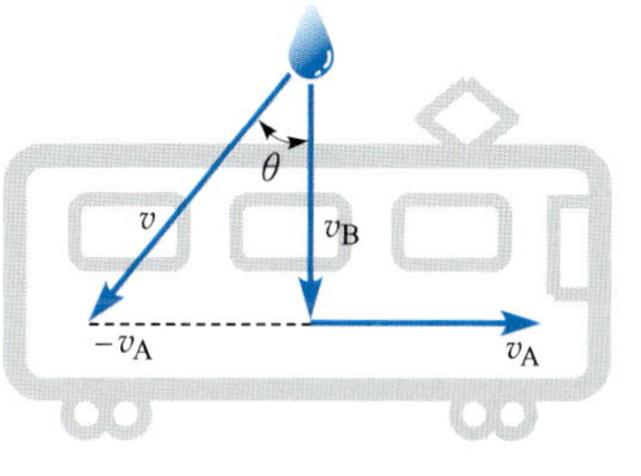

그림 연습문제 3.12

3.13 다음 그림과 같이 고속도로 인터체인지에서 시속 120km로 주행하고 있는 자동차 A가 시속 60km로 주행하고 있는 자동차 B를 80°의 각도로 합류한다. 자동차 A에서 측정한 B의 상대속도의 크기 $v_{B/A}$를 구하시오.

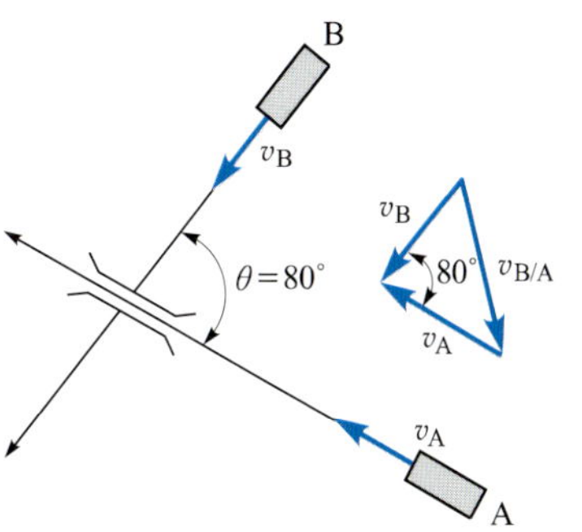

그림 연습문제 3.13

3.14 80km/h의 빠르기로 주행하고 있는 열차의 차창으로부터 비를 보면, 비가 연직방향과 70°의 각도를 이루면서 내리고 있는 것처럼 보인다. 이때, 빗방울의 낙하속도를 구하시오. 단, 바람은 불고 있지 않다.

3.15 사람 A와 사람 B가 거리 $s = 20$m 떨어져 서있다. 그림 연습문제 3.15(a)와 같이 사람 A는 동쪽으로 그리고 사람 B는 남쪽으로 각각 속도 $v_A = 2.2$m/s, $v_B = 2$m/s로 동시에 걷기 시작하였다. 사람 A에 대한 사람 B의 상대속도 $v_{B/A}$, 사람 A와 사람 B가 가장 근접한 거리 L_{min} 및 이 거리에 두 사람이 도착하기까지의 시간 t_{min}을 구하시오.

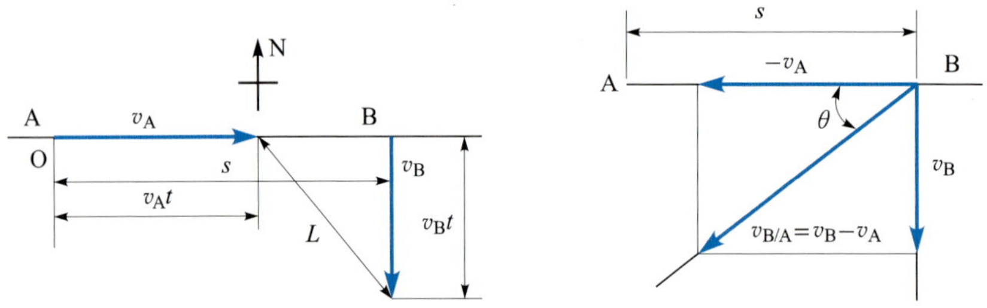

(a) (b)

그림 연습문제 3.15

3.16 다음 그림과 같이 바람이 있는 날에 항공기가 250km/h로 동쪽으로 기수를 향해서 날 때에는 북쪽방향으로 25° 경사지게 되고, 남쪽으로 기수를 향해서 날 때에는 서쪽방향으로 15° 경사진다고 한다. 이때의 바람의 방향 θ와 풍속 v를 구하여라.

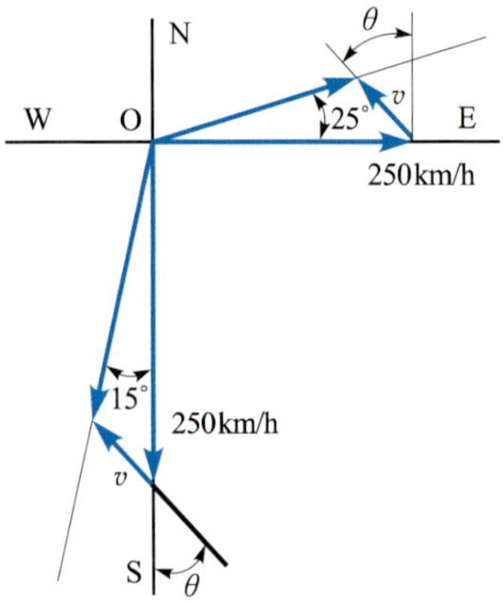

그림 연습문제 3.16

3.17 다음 그림과 같이 자동차 A와 수레 B를 고정도르래를 통하여 길이 20m의 케이블로 접속하고, 수레 B의 운동방향과 수직으로 자동차 A를 진행시켰다. 자동차 A가 3m/s의 일정속도로 고정도르래 O로부터 멀어지는 경우, 수레 B의 위치, 속도, 가속도를 구하시오.

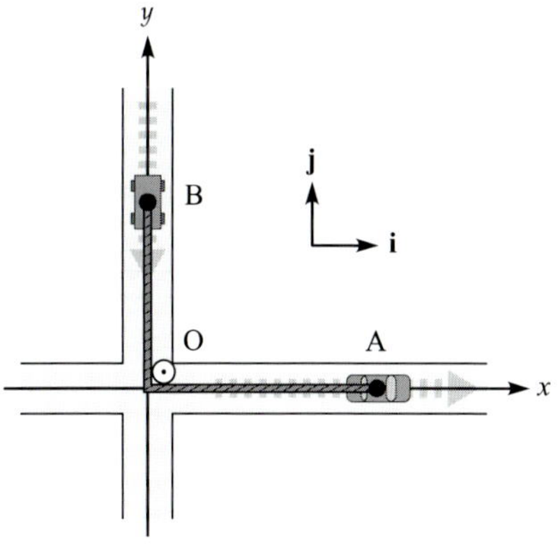

그림 연습문제 3.17

3.18 다음 물음에 답하시오.

1) 그림 연습문제 3.18(a)와 같은 도르래를 사용하였을 때, 케이블의 선단과 추의 운동 간의 구속조건을 구하시오.
2) 그림 연습문제 3.18(b)와 같은 도르래를 사용하였을 때, 케이블의 선단과 추의 운동 간의 구속조건을 구하시오.
3) 직경이 다른 복수의 도르래를 고정한 것을 윤축이라고 한다. 윤축을 그림 연습문제 3.18(c)와 같이 이용하여 추를 들어 올릴 때, 케이블의 선단과 추의 운동 간의 구속조건을 구하시오.

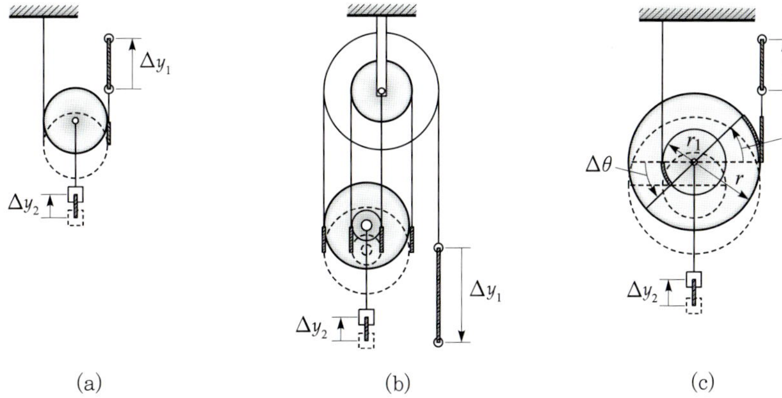

그림 연습문제 3.18

CHAPTER

4 힘과 운동역학의 법칙

CHAPTER 4

힘과 운동역학의 법칙

4.1 개요

물체에 작용하는 **힘**(force)은 그 물체를 변형시키거나 파괴시킬 수 있을 뿐만 아니라 가속도와 속도 등을 변하게 하는 원인이 된다. 그림 4.1은 놀이동산의 타는 기구의 하나인 롤러코스터를 보여주고 있다. 이러한 놀이동산의 타는 구조물도 작용하는 힘에 의하여 발생하는 부재 내의 응력, 변형량의 관계, 그리고 힘과 운동상태의 변화와의 관계를 명확히 파악한 후에 기구 및 구조설계를 실시하고 있다. 이렇게 함으로써 승객에 대한 안전과 안심을 확보하는 것이 가능하다. 중력에 의한 힘과 마찰력을 필두로 외부로부터 물체에 작용하는 여러 종류의 힘, 즉 **외력**(external force)에 의한 물체의 운동상태 변화와의 관계는 **뉴턴의 제2법칙**(Newton's second law)을 적용하여 명확하게 나타낼 수 있다. 이와 같은 역학을 **동역학**이라 부르고, 자동차, 선박, 우주선, 열차 등을 설계할 경우에 기초가 되는 학문이다. 동역학은 정지상태에 있는 물체에 작용하는 복수의 힘의 평형을 취급하는 **정역학**과는 구별되어진다. 또한, 기계공학, 조선공학, 항공공학 등의 분야에서 힘에 의한 물체의 변형과 파괴는 재료역학과 파괴역학이라는 과목 등에서 자세히 배운다.

그림 4.1 롤러코스터의 설계 시 관련된 힘들을 예측하는데 이용되는 질점의 운동역학

뉴턴의 제2법칙은 질점이 불평형인 힘을 받을 경우 가속된다는 것이다. **운동역학**(kinetics)은 이러한 불평형 힘들과 이것에 의한 운동의 변화의 관계를 연구한 학문이다. 이 운동역학은 정역학에서 배운 힘의 특성과 2, 3장에서 다루었던 **질점의 운동학**(kinematics of particle)에 대한 지식의 조합을 필요로 한다. 이 장에서는 뉴턴의 제2법칙을 기초로 하여 외력이 작용하는 경우에 물체의 운동이 어떻게 변화하는 가를 배우는 **질점의 운동역학**(kinetics of particle)을 다룬다. 즉, 힘과 운동을 관련시키는 **운동방정식**(equation of motion)의 의미를 이해하고, 운동방정식을 세우고, 운동방정식을 풀어 답을 구하는 방법에 대하여 설명한다. 또한, 물체는 특정한 선상 등에 구속되어진 조건 하에서 운동하는 경우도 있고, 그때에 어떤 힘이 물체에 작용하는가를 학습한다. 여기서의 물체도 2, 3장에서 학습한 것과 같이 질량은 있지만 크기(형상)는 없는 **질점**을 의미한다.

4.2 힘과 운동방정식

4.2.1 운동방정식이란 무엇인가?

(1) 뉴턴의 제2법칙

뉴턴의 제2법칙은 '물체에 힘이 작용하면, **힘** F와 같은 방향으로 힘의 크기에 비례하고 물체의 **질량** m에 반비례하는 **가속도** a가 발생한다'고 하는 것이다. 이것을 식으로 나타내면 다음과 같이 된다.

$$\mathbf{F} = m\mathbf{a} \tag{4.1}$$

위 식과 같이, 힘과 운동을 관련시키는 방정식을 **운동방정식**이라고 말한다. 여기서, 물체의 질량 m(kg)은 스칼라이고, 물체에 작용하는 힘 $\mathbf{F}$(N)와 물체에 생기는 가속도 a ($\mathrm{m/s^2}$)는 벡터이다.

벡터인 힘과 가속도의 값을 나타낼 때, '힘의 크기를 구하시오' 또는 '가속도의 크기를 구하시오'라고 하는 것이 엄밀한 표현방법이다. 그러나 1차원의 경우, 크기를 ±로 하여 벡터의 값을 나타내는 것이 가능하다. 따라서 이 책의 예제 등에서 단순히 '힘을 구하시오' 또는 '가속도를 구하시오'라고 기술하는 경우도 있다. 답이 마이너스(−)로 되는 경우에는 최초로 가정한 방향과 벡터가 향하는 방향이 반대라는 것을 의미하고 있다.

예제 4.1

마찰이 없는 수평면에 정지하고 있는 질량 $m = 20\text{kg}$의 물체가 있다. 다음 물음에 답하시오.

1) $F = 250\text{ N}$의 힘을 수평방향으로 작용시켰다. 이 물체의 가속도 a를 구하시오.

2) 어떤 크기의 힘 F를 수평방향으로 추가하였을 때, 물체는 힘을 추가한 방향으로 등가속도 운동을 하여 $t = 8\text{s}$에서 $s = 50\text{m}$ 이동하였다. 물체에 작용시킨 힘 F를 구하시오.

풀이

1) 가속도 a는 운동방정식으로부터 다음과 같이 구해진다.

$$a = \frac{F}{m} = \frac{250}{20} = 12.5\text{m/s}^2$$

2) 가속도 a는 식 (2.20)에 의하여

$$a = \frac{2s}{t^2} = \frac{2\times 50}{8^2} = 1.5625\text{m/s}^2$$

이 된다. 따라서 운동방정식으로부터, 힘 F가 다음과 같이 구해진다.

$$F = ma = 20 \times 1.5625 = 31.25\text{ N}$$

예제 4.2

다음 그림과 같이 마찰이 없는 수평면상을 $v_0 = 15\text{m/s}$로 등속도 직선운동하고 있는 질량 $m = 20\text{kg}$의 물체가 마찰이 없는 수평면을 진입하고 나서 일정한 마찰력 F_μ를 받은 후에 정지하였다. 정지하기까지 이동한 거리 s와 정지하기까지 소요한 시간 t를 구하시오. 단, 운동마찰계수는 $\mu = 0.3$이다.

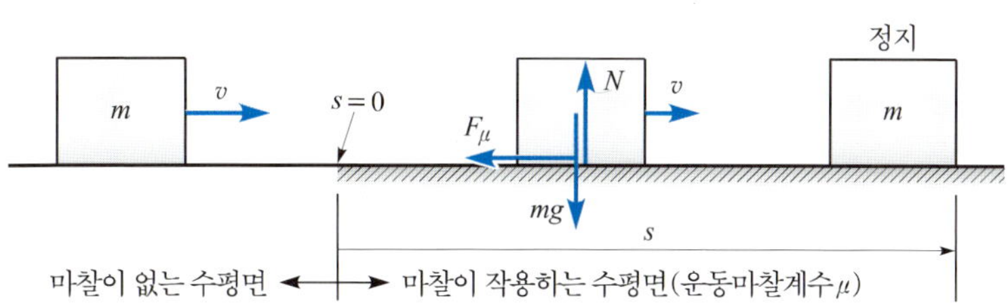

그림 예제 4.2

풀이

마찰이 있는 수평면상에서의 운동방정식은 **우측방향**을 **양의 방향**(+)으로 하면

$$-F_\mu = ma \qquad (1)$$

가 된다. 위 식에서, 마찰력 F_μ의 **음의 부호**는 힘의 방향이 운동의 방향과 반대로 **좌측방향**이라는 것을 나타낸다. 식 (1)로부터 가속도는

$$a = -\frac{F_\mu}{m} = -\frac{\mu N}{m} = -\frac{\mu mg}{m} = -\mu g = -0.3 \times 9.8 = -2.94\text{m/s}^2$$

이 된다. 최종 속도가 $v_1=0$이기 때문에 정지하기까지 소요한 시간 t는 다음과 같이 된다.

$$t=\frac{v_1-v_0}{a}=\frac{0-15}{-2.94}=5.1\,\mathrm{s}$$

그리고 정지하기까지 이동한 거리 s는 식 (2.20)에 의하여 다음과 같이 된다.

$$s=s_0+v_0t+\frac{1}{2}at^2=0+15\times5.1+\frac{1}{2}\times(-2.94)\times5.1^2=38.27\,\mathrm{m}$$

예제 4.3

다음 그림과 같이 수평면과 경사가 $\theta=35°$인 경사면상에 질량 $m=4\,\mathrm{kg}$의 물체를 올려놓은 후에 조용히 손을 놓았다. 즉, 초기속도는 $v_0=0$이다.

1) 경사면과 물체 사이에 마찰이 없을 때, 물체에 발생하는 경사면 방향의 가속도 a와 3초 경과 직후의 경사면 방향의 속도 v 및 이동거리 s를 구하시오.
2) 경사면과 물체 사이의 운동마찰계수가 $\mu=0.25$일 때, 이 물체에 발생하는 경사면 방향의 가속도 a와 3초 경과 직후의 경사면 방향의 속도 v 및 이동거리 s를 구하시오.

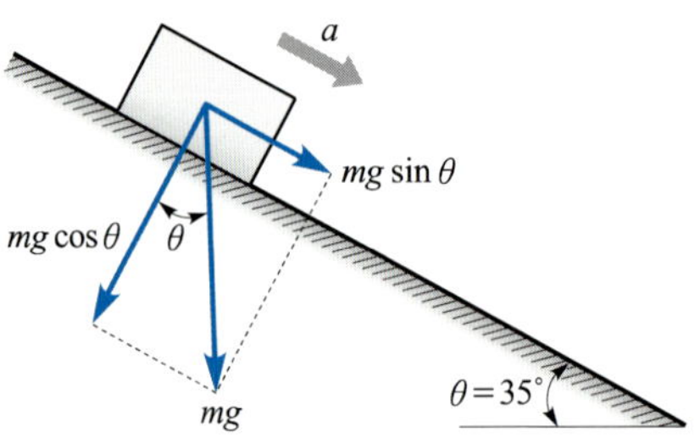

그림 예제 4.3

풀이

1) 경사면 방향의 운동방정식은

$$ma=mg\sin\theta$$

가 된다. 위 식으로부터, 경사면 방향의 가속도 a는

$$a=g\sin\theta=9.8\times\sin35°=5.6\,\mathrm{m/s^2}$$

이 된다. 가속도가 일정한 등가속도 직선운동을 하기 때문에, $t=3\,\mathrm{s}$에서 경사면 방향의 속도 v와 이동거리 s는 각각 식 (2.18)과 식 (2.20)에 의하여 다음과 같이 된다.

$$v=v_0+at=0+5.6\times3=16.8\,\mathrm{m/s}$$

$$s=s_0+v_0t+\frac{1}{2}at^2=0+0\times3+\frac{1}{2}\times5.6\times3^2=25.2\,\mathrm{m}$$

2) 물체가 경사면으로부터 받는 수직력을 N이라고 하면, 경사면 방향의 운동방정식은

$$ma = mg\sin\theta - \mu N \quad (1)$$

이 된다. 그리고 수직력 N은 중력의 경사면 방향에 수직한 성분과 같기 때문에 이것으로부터 또 하나의 운동방정식이 다음과 같이 얻어진다.

$$N = mg\cos\theta \quad (2)$$

식 (1), (2)를 연립하여 풀면, 경사면 방향의 가속도 a는

$$a = g(\sin\theta - \mu\cos\theta) = 9.8\times(\sin 35^\circ - 0.25\times\cos 35^\circ) = 3.6\,\mathrm{m/s^2}$$

이 된다. 가속도가 일정한 등가속도 직선운동을 하기 때문에, $t = 3\mathrm{s}$에서 경사면 방향의 속도 v와 이동거리 s는 각각 식 (2.18)과 식 (2.20)에 의하여 다음과 같이 된다.

$$v = v_0 + at = 0 + 3.6\times 3 = 10.8\,\mathrm{m/s}$$

$$s = s_0 + v_0 t + \frac{1}{2}at^2 = 0 + 0\times 3 + \frac{1}{2}\times 3.6\times 3^2 = 16.2\,\mathrm{m}$$

(2) 복수의 힘이 작용할 때의 운동방정식

물체에 작용하는 힘은 항상 1개라고 한정할 수는 없다. $\mathbf{F}_1$에서 $\mathbf{F}_n$까지 n개의 힘이 작용할 때에는 그들을 벡터적으로 가산(addition)한 합력 $\mathbf{F} = \sum_{i=1}^{n}\mathbf{F}_i$에 의하여 가속도가 생기기 때문에 **운동방정식**은 다음과 같이 표현된다.

$$\sum_{i=1}^{n}\mathbf{F}_i = m\mathbf{a} \quad (4.2)$$

예제 4.4

질량 $m = 6\mathrm{kg}$의 물체에 실을 매달아 연결하고, 연직방향으로 가속도 $a = 2\mathrm{m/s^2}$으로 들어 올렸다. 실에 걸리는 장력 F_T를 구하시오.

풀이

물체에 작용하는 힘은 중력 mg와 장력 F_T의 2개이기 때문에 합력 F는 **위쪽방향**을 **양의 방향**$(+)$으로 하면

$$F = \sum_{i=1}^{2}F_i = -mg + F_\mathrm{T} \quad (1)$$

가 된다. 가속도를 a라고 하면, 운동방정식은 식 (5.2)에 의하여

$$-mg + F_\mathrm{T} = ma \quad (2)$$

가 된다. 따라서 식 (2)로부터 장력 F_T는 다음과 같이 구해진다.

$$F_\mathrm{T} = ma + mg = 6\times 2 + 6\times 9.8 = 70.8\,\mathrm{N}$$

예제 4.5

다음 그림과 같이 수평면상에 질량 $m_A = 3\text{kg}$의 물체 A와 질량 $m_B = 1\text{kg}$의 물체 B를 실로 매달아 연결하였다. 수평면과 물체 사이의 운동마찰계수는 $\mu = 0.2$이다. 물체 A를 $F = 30\text{N}$의 힘으로 수평방향으로 잡아 당겼을 때, 2개의 물체의 가속도 a 그리고 A와 B를 연결하는 실의 장력 F_T를 구하시오.

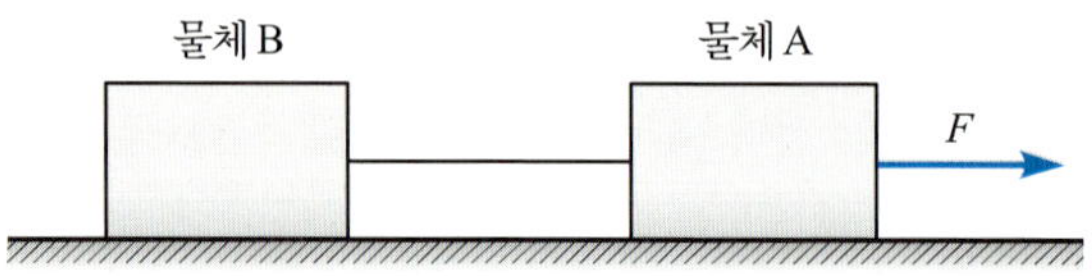

(a) 실로 연결된 2개의 물체

그림 예제 4.5

풀이

물체가 받는 수직력을 N 그리고 수평면과 물체 사이의 마찰력 F_μ라 하고, 주어진 물체 A, B에 대한 자유물체도를 그리면 그림 예제 4.5(b)와 같이 된다.

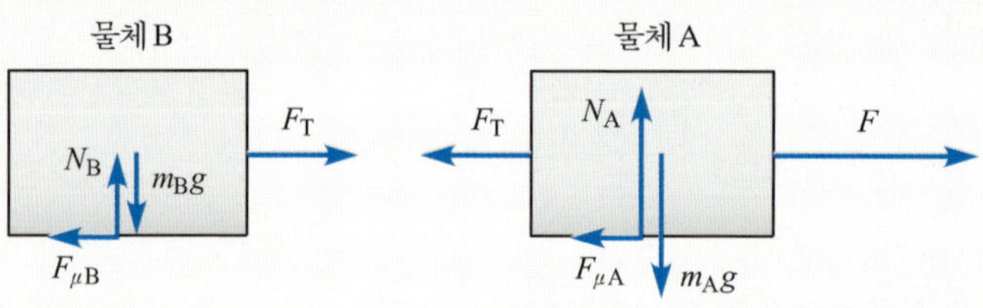

(b) 자유물체도

그림 예제 4.5

그림 예제 4.5(b)의 **자유물체도**로부터 물체 A에 대한 운동방정식은 다음과 같이 된다.

$$\text{수평방향} : F - F_T - F_{\mu A} = m_A a \tag{1}$$

$$\text{연직방향} : N_A - m_A g = 0 \tag{2}$$

물체 B에 대한 운동방정식은 다음과 같이 된다.

$$\text{수평방향} : F_T - F_{\mu B} = m_B a \tag{3}$$

$$\text{연직방향} : N_B - m_B g = 0 \tag{4}$$

식 (1), (3)을 연립하여 풀고 마찰력 $F_{\mu A} = \mu N_A$, $F_{\mu B} = \mu N_B$를 대입하면, 가속도 a와 장력 F_T가 다음과 같이 구해진다.

$$a = \frac{F}{m_A + m_B} - \mu g = \frac{30}{3+1} - 0.2 \times 9.8 = 5.5\,\text{m/s}^2$$

$$F_T = \frac{m_B}{m_A + m_B} F = \frac{1}{3+1} \times 30 = 7.5\ \text{N}$$

4.2.2 비관성계에서 운동

(1) 비관성계와 관성력

일정속도로 운동하는 좌표계를 **관성계**(inertial system)라고 부른다. 정지한 좌표계(고정좌표계)는 속도가 0이기 때문에 물론 관성계(관성좌표계)이다. 한편, 속도가 변화하는 좌표계를 **비관성계**(noninertial system)라고 부른다.

그림 4.2와 같이 사람이 탑승한 수레에 일정한 힘 F를 작용시킨 경우, 수레 위에 있는 사람의 운동에 대하여 고찰해 보자. 정지상태로부터 수레가 운동을 시작하였을 때, 지면에 고정된 좌표계(관성계)의 경우 수레와 함께 운동하는 수레상의 사람은 수레와 같은 가속도로 이동하는 현상이 관측된다. 그러나 수레와 함께 운동하는 좌표계(비관성계)의 경우, 수레상의 사람에게는 수레의 운동방향과 반대방향으로 힘이 작용하는 현상이 관측된다. 이와 같이 관성계에서는 나타나지 않지만, 비관성계에서 계(system)의 가속도 방향과 반대방향으로 표현되는 힘을 **관성력**(inertial force)이라고 부른다. 이처럼 관성력은 실제로 힘이 발생하고 있다는 의미가 아니고 운동을 관측하는 좌표계의 차이에 의하여 나타나는 힘이다.

정역학적 문제와 동역학적 문제 사이에서 가장 근본적인 차이는 하중이력 대응하는 응답-시간이력의 산출뿐만이 아니라 물체의 가속도에 저항하는 관성력의 고려 여부이다. 여기서, 관성이란 평형(equilibrium)상태에 있는 물체가 자신의 운동상태를 유지하려고 하는 성질을 말한다. 예를 들면, 관성력은 버스가 출발할 때와 멈출 때 버스의 운동방향과 반대방향으로 우리가 직접 느낄 수 있는 관성에 의해 관찰되는 가상의 힘이다. 이러한 관성력은 **뉴턴의 제2법칙**인 힘과 가속도의 법칙(law of acceleration) $F = ma$에

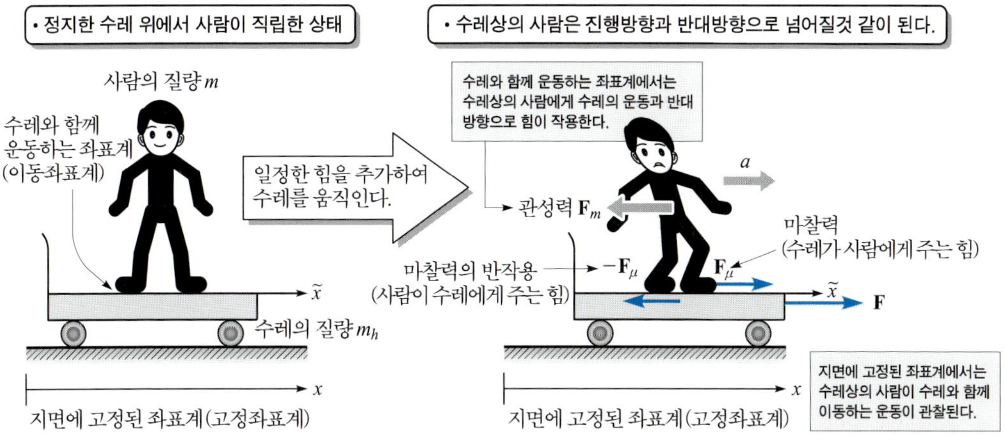

그림 4.2 관성력

의해서 구할 수 있다. 즉, 물체에 작용하는 관성력은 질량 m과 가속도 a의 곱이며, 물체의 질량이 클수록 크다. 이와 같이 물체의 가속도에 저항하는 관성력이 동역학 문제의 가장 중요한 특징이다. 따라서 동역학적 해석은 정력학적 해석보다 확실히 더 복잡하고 시간이 많이 걸린다. 한편, 운동이 매우 느려서 관성력이 무시할 수 있을 정도로 작다면, 요구되는 어떤 시간에 대한 해석은 하중과 응답이 비록 시간에 따라 변하더라도 정역학적 해석 절차에 의해서 처리할 수 있다.

(2) 달랑베르의 원리(d'Alembert's principle)와 운동방정식

간단한 물체에 대한 **운동방정식**(equation of motion)은 질량에 작용하는 **모든 힘의 평형(equilibrium)상태**를 직접적으로 표현하여 쉽게 구할 수 있다. 이때 관성력을 고찰하면, 질량은 그것의 가속도에 비례하고 운동방향과 방향이 반대인 관성력을 산출한다는 **달랑베르의 원리**(d'Alembert's principle)로부터 구할 수 있다. 즉, 어떤 동적시스템에서 운동방정식은 질량에 작용하는 운동량의 변화량이 그것에 작용하는 힘과 같다는 뉴턴의 운동 제2법칙에 의해 나타낼 수 있다.

그림 4.2와 같이 지면에 고정된 좌표계에서 수레(질량 m_h)와 사람(질량 m)의 운동을 관측해 보자. 수레와 사람이 같은 가속도 a로 운동하고 있다고 하면, 운동방정식은

수레 :

$$F - F_\mu = m_h a \tag{4.3a}$$

사람 :

$$F_\mu = ma \tag{4.3b}$$

가 된다. F_μ는 사람과 수레 사이에 움직이고 있는 마찰력이다. 위 식으로부터, 다음 식이 얻어진다.

$$a = \frac{F}{m_h + m} \tag{4.4}$$

$$F_\mu = ma = \frac{m}{m_h + m} F \tag{4.5}$$

수레와 함께 운동하는 좌표계에서는 수레가 가속도 **a**로 운동한다고 말하기 때문에 수레 상의 물체에는 **관성력**

$$\mathbf{F}_m = -m\mathbf{a} \tag{4.6}$$

가 작용한다고 할 수 있다. 사람에 작용하는 마찰력 $\mathbf{F}_\mu$와 관성력 $\mathbf{F}_m$이 **평형상태**를 이루기 때문에 다음의 관계가 성립한다.

$$\Sigma\mathbf{F} = 0 \; ; \; \mathbf{F}_\mu + \mathbf{F}_m = 0 \tag{4.7}$$

이와 같이 비관성계의 물체의 운동을 취급할 경우, 관성력의 작용을 $-m\mathbf{a}$의 가상적인 힘이 작용하고 있다고 치환한 후에 힘의 평형상태 문제를 취급하는 것이 가능하다. 이것이 **달랑베르의 원리**(d'Alembert's principle)로서 알려져 있다.

예제 4.6

수평방향으로 일정한 가속도 a로 운동하는 차량 내에서 질량 m의 물체를 천장에 매달았을 때, 다음 그림과 같이 실이 연직방향과 θ의 각도를 갖고 정지한 상태가 되었다.

1) 지면에 고정된 좌표계(관성계)에서 운동방정식을 구하시오.
2) 차량과 함께 운동하는 좌표계(비관성계)에서 달랑베르의 원리(d'Alembert's principle)를 이용하여 운동방정식을 구하시오.

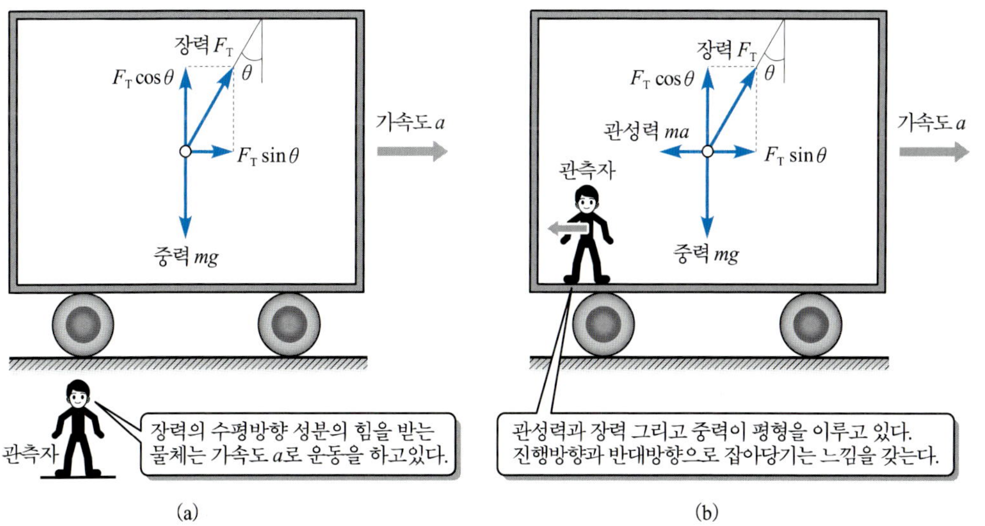

그림 예제 4.6 비관성계

풀이

1) 차량과 함께 물체는 수평방향으로 가속도 a로 운동을 하고 있으며 연직방향의 가속도는 0이기 때문에, 운동방정식은 다음과 같이 된다.

수평방향 : $F_T \sin\theta = ma$ (1a)

연직방향 : $F_T \cos\theta - mg = m \times 0$ (1b)

2) **달랑베르의 원리**(d'Alembert's principle)로부터 가속도 a에 비례하는 힘이 가속도와 반대방향으로 작용하고 있다고 생각하고 힘의 평형상태를 식으로 나타내면 다음과 같은 운동방정식이 된다.

수평방향 : $+\rightarrow \sum F_x = 0$; $F_T \sin\theta + (-ma) = 0$

$\therefore F_T \sin\theta - ma = 0$ (2a)

연직방향 : $+\uparrow \sum F_y = 0$; $F_T \cos\theta + (-mg) = 0$

$\therefore F_T \cos\theta - mg = 0$ (2b)

예제 4.7

다음 그림과 같이 어떤 서킷(circuit)의 메인 스트리트(main street)에서 레이싱 카(racing car)가 $\Delta t = 2.0\text{s}$ 동안에 $v_0 = 150\text{km/h}$로부터 $v = 300\text{km/h}$까지 가속하였다. 가속도 a가 일정하다고 할 때, 좌석으로부터 운전자를 미는 힘 F를 구하시오. 단, 운전자의 질량은 $m = 65\text{kg}$이고, 노면은 수평하다.

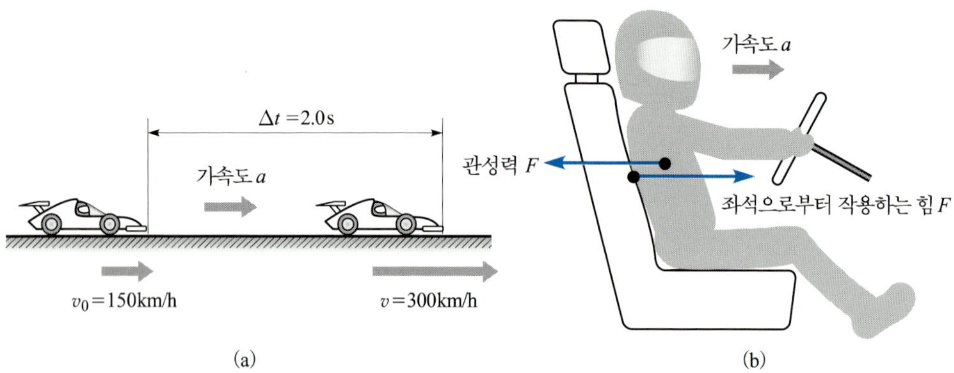

그림 예제 4.7 레이싱 카(racing car)에서 운전자가 받는 힘

풀이

이 레이싱 카(racing car)의 가속도 a는 식 (2.18)에 의하여 다음과 같이 된다.

$$a = \frac{v - v_0}{t} = \frac{300 \times \dfrac{1{,}000}{60 \times 60} - 150 \times \dfrac{1{,}000}{60 \times 60}}{2.0} = 20.8\text{m/s}^2$$

지상의 정지한 사람으로부터 관측하면, 운전자의 수평방향 운동방정식은 다음과 같이 된다.

수평방향 : $F = ma$ (1)

한편, **달랑베르의 원리**(d'Alembert's principle)로부터 운전자의 수평방향 운동방정식은 다음과 같이 된다.

수평방향 : $+\rightarrow \sum F_x = 0$; $F + (-ma) = 0 \Rightarrow F = ma$ (2)

즉, 식 (1), (2)는 같은 결과이다. 따라서 힘 F는 다음과 같이 구해진다.

$$F = ma = 65 \times 20.8 = 1{,}352\ \text{N}$$

예제 4.8

다음 그림과 같이 질량 $m = 70\text{kg}$(체중 : $mg = 70 \times 9.8 = 686\text{N}$)의 사람이 일정한 가속도 $a = 1.5\text{m/s}^2$로 연직방향으로 상승하는 엘리베이터 내에서 체중을 측정하면 체중계에 표시되는 체중과 질량을 구하시오.

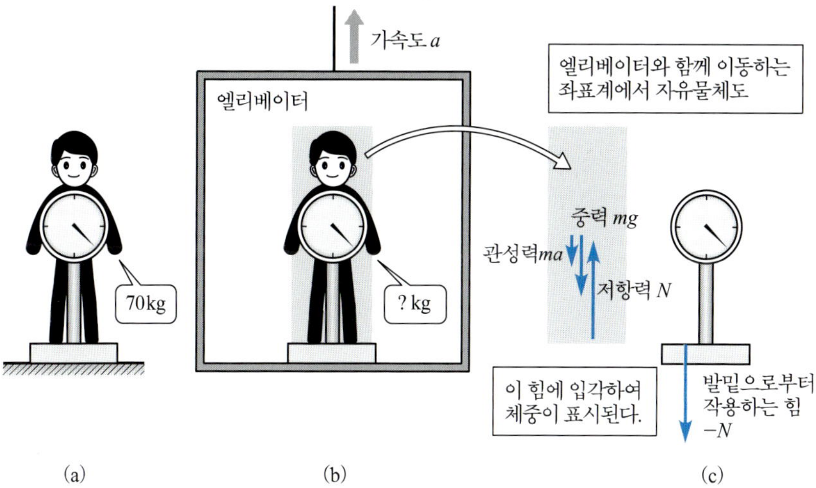

그림 예제 4.8 엘리베이터 내에서의 체중 측정

풀이

그림 예제 4.8(c)의 **자유물체도**로부터 사람에 대한 운동방정식은 체중계로부터의 저항력을 N이라고 하면

연직방향 : $+\uparrow \sum F_y = 0$; $-mg - ma + N = 0$

$$\therefore\ N = mg + ma = 70 \times 9.8 + 70 \times 1.5 = 791\text{N}$$

이 된다. 일정한 가속도 $a = 1.5\text{m/s}^2$로 연직방향으로 상승하는 엘리베이터 내의 체중계는 저항력 N과 같은 크기의 힘인 791 N을 측정하고 표시한다. 또한, 이 힘에 의한 질량 $\tilde{m}$은 다음과 같다.

$$\tilde{m} = \frac{N}{g} = \frac{791}{9.8} = 80.7\text{kg}$$

4.3 좌표계와 운동방정식

4.3.1 직교좌표계에서 운동방정식의 성분 표현

3차원 공간에 존재하는 물체의 위치를 결정하기 위해서는 3개 좌표의 변수가 필요하다. 일반적으로, **직교좌표계**에서는 (x, y, z)의 3변수에 의해 위치를 나타낸다. 3.6.2항에서 물체의 운동을 기술하기 위하여 필요로 하는 변수를 **자유도**라고 정의하였다. 3차원 공간 내의 1개의 질점에서는 3개의 독립변수로 위치를 나타내는 것이 가능하다. 예를 들면, 직교좌표계에서는 x, y, z의 3변수를 이용한다. 물론, 독립인 3변수이면 되기 때문에 직교좌표계 이외의 좌표계에서도 운동을 기술하는 것이 가능하고, 이러한 경우도 자유도는 3이다. 그림 4.3은 (x_0, y_0, z_0)의 위치에 있는 질량 m의 물체에 힘 $\mathbf{F}$가 작용하여 가속도 $\mathbf{a}$가 생기는 것을 보여주고 있다. 힘 $\mathbf{F}$와 가속도 $\mathbf{a}$는 벡터이기 때문에 다음과 같이 표현된다.

$$\mathbf{F} = \mathbf{F}_x + \mathbf{F}_y + \mathbf{F}_z = F_x\mathbf{i} + F_y\mathbf{j} + F_z\mathbf{k} = \begin{Bmatrix} F_x \\ F_y \\ F_z \end{Bmatrix} \tag{4.8}$$

$$\mathbf{a} = \mathbf{a}_x + \mathbf{a}_y + \mathbf{a}_z = a_x\mathbf{i} + a_y\mathbf{j} + a_z\mathbf{k} = \begin{Bmatrix} a_x \\ a_y \\ a_z \end{Bmatrix} \tag{4.9}$$

운동방정식은 3방향의 **성분**을 갖기 때문에 식 (4.2)의 스칼라 요소는 다음과 같이 된다.

$$\sum F_x = m a_x \tag{4.10a}$$

$$\sum F_y = m a_y \tag{4.10b}$$

$$\sum F_z = m a_z \tag{4.10c}$$

위의 식 (4.10)에서 3개의 운동방정식은 서로 완전히 **독립적**이다. 따라서 3개의 좌표축 방향 각각의 운동방정식을 풀어서 해를 구하고, 3방향의 결과를 **합성**하면 전체의 운동에 대한 응답을 얻는 것이 가능하다. 즉, 가속도와 합력은 다음과 같이 된다.

$$a = \sqrt{a_x^2 + a_y^2 + a_z^2} \tag{4.11}$$

$$\sum \mathbf{F} = \sum F_x \mathbf{i} + \sum F_y \mathbf{j} + \sum F_z \mathbf{k} \tag{4.12}$$

$$|\sum \mathbf{F}| = \sqrt{(\sum F_x)^2 + (\sum F_y)^2 + (\sum F_z)^2} \tag{4.13}$$

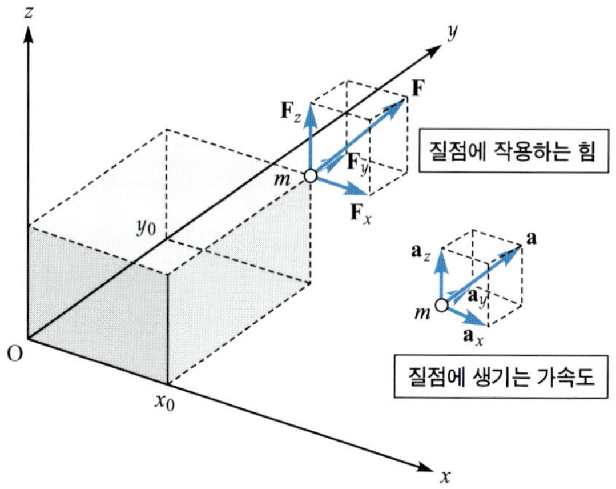

그림 4.3 3차원 직교좌표계에서 힘과 가속도

(1) 직선운동

직선운동은 그림 4.4와 같이 좌표축 s를 운동방향으로 잡으면, 기준점으로부터의 거리 s에서 위치가 특정지어지기 때문에 1차원 운동이 된다. 즉, s축상에서 위치, 속도, 가속도를 구하고 운동방정식을 세우면 된다. 곡선운동의 경우도 경로가 결정되면 경로상의 기준점으로부터 경로를 따라가는 거리에서 위치를 특정지울 수 있기 때문에 1차원 운동이 된다.

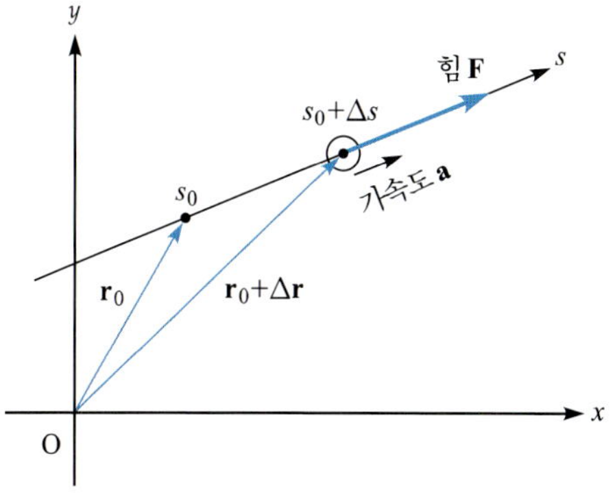

그림 4.4 직선운동

예제 4.9

다음 그림과 같이 질량 $m = 500\text{kg}$의 물체를 2의 힘 $F_1 = 4.0\text{kN}$과 $F_2 = 2.6\text{kN}$을 작용시켜 똑바로 들어 올릴 수 있었다. 힘 F_1과 수평방향(x방향)이 이루는 각도는 $\theta_1 = 60°$이다. 이 물체에 생기는 연직방향(y방향)의 가속도 a를 구하시오.

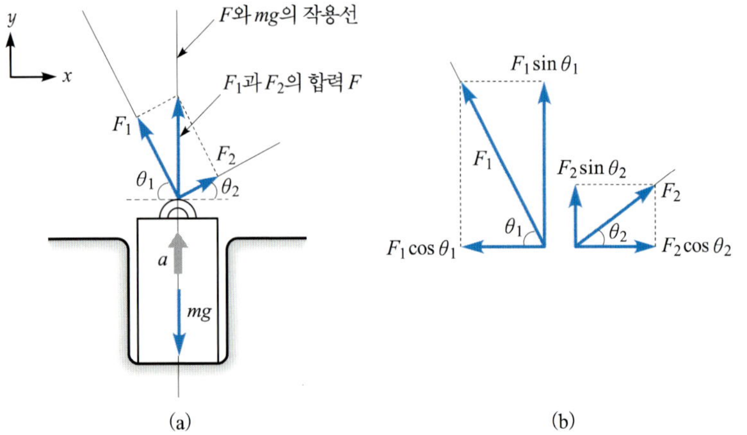

그림 예제 4.9 2개의 힘에 의한 물체의 들어 올림

풀이

연직상방으로 물체가 들어 올려 졌기 때문에, 2개 힘의 x방향 성분은 같다. 즉,

$$+\rightarrow \sum F_x = 0\ ;\ -F_1\cos\theta_1 + F_2\cos\theta_2 = 0 \tag{1}$$

의 관계가 얻어진다. 식 (1)로부터, 각도 θ_2는 다음과 같이 구해진다.

$$\theta_2 = \cos^{-1}\left(\frac{F_1\cos\theta_1}{F_2}\right) = \cos^{-1}\left(\frac{4{,}000\times\cos 60°}{2{,}600}\right) = 39.7°$$

그림 예제 4.9(b)로부터, y방향의 힘은 다음과 같이 된다.

$$F = F_1\sin\theta_1 + F_2\sin\theta_2 = 4{,}000\times\sin 60° + 2{,}600\times\sin 39.7° = 5{,}124.9\text{N}$$

그림 예제 4.9(a)의 자유물체도로부터, 가속도 a는 다음과 같이 구해진다.

$$a = \frac{F - mg}{m} = \frac{5{,}124.9 - 500\times 9.8}{500} = 0.5\,\text{m/s}^2$$

예제 4.10

다음 그림과 같이 마찰이 없는 도르래를 이용하여 질량 m_A(kg)의 물체 A와 질량 m_B(kg)의 물체 B를 늘어나지 않는 실로 연결하였다. 물체 A와 수평면 사이의 운동마찰계수는 μ이다. 물체 B를 잡고 있다 놓으면, 물체 B는 정지상태로부터 하강하고 물체 A는 우측방향으로 운동을 한다. 물체의 가속도 a와 실의 장력 F_T를 구하시오. 단, 장력 F_T는 최대 정지마찰계수보다 크다.

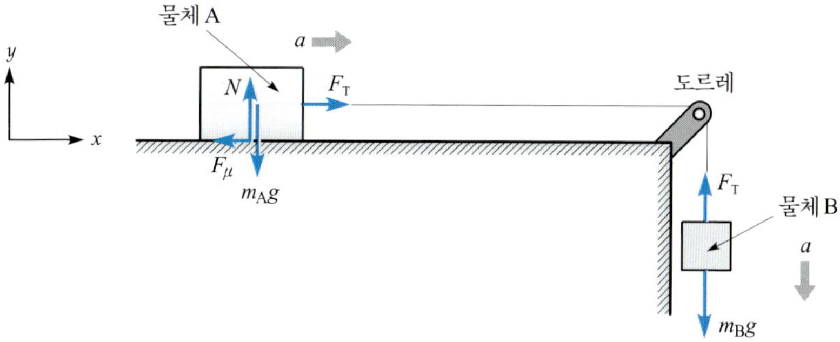

그림 예제 4.10 수평방향과 연직방향으로 구속운동을 하는 2개의 물체

풀이

물체 A에 작용하는 운동마찰력 F_μ는 다음과 같이 표현된다.

$$F_\mu = \mu N = \mu m_A g$$

따라서 물체의 운동방정식은 다음과 같이 된다.

물체 A의 수평방향 : $F_T - \mu m_A g = m_A a$ (1a)

물체 B의 연직방향 : $-F_T + m_B g = m_B a$ (1b)

한편, 달랑베르의 원리(d'Alembert's principle)로부터 물체의 운동방정식은 다음과 같이 된다.

물체 A의 수평방향 : $+\rightarrow \sum F_x = 0$; $F_T - \mu m_A g - m_A a = 0$ (2a)

물체 B의 연직방향 : $+\uparrow \sum F_y = 0$; $F_T - m_B g + m_B a = 0$ (2b)

즉, 식 (1a), (2a) 그리고 식 (1b), (2b)는 같은 결과이다. 식 (1a), (1b)[또는 (2a), (2b)]를 연립하여 풀면 가속도 a와 장력 F_T는 다음과 같이 구해진다.

$$a = \frac{(m_B - \mu m_A)g}{m_A + m_B}, \quad F_T = \frac{m_A m_B (1+\mu)g}{m_A + m_B}$$

예제 4.11

다음 그림과 같이 질량 m_A(kg)의 블록을 수평면으로부터 $\theta = 40°$의 경사를 갖는 사면상에 놓는다. 블록과 $m_B = 200$kg의 추를 케이블로 연결한다. 정지상태의 추가 $h = 7$m 낙하하고 착지할 때까지의 속도를 $v = 0.2$m/s로 하기 위해 필요한 블록의 질량 m_A를 구하시오. 단, 사면과 블록 사이의 운동마찰계수 $\mu = 0.4$이고, 도르래와 케이블 사이의 마찰 및 공기저항은 무시한다.

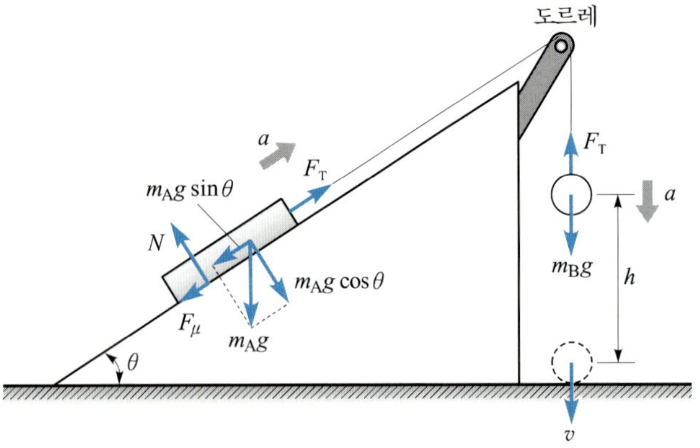

그림 예제 4.11 경사를 이용한 물체의 들어 올림

풀이

블록이 사면을 상승하는 가속도와 추가 낙하하는 가속도는 같기 때문에 그것을 a라고 한다. 케이블의 장력을 F_T라 하고, 그림 예제 4.11의 자유물체도를 이용하여 블록과 추의 운동방정식을 쓰면 다음과 같이 된다.

$$\text{블록의 경사방향}: F_T - m_A g\sin\theta - \mu m_A g\cos\theta = m_A a \tag{1a}$$

$$\text{추의 연직방향}: -F_T + m_B g = m_B a \tag{1b}$$

한편, 달랑베르의 원리(d'Alembert's principle)로부터 블록과 추의 운동방정식은 다음과 같이 된다.

$$\text{블록의 경사방향}: +\nearrow \sum F_\theta = 0\ ;\ F_T - m_A g\sin\theta - \mu m_A g\cos\theta - m_A a = 0 \tag{2a}$$

$$\text{추의 연직방향}: +\uparrow \sum F_y = 0\ ;\ F_T - m_B g + m_B a = 0 \tag{2b}$$

즉, 식 (1a), (2a) 그리고 식 (1b), (2b)는 같은 결과이다. 식 (1a), (1b)[또는 (2a), (2b)]에서 장력 F_T를 소거하고, m_A에 대하여 정리하면 다음과 같이 된다.

$$m_A = \left(\frac{g - a}{a + g\sin\theta + \mu g\cos\theta} \right) m_B \tag{3}$$

추는 초기속도 $v_0 = 0$의 등가속도 운동을 하기 때문에 $h = 7$m 낙하하고 속도가 $v = 0.2$m/s가 되는 가속도 a는 식 (2.21)로부터 다음과 같이 구해진다.

$$a = \frac{v^2 - v_0^2}{2h} = \frac{0.2^2 - 0^2}{2 \times 7} = 0.003\,\text{m/s}^2$$

따라서 식 (3)으로부터 질량 m_A는 다음과 같이 구해진다.

$$m_A = \left(\frac{9.8 - 0.003}{0.003 + 9.8 \times \sin 40° + 0.4 \times 9.8 \times \cos 40°} \right) \times 200 = 210.6\,\text{kg}$$

(2) 평면운동

물체가 평면 내에서 운동을 할 때 평면 내에서의 물체의 위치를 결정하기 위한 변수가 2개이기 때문에 2차원 운동을 한다. 직교좌표계를 선택하면 그림 4.5와 같은 평면운동의 운동방정식은 힘 **F**를 x, y방향으로 분해하고 각각의 방향의 가속도를 이용하여 독립적으로 운동방정식을 세울 필요가 있다.

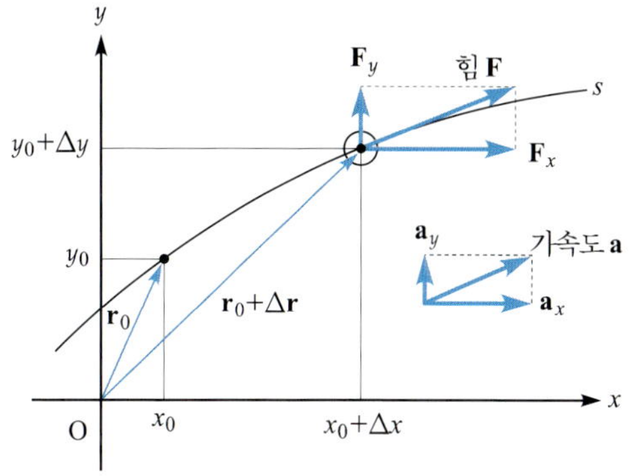

그림 4.5 평면운동

예제 4.12

다음 그림과 같이 질량 m(kg)의 글라이더가 수평방향과 θ(rad)의 각도를 이루는 방향으로 하강하고 있다. 이 글라이더의 운동방정식을 x방향과 y방향에 대하여 쓰시오. 또한, 일정속도로 활강할 때의 **양력**(lift force, 운동하는 방향에 대하여 수직으로 작용하는 힘) F_L과 **항력**(drag force, 운동과 반대방향으로 작용하는 힘) F_D를 m, g, θ를 이용하여 나타내시오. 단, g는 중력가속도이다.

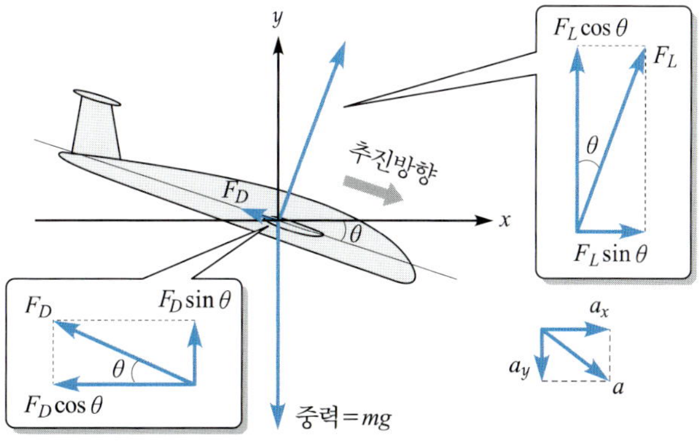

그림 예제 4.12 글라이더(glider)

풀이

그림 예제 4.12의 자유물체도를 이용하여 글라이더의 운동방정식을 쓰면 다음과 같이 된다.

글라이더의 수평방향 : $F_L \sin\theta - F_D \cos\theta = m a_x$ (1a)

글라이더의 연직방향 : $-F_L \cos\theta - F_D \sin\theta + m g = m a_y$ (1b)

한편, 달랑베르의 원리(d'Alembert's principle)로부터 글라이더의 운동방정식은 다음과 같이 된다.

글라이더의 수평방향 : $+\rightarrow \sum F_x = 0$; $F_L \sin\theta - F_D \cos\theta - m a_x = 0$ (2a)

글라이더의 연직방향 : $+\uparrow \sum F_y = 0$; $F_L \cos\theta + F_D \sin\theta - m g + m a_y = 0$ (2b)

즉, 식 (1a), (2a) 그리고 식 (1b), (2b)는 같은 결과이다. 일정속도로 활강할 때는 가속도가 0이다. 즉, $a_x = a_y = 0$이므로, 양력 F_L와 항력 F_D는 식 (1a), (1b)[또는 (2a), (2b)]를 연립하여 풀면 다음과 같이 구해진다.

$$F_L = mg\cos\theta, \quad F_D = mg\sin\theta$$

4.3.2 극좌표계에 의한 운동방정식의 성분 표현

평면운동의 큰 문제 중의 1개는 원운동이다. **원운동**을 고찰할 때, 직교좌표계 (x, y)보다도 **극좌표계**(r, θ)를 사용하는 것이 편리하다(3.4.1 **직교좌표계와 극좌표** 참조). 그림 4.6과 같이 극좌표에서는 힘과 가속도를 반지름방향($\mathbf{e}_r$ 방향)과 원주방향($\mathbf{e}_\theta$ 방향)의 성분을 분해하여 고찰한다. 이 경우 힘 $\mathbf{F}$와 가속도 $\mathbf{a}$의 성분 표시는

$$\mathbf{F} = \mathbf{F}_r + \mathbf{F}_\theta = F_r \mathbf{e}_r + F_\theta \mathbf{e}_\theta = \begin{Bmatrix} F_r \\ F_\theta \end{Bmatrix} \tag{4.14}$$

$$\mathbf{a} = \mathbf{a}_r + \mathbf{a}_\theta = a_r \mathbf{e}_r + a_\theta \mathbf{e}_\theta = \begin{Bmatrix} a_r \\ a_\theta \end{Bmatrix} \tag{4.15}$$

가 된다. 극좌표계에서 가속도의 성분 a_r, a_θ는 반지름 r과 각속도 ω를 이용하여 다음과 같이 나타낼 수 있다(3.4.2 **곡선운동의 극좌표** 표현 참조).

$$\begin{aligned} a_r &= \ddot{r} - r\dot{\theta}^2 \\ &= \ddot{r} - r\omega^2 \end{aligned} \tag{4.16}$$

$$\begin{aligned} a_\theta &= r\ddot{\theta} + 2\dot{r}\dot{\theta} \\ &= r\alpha + 2\dot{r}\omega \end{aligned} \tag{4.17}$$

따라서 극좌표에 의한 운동방정식의 성분 표시는 다음과 같이 된다.

$$\begin{aligned} F_r &= m(\ddot{r} - r\dot{\theta}^2) \\ &= m(\ddot{r} - r\omega^2) \end{aligned} \tag{4.18}$$

$$\begin{aligned} F_\theta &= m(r\ddot{\theta} + 2\dot{r}\dot{\theta}) \\ &= m(r\alpha + 2\dot{r}\omega) \end{aligned} \tag{4.19}$$

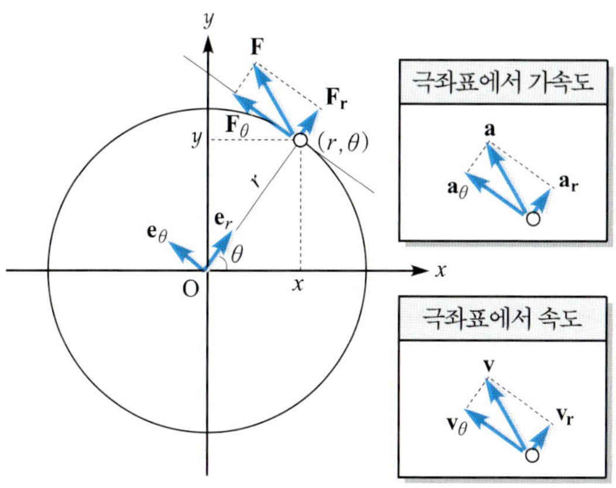

그림 4.6 극좌표에 의한 운동방정식의 성분 표시

(1) 등속원운동

그림 4.7과 같이 어떤 점을 중심으로 원 궤도를 일정한 각속도로 회전하는 운동을 **등속원운동**(uniform circular motion)이라고 부른다. 반지름 r과 각속도 ω가 일정하기 때문에 식 (4.18)과 식 (4.19)는 다음과 같이 간단히 된다.

$$\begin{aligned} F_r &= -m\, r\dot{\theta}^2 \\ &= -mr\omega^2 \end{aligned} \tag{4.20}$$

$$F_\theta = 0 \tag{4.21}$$

그림 4.7에서 원주방향 속도 v는 각속도 ω와 반지름 r에 의하여

$$v = r\omega \tag{4.22}$$

로 표현되기 때문에 식 (4.20)은 다음과 같이 된다.

$$\begin{aligned} F_r &= -mr\omega^2 \\ &= -m\frac{v^2}{r} \end{aligned} \tag{4.23}$$

등속원운동은 원주방향으로는 힘이 작용하지 않고 반지름방향으로만 일정한 크기의 힘이 작용하는 운동이다. 식 (4.20)과 식 (4.23)에서 음의 부호(−)는 반지름방향의 힘이 항상 원의 중심을 향하고 있다는 것을 의미한다. 이러한 원의 중심을 향하는 힘을 **구심력**(centripetal force 또는 향심력)이라고 부른다.

질점이 일정한 각속도로 운동한다는 것은 중심방향으로 일정한 가속도가 항상 생기고 있다는 것을 의미하고 있으며, 질점과 함께 운동하는 좌표계에서는 구심력과 크기가 같고 방향이 반대인 힘이 작용하고 있다는 것을 느낄 수 있다. 이러한 **관성력**을 **원심력**(centrifugal force)이라고 부른다.

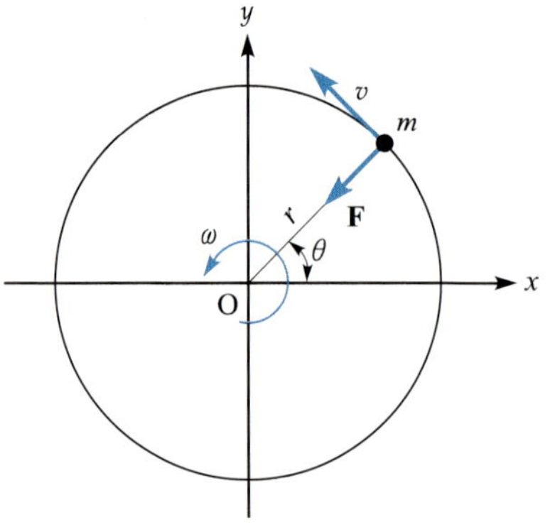

그림 4.7 등속원운동

예제 4.13

택시가 곡률반지름 9m의 커브를 30km/h의 일정한 빠르기로 반시계방향으로 돌고 있다. 뒷좌석에 앉아 있는 체중이 600N인 승객에게 작용하는 구심력을 구하시오. 단, 중력가속도는 $g = 9.8\text{m/s}^2$이다.

풀이

등속원운동의 구심력은 $F_r = -m\dfrac{v^2}{r}$으로부터 구할 수 있다. 따라서 체중이 600N인 승객에게 작용하는 구심력은

$$F_r = -m\frac{v^2}{r} = -\frac{600}{9.8} \times \frac{\left(30 \times \dfrac{1,000}{3,600}\right)^2}{9} = -472.4\text{N}$$

이 된다.

예제 4.14

다음 그림과 같이 천장으로부터 연결한 길이 $l=1.2\text{m}$의 실의 한쪽 끝에 질량 $m=0.7\text{kg}$의 추를 연결하고 수평면 내에서 등속원운동 시켰다(이것을 원 궤도를 도는 단진자라고 부른다). 실이 연직선으로부터 $\theta=20°$ 기울어져 있을 때, 원운동의 각속도 ω와 장력 F_T를 구하시오. 단, 천장과 실과의 접촉부는 마찰이 없고, 공기저항은 무시한다.

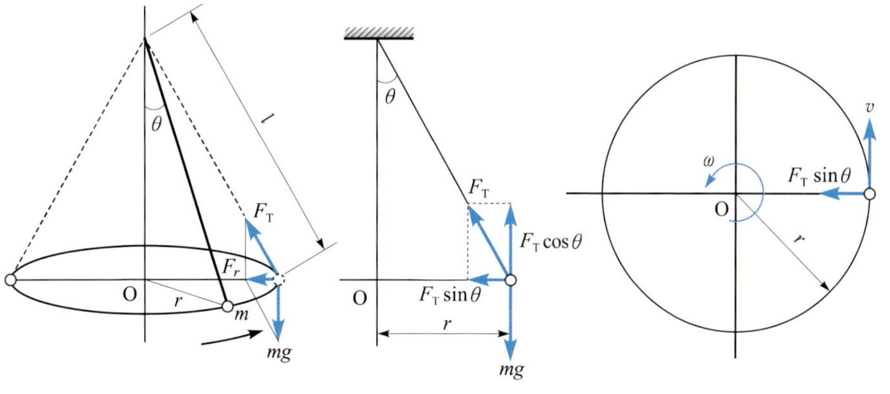

그림 예제 4.14 원 궤도를 도는 단진자(simple pendulum)

풀이

반지름방향 및 연직방향의 가속도는 각각 $a=-r\omega^2$ 및 0이기 때문에 운동방정식은 다음과 같이 된다.

$$\text{반지름방향 : } -F_T\sin\theta=-mr\omega^2 \tag{1a}$$

$$\text{연직방향 : } -F_T\cos\theta+mg=0 \tag{1b}$$

한편, 달랑베르의 원리(d'Alembert's principle)로부터 단진자의 운동방정식은 다음과 같이 된다.

$$\text{반지름방향 : } +\rightarrow\sum F_r=0\ ;\ -F_T\sin\theta+mr\omega^2=0 \tag{2a}$$

$$\text{연직방향 : } +\uparrow\sum F_y=0\ ;\ F_T\cos\theta-mg=0 \tag{2b}$$

즉, 식 (1a), (2a) 그리고 식 (1b), (2b)는 같은 결과이다. 식 (1b)[또는 (2b)]로부터 장력 F_T를 구하면, 다음과 같이 된다.

$$F_T=\frac{mg}{\cos\theta}=\frac{0.7\times9.8}{\cos20°}=7.3\text{N} \tag{3}$$

식 (3)을 식 (1a)[또는 (2a)]에 대입하여 F_T를 소거하면

$$\frac{mg}{\cos\theta}\sin\theta=m(l\sin\theta)\omega^2$$

의 관계가 얻어지기 때문에 위 식으로부터 각속도 ω는 다음과 같이 얻어진다.

$$\omega=\sqrt{\frac{g}{l\cos\theta}}=\sqrt{\frac{9.8}{1.2\times\cos20°}}=2.9\text{rad/s}$$

예제 4.15

다음 그림과 같이 반지름 $r=1{,}000\text{m}$의 테스트 코스(test course)를 자동차가 주행한다. 노면은 수평으로부터 $\theta=20°$의 경사를 가지고 있다. 사면을 따라 힘이 움직이지 않도록 하기 위한 자동차의 속도 v를 구하시오.

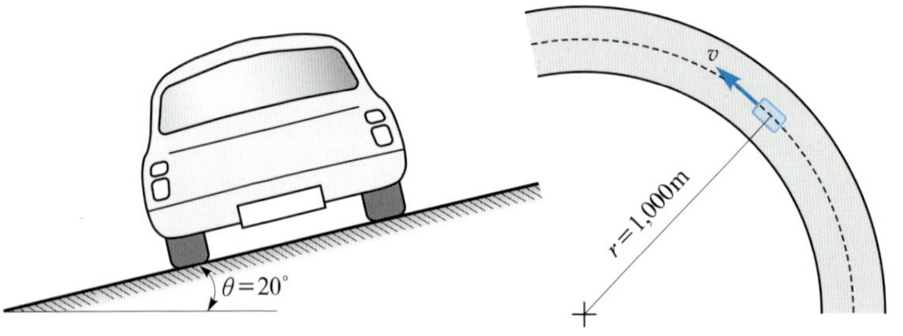

그림 예제 4.15 커브에 설치된 경사

풀이

자동차와 함께 운동하는 좌표계를 고려하면, 중력과 원심력의 경사면방향 성분의 합이 0이 된다. 즉, 다음과 같은 운동방정식이 성립한다.

$$\text{사면의 경사방향} : +\nearrow \sum F=0\ ;\ -mg\sin\theta+m\frac{v^2}{r}\cos\theta=0$$

따라서 자동차의 속도 v를 구하면 다음과 같이 된다.

$$v=\sqrt{\frac{rg\sin\theta}{\cos\theta}}=\sqrt{\frac{1{,}000\times9.8\times\sin20°}{\cos20°}}=59.7\text{m/s}=214.9\text{km/h}$$

(2) 일반적인 원운동

물체의 운동의 경로가 원(circle)이어도 물체에 작용하는 힘이 구심력만 있지 않는 경우에는 등속원운동이 아니다. 그림 4.8과 같이 길이가 r이고 질량을 무시할 수 있는 실의 한쪽 끝에 질량 m의 추를 연결하고 연직면 내에서 원운동을 시켰다. 실이 수평면과 이루는 각도를 θ라고 하자. 이 경우 물체에는 실의 장력과 추의 중력이 작용하지만, 회전과 함께 중력의 반지름방향 성분과 원주방향 성분이 변화하기 때문에 위치에 따라서 물체에 작용하는 힘이 변화한다. 반지름방향과 회전방향의 운동방정식은 실의 길이가 일정하기 때문에 식 (4.18)과 식 (4.19)에서 $\dot{r}=\ddot{r}=0$이라고 놓으면 다음과 같이 된다.

$$+\nearrow \sum F=0\ ;\ -F_{\text{T}}-mg\sin\theta+mr\omega^2=0 \tag{4.24}$$

$$+\nwarrow \sum F=0\ ;\ -mr\alpha-mg\cos\theta=0 \tag{4.25}$$

식 (4.25)로부터 각가속도 α가 다음과 같이 구해진다.

$$\alpha = \frac{d\omega}{dt} = -\frac{g}{r}\cos\theta \tag{4.26}$$

추의 위치를 표시하는 각도 θ에 의하여 각가속도 $\alpha\left(=\frac{d\omega}{dt}\right)$가 항상 0이 되지는 않는다. 즉, 식 (4.26)에 보여준 것처럼 각가속도 α는 각도 θ에 따라 변화한다. 따라서 그림 4.8과 같은 추의 운동은 등속원운동이 아니라는 것을 알 수 있다.

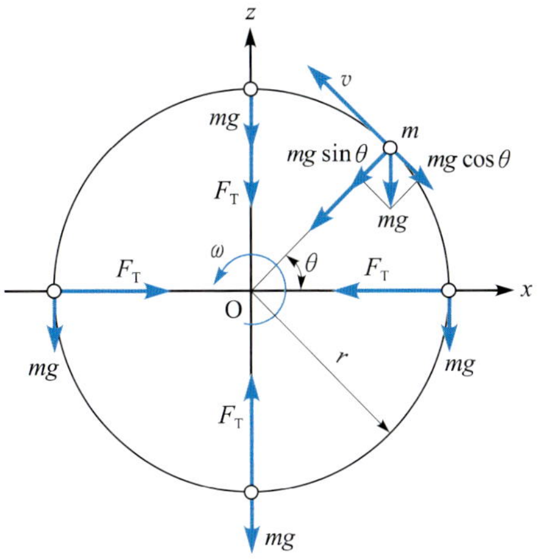

그림 4.8 연직면 내의 원운동

예제 4.16

그림 4.8과 같이 원운동을 하는 경우에 대하여 각가속도 α가 0이 되는 위치에서 장력 F_T의 크기를 질량 m, 반지름 r, 각속도 ω, 중력가속도 g를 이용하여 나타내시오.

풀이

식 (4.26)으로부터 각가속도 $\alpha = \frac{d\omega}{dt} = 0$으로 되는 것은 $\cos\theta = 0$, 즉 $\theta = 90°$와 $\theta = 270°$일 때이다. 따라서 식 (4.24)로부터

$\theta = 90°$일 때,

$$F_T = -mg\sin 90° + mr\omega^2 \Rightarrow F_T = -mg + mr\omega^2$$

$\theta = 270°$일 때,

$$F_T = -mg\sin 270° + mr\omega^2 \Rightarrow F_T = mg + mr\omega^2$$

(3) 코리올리(Coriolis) 힘

식 (3.22)로부터 가속도의 r방향 성분에는 반지름방향을 따라가는 속도의 변화에 대응하는 가속도 $\ddot{r}$와 구심가속도 $r\dot{\theta}^2(=r\omega^2)$가 포함되어 있다는 것을 알 수 있다. 또한, θ방향 성분에는 접선가속도 $r\ddot{\theta}(=r\alpha)$의 항과 **코리올리**(Coriolis) **가속도** $2\dot{r}\dot{\theta}(=2\dot{r}\omega)$의 항이 포함되어 있다(그림 3.9 코리올리(Coriolis) 가속도의 예 참조). 이 코리올리(Coriolis) 가속도에 의하여 원주방향으로 초래되는 힘이 **코리올리**(Coriolis) **힘**이다. 따라서 질량이 m인 물체의 코리올리(Coriolis) 힘 F_θ는 다음과 같이 된다.

$$\text{원주방향 : } F_\theta = m(2\dot{r}\omega) = 2mv\omega \tag{4.27}$$

4.4 운동방정식의 응용

4.4.1 미분방정식으로 표현되는 운동방정식

(1) 미분을 이용한 운동방정식의 표현

가속도 $\mathbf{a}$는 시간 t에 관한 속도 $\mathbf{v}$의 1번 미분 그리고 변위 $\mathbf{r}$의 2번 미분이다. 즉,

$$\mathbf{a} = \frac{d\mathbf{v}}{dt} = \frac{d}{dt}\left(\frac{d\mathbf{r}}{dt}\right) = \frac{d^2\mathbf{r}}{dt^2} \tag{4.28}$$

이다. 질량이 m인 물체의 운동방정식은 식 (4.1)에 의하여

$$\mathbf{F} = m\mathbf{a} = m\frac{d\mathbf{v}}{dt} = m\frac{d}{dt}\left(\frac{d\mathbf{r}}{dt}\right) = m\frac{d^2\mathbf{r}}{dt^2} \tag{4.29}$$

이 된다. 위 식과 같이 변수의 미분이 포함되어 있는 방정식을 **미분방정식**이라고 부른다. 운동방정식은 속도 $\mathbf{v}$에 관한 **1계 상미분방정식**이고, 변위 $\mathbf{r}$의 **2계 상미분방정식**이다.

(2) 운동방정식으로부터 속도를 구하는 방법

질량이 m인 물체가 일정한 힘 F를 받고 속도 v로 운동할 때의 운동방정식은

$$F = ma = m\frac{dv}{dt} = m\dot{v} \tag{4.30}$$

의 형태의 미분방정식이 된다. 가속도가 시간의 함수로서 표현되면 그것을 시간에 관하여 적분하면 다음 예제와 같이 속도가 얻어진다.

예제 4.17

질량이 m인 물체를 초기속도 $v_0 = 0$로 자유낙하 시켰다. 자유낙하가 시작되어 시간 t가 경과되었을 때, 속도의 크기를 구하시오. 단, 공기저항은 무시한다.

풀이

연직 위쪽방향으로 좌표를 정한다. 자유낙하의 운동방정식을 낙하속도 v를 이용해서 나타내면 다음과 같이 된다.

$$+\uparrow \sum F = 0\ ;\ m\frac{dv}{dt} - mg = 0$$

$$\therefore\ \frac{dv}{dt} = g \tag{1}$$

식 (1)을 적분하고 초기속도 $v_0 = 0$을 대입하면, 다음과 같이 속도의 크기 v가 구해진다.

$$v = v_0 + \int_0^t dv = 0 + \int_0^t g\,dt = gt$$

4.4.2 속도에 비례하는 감쇠력(항력)을 받는 물체의 운동

공기 중을 주행하는 자동차에는 **감쇠력**(공기에 의한 **항력**)이 작용하고, 그것은 주행에 방해가 된다. 일반적으로 유체 중을 운동하는 물체에는 운동방향과 반대방향으로 감쇠력(항력)이 작용하고, 운동하는 방향에 대하여 수직으로 양력이 작용한다. **유체**(fluid)에는 **점성**(viscosity)이라고 불리는 성질이 있고, 이것으로부터 유체와 물체 사이에 마찰력이 생겨 감쇠력(항력)의 원인이 된다. 여기서, 힘의 작용에 의한 변형한 물체 중 기체 및 액체를 총칭하여 유체라고 부른다. 그리고 흐름 중에 설치된 물체에 작용하는 힘을 유체력이라고 부른다. 유체력을 흐름의 방향과 흐름에 수직한 방향으로 분해하였을 때, 위에서 설명한 감쇠력(항력)과 양력으로 나눌 수 있다. 다음의 전형적인 예제를 통하여 속도에 비례하는 감쇠력(항력)을 받는 물체의 운동에 대하여 논의한다.

예제 4.18

중력가속도 g가 작용하고 있는 공간상에서 질량이 m인 물체를 초기 정지상태에서 자유낙하 시켰을 때, 시간 t에서 이 물체의 낙하속도 v와 낙하거리 y를 구하시오. 또, 시간이 무한대($t=\infty$)가 될 때에 낙하속도를 구하시오. 단, 공기저항은 속도에 비례하여 증가한다.

풀이

1) 낙하속도 v와 낙하거리 y

감쇠력(공기에 의한 항력) F_D가 속도에 비례하여 증가하는 경우에는

$$F_D = cv$$

로 표시될 수 있다. 여기서, c는 임의의 상수이다. 자유낙하할 때 물체에 작용하는 중력($F_G = mg$), 관성력(뉴턴의 제2법칙, $F_A = ma = m\dfrac{dv}{dt}$), 감쇠력($F_D = cv$)의 합은 0이 되므로 다음과 같은 운동방정식이 얻어진다. 즉,

$$+\uparrow \sum F = -F_G + F_A + F_D = 0\,;\left(-mg + m\frac{dv}{dt} + cv\right) = 0$$

$$\therefore m\frac{dv}{dt} = mg - cv \tag{1}$$

이다. 위 식은 1계 상미분방정식이고, 변수분리시키면

$$dt = \frac{m}{mg - cv}dv$$

가 된다. 위의 변수분리된 식의 양변을 적분하면 다음과 같이 된다.

$$\int dt = \int \frac{m}{mg - cv}dv + C_1 \Rightarrow t = -\frac{m}{c}\ln(mg - cv) + C_1$$

여기서, C_1은 임의의 상수이고 초기 정지상태인 초기조건, 즉 $t = t_0 = 0$에서 $v_0 = 0$으로부터 다음과 같이 구해진다. 즉,

$$C_1 = \frac{m}{c}\ln(mg)$$

$$\therefore t = -\frac{m}{c}\ln\left(1 - \frac{cv}{mg}\right)$$

위 식을 낙하속도 v에 대하여 구하면

$$v = \frac{mg}{c}\left(1 - e^{-ct/m}\right)$$

가 된다. $v = \dfrac{dy}{dt}$이기 때문에 낙하거리 y와 시간 t의 관계는 다음과 같이 1계 상미분방정식이 된다.

$$\frac{dy}{dt} = \frac{mg}{c}\left(1 - e^{-ct/m}\right)$$

위 식을 변수분리시키고 적분을 하면

$$y = \left(\frac{mg}{c}\right)t + \frac{m^2 g}{c^2}\left(e^{-ct/m}\right) + C_2$$

가 된다. 여기서, C_2은 임의의 상수이고 초기조건, 즉 $t = t_0 = 0$에서 $y_0 = 0$으로부터 다음과 같이 구해진다. 즉,

$$C_2 = -\frac{m^2 g}{c^2}$$

따라서

$$y = \left(\frac{mg}{c}\right)t - \frac{m^2 g}{c^2}\left(1 - e^{-ct/m}\right)$$

가 된다.

2) $t = \infty$가 될 때에 낙하속도 v_∞

초기속도 $v_0 = 0$으로부터 낙하속도가 v가 급격하게 증가하지만, 시간이 경과하면 낙하속도의 증가율이 격감하고 시간이 무한대($t = t_\infty = \infty$)가 될 때에 $e^{-ct_\infty/m} = 0$이 되어 낙하속도는

$$v_\infty = \frac{mg}{c} \tag{2}$$

에 수렴한다. 이와 같이 낙하속도가 어떤 속도를 초과하지 않고 어떤 속도에 근접하는 현상은 지표면 근처의 빗방울에서 관찰할 수 있다. 즉, 빗방울은 자유낙하 중에 공기저항 때문에 어떤 속도에 수렴하여 떨어진다.

4.4.3 진동(vibration)과 시간응답

그림 4.9의 A와 같이 마찰이 없는 수평면상에서 용수철(spring, 스프링)의 한쪽 끝은 고정하고 다른 쪽 끝에는 질량 m인 물체를 연결했다. 여기서, 용수철은 질량을 무시할 수 있고 용수철상수는 k이다. 용수철이 원래 길이의 상태에 있을 때 물체의 위치(변형이 없는 위치)를 기준(정적 평형위치)으로 하여 수평방향으로 x축을 설정한다. 그림 4.9의 B와 같이 용수철의 원래 길이로부터 x_0만큼 잡아당긴 후에 놓는다. 그러면 그림 4.9의 C와 같이 기준위치로부터 변위가 양(+)의 방향일 때 용수철에 작용하는 힘은 음의 방향으로 작용한다. 한편 그림 4.9의 D와 같이 변위가 음(−)의 방향일 때 용수철에 작용하는 힘은 양의 방향으로 작용한다. 이후에 그림 4.9의 E와 같이 D↔E의 운동을 반복한다. 이 용수철에 작용하는 힘과 같이 변위의 방향과 역방향으로 작용하고 물체를 본래의 위치로 되돌리는 힘을 **복원력**(restoring force)이라고 부른다.

가속도는 변위 $x[= x(t)]$의 2번 미분이기 때문에 $\dfrac{d^2x}{dt^2}[= \ddot{x} = \ddot{x}(t)]$를 이용하여 나타내면 그림 4.9에서 물체의 운동방정식은

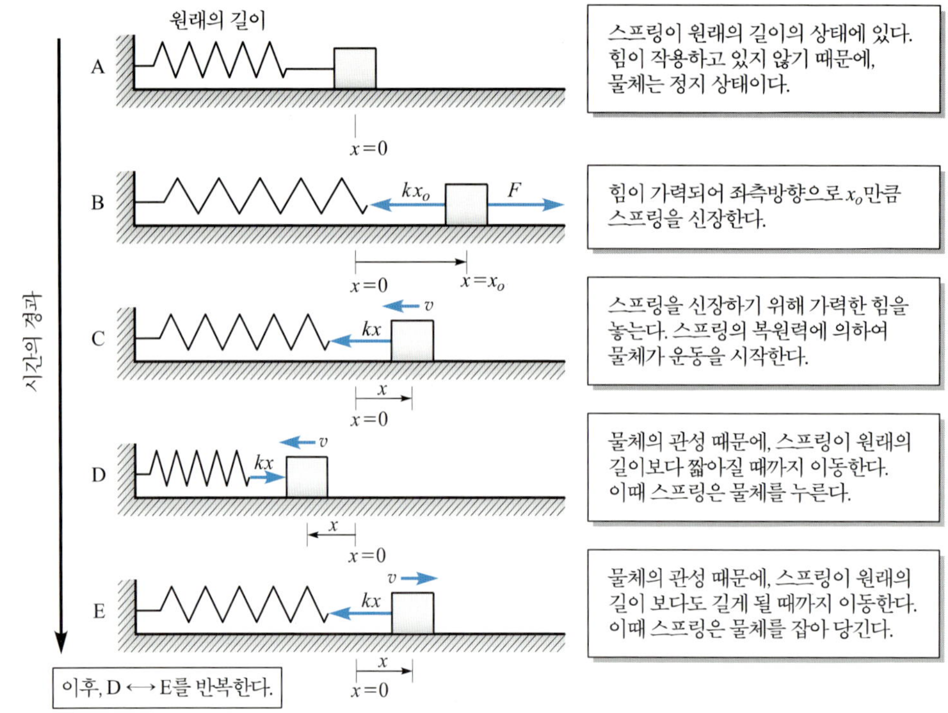

그림 4.9 단순조화운동

$$-kx = m\frac{d^2x}{dt^2} \quad \text{또는} \quad m\ddot{x} + kx = 0 \tag{4.31}$$

으로 표현된다. 미분연산자(differential operator)를 사용하면 $(mD^2+k)x=0$이 되어

$$D=\pm\sqrt{-\frac{k}{m}}=\pm i\sqrt{\frac{k}{m}}=\pm i\,\omega_n \tag{4.32}$$

컬레 복소근을 가지므로 식 (4.31)의 일반해는 다음과 같이 된다.

$$x = A_1 \sin\omega_n t + A_2 \cos\omega_n t \tag{4.33}$$

여기서, $\omega_n = \sqrt{\dfrac{k}{m}}$ (rad/s)는 계(system)의 **원고유진동수**(circular natural frequency) 또는 **각속도**(angular velocity)이다. 보통, **고유진동수**(natural frequency, 고유주파수)로서 언급되는 **순환진동수**(cyclic frequancy) f_n는 $f_n = \dfrac{\omega_n}{2\pi}$으로 주어지고, 단위는 Hz[=

1/s = cps(cycle per second)]이다. 주기운동을 하는 계(system)의 응답이 등시간 간격 T_n으로 반복될 때, 이 시간 T_n를 계(system)의 **주기**(period 또는 고유주기)라고 하며 진동수의 역수이다. 즉, $T_n = \frac{1}{f_n} = \frac{2\pi}{\omega_n}$(s)이다. 따라서 진동수란 1초 동안에 완전한 주기가 반복되는 횟수로 정의된다.

식 (4.33)에서 운동의 진폭을 나타내는 상수 A_1과 A_2는 계(system)의 초기조건(initial condition)에 의해 결정된다. 만약 그림 4.9의 물체처럼 시간 $t=0$에서 변위 x_0 및 속도 0을 갖고 **진동**을 시작한다면, 식 (4.33)에서 $x(0) = A_2 = x_0$이 되고 $\dot{x}(0) = A_1\omega_n = 0$으로부터 $A_1 = 0$이 된다. 따라서 식 (4.33)은 다음과 같이 된다.

$$x = x_0 \cos \omega_n t = x_0 \cos \sqrt{\frac{k}{m}}\, t \tag{4.34}$$

변위 x를 시간에 대하여 미분하면 그림 4.9의 물체의 속도 v와 가속도 a가 다음과 같이 구해진다.

$$v = \dot{x} = -x_0 \omega_n \sin \omega_n t \tag{4.35}$$

$$a = \ddot{x} = -x_0 \omega_n^2 \cos \omega_n t \tag{4.36}$$

식 (4.34)에서 표현된 변위 x와 시간 t의 관계를 종축에 $\omega_n t$ 그리고 횡축에 x/x_0로 하여 그래프로 나타내면 그림 4.10과 같이 된다. 그림 4.9의 물체는 그 변위의 **시간응답**이 코사인(cosine) 파형으로 변화하는 왕복운동을 반복한다. 이와 같은 현상을 **단순조화운동**(simple hormonic motion, 단순조화진동)이라고 부른다. 단순조화운동은 **비감쇠 자유진동**(undamped free vibration)이다. 여기서, 비감쇠 자유진동은 그림 4.9에서처럼 감쇠(damping, 공기저항 등으로 진동 따위가 줄어서 약해짐)가 0이고 외력이 0인 상태에서 물체가 진동하는 것을 말한다. 단순조화운동에서는 변위가 0의 위치, 즉 용수철이 원래의 길이가 되는 위치가 진동의 중심이다.

자유진동은 많은 문제에 응용될 수 있지만, 중요한 부류의 진동문제는 외란을 발생시키는 힘에 의해 계속적으로 운동이 가진되는 경우인 **강제진동**(forced vibration)이다. 외란을 발생시키는 힘은 외부에서 가해지거나 불평형 회전부에 의하여 계(system)의 내부에서 생성된다. 또한, 강제진동은 계(system, 시스템)의 지지부의 운동에 의하여 가진될 수도 있다.

이러한 진동문제들에 대한 좀 더 자세한 공부는 기계진동학이나 구조동역학을 주제로 한 교재들을 참조하길 바란다.

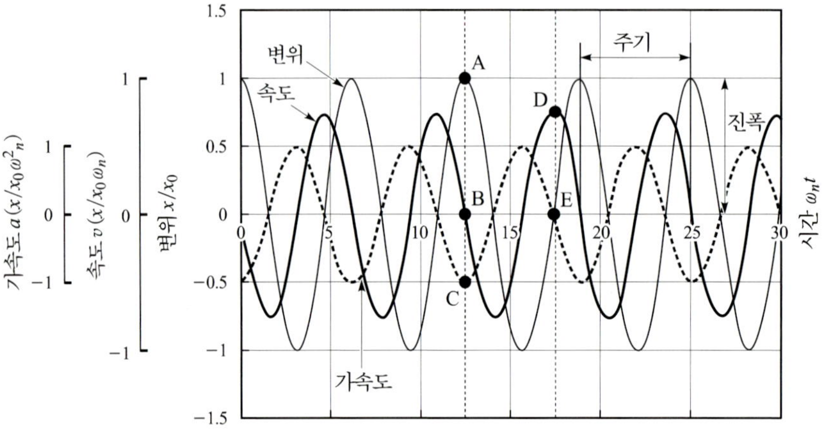

그림 4.10 비감쇠 자유진동

예제 4.19

그림 4.9의 A와 같이 마찰이 없는 수평면상에서 용수철의 한쪽 끝은 고정하고 다른 쪽 끝에는 질량 $m = 0.3$kg인 물체를 연결했다. 여기서, 용수철은 질량을 무시할 수 있고 용수철상수 $k = 90$N/m이다. 용수철을 원래의 길이로부터 $x_0 = 60$mm만큼 잡아당긴 후에 놓았더니 물체가 왕복을 하였다. 물체의 원고유진동수 ω_n, 고유진동수 ω_n, 주기 T_n을 구하시오. 또한, 물체가 용수철의 원래의 위치를 최초로 통과할 때의 속도 v와 가속도 a를 구하시오.

풀이

이 물체의 운동방정식은 식 (4.31)에 나타낸 것과 같기 때문에 관찰된 운동은 **진폭**이 $x_0 = 60\,\text{mm}$인 단순조화운동이다. 따라서 물체의 원고유진동수 ω_n, 고유진동수 ω_n, 주기(고유주기) T_n은 각각 다음과 같이 된다.

$$\omega_n = \sqrt{\frac{k}{m}} = \sqrt{\frac{90}{0.3}} = 17.3\,\text{rad/s}$$

$$f_n = \frac{\omega_n}{2\pi} = \frac{17.3}{2\pi} = 2.75\,\text{Hz}$$

$$T_n = \frac{1}{f_n} = \frac{1}{2.75} = 0.36\,\text{s}$$

변위 x는 식 (4.34)로 표현되기 때문에 원래의 길이가 되는 시간은 $0 = x_0 \cos \omega_n t$로부터 $\omega_n t = \frac{\pi}{2}$이다. 따라서 식 (4.35), (4.36)에 의하여 물체가 용수철의 원래의 위치를 최초로 통과할 때의 속도 v와 가속도 a는 각각 다음과 같이 된다.

$$v = \dot{x} = -x_0\omega_n \sin\omega_n t = -x_0\omega_n \sin\left(\frac{\pi}{2}\right)$$

$$= -x_0\omega_n = -\frac{60}{1,000}\times 17.3 = -1.04\,\text{m/s}$$

$$a = \ddot{x} = -x_0\omega_n^2 \cos\omega_n t = -x_0\omega_n^2\cos\left(\frac{\pi}{2}\right) = 0$$

예제 4.20

다음 그림과 같이 상단을 고정한 길이 l의 실에 질량 m의 물체를 매달고 연직방향으로부터 각도 θ_0의 위치까지 끌어올린 후 놓아 단진자를 연직면 내에서 좌우로 진동시켰다. 공기저항은 무시하고 실이 늘어나지 않는다고 할 때, 다음 물음에 답하시오.

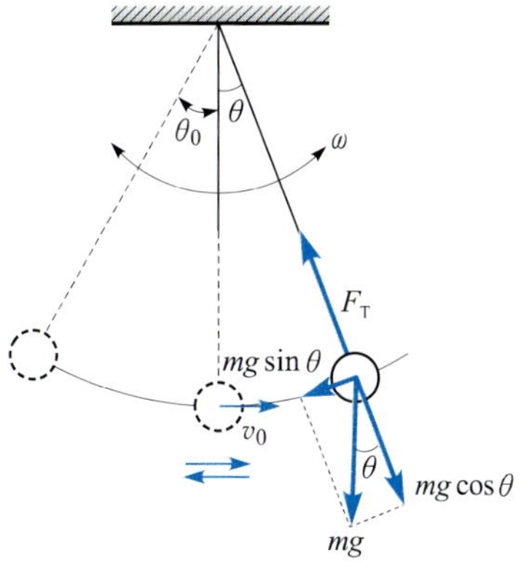

그림 예제 4.20 단진자

1) 물체의 반지름방향과 원주방향의 운동방정식을 구하시오.
2) 각변위 θ가 충분히 작을 때, 근사적으로 $\sin\theta = \theta$, $\cos\theta = 1$이 성립한다는 조건 하에서 각변위 θ와 장력 F_T를 구하시오.
3) 물체의 주기 T_n을 구하시오.

풀이

1) 물체는 원 궤도를 따라가는 운동을 한다. 따라서 반지름방향의 변화가 없기 때문에 $\dot{r} = \ddot{r} = 0$이고 식 (4.16)과 식 (4.17)에 의하여 반지름방향의 가속도 a_r과 원주방향(원 궤도의 접선방향)의 가속도 a_θ는 다음과 같이 된다.

$$\text{반지름방향}: a_r = -l\dot{\theta}^2 = -l\left(\frac{d\theta}{dt}\right)^2 = -l\omega^2 \tag{1a}$$

$$\text{원주방향}: a_\theta = l\ddot{\theta} = l\frac{d^2\theta}{dt^2} = l\alpha = l\frac{d\omega}{dt} \tag{1b}$$

위 식들로부터 반지름방향과 원주방향의 운동방정식은 다음과 같이 된다.

$$\text{반지름방향 : } +\nwarrow \sum F=0\ ;\ F_{\mathrm{T}}-m\,\mathrm{g}\cos\theta-m\,l\,\omega^2=0 \tag{2a}$$

$$\text{원주방향 : } +\nearrow \sum F=0\ ;\ -m\,\mathrm{g}\sin\theta\, r-m\,l\frac{d^2\theta}{dt^2}=0 \tag{2b}$$

2) 각변위 θ가 충분히 작을 때 근사적으로 $\sin\theta=\theta$, $\cos\theta=1$이 성립하므로, 식 (2b)로부터 원주방향의 운동방정식은

$$m\,l\frac{d^2\theta}{dt^2}+m\,\mathrm{g}\,\theta=0 \tag{3}$$

이 되고, 이 운동방정식은 다음과 같이 변형된다.

$$\frac{d^2\theta}{dt^2}+\frac{\mathrm{g}}{l}\theta=0 \tag{4}$$

위 식은 식 (4.31)에 나타낸 운동방정식과 같은 형태이기 때문에 이 예제의 단진자운동은 단순조화운동을 한다. 따라서 원고유진동수 ω_n은

$$\omega_n=\sqrt{\frac{\mathrm{g}}{l}}$$

가 된다. 운동방정식 (4)의 해는 식 (4.34)와 같은 형태로 표현되기 때문에 각변위 θ와 각속도 ω는 각각 다음과 같이 된다.

$$\theta=\theta_0\cos\omega_n t=\theta_0\cos\sqrt{\frac{\mathrm{g}}{l}}\,t$$

$$\omega=\dot{\theta}=-\theta_0\omega_n\sin\omega_n t$$

위 식의 값을 운동방정식 (2a)에 대입하면, 실의 장력 F_{T}는 다음과 같이 구해진다.

$$\begin{aligned}F_{\mathrm{T}}&=m\,\mathrm{g}\cos\theta+m\,l\,\omega^2=m\,\mathrm{g}+m\,l\,\omega^2=m\,\mathrm{g}+m\,l(-\theta_0\omega_n\sin\omega_n t)^2\\&=m\,\mathrm{g}+m\,l\,\theta_0^2\left(\frac{\mathrm{g}}{l}\right)\sin^2\omega_n t\\&=m\,\mathrm{g}(\,1+\theta_0^2\sin^2\omega_n t)\end{aligned}$$

3) 물체의 주기(고유주기) T_n은 다음과 같이 구해진다.

$$T_n=\frac{1}{f_n}=\frac{2\pi}{\omega_n}=2\pi\sqrt{\frac{l}{\mathrm{g}}}$$

위 식에서 보여준 것처럼, 단진자에서는 물체의 질량과 진폭에 관계없이 실의 길이에 의하여 주기가 결정된다. 이러한 성질을 단진자의 **등시성**(isochronism)이라고 말한다.

연 습 문 제

4.1 마찰이 없는 수평면에 정지하고 있는 질량 $m = 4$kg의 물체가 있다. 다음 물음에 답하시오.

1) $F = 16$ N의 힘을 수평면의 우측방향으로 작용시켰다. 이 물체의 가속도의 크기와 방향을 구하시오.

2) 어떤 크기의 힘 F를 수평면의 우측방향으로 작용시켰더니, 물체는 수평면의 우측방향으로 5m/s^{2}의 가속도로 운동을 시작했다. 물체에 작용시킨 힘 F를 구하시오.

4.2 질량이 $2{,}000$kg인 자동차를 6초간에 100km/h로부터 60km/h까지 감속하는 경우에 필요한 제동력(타이어와 노면 사이의 운동마찰력)은 얼마인가?

4.3 다음 그림과 같이 수평한 받침대 위에 질량 $m = 40$kg의 물체를 놓고 받침대를 들어 올렸다. 받침대의 경사가 $20°$가 되었을 때 물체가 미끄러지기 시작했다. 받침대와 물체 사이의 정지마찰계수를 구하시오.

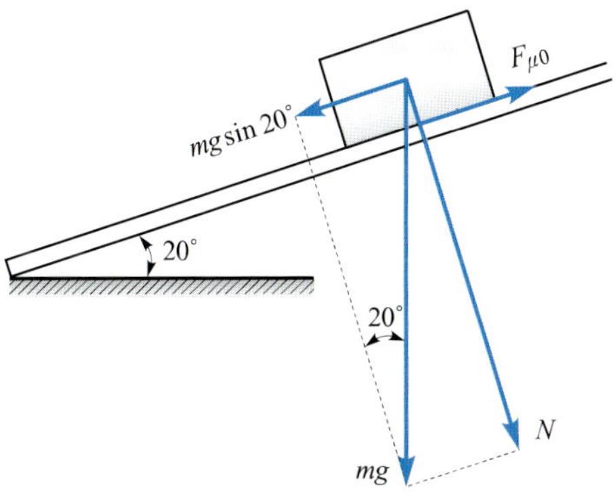

그림 연습문제 4.3

4.4 다음 그림과 같이 $1{,}000$rpm으로 회전하는 축을 지지하는 베어링(bearing)에 발생하는 마찰력을 계산하시오. 단, 축의 직경은 100mm, 축으로부터 베어링에 수직으로 가해지는 힘은 $N = 4{,}000$ N, 운동마찰계수는 $\mu = 0.015$이다.

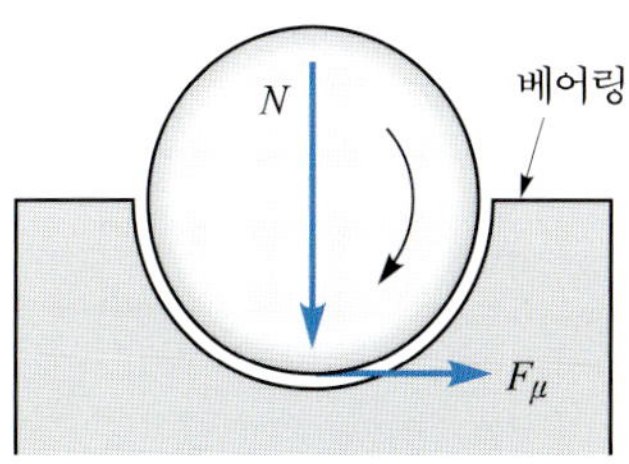

그림 연습문제 4.4

4.5 다음 그림과 같이 수평면상에 무게 $N=400\text{N}$의 물체가 놓여있다. 이 물체를 수평과 $40°$ 각도를 이루는 방향으로 잡아당겼다. 물체를 움직이게 하는 최소 힘 F_T를 구하시오. 단, 정지마찰계수는 $\mu_0=0.2$이다.

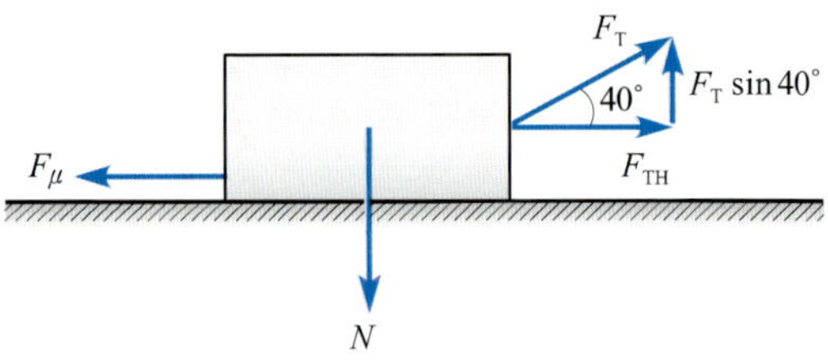

그림 연습문제 4.5

4.6 다음 그림과 같이 도르래에 신축이 없는 케이블을 걸고, 이 케이블의 양단에 m_1과 $m_2(m_1<m_2)$의 질량이 서로 다른 물체(분동, counter wight)를 매달고서 조용히 놓았다. 물체의 가속도와 케이블의 장력을 구하시오. 단, 도르래와 케이블의 질량 및 마찰은 무시한다.

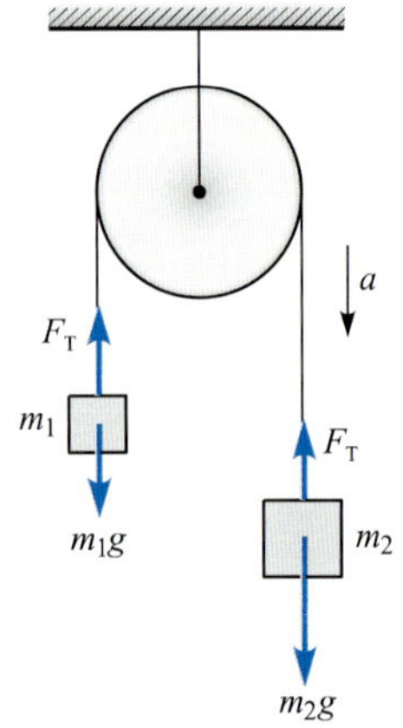

그림 연습문제 4.6 애트우드의 기계 (Atwood's machine, 마찰이 작은 가벼운 도르래와 분동을 써서 떨어지는 물체의 가속도를 재는 실험장치)

4.7 다음 그림과 같이 수평한 도르래에 길이가 l(m)이고 질량이 m(kg)인 실 AB를 걸고 미끄러 떨어뜨렸다. 실의 한쪽 길이가 s(m)로 되었을 때, 다른 쪽 임의의 점 C에서 장력 F_T를 구하시오. 단, 도르래와 실 사이의 마찰은 무시한다.

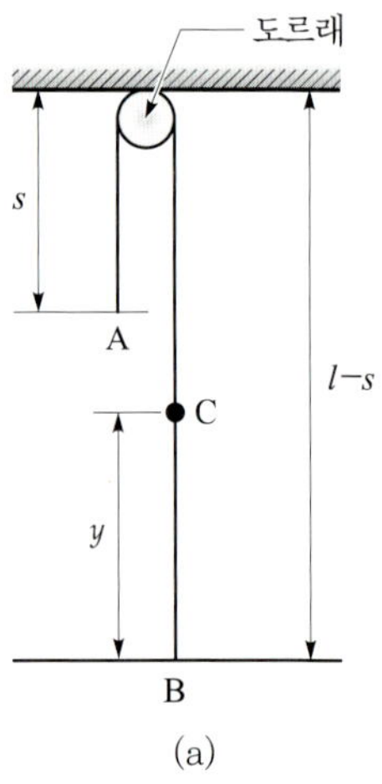

그림 연습문제 4.7

4.8 다음 그림과 같이 가속도 a로 상승하는 엘리베이터(승객을 포함한 질량 m)에서 케이블에 걸리는 장력 F_T는 얼마인가? 감속할 때는 어떻게 되는가? 또한, 하강할 때는 어떻게 되는가?

그림 연습문제 4.8

4.9 20m/s로 운동하고 있는 무게 500N의 물체에 그것과 같은 진행방향으로 8초간에 일정한 힘을 연속해서 가했더니 속도가 30m/s가 되었다. 가해진 힘은 얼마인가?

4.10 10,000N의 추진력으로 12초간 움직이는 능력을 가진 무게 4,000N의 로켓이 있다. 이것을 연직위쪽방향으로 발사하면, 높이 몇 m에 도달할까? 단, 공기저항과 연료소비에 의한 중량의 변화는 없다.

4.11 무게 400N의 물체를 연직 위쪽방향으로 일정한 힘 800N으로 끌어올렸을 때, 발생하는 가속도는 얼마인가?

4.12 수평면과 경사가 $\theta = 35°$인 경사면상에 무게 120N의 물체를 올려놓고, 다음 그림과 같이 마찰이 없는 도르래를 통하여 무게 30N의 추를 매달았다. 이것보다 가벼운 추를 매달면 물체는 경사면 아래로 미끄러져 내려갔다.

1) 경사면의 정지마찰계수 μ_0을 구하시오.
2) 몇 N의 추를 매달았을 때, 물체가 위쪽으로 올라가는가?

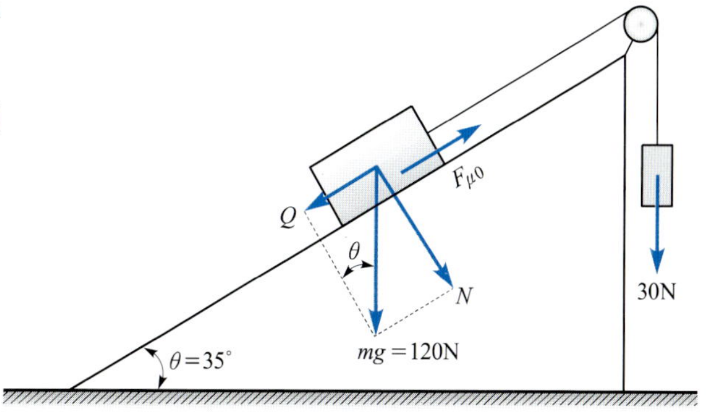

그림 연습문제 4.12

4.13 질량 $m = 0.7$kg 물체가 수평면 내에서 길이 1.2m의 실로 구속되어 원운동을 하고 있다. 70rpm의 일정회전수로 회전하고 있을 때, 실의 장력 F_T를 구하시오.

4.14 다음 그림과 같이 무게가 mg인 물체를 길이 L의 실에 매달아 일정회전수 n(rpm)으로 연직면 내에서 원운동을 시킬 경우, 물체가 정점을 통과할 때에 실의 장력 F_T를 구하시오.

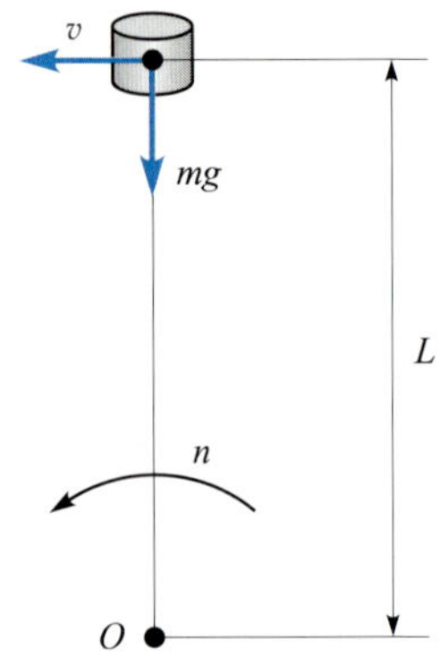

그림 연습문제 4.14

4.15 다음 그림과 같이 천장으로부터 연결한 길이 $L = 3$m의 실의 한쪽 끝에 질량 $m = 1.5$kg의 추를 연결하고 수평면 내에서 등속원운동 시켰다(이것을 원 궤도를 도는 단진자라고 부른다). 실이 연직선으로부터 $\theta = 30°$ 기울어져 있을 때, 원운동을 하는 추의 속도 v와 실의 장력 F_T를 구하시오. 단, 천장과 실과의 접촉부는 마찰이 없고, 공기저항은 무시한다.

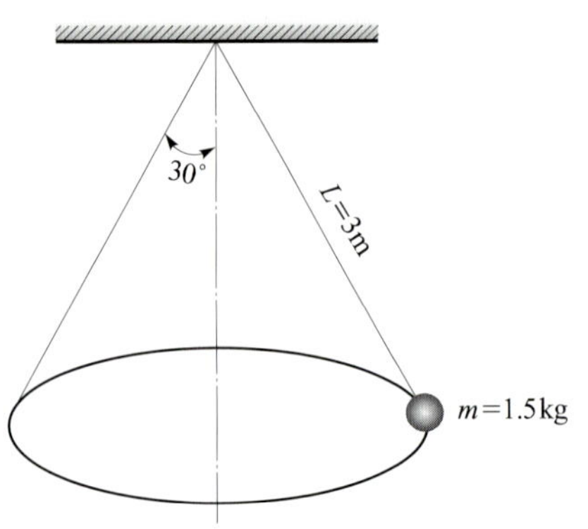

(a) 원 궤도를 도는 단진자

그림 연습문제 4.15

4.16 다음 그림과 같이 오토바이가 시속 40km로 곡률반경 50m의 커브를 통과하고 있다. 이 오토바이는 연직과 어느 정도 내측으로 기울어져 있는가?

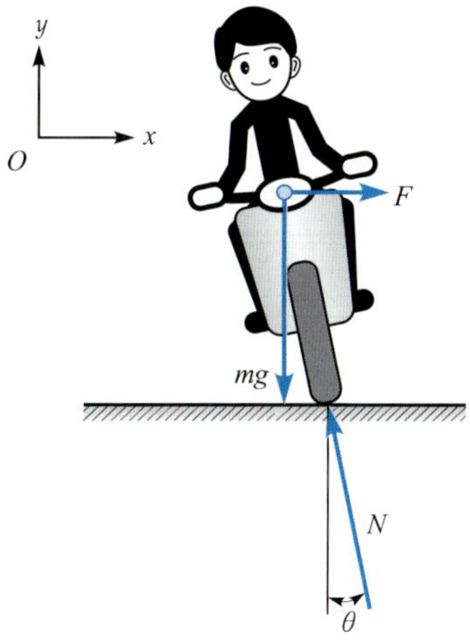

그림 연습문제 4.16

4.17 다음 그림과 같이 높이를 고려한 경우의 중력가속도 $\frac{d^2\tilde{y}}{dt^2}$과 그 높이에서 인공위성의 속도 v 및 공전주기 T의 식을 유도하시오. 또한, 지구의 반지름을 $r=6{,}378$km라고 하면 지표로부터 고도 500km의 원 궤도를 갖는 인공위성의 속도와 공전주기를 구하시오.

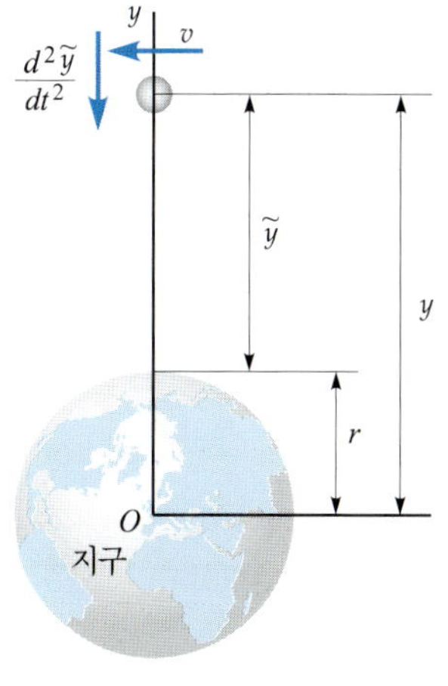

그림 연습문제 4.17

4.18 다음 그림과 같이 반지름 r의 매끄러운 원기둥의 정점 위에 놓인 질량 m의 물체가 초기속도 0으로 원기둥면을 따라 미끄러져 떨어진다. 임의의 위치에서 접선방향의 속도 v와 물체가 원기둥면으로부터 받는 반력 N을 구하시오. 또한, 물체가 원기둥면으로부터 이탈할 때의 각도 θ_{br}을 구하시오. 단, 물체와 원기둥면 사이의 마찰은 무시한다.

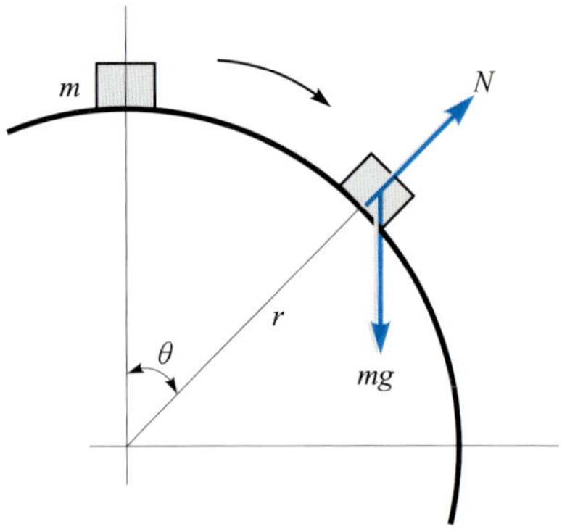

그림 연습문제 4.18

4.19 직경 $D = 0.15$ mm의 빗방울이 정지한 공기 중에서 낙하한다. 빗방울을 변형하지 않는 구(sphere)라고 하면, 빗방울에 작용하는 감쇠력(항력)은 $F_{\mathrm{D}} = cv$와 같이 속도 v에 비례한다고 가정할 수 있다. 다음 물음에 답하시오. 단, 공기의 밀도는 $\rho = 1.18$kg/m^{3}이고 물의 밀도는 $\rho_w = 1{,}000$kg/m^{3}이다. 그리고 감쇠계수(항력계수)는 $c = 16.5 \times 10^{-9}$kg/s이다.

1) 빗방울에 작용하는 중력 F_{G}를 구하시오.
2) 빗방울에 작용하는 부력 F_{B}를 구하시오.
3) 부력 F_{B}가 무시될 수 있다고 가정할 때, 종단속도 v_∞를 구하시오. 여기서, 종단속도는 빗방울에 대한 저항력이 그 속도와 함께 증대하여, 차츰 일정한 속도로 안정될 때의 빗방울의 속도를 말한다. 즉, 빗방울의 낙하속도가 어떤 속도를 초과하지 않고 어떤 속도에 근접하는 현상으로 지표면 근처의 빗방울에서 관찰할 수 있다.

4.20 질량 600g의 추를 매달면 120mm 늘어나는 용수철이 있다. 이 용수철의 하단에 질량 2,000kg의 추를 매달고 원래의 길이로부터 200mm 신장시킨 후에 손을 놓았다. 이때, 추의 진동의 주기(고유주기)를 구하시오. 단, 공기저항과 용수철의 질량은 무시하고, 중력가속도 g는 9.8m/s^{2}이다.

4.21 다음 그림과 같이 천장으로부터 연결한 길이 l 의 실의 한쪽 끝에 질량 m 의 추를 연결하고 수평면 내에서 등속원운동 시켰다(이것을 원 궤도를 도는 단진자라고 부른다). 실이 연직선으로부터 $\theta = 40°$ 기울어져 회전시킬 때의 매분 회전수를 $n = 150$rpm으로 하고 싶다. 이 경우, 실의 길이 l 을 어느 정도로 하면 좋은가?

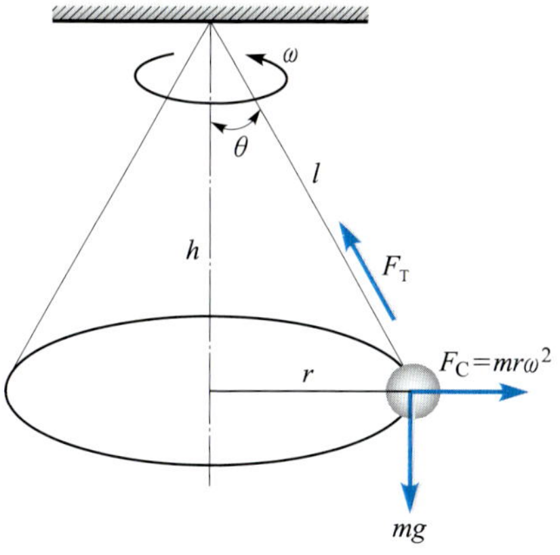

그림 연습문제 4.21 원 궤도를 도는 단진자(simple pendulum)

4.22 다음 그림과 같이 질량 m_1과 질량 m_2가 2개의 용수철(용수철상수 k_1과 k_2)에 의해 지지되어 있다.

1) 자유진동에 대한 운동방정식을 구하시오. (10점)
2) $m_1 = 100$kg, $m_2 = 50$kg, $k_1 = 50$kN/m, $k_2 = 50$kN/m일 때, 이 계(system)의 원고유진동수(circular natural frequency)를 구하시오. (10점)

[총 20점, 행정고등고시(기술직) 제2차 시험]

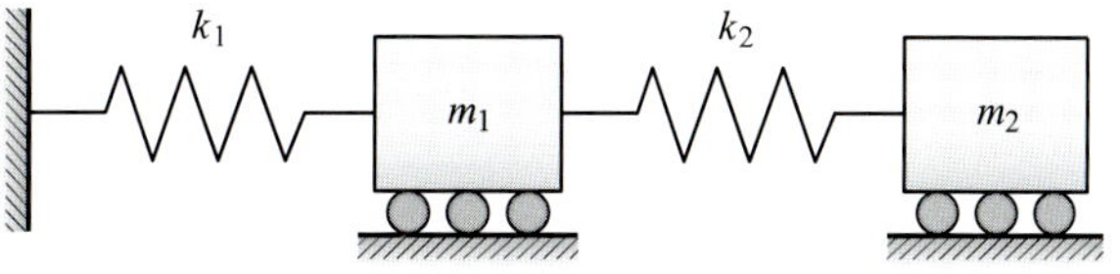

(a)

그림 연습문제 4.22

CHAPTER

5 일과 에너지

CHAPTER 5

일과 에너지

5.1 개요

우리들은 전기를 당연한 것처럼 사용하면서 살고 있다. 발전의 형태에는 수력, 화력, 원자력, 풍력, 태양열의 이용이 일반적이다. 수력발전의 방식 가운데 그림 5.1에 보인 댐(dam)에 의하면, 높은 위치에 있는 취수댐에 모아둔 물을 낙차를 이용해 수압파이프를 통하여 수차로 방류하고 수차에 접속된 발전기를 회전시켜 발전을 한다. 이와 같이 높은 위치에 있는 물을 이용하여 발전이 행하여지고 있는 것은 도대체 어떠한 원리에 의한 것일까? 이 장에서는 이러한 현상이 실현될 수 있는 것에 대한 원리를 설명한다.

먼저, 이 장에서는 역학적 **일**(work)의 의미에 대하여 배운다. 그리고 일이 **보존력**(conservative force)의 작용에 의한 것인가 또는 **비보존력**(non-conservative force)의 작용에 의한 것인가에 대하여 학습한다. 계속해서, 일과 **에너지**(energy)의 관계를 이해하고 **에너지 보존법칙**(law of conservation of energy)에 대하여 설명한다.

그림 5.1 위치에너지(potential energy, 퍼텐셜에너지)를 이용하는 수력발전의 원리

5.2 일

5.2.1 일과 단위

일반적으로 질점에 작용하는 불균형 힘들의 누적된 효과가 관심사항이 되는 것은 2가지 부류가 있다. 이것들은 질점의 경로에 대하여 힘을 적분하는 경우와 작용된 시간에 대하여 힘을 적분하는 경우로 나눌 수 있다. 이 적분 값들을 운동지배방정식에 직접 반영한다면 직접 가속도를 계산할 필요가 없게 된다. 이 장의 주제는 변위(경로)에 대한 적분으로 **일**과 **에너지**의 방정식을 유도하는 것이다. 시간에 대한 적분으로 **충격량**과 **운동량**의 방정식을 유도하는 내용은 제6장에서 다룬다.

그림 5.2에 보인 것과 같이 물체에 **외력** F를 작용시키고 그 외력의 방향으로 **이동거리**(이동한 경로를 따라 잰 길이) s가 생길 때, 외력 F와 거리 s와의 곱을 외력 F가 물체에 한 **일**이라고 부르고 다음 식과 같이 기호 U로 표기한다.

$$U = Fs \tag{5.1}$$

또한, 그림 5.3에 보인 것과 같이 이동방향과 외력의 방향이 다른 경우, 즉 일정한 각도 θ를 가질 때의 일 U는

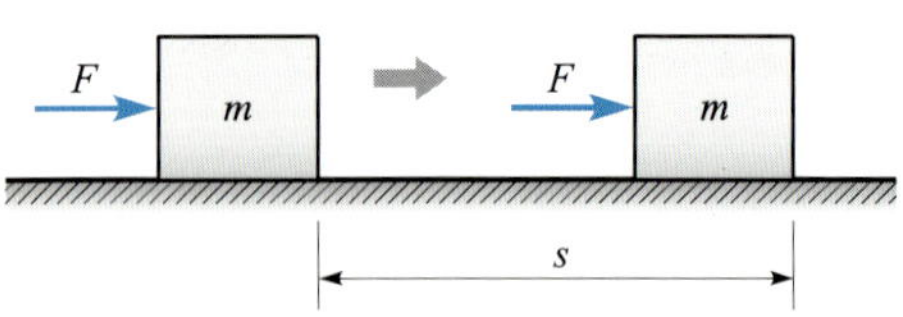

그림 5.2 일

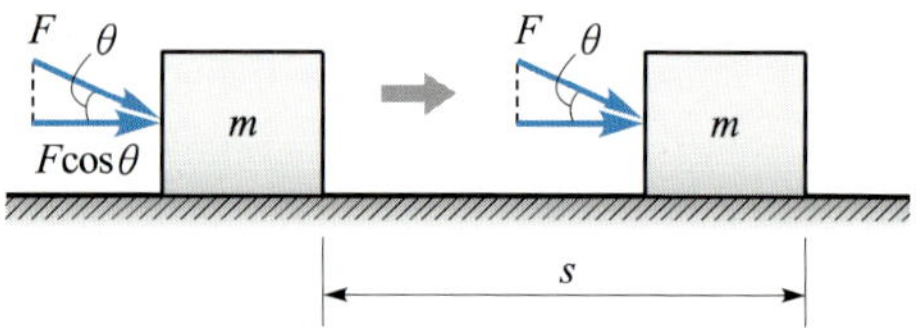

그림 5.3 일정한 각도 θ를 가질 때의 일

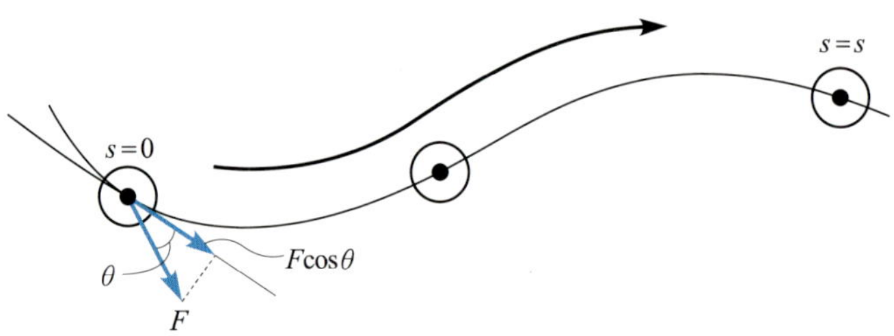

그림 5.4 곡선의 이동 s와 힘 F가 한 일

$$U = F\cos\theta \times s = Fs\cos\theta \tag{5.2}$$

로 표현된다. 위 식으로부터, 일을 고찰할 때는 물체가 움직이는 방향으로 어느 정도 크기의 힘이 작용했는가를 계산하는 것이 중요하다. 위 식에서 보였듯이 일은 힘의 성분 $F\cos\theta$에 이동한 거리 s를 곱하면 구해진다. 만약 θ가 90°에서 270°까지 변한다면 일은 음의 값이 된다. 즉, 만약 $90° < \theta < 270°$이면 $U < 0$이고, 이러한 상황은 힘에 반하는 일을 함을 의미한다. 참고로, 만약 $-90° < \theta < 90°$이면, $U > 0$이다. 한편, 만약 $\theta = 90°$이면 $U = 0$이고, 이러한 상황은 일을 하지 않았음을 의미한다.

그리고 물체가 그림 5.4에 보인 것과 같은 경로에서 지점 0으로부터 s까지 이동한 경우의 일 U는 외력과 경로의 접선과의 사잇각을 θ라고 하면

$$U = \int_0^s F\cos\theta\, ds \tag{5.3}$$

로 구해질 수 있다. 위 식의 적분을 수행하기 위해서는 힘의 성분과 그들 좌표 사이의 관계, 즉 $F\cos\theta (= F_t)$와 s의 관계를 알아야 한다. 일은 도식적 또는 수치적 적분으로 그림 5.4와 식 (5.3)에 나타낸 것과 같이 $F\cos\theta (= F_t)$와 s 사이의 곡선 아래의 면적으로 그 값을 구할 수 있다.

이와 같이 **일**은 힘과 이동거리의 곱으로 주어지기 때문에 **스칼라**이고, 단위는 **줄**(J, 1J = 1Nm)이다. 예를 들면, 물체에 10N의 힘이 작용하여 그 힘의 방향으로 1m의 변위가 생겼을 때의 일은 $U = 10 \times 1 = 10\,\text{Nm} = 10\,\text{J}$이 된다.

질점이 P로부터 Q까지 이동하는 동안에 힘이 한 **일**을 구하는 일반식은 벡터장의 **선적분**

$$U = \int_P^Q \mathbf{F} \cdot d\mathbf{r} \tag{5.4}$$

로 표현된다. 즉, 위 식은 미소변위 $d\mathbf{r}$이 발생하는 동안 힘 $\mathbf{F}$가 한 **일**을 벡터의 **내적**을 사용하여 나타낸 것이다. 선적분의 자세한 내용은 공업수학(공업수학교재연구회 저, 구미서관) 9.2절을 참조하길 바라며, 여기서는 간략한 내용과 예제를 통하여 설명한다.

(1) **벡터장의 선적분의 기본개념** : 질점이 **힘**을 받으면서 곡선을 따라가는 이동할 때, 힘이 그 **이동**에 대하여 한 **일**을 구해보자. 이를 위하여 그림 5.5와 같이 곡선을 따라가는 이동을 현들의 꺾어진 작은 이동의 집합으로 근사화하고, 개개의 작은 **이동**을 $\Delta\mathbf{r}$ 그리고

그 이동을 발생시키는 **힘**을 $\mathbf{F}$ 라 한다. 그때 이동 $\Delta\mathbf{r}$에 대하여 힘 $\mathbf{F}$가 한 **일**은 $\Delta U = \mathbf{F} \cdot \Delta\mathbf{r}$ 이 된다. 따라서 이들 전체를 합하고 $\Delta\mathbf{r} \to 0$으로 하면, 곡선을 따라가는 이동에 대하여 힘 $\mathbf{F}$가 한 일 U가 구해진다. 이것이 벡터장의 선적분의 기본개념이다.

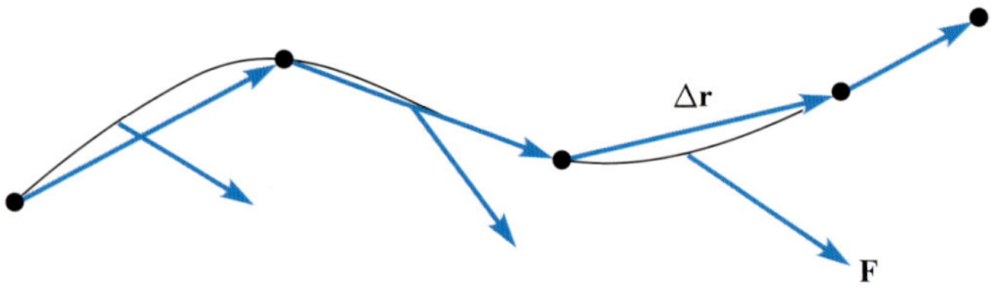

그림 5.5 곡선의 이동 $\Delta\mathbf{r}$과 힘 $\mathbf{F}$

(2) **벡터장의 선적분** : 곡선 C가 $\mathbf{r} = \mathbf{r}(t) = \begin{Bmatrix} x(t) \\ y(t) \\ z(t) \end{Bmatrix} = x(t)\mathbf{i} + y(t)\mathbf{j} + z(t)\mathbf{k}$ $(\mathrm{P} \le t \le \mathrm{Q})$로 표현되고 있고, 곡선 C상의 각 질점에서 벡터장 $\mathbf{F} = \mathbf{F}(x, y, z)$가 정해졌을 때, 곡선상의 질점 $\mathrm{P}(t)$에서 벡터 $\mathbf{F}[x(t), y(t), z(t)]$을 간단히 $\mathbf{F}(t)$로 나타내면 곡선 C를 따라가는 벡터장 $\mathbf{F}$ 의 선적분은 다음과 같이 된다.

$$\int_{\mathrm{C}} \mathbf{F} \cdot d\mathbf{r} = \int_{\mathrm{P}}^{\mathrm{Q}} \mathbf{F}(t) \cdot \frac{d\mathbf{r}}{dt} dt \tag{5.5}$$

식 (5.5)의 우변의 피적분함수는

$$\begin{aligned} \mathbf{F}(t) \cdot \frac{d\mathbf{r}}{dt} &= (F_x(t)\mathbf{i} + F_y(t)\mathbf{j} + F_z(t)\mathbf{k}) \cdot \left(\frac{dx}{dt}\mathbf{i} + \frac{dy}{dt}\mathbf{j} + \frac{dz}{dt}\mathbf{k}\right) \\ &= F_x(t)\frac{dx}{dt} + F_y(t)\frac{dy}{dt} + F_z(t)\frac{dz}{dt} \end{aligned} \tag{5.6}$$

가 되기 때문에, 구하고자 하는 벡터장의 선적분의 값은 이 함수[식 (5.6)]를 $t = \mathrm{P}$에서 $t = \mathrm{Q}$까지 t함수에 대하여 정적분하면 구해진다. 즉,

$$\begin{aligned} \int_{\mathrm{C}} \mathbf{F} \cdot d\mathbf{r} &= \int_{\mathrm{P}}^{\mathrm{Q}} \mathbf{F}(t) \cdot \frac{d\mathbf{r}}{dt} dt \\ &= \int_{\mathrm{P}}^{\mathrm{Q}} \left[F_x(t)\frac{dx}{dt} + F_y(t)\frac{dy}{dt} + F_z(t)\frac{dz}{dt}\right] dt \end{aligned} \tag{5.7}$$

가 된다. 힘의 장(field)이 벡터장 $\mathbf{F}$로 표현되고 질점 P가 이 힘 $\mathbf{F}$를 받으면서 곡선 C를 따라가는 이동할 때, 힘 $\mathbf{F}$가 이 이동에 대하여 한 일 U는

$$U=\int_{C}\mathbf{F}\cdot d\mathbf{r}=\int_{P}^{Q}\mathbf{F}\cdot d\mathbf{r} \tag{5.8}$$

로 주어진다.

예제 5.1

xy평면상의 반지름이 3인 다음과 같은 원의 위치벡터

$$\mathbf{r}=\begin{Bmatrix}3\cos t\\3\sin t\end{Bmatrix}=3\cos t\,\mathbf{i}+3\sin t\,\mathbf{j}\quad(0\le t\le 2\pi)$$

를 따라가며 힘의 벡터 $\mathbf{F}=-y\,\mathbf{i}+x\,\mathbf{j}$가 한 일(벡터장의 선적분)을 구하시오.

풀이

원 $\mathbf{r}=\begin{Bmatrix}3\cos t\\3\sin t\end{Bmatrix}=3\cos t\,\mathbf{i}+3\sin t\,\mathbf{j}$ 상의 질점 $\mathrm{P}(t)$에서는 $x(t)=3\cos t,\ y(t)=3\sin t,\ z(t)=0$이기 때문에

$$\mathbf{F}=-y\,\mathbf{i}+x\,\mathbf{j}=-3\sin t\ \mathbf{i}+3\cos t\,\mathbf{j}$$

가 된다. 그리고

$$\frac{d\mathbf{r}}{dt}=-3\sin t\ \mathbf{i}+3\cos t\,\mathbf{j}$$

가 된다. 따라서 주어진 원의 경로를 따라가며 힘의 벡터 $\mathbf{F}=-y\,\mathbf{i}+x\,\mathbf{j}$가 한 일(벡터장의 선적분)은 식 (5.5)에 의하여 다음과 같이 된다.

$$\begin{aligned}U&=\int_{C}\mathbf{F}\cdot d\mathbf{r}=\int_{P}^{Q}\mathbf{F}(t)\cdot\frac{d\mathbf{r}}{dt}dt=\int_{0}^{2\pi}(-y\mathbf{i}+x\mathbf{j})\cdot(-3\sin t\mathbf{i}+3\cos t\mathbf{j})dt\\&=\int_{0}^{2\pi}(-3\sin t\mathbf{i}+3\cos t\mathbf{j})\cdot(-3\sin t\mathbf{i}+3\cos t\mathbf{j})dt\\&=\int_{0}^{2\pi}3^2(\sin^2 t+\cos^2 t)dt=\int_{0}^{2\pi}3^2dt=[9t]_0^{2\pi}=18\pi\end{aligned}$$

5.2.2 중력이 한 일

그림 5.6에 보인 것과 같이 기준 P로부터 h만큼 떨어진 위치 Q를 향하여 질량 m을 자유낙하 시켰다. 이 경우 중력 mg와 같은 방향으로 좌표 y의 양의 방향을 잡으면 외력이 작용하는 방향과 운동의 방향이 일치한다. 이동거리가 h이기 때문에 중력이 이 물체에 한 일은 다음과 같이 된다.

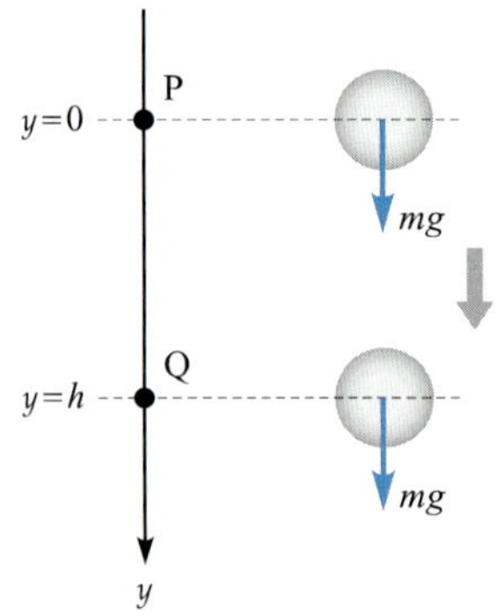

그림 5.6 자유낙하 시 중력이 한 일

$$U=\int_{0}^{h} mg\,dy = mgh \tag{5.9}$$

여기서, g는 중력가속도이다.

그림 5.6의 자유낙하와는 반대로, 물체에 힘을 가하여 h높이만큼 질량 m을 상승시켰을 때의 중력이 한 일은

$$U=-mgh \tag{5.10}$$

가 된다.

다음으로, 그림 5.7과 같이 질량 m의 물체가 각도 θ를 이루는 매끄러운 경사면상을 위치 P로부터 위치 Q까지 거리 l만 이동할 때에 중력이 한 일을 구해보자. 그림 5.7로부터 이동방향으로 움직이는 힘은 $mg\sin\theta$이기 때문에 중력이 한 일은 다음과 같이 된다.

$$U=mg\sin\theta\times l = mgl\sin\theta \tag{5.11}$$

여기서, $l\sin\theta$는 경사면상의 점 P–Q 간의 연직거리 h와 같다. 이것을 식 (5.11)에 대입하면, 일은 다음 식과 같이 구해진다.

$$U=mgh \tag{5.12}$$

이 결과로부터, 중력이 한 일의 크기는 경사각 θ와는 관계가 없고 연직방향의 거리만 관계한다는 것을 알 수 있다. 결국 중력이 한 일은 그 경로에는 관계가 없고 처음과 끝의 두 점간의 위치만으로 결정된다. 이와 같이 힘이 한 일이 처음과 끝의 두 점간의 위치만으로

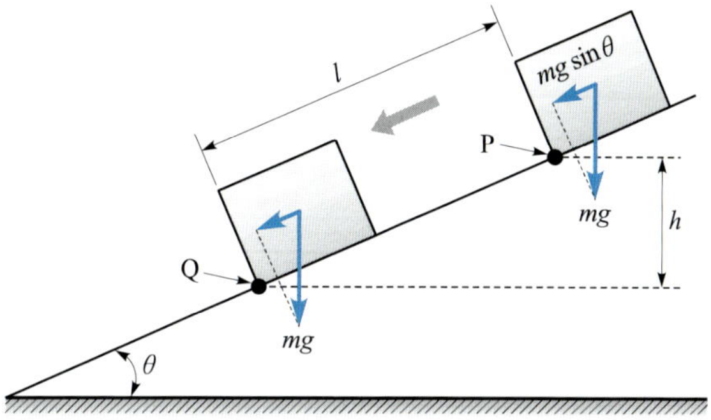

그림 5.7 경사면에서 중력이 한 일

결정되고, 도중의 경로와는 관계가 없는 경우의 힘을 **보존력**(conservative force)이라고 한다.

예제 5.2

그림 5.7에서 질량 m의 초기속도가 0인 경우 점 P로부터 Q까지 미끄러져 내릴 때의 도달속도를 구하시오. 또한, 이때 중력이 한 일을 구하시오. 단, $m=4\text{kg}$, $l=10\text{m}$, $\theta=30°$이고, 마찰에 의한 손실은 없다.

풀이

물체에 생기는 가속도를 a라고 하면, 운동방정식은

$$\text{경사면방향} : +\nearrow\sum F=0\ ;\ -mg\sin\theta+ma=0$$

이 된다. 위 식으로부터, $a=g\sin\theta$가 된다. 따라서 구하고자 하는 속도를 v라고 하면,

$$v=at,\ l=\frac{1}{2}at^2$$

이 된다. 위 식으로부터 $t=\sqrt{\dfrac{2l}{a}}$ 가 얻어지고, 속도 v는 다음과 같이 된다.

$$v=at=a\sqrt{\frac{2l}{a}}=\sqrt{2al}=\sqrt{2gl\sin\theta}=\sqrt{2\times9.8\times10\times\sin30°}=9.9\text{m/s}$$

또한, 식 (5.11)로부터 중력이 한 일 U는 다음과 같이 구해진다.

$$U=mgl\sin\theta=4\times9.8\times10\times\sin30=196\text{ J}$$

예제 5.3

다음 그림과 같이 질점(질량 $m=5\text{kg}$)이 마찰이 없는 매끄러운 반구(반지름 $r=7\text{m}$) 위를 이동한다. 정점의 위치로부터 수평면까지 미끄러져 떨어지기까지 중력이 한 일을 구하시오.

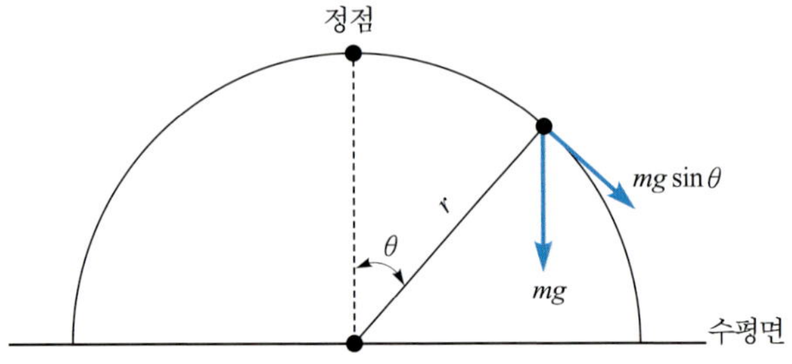

그림 예제 5.3

풀이

질점이 연직방향으로부터 θ의 위치에서 원주방향으로 미소거리 $rd\theta$ 이동하는 경우를 고찰하자. 원주방향의 힘 성분은 $mg\sin\theta$이기 때문에 중력이 한 일은 $mg\sin\theta\, rd\theta$가 된다. 이 일을 $\theta=0$에서부터 $\theta=\frac{\pi}{2}$까지 적분하면, 중력이 한 일 U가 다음과 같이 구해진다.

$$U=\int_0^{\frac{\pi}{2}} mg\sin\theta\, rd\theta = mgr[-\cos\theta]_0^{\pi/2} = mgr$$

$$=5\times 9.8\times 7=343\text{J}$$

이것은 연직방향의 이동거리만 관계한다는 식 (5.12)의 결과와 일치한다.

5.2.3 용수철이 한 일

그림 5.8에 보인 것과 같이, 용수철은 작용시킨 힘과 변위의 관계가 연속적으로 변화한다. 용수철을 원래의 상태로부터 x만큼 변화시키는데 필요한 힘 F는 **후크의 법칙**(Hooke's law)에 의하여,

$$F=kx \tag{5.13}$$

이다. 여기서, k는 용수철상수이고, 단위는 N/m이다. 그리고 이때의 일 U는

$$U=\int_0^x Fdx=\int_0^x kx\,dx=\frac{1}{2}kx^2 \tag{5.14}$$

이다. 위 식의 적분 값은 그림 5.8(b)에서 빗금으로 그어진 부분의 면적과 같다.

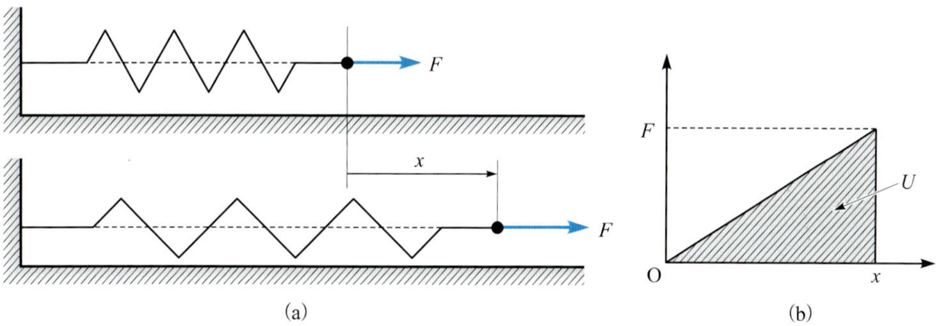

그림 5.8 용수철의 신장(늘어남)과 힘의 관계

예제 5.4

200mm 늘리는데 5kN의 힘이 필요한 용수철을 원래의 상태로부터 100mm 늘이는데 필요한 일 U는 어느 정도인가?

풀이

먼저, 용수철 상수를 구해보자. $F=kx$로부터 $5{,}000=0.2k$이다.

$$\therefore\ k=\frac{5{,}000}{0.2}=25{,}000\,\mathrm{N/m}$$

따라서 식 (5.14)로부터 일 U는 다음과 같이 얻어진다.

$$U=\frac{1}{2}kx^2=\frac{1}{2}\times 25{,}000\times 0.1^2=125\,\mathrm{J}$$

5.2.4 마찰력이 한 일

그림 5.9에 보인 것과 같이, **운동마찰계수**가 μ인 수평면상에서 질량이 m인 물체에 외력 F를 작용시켜서 물체를 위치 P로부터 Q까지의 거리 l만큼 이동한 경우의 일에 대하여 고찰해 보자. 외력의 크기가 **최대 정지마찰력**보다 크다고 하면, 물체는 움직이기 시작한다. 한번 움직이기 시작하면, 물체에는 이동방향과는 반대의 방향으로 최대 정지마찰력보다 더 작은 크기의 운동마찰력 μmg가 작용하기 때문에 물체를 이동시키기 위해서는 μmg보다 큰 힘이 이동방향으로 주어진다고 보면 된다. 따라서 물체를 이동시키기에 필요한 최소한의 일 U는

$$U = \int_0^l \mu m g\, dx = \mu m g l \tag{5.15}$$

이 된다. **운동마찰력**(kinetic friction)은 운동방향과는 반대방향으로 작용하기 때문에 음(−)의 일만을 한다. 또한 마찰력은 힘이 한 일이 물체의 이동의 시작점과 끝점에서 결정되는 보존력과는 다르고, 시작점으로부터 끝점까지의 경로를 따라 측정한 이동길이에 의존하는 **비보존력**(non-conservative force)이다.

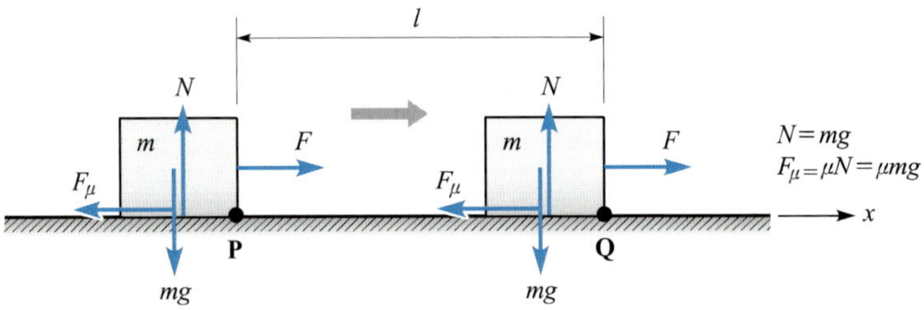

그림 5.9 마찰력이 작용한 경우의 일

예제 5.5

다음 그림은 마찰력이 작용하는 수평면 위에 질량이 $m = 10$kg인 물체를 놓고, 2가지의 경로를 통하여 A로부터 B까지 이동시킨 경우를 위로부터 바라다본 그림이다. 면과 물체 사이의 운동마찰계수를 $\mu = 0.2$라고 할 때, 경로가 다름에 의한 일의 다름을 비교하시오. 단, $r = 20$m이다.

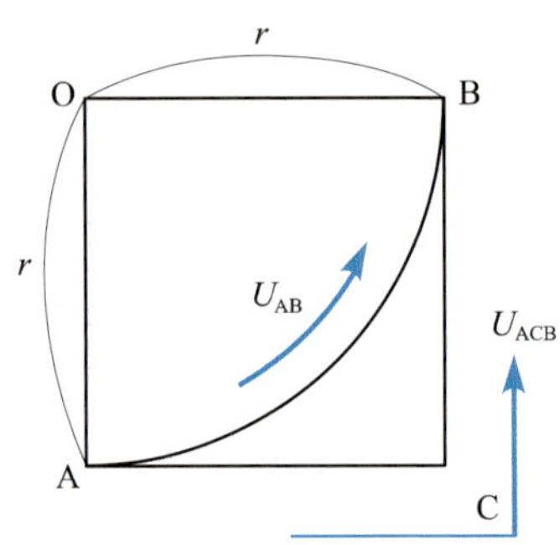

그림 예제 5.5

풀이

그림 예제 5.5와 같이 경로 AB로 이동시킨 경우의 일을 U_{AB} 그리고 경로 ACB로 이동시킨 경우의 일을 U_{ACB}라고 하면,

$$U_{AB} = \mu m g \times \frac{\pi r}{2} = 0.2 \times 10 \times 9.8 \times \frac{3.14 \times 20}{2} = 615.44\text{J}$$

$$U_{ACB} = \mu m g \times 2r = 0.2 \times 10 \times 9.8 \times 2 \times 20 = 784\text{J}$$

이 되기 때문에, $U_{AB} < U_{ACB}$이다.

5.2.5 모멘트가 한 일

그림 5.10에 보인 것과 같이, 물체에 일정한 힘 F를 작용시켜서 축 O을 중심으로 그 주위를 돌아 θ만큼 회전시켰다고 하자. 힘이 작용하는 점의 축 O로부터의 거리를 r이라고 하고, 힘 F가 한 일 U를 구하면 다음 식과 같이 된다.

$$U = Fr\theta \tag{5.16}$$

여기서, Fr은 축 O에 관한 **모멘트**(moment of force)이고, 토크(torque, **회전모멘트**, **비틀림모멘트**)이다. 위 식에서, $M = Fr$이라고 하면

$$U = M\theta \tag{5.17}$$

로 나타낼 수 있다. 위 식으로부터, 회전운동이 한 일은 모멘트(토크) M과 각변위 θ의 곱이 된다는 것을 알 수 있다. 또한, 토크 M은 $M = Fr$로 표현되기 때문에 반지름방향의 거리 r은 토크 M의 크기에 영향을 준다는 것을 알 수 있다.

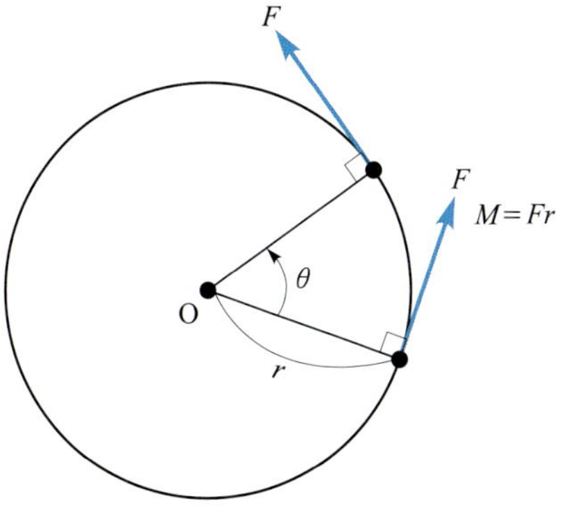

그림 5.10 모멘트가 한 일

예제 5.6

다음 그림과 같이 비틀림 용수철상수 k_θ(Nm/rad)를 가진 용수철을 봉(bar)으로부터 반지름 r의 위치에서 비틀린다. $\frac{\pi}{6}$(rad)로부터 $\frac{\pi}{3}$(rad)까지 비틀릴 때, 봉을 회전시키기 위해서는 어느 정도의 일이 필요한가?

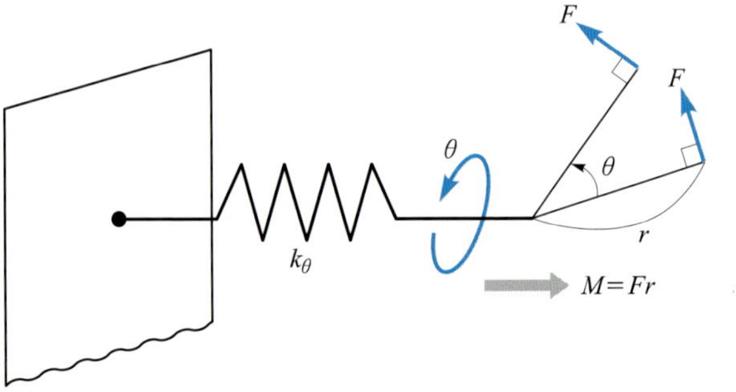

그림 예제 5.6

풀이

비틀림 용수철의 경우도 식 (5.14)와 같은 방법으로 비틀림 용수철상수 k_θ(Nm/rad)를 가진 용수철을 원래의 상태로부터 θ만큼 변화시키는데 필요한 일 U는

$$U=\int_0^\theta M d\theta=\int_0^\theta k_\theta \theta\, d\theta=\frac{1}{2}k_\theta \theta^2 \tag{1}$$

으로 표현된다. 따라서 $\frac{\pi}{6}$(rad)로부터 $\frac{\pi}{3}$(rad)까지 비틀리기 위하여 필요한 일은

$$U=\frac{1}{2}k_\theta(\theta_2^2-\theta_1^2)=\frac{1}{2}k_\theta\left[\left(\frac{\pi}{3}\right)^2-\left(\frac{\pi}{6}\right)^2\right]=0.41k_\theta(\text{J})$$

가 된다.

5.2.6 일률(power)

그림 5.11과 같이, 경사가 있는 어떤 면 위를 위치 Q_1으로부터 h만큼 높이에 있는 위치 Q_2로 물체를 이동시킬 경우에 같은 일의 양이어도 1분만에 하는 경우도 있고 30초에 하는 경우가 있다. 이와 같이 일의 결과는 같아도 경과하는 시간이 다른 경우가 있다. 즉, 단위 시간당 할 수 있는 일의 양을 **일률**(power, 행한 일의 시간율) P라고 한다. 미소시간 dt 동안에 $dU=Fdl$의 일을 하기 위하여 필요한 일률 P는

$$P=\frac{dU}{dt}=\frac{Fdl}{dt}=Fv \tag{5.18}$$

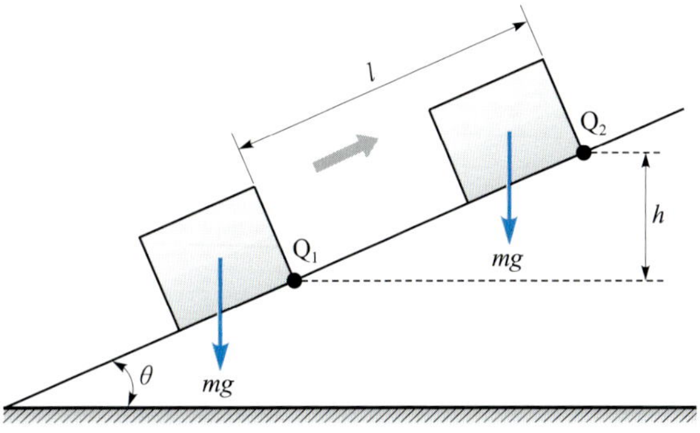

그림 5.11 경사가 있는 면 위에서 이동

로 표현된다. 또한, 위 식을 벡터의 내적을 사용하여 나타내면 다음과 같이 된다.

$$P = \mathbf{F} \cdot \mathrm{v} \tag{5.19}$$

여기서, F는 일을 한 힘이고, v는 힘의 작용선에서 속도이다. **일률**의 단위는 **와트**(W, 1 W = 1 Nm/s = 1 J/s, 초당 1 J)이고 스칼라량이다. 일률의 단위를 **마력**(hp)으로 나타낼 수 있으며, 이 단위의 환산식은 다음과 같다.

$$1\,\mathrm{hp} = 746\,\mathrm{W} = 0.746\,\mathrm{kW}$$

그림 5.12와 같이 회전운동을 하고 있는 물체에 외력 F를 작용시키고, 회전을 계속시키기 위해서 필요한 일률을 구해보자. 이때의 일률은 미소시간 dt 동안에 각변위를 $d\theta$라고 하면, $dl = r\,d\theta$이기 때문에

$$P = \frac{F\,dl}{dt} = \frac{F\,r\,d\theta}{dt} = F\,r\,\omega = M\omega \tag{5.20}$$

로 표현된다. 여기서, M은 토크(Nm, 회전모멘트, 비틀림모멘트)이고, ω는 각속도(rad/s)이다.

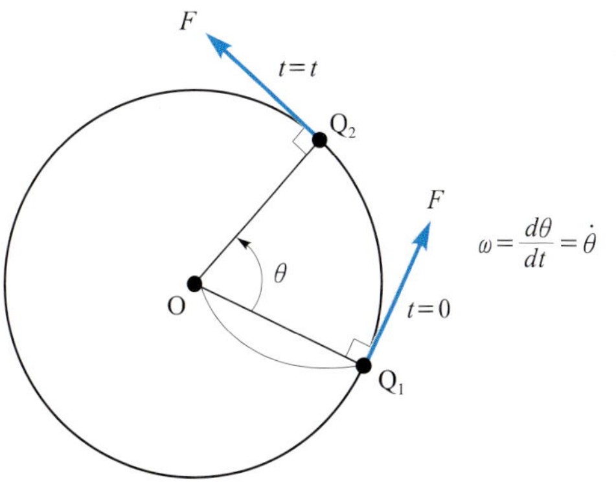

그림 5.12 회전운동에 필요한 일률

예제 5.7

수면으로부터 60m의 높이에 있는 길이 2m, 폭 1.6m, 깊이 1m의 수조에 펌프로 물을 퍼 올리려고 한다. 지금 이 수조에 물을 가득 채우기까지 10분이 걸렸다면, 이 펌프의 용량(일률)은 몇 kW일까?

풀이

펌프의 일률은 단위시간당 할 수 있는 일의 양, 즉 단위시간 동안에 퍼 올리는 물의 중량을 수면으로부터 높은 곳으로 이동시키기 위한 일이기 때문에, 먼저 물을 가득 채웠을 때 수조 내의 물의 질량 m을 구하면 다음과 같이 된다.

$$m = \text{길이} \times \text{폭} \times \text{깊이} \times \text{비중} = 2 \times 1.6 \times 1 \times 1{,}000 = 3{,}200\,\text{kg}$$

또한, 수조의 밑면으로부터 물을 주입한다고 하면 중량이 이동하는 높이는 수면으로부터 수조의 중심(center of gravity)까지의 거리 h이기 때문에

$$h = 60 + \frac{1}{2} = 60.5\,\text{m}$$

가 된다. 따라서 일 U는 다음과 같이 된다.

$$U = mgh = 3{,}200 \times 9.8 \times 60.5 = 1{,}897{,}280\,\text{J}$$

10분 동안에 위의 일을 해야 하기 때문에, 구하고자 하는 일률 P는

$$P = \frac{1{,}897{,}280}{10 \times 60} = 3162\,\text{W} = 3.162\,\text{kW}$$

예제 5.8

다음 그림과 같이, 모터 A로 구동되는 종동차(원동차의 힘으로 움직이는 바퀴모양의 기구) B가 있다. 모터 휠(wheel)의 직경은 100mm이고 회전수는 400rpm이다. 긴장 측 벨트의 장력은 4kN이고, 느슨한 측 벨트의 장력은 긴장 측 벨트의 장력의 $\frac{1}{2}$이라고 하면 얼마의 일률이 전달되는가? 또한 마력(hp)로 표시하면 몇 마력이 전달되는가?

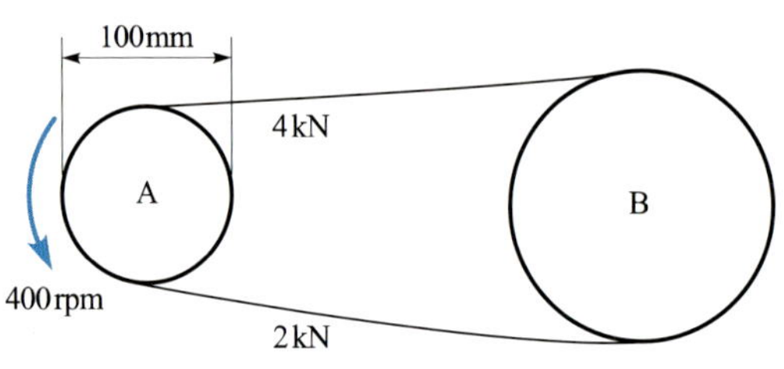

그림 예제 5.8

풀이

모터 휠(wheel)의 구동 토크 M은

$$M = Fr = (4-2) \times \frac{0.1}{2} = 0.1\,\text{kNm}$$

가 된다. 따라서 전달되는 일률은 다음과 같이 된다.

$$P = M\omega = 0.1 \times \left(\frac{2\pi}{60} \times 400\right) = 4.189\,\mathrm{kW}$$

또한, 1마력(hp)은 0.746kW이기 때문에

$$\frac{4.189}{0.746} = 5.615 \text{ 마력}$$

이 전달된다.

5.2.7 효율(efficiency)

기계가 일을 할 때, 실제적으로 운동마찰력 등의 음의 일에 의하여 에너지의 손실이 일어난다. 기계가 한 일(에너지)은 항상 기계에 공급된 에너지보다 작다. 실제로 기계가 한 일과 기계에 공급된 일과 비를 기계의 **효율**이라고 부르고, 보통 백분율(%)로 표기한다. 즉, 효율 e_m은 다음 식으로 나타낸다.

$$\begin{aligned} e_m &= \frac{\text{기계가 한 일}}{\text{공급된 에너지}} \times 100(\%) \\ &= \frac{P_{\text{출력}}}{P_{\text{입력}}} \times 100(\%) \end{aligned} \tag{5.21}$$

여기서, $P_{\text{입력}}$은 기계에 공급된 일률이고, $P_{\text{출력}}$은 나온 일률이다.

기계적 마찰에 에너지 손실과 함께 열에너지와 전기적 에너지 손실이 있다. 이 경우, 열효율 e_{m2}와 전기적 효율 e_{m3}이 포함된다. 마찰에너지 손실을 e_{m1}이라고 하면, 이러한 경우에 대한 전체 효율 e_m은 다음 식과 같이 된다.

$$e_m = e_{m1} e_{m2} e_{m3} \tag{5.22}$$

예제 5.9

10kW의 모터로 작동되는 크레인이 30kN의 물체를 0.2m/s의 속도로 위로 들어 올리고 있다. 이 크레인의 효율을 구하시오.

풀이

1초간에 크레인이 한 일률은 P는

$$P = 30{,}000 \times 0.2 = 6{,}000\,\mathrm{W} = 6\,\mathrm{kW}$$

가 된다. 따라서 구하고자 하는 효율 e_m은 다음과 같이 된다.

$$e_m = \frac{6}{10} \times 100 = 60\%$$

5.3 에너지

5.3.1 에너지의 종류

높은 위치에 있는 물체, 운동하고 있는 물체, 그리고 신축된 용수철 등은 다른 물체에 접촉했을 때 상대에 대하여 영향을 줄 수 있다는 것, 즉 일을 할 능력을 가지고 있다고 말할 수 있다. 이라한 상태에 대하여 에너지(energy)를 가지고 있다고 말한다. 높은 위치에 있는 물체 및 신축된 용수철이 가진 에너지를 **위치에너지**(potential energy, **퍼텐셜에너지**)라고 부른다. 또한, 운동하고 있는 물체 있는 물체가 가진 에너지를 **운동에너지**(kinetic energy)라고 부른다. 이들 에너지를 총칭하여 **역학적에너지**(mechanical energy, **기계적에너지**)라고 부른다. 에너지의 단위는 일과 동일한 단위인 J(joule)을 사용한다.

5.3.2 위치에너지

지상으로부터 h의 높이에 있는 질량 m의 물체에 대하여 고찰해 보자. 이때, 물체는 그림 5.6으로부터 mgh의 일을 할 수 있다고 표현된다. 이것을 물체가 가진 중력 위치에너지(gravitational potential energy, 중력 퍼텐셜에너지)라고 하고, V로 표기한다. 따라서 **위치에너지(퍼텐셜에너지)**는 다음과 같이 나타낼 수 있다.

$$V = mgh \tag{5.23}$$

여기서, g는 중력가속도이다.

원래의 상태로부터 x만큼 변화한 위치에 있는 용수철의 **복원력**(restoring force)이 가진 **탄성 위치에너지**(elastic potential energy)는 식 (5.14)로부터

$$V = \frac{1}{2}kx^2 \tag{5.24}$$

으로 쓸 수 있다. 중력만이 작용하는 경우와는 다르게, 용수철의 경우는 신축거리에 비례하여 힘의 크기가 증가하기 때문에 위 식과 같이 표현된다.

5.3.3 운동에너지

그림 5.13에 보인 것과 같이, 초기속도 v_{P}로 운동하고 있는 물체가 운동방향과는 반대방향으로 외력 F를 받아서 거리 x만큼 이동하고 정지했다고 하자. 정지하는 동안에 외력 F가 이 물체에 대하여 한 일은 $U=-Fx$이다. 결국, 이 물체는 외부에 대하여

$$U = Fx \tag{5.25}$$

의 일을 했다는 것이 된다.

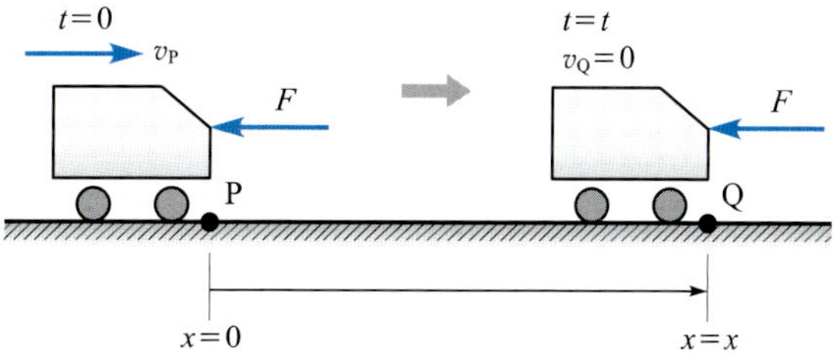

그림 5.13 운동에너지

그림 5.13과 같이, 물체의 속도가 v, 외력이 F(좌측방향)이 존재해 있다고 하면, 운동방정식은 다음과 같이 표현된다.

$$\begin{aligned} &+\rightarrow \sum F=0\ ;\ -F-m\frac{dv}{dt}=0 \\ &\therefore\ F=-m\frac{dv}{dt} \end{aligned} \tag{5.26}$$

또한, 물체의 미소한 이동거리 dx는 $dx=v\,dt$로 쓸 수 있기 때문에, 물체가 위치 P–Q 간을 이동함에 따라 하는 행한 일 U_{PQ}는

$$U_{\mathrm{PQ}}=\int_{\mathrm{P}}^{\mathrm{Q}} F dx=\int_{\mathrm{P}}^{\mathrm{Q}}\left(-m\frac{dv}{dt}\right)dx \tag{5.27}$$

로 쓸 수 있다. 여기서,

$$\frac{d}{dt}v^2 = \frac{d(v^2)}{dv}\frac{dv}{dt} = 2v\frac{dv}{dt} \tag{5.28}$$

이기 때문에, 식 (5.27)은 다음과 같이 된다.

$$U_{PQ} = -\int_P^Q \frac{m}{2}\left(\frac{d}{dx}v^2\right)dt = -\left[\frac{m}{2}v^2\right]_{v_P}^{v_Q} = \frac{1}{2}m\left(v_P^2 - v_Q^2\right) \tag{5.29}$$

식 (5.29)로부터, 물체가 점 $P(v = v_P)$로부터 점 $Q(v_Q = 0)$까지 이동하는 동안 외력 F에 대항하여 한 일은 $\frac{1}{2}mv_P^2$과 같다는 것을 알 수 있다. 식 (5.29)에서 $\frac{1}{2}mv^2$은 속도 v로 운동하고 있는 질량 m의 물체가 한 일을 나타내고 있다. 이것을 물체가 가진 **운동에너지**라고 부르고, K로 표기한다.

다음으로, 그림 5.13에서 물체에 외력 F를 우측방향으로 작용시켜 일 U_{PQ}를 하였을 때, 물체의 속도가 v_P로부터 v_Q로 변화하는 경우를 생각하면 식 (5.29)는 $U_{PQ} = \frac{1}{2}m\left(-v_P^2 + v_Q^2\right)$이 된다. 이것으로부터, 물체의 운동에너지 증가는 물체가 한 일과 같다는 것을 알 수 있다. 이러한 관계를 **에너지원리**(work-energy principle)라고 부른다.

운동에너지에는 고정축에 대해 회전하는 물체가 가진 에너지도 포함되어 있지만, 이것에 대해서는 8장에서 자세히 설명한다.

예제 5.10

다음 그림과 같이 질량이 $m = 5\text{kg}$인 물체를 높이 $h = 1\text{m}$로부터 초기 속도 0m/s로 자유낙하 시켰을 때, 용수철의 최대 수축량 Δ를 구하시오. 단, 충돌 후 물체와 용수철은 일체로 움직이고 용수철의 질량은 무시한다. 그리고 용수철상수는 $k = 20\text{kN/m}$이다.

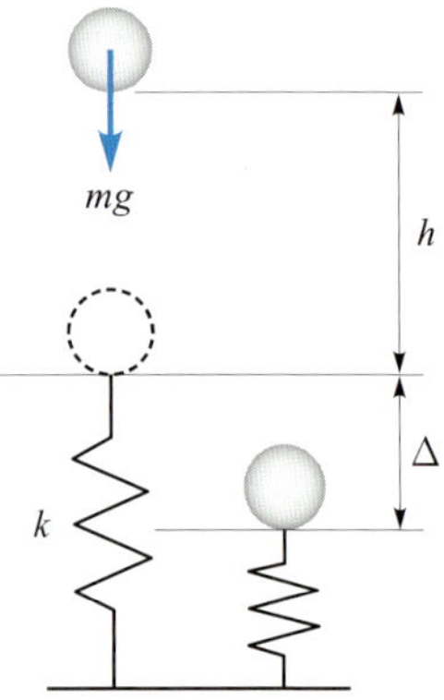

그림 예제 5.10

풀이

용수철이 최대로 수축하였을 때의 물체 위치를 높이의 기준으로 고찰하자. 물체가 높이 $h+\Delta$에서 갖는 위치에너지가 용수철이 최대로 수축되었을 때 용수철의 탄성 위치에너지로 교환되기 때문에

$$mg(h+\Delta)=\frac{1}{2}k\Delta^2 \tag{1}$$

이 성립한다. 위 식으로부터

$$\frac{1}{2}k\Delta^2-mg\Delta-mgh=0 \tag{2}$$

이 얻어진다. 식 (2)에 $k=20\,\text{kN/m}=20{,}000\,\text{N/m}$, $m=5\,\text{kg}$, $h=1\,\text{m}$, $g=9.807\,\text{m/s}^2$의 값을 대입하면

$$10{,}000\Delta^2-49.035\Delta-49.035=0 \tag{3}$$

이 된다. 식 (3)의 2차방정식의 근을 구하면, 구하고자 하는 용수철의 최대 수축량 Δ가 다음과 같이 된다.

$$\Delta=0.0725\,\text{m}=72.5\,\text{mm}$$

5.4 에너지 보존법칙

그림 5.14에 보인 것과 같이, 기준면으로부터 높이 h에 있는 질량 m의 물체를 자유낙하시킨다. 위치 P(높이 h_{P})에서 속도를 v_{P}, 위치 Q(높이 h_{Q})에서 속도를 v_{Q}라 하자. 이 물체의 **역학적에너지**(mechanical energy, **기계적에너지**) E_{P}, E_{Q}는 P와 Q의 어느 위치에서도 위치에너지와 운동에너지의 합으로 표현된다. 즉, 다음과 같이 된다.

$$E_{\text{P}}=mgh_{\text{P}}+\frac{1}{2}mv_{\text{P}}^2 \tag{5.30a}$$

$$E_{\text{Q}}=mgh_{\text{Q}}+\frac{1}{2}mv_{\text{Q}}^2 \tag{5.30b}$$

또한, 이 물체는 중력가속도 g의 작용에 의하여 등가속도 운동을 하고 있기 때문에 위치 P 및 Q에서 속도는 다음과 같이 구해질 수 있다.

$$v_{\text{P}}=\sqrt{2g(h-h_{\text{P}})} \tag{5.31a}$$

$$v_{\text{Q}}=\sqrt{2g(h-h_{\text{Q}})} \tag{5.31b}$$

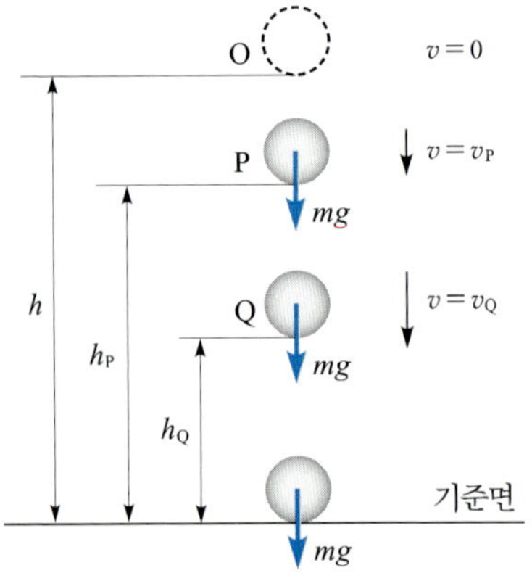

그림 5.14 자유낙하

식 (5.31a), (5.31b)를 각각 식 (5.30a), (5.30b)에 대입하면

$$E_P = E_Q = mgh \tag{5.32}$$

가 되고, 일정하다는 것을 알 수 있다.

이것으로부터, 중력이 작용하는 것과 같은 **보존력장**(conservative force field)에서 물체가 가진 위치에너지와 운동에너지의 합(역학적에너지)은 경로 내의 임의의 위치에서 항상 일정하다는 것을 알 수 있다. 같은 방법으로, 용수철의 복원력의 경우에도 역학적에너지가 일정하다는 것을 증명할 수 있다. 이것을 **역학적에너지 보존법칙**(law of conservation of mechanical energy)이라고 부르고, 다음 식과 같이 표현된다.

$$E = V + K = \text{일정} \tag{5.33}$$

식 (5.33)은 역학적에너지가 위치에너지와 운동에너지의 합으로 표현되어지고, 각각이 변화하여도 그 총합은 항상 일정하다는 것을 보여주고 있다.

또한 5.2.4항에서 기술한 마찰력 및 공기저항 등은 비보전력이고, 에너지를 잃어버리고 있다. 비보전력이 작용하면 힘에 의한 일이 경로에 따라 다르기 때문에 역학적에너지는 보존되지 않는다. 예를 들면, 마찰력에 대항하여 물체를 움직이기 위한 에너지는 일반적으로 마찰면에서 온도 상승을 야기시키는데 걸리는 열에너지로 변한다. 이때, 역학적에너지 이외에 열에너지 등이 더해져서 새로운 전체 에너지를 고려하면 비보전력이 작용하는 경우에도 전체 에너지의 양은 변하지 않는다. 이것을 **에너지 보존법칙**(law of conservation of energy)이라고 부른다.

예제 5.11

다음 그림과 같이 물체와 경사면 사이에 운동마찰계수가 $\mu = 0.4$인 경사면상의 위치 P로부터, 질량이 $m = 10\text{kg}$인 물체가 초기속도 $v_\text{P} = 3\text{m/s}$로 경사면의 아래쪽 방향으로 내려가기 시작했다. 경사면상의 이동거리 $l = 2\text{m}$인 위치 Q까지 강하했을 때, 이 물체의 속도 v_Q를 구하시오. 단, $\theta = 30°$이고, 중력가속도는 $\text{g} = 9.807\text{m/s}^2$이다.

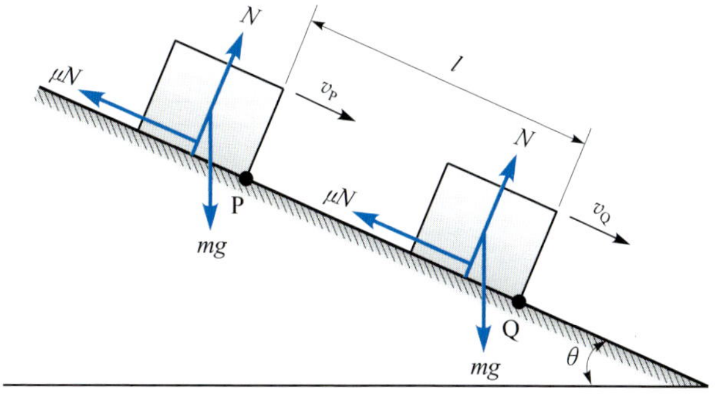

그림 예제 5.11

풀이

운동마찰력이 한 일 U_μ는 $U_\mu = -\mu\ m\text{g}l\cos\theta$이다. 그리고 중력이 한 일 U_G는 $U_\text{G} = m\text{g}l\sin\theta$이다. 에너지 원리로부터 다음 식이 성립한다.

$$\frac{1}{2}mv_\text{Q}^2 - \frac{1}{2}mv_\text{P}^2 = U_\mu + U_\text{G} = -\mu\ m\text{g}l\cos\theta + m\text{g}l\sin\theta = m\text{g}l(-\mu\cos\theta + \sin\theta)$$

따라서

$$v_\text{Q} = \sqrt{v_\text{P}^2 + 2\text{g}l(-\mu\cos\theta + \sin\theta)} \tag{1}$$

가 얻어진다. 식 (1)에 $v_\text{P} = 3\text{m/s}$, $l = 2\text{m}$, $\mu = 0.4$, $\theta = 30°$, $\text{g} = 9.807\text{m/s}^2$의 값을 대입하면, 구하고자 하는 속도 v_Q가 다음과 같이 된다.

$$v_\text{Q} = \sqrt{3^2 + 2 \times 9.807 \times 2 \times (-0.4 \times \cos 30° + \sin 30°)} = 3.876\text{m/s}$$

예제 5.12

다음 그림과 같이 지구의 중력을 이겨내고 질량이 m_1인 로켓을 우주 저편으로 쏘아 올리는 데에는 어느 정도의 초기속도 v_0이 필요할까? 단, 지구의 반지름은 $r=6{,}378\text{km}$이고, 중력가속도는 $g=9.807\text{m/s}^2$이다. 또한, 공기저항은 무시한다.

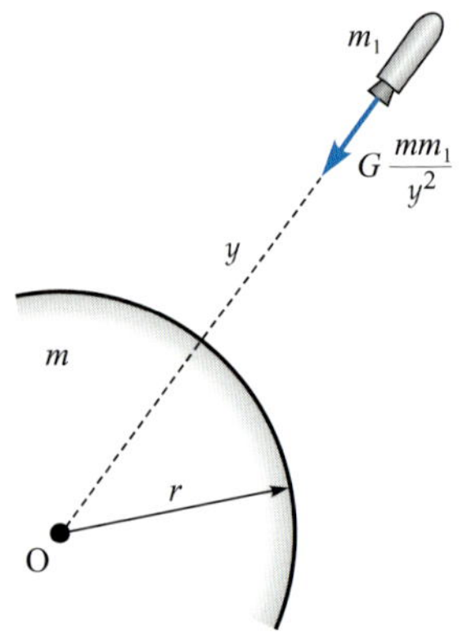

그림 예제 5.12

풀이

지구의 질량이 m 그리고 반지름을 r이라고 하면, 그림 예제 5.12와 같이 지구의 중심으로부터 거리 y에 있는 로켓에 작용하고 있는 힘[만유인력, 식 (1.1) 참조]은

$$F=G\frac{mm_1}{y^2} \tag{1}$$

이다. 식 (1)의 힘을 이겨내고 로켓을 지구의 표면으로부터 무한의 먼 거리 우주 저편까지 쏘아 올리기 위해서는

$$U=\int_r^{\infty}F\,dy=\int_r^{\infty}G\frac{mm_1}{y^2}dy=Gmm_1\left[-\frac{1}{y}\right]_r^{\infty}=G\frac{mm_1}{r} \tag{2}$$

의 일이 필요하다. $G\frac{m}{r^2}=g$ [유도는 다음 TIP의 식 (1), (2) 참조]의 관계가 있기 때문에, 식 (2)는 다음과 같이 쓸 수 있다.

$$U=m_1gr \tag{3}$$

지상에서 주어져야 하는 초기속도를 v_0이라고 하면, **에너지 보존법칙**에 의하여

$$\frac{1}{2}mv_0^2=m_1gr \tag{4}$$

이 된다. 식 (4)로부터 필요한 초기속도는 로켓의 질량에 관계없이 다음과 같이 된다.

$$v_0=\sqrt{2gr} \tag{5}$$

식 (2)에 지구의 반지름 $r=6{,}378\text{km}$와 중력가속도 $g=9.807\text{m/s}^2$의 값을 대입하면, 구하고자 하는 초기속도 v_0이 다음과 같이 된다.

$$v_0=\sqrt{2gr}=\sqrt{2\times(9.807\times10^{-3})\times6{,}378}=11.185\text{km/s}$$

로켓이 인공위성이 되는 최소속도를 **제1우주속도**[다음 TIP의 식 (7) 참조]라고 부르는 것에 대하여, 위 식의 속도 v_0을 **제2우주속도**라고 부르고 있다.

TIP

제1우주속도(spaceflight velocity)

다음 그림과 같이 지표로부터 고도 h에서 원 궤도를 따라 비행하고 있는 인공위성의 속도와 공전주기는 얼마인가? 단, 지구의 반지름은 $r=6{,}378$km이고, 중력가속도는 $g=9.807$m/s^{2}이다.

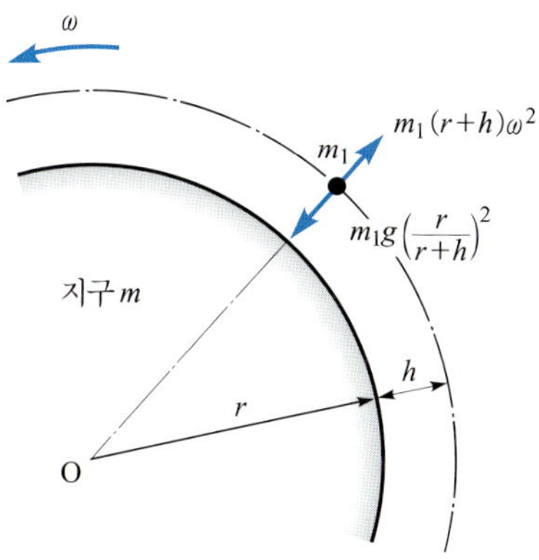

그림 TIP 원 궤도를 돌고 있는 인공위성

풀이

질량 m_1의 인공위성이 발사 전에 지표면 위에 놓여있는 경우, 이 물체에 작용하는 지구의 인력은 중력 m_1g와 같기 때문에

$$G\frac{mm_1}{r^2}=m_1g \tag{1}$$

가 되고, 위 식으로부터

$$G\frac{m}{r^2}=g \tag{2}$$

의 관계가 얻어진다. 그림 TIP 1에서 질량 m_1의 인공위성에 작용하는 원심력의 크기는 $m_1(r+h)\omega^2$이고, 이것이 위성에 작용하는 인력

$$G\frac{mm_1}{(r+h)^2}=m_1g\,\frac{r^2}{(r+h)^2} \tag{3}$$

과 평형을 이루기 때문에 다음의 식이 얻어진다.

$$m_1(r+h)\omega^2=m_1g\,\frac{r^2}{(r+h)^2} \tag{4}$$

식 (4)로부터, 인공위성의 속도 v는

$$v=(r+h)\omega=r\sqrt{\frac{g}{r+h}} \tag{5}$$

가 된다. 따라서 인공위성의 공전주기는 다음과 같이 된다.

$$T=\frac{2\pi}{\omega}=\frac{2\pi}{r}\sqrt{\frac{(r+h)^3}{g}} \tag{6}$$

특히, 고도 0에서 비행하는 인공위성의 속도는 지구의 반지름은 $r=6{,}378\,\text{km}$이기 때문에

$$v_1=r\sqrt{\frac{g}{r+0}}=\sqrt{rg}=\sqrt{6{,}378\times(9.807\times10^{-3})}=7.909\,\text{km/s} \tag{7}$$

가 되고, 이때의 공전주기는 다음과 같이 된다.

$$T_1=\frac{2\pi}{r}\sqrt{\frac{(r+0)^3}{g}}=2\pi\sqrt{\frac{r}{g}}=2\pi\sqrt{\frac{6{,}378}{9.807\times10^{-3}}}=5{,}067\,\text{s}=1\,\text{시간}\ 24\,\text{분}\ 27\,\text{초}$$

식 (7)의 v_1이 비행물체가 인공위성이 되는 최소속도이고, 이것을 **제1우주속도**라고 부른다.

TIP

정지위성(stationary satellite)

지구의 적도상공을 서쪽에서 동쪽방향으로 약 86,400초(1항성일)로 원 궤도를 도는 인공위성은 지구에서 보았을 때, 상공에 정지해 있는 것처럼 보이기 때문에 정지위성이라고 부른다. 이 인공위성의 속도와 고도는 얼마인가?

풀이

위의 TIP 식 (6)을 h에 관하여 풀어 쓰면, 고도는 다음과 같이 구해진다.

$$h=\sqrt[3]{g\left(\frac{rT}{2\pi}\right)^2}-r=\sqrt[3]{(9.807\times10^{-3})\times\left(\frac{6{,}378\times86{,}400}{2\pi}\right)^2}-6{,}378=35{,}875\,\text{km}$$

위의 TIP 식 (5)로부터, 속도는 다음과 같이 얻어진다.

$$v=r\sqrt{\frac{g}{r+h}}=6{,}378\sqrt{\frac{9.807\times10^{-3}}{6{,}378+35{,}875}}=3.073\,\text{km/s}$$

연습문제

5.1 다음과 같은 곡선의 위치벡터를 따라가며 힘의 벡터 $\mathbf{F} = -y\mathrm{i} + x\mathrm{j} + z\mathrm{k}$가 한 일(벡터장의 선적분)의 값을 구하시오.

1) $\mathbf{r} = \begin{Bmatrix} 4t \\ 6t \\ 2t^2 \end{Bmatrix} = 4t\,\mathbf{i} + 6t\,\mathbf{j} + 2t^2\mathbf{k}\ (0 \le t \le 1)$

2) $\mathbf{r} = \begin{Bmatrix} 3t \\ 3t^2 \\ 3t^3 \end{Bmatrix} = 3t\,\mathbf{i} + 3t^2\mathbf{j} + 3t^3\mathbf{k}\ (0 \le t \le 1)$

5.2 다음 그림과 같이 질량 10kg의 물체를 35°의 경사면을 따라 5m의 높이까지 끌어 올린다. 이때, 힘이 한 일이 몇 J이 되는가를 구하시오.

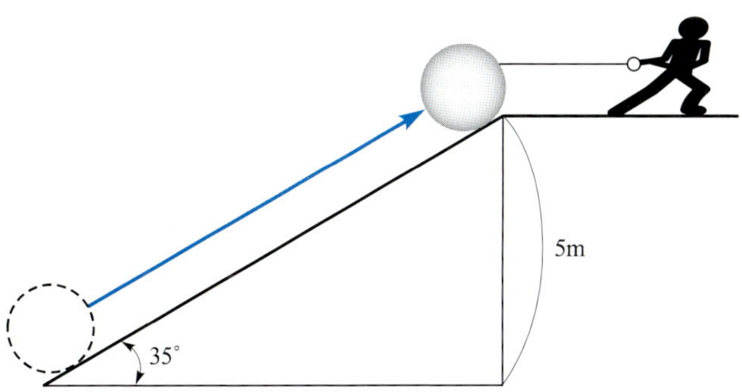

그림 연습문제 5.2

5.3 수평과 각도 $\theta = 45°$를 이루는 미끄럼틀의 위에서부터 질량이 30kg인 물체가 8m 미끄러져 내려올 때

1) 중력이 한 일이 몇 J인가?

2) 마찰력이 한 일이 몇 J인가?

단, 물체와 미끄럼틀 사이의 운동마찰계수는 0.1이다.

5.4 질량이 20kg인 물체가 수평과 $\theta = 30°$의 각도를 이루는 마찰이 없는 매우 매끄러운 경사면으로부터 3.0m/s의 속도로 10초간 위로 끌어 올렸을 때, 다음 물음에 답하시오.

1) 10초간에 물체가 움직인 연직방향의 거리는 몇 m인가?

2) 10초간에 물체가 한 일이 몇 J인가?

5.5 용수철상수 12kN/m의 용수철을 20mm로부터 50mm까지 잡아당기는 데에 필요한 일을 구하시오.

5.6 그림 5.9에서 외력 $F=2$N를 작용시켜 $l=3$m 이동한 경우, 외력 F가 한 일과 F에 평형을 이루는 운동마찰력 F_μ가 한 일을 구하시오.

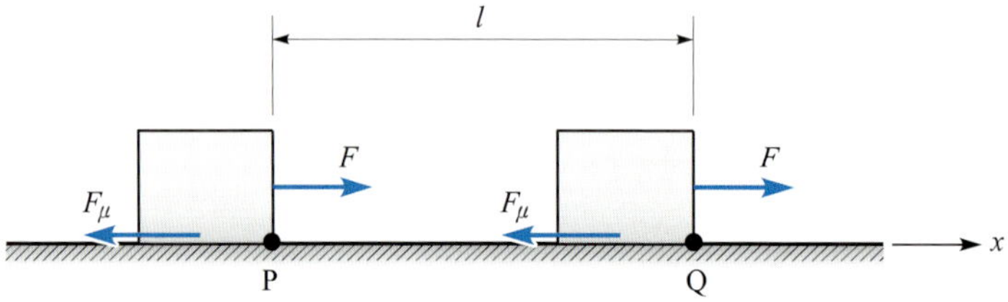

그림 연습문제 5.6 질점에 외력 F를 작용시켜 운동마찰력 F_μ와 평형을 유지하면서 천천히 질점을 운동시킨 경우

5.7 탄성한계 내에서 용수철의 늘어나는 양은 가해진 힘의 크기에 비례한다. 지금 20mm 늘리는데 8N의 힘이 필요하다. 이 용수철을 100mm까지 늘리기 위해서는 얼마의 일이 필요할까?

5.8 다음 그림과 같이 이동도르래를 이용하여 무게 $W=mg$의 물체를 h만큼 들어 올릴 때, 케이블의 끝단은 A점의 위치까지 이동하였다. 이때, 가해진 힘 F를 구하시오.

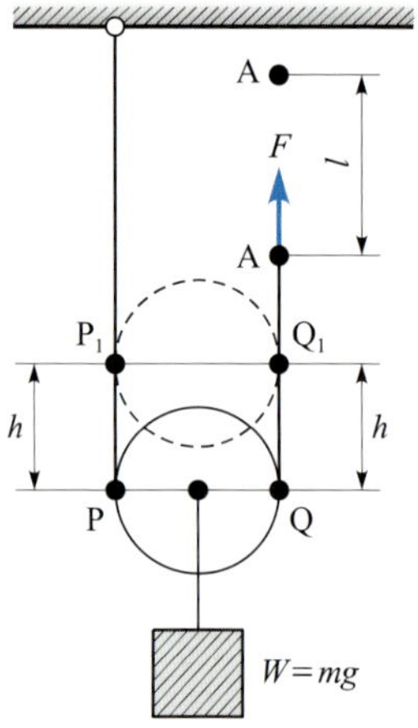

그림 연습문제 5.8

5.9 다음 그림과 같은 윈치(winch, 무거운 짐을 움직이거나 끌어 올리는데 쓰는 기계)는 핸들에 가해진 힘 F의 몇 배의 무게 W를 끌어 올리는 것이 가능할까? 단, 마찰에 의한 손실은 없다.

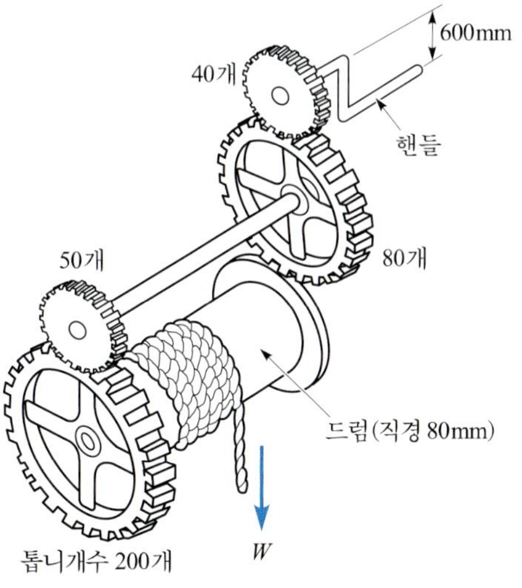

그림 연습문제 5.9

5.10 토크(회전모멘트)가 400Nm인 회전축이 3회전하였을 때, 회전축이 한 일을 구하시오.

5.11 정격출력이 2kW인 모터가 회전수 5,000rpm으로 출력하는 토크(회전모멘트)는 얼마인가?

5.12 중량 $W=2{,}500$kN의 열차가 역을 출발하여 3분후에 50km/h의 속도가 되었다. 저항이 없다고 하면, 기관차의 일률은 몇 kW, hp인가?

5.13 질량 2,000kg의 자동차가 경사각 $5°$의 언덕길을 시속 40km로 올라가기 위해 필요한 일률을 구하시오.

5.14 엔진의 축이 2,000rpm으로 회전하고 있을 때의 토크(회전모멘트)를 측정하였더니 200Nm였다. 이때의 일률을 구하시오. 또한, 마력으로 표시하면 몇 hp일까?

5.15 시속 50km/h로 달리고 있는 1,500kg의 자동차의 운동에너지 K는 얼마인가? 이 에너지는 얼마만큼의 높이 h까지 올라간 자동차의 위치에너지와 같을까? 시속이 100km/h일 때는 높이가 어떻게 될까?

5.16 다음 그림과 같이 질량 m의 구를 P점으로부터 반지름 r의 커브를 따라 자유낙하 시켰을 때, 구가 Q점에서 얻는 속도 v를 구하시오.

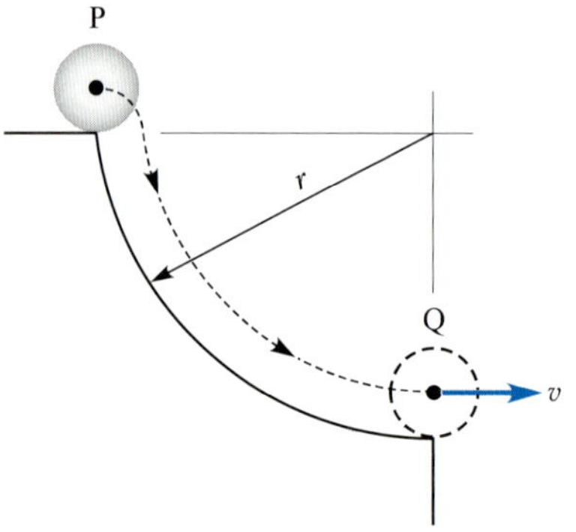

그림 연습문제 5.16

5.17 다음 그림은 재료의 충격치(충격시험에서 어떤 힘을 가하여 실험대상인 물체가 파괴될 때 그 힘의 크기)를 측정하는 충격시험기이다. 질량 m의 해머를 각도 θ_1로부터 자유낙하 시킬 때, 해머는 시험편을 절단한 후 각도 θ_2만큼 올라갔다. 해머가 이 시험편을 파괴하는데 사용한 에너지를 구하시오. 단, 해머의 질량중심 G로부터 회전축 O까지의 거리는 l이고, 회전축의 마찰 및 공기저항은 무시한다.

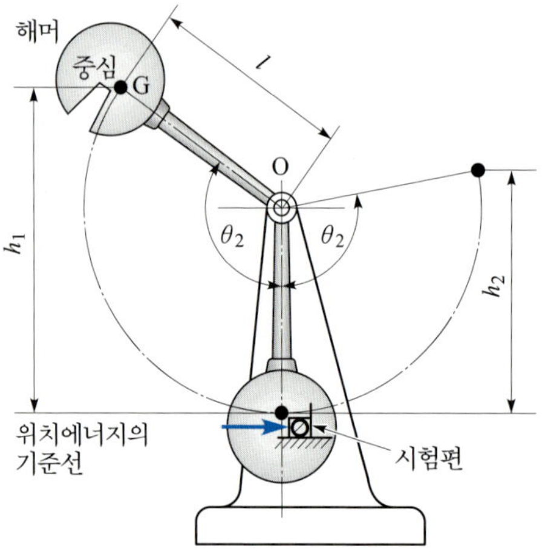

그림 연습문제 5.17

5.18 다음 그림과 같이 용수철상수가 $k = 100\text{N/m}$인 용수철의 상단을 고정하고, 하단에 질량 $m = 2.0\text{kg}$의 추를 연직으로 매달았더니 용수철이 y_1(정적 평형의 위치)만큼 늘어났다. 그 다음에 용수철을 원래의 길이만큼 들어 올린 후 놓았더니 용수철이 진동하였다. 다음 물음에 답하시오.

1) 추가 평형의 위치를 통과할 때의 속도 v_1은 얼마인가?

2) 추가 최하점으로 갔을 때, 용수철의 늘어난 길이 y_2는 얼마인가?

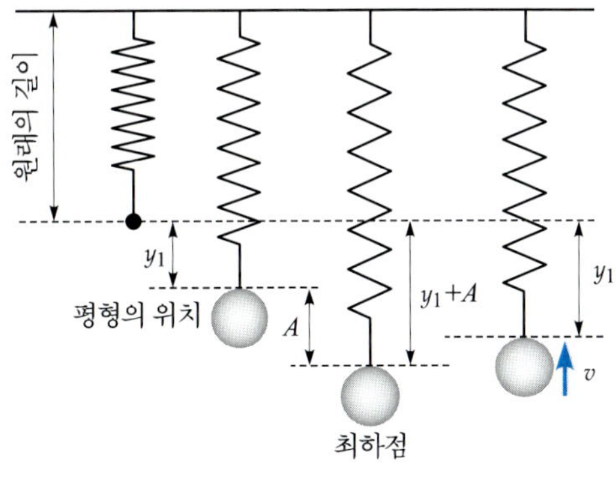

그림 연습문제 5.18

5.19 다음 그림과 같이 길이 $l = 600\text{mm}$의 실로 추를 매달고, 이것을 들어 올려 연직과 이루는 각 $\theta = 60°$의 위치로부터 놓았다. 추가 최하점을 통과할 때의 속도 v를 구하시오.

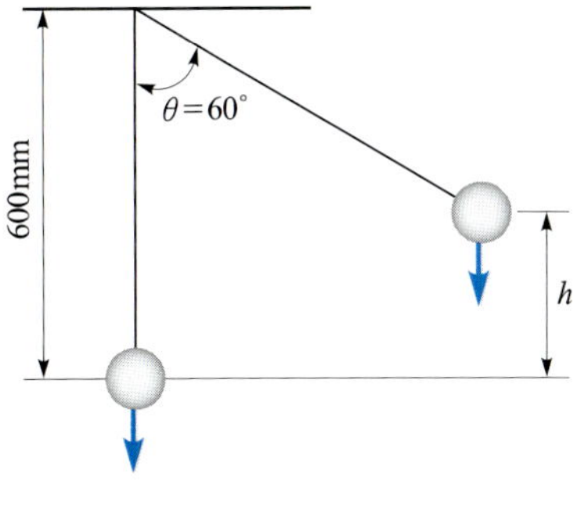

그림 연습문제 5.19

CHAPTER

6 운동량과 충격량

CHAPTER 6

운동량과 충격량

6.1 개 요

물체에 힘이 가해지는 경우, 힘의 크기와 함께 힘이 작용하는 **시간**에 의하여 그 효과(운동의 상태)는 크게 변한다. 그러므로 작용하중이 아주 짧은 시간동안 작용하는 경우(그림 6.1의 자동차의 **충돌실험** 참조) 또는 일정시간동안 작용하는 경우에 대한 **운동량**과 **충격량**의 방정식을 도출해내고 해석하는 것이 필요하다.

2개의 물체가 충돌할 때 서로 합쳐지는 힘 이외에 외력이 없다면, 운동의 상태를 표시하는 양은 충돌의 전후에서 변하지 않는다. 이것을 조사하기 위하여 그림 6.2와 같은 진자의 충돌실험을 실시한다. 이 실험의 원리는 간단하다. 즉, 충돌 전후 각각의 위치를 측정하면 각각의 속도가 구해지고 충돌의 상태 및 에너지의 변화를 고찰할 수 있다. 이러한 기초적인 실험에 의해서도 이 장에서 취급하는 지식의 많은 부분을 이해할 수 있다.

이 장의 주제는 시간에 대한 적분으로 충격량과 운동량의 방정식을 유도하는 것이다. 구체적으로 나열하면 운동의 상태를 표현하는 운동량, **운동량의 변화**와 힘의 효과를 나타내는 충격량과의 관계, **운동량 보존법칙**, 운동량 보존법칙을 이용한 **충돌문제** 및 앞 장에서 배운 일과 에너지의 관계를 이용한 충돌문제를 취급한다.

그림 6.1 자동차의 충돌실험

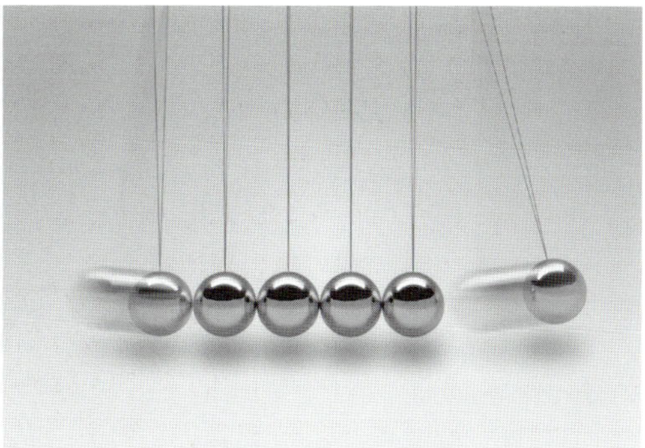

그림 6.2 진자의 충돌실험

이 장에서는 주로 질점하나의 **운동역학**을 취급하였으나, 일과 에너지(5장) 그리고 운동량과 충격량(6장)에 대해서 논의할 때에는 2개의 질점을 한 시스템으로 보았다. 한편, 질점하나에 대한 식들을 일반적인 **질점계**(system of particles, 다수의 질점의 집합)에 대해 확장하는 것은 크게 어렵지 않으며, 이러한 질점계의 운동에 관해서는 7장에서 설명한다.

6.2 운동량과 충격량, 운동량 보존법칙

6.2.1 운동량과 충격량

그림 6.3과 같이, 질량 m의 질점이 힘 $\mathbf{F}$를 받아서 가속도 $\mathbf{a}$로 운동하고 있을 때의 운동방정식은 이미 배운 것처럼

$$\mathbf{F} = m\mathbf{a} \tag{6.1}$$

이다. 여기서, 가속도 $\mathbf{a}$는 속도 $\mathbf{v}$와

$$\mathbf{a} = \frac{d\mathbf{v}}{dt} \tag{6.2}$$

의 관계가 있기 때문에, 식 (6.2)를 식 (6.1)에 대입하면

$$\mathbf{F} = m\frac{d\mathbf{v}}{dt} \tag{6.3}$$

가 된다. 위 식에서 질량이 일정한 값을 가져 시간에 의존하지 않는다면, 위 식은 다음과 같이 된다.

$$\mathbf{F} = \frac{d}{dt}(m\mathbf{v}) \tag{6.4}$$

식 (6.4)에서 질량과 속도의 곱 $m\mathbf{v}$를 **운동량**(momentum)이라고 부른다. 즉, 운동량을 $\mathbf{G}$로 표기하면,

$$\mathbf{G} = m\mathbf{v} \tag{6.5}$$

가 된다. 위 식이 운동량의 정의이고, 위 식을 식 (6.4)에 대입하면 다음과 같은 힘 F와 운동량 G의 관계가 얻어진다.

$$\mathbf{F}=\frac{d\mathbf{G}}{dt} \tag{6.6}$$

위 식은 '**운동량의 시간변화율**이 질점에 **힘**과 같다는 것'을 의미한다. 위 식을 다시 쓰면

$$d\mathbf{G}=\mathbf{F}\,dt \tag{6.7}$$

가 되고, 그림 6.4에 보여준 것과 같이 시간 t_P로부터 시간 t_Q까지 적분하면

$$\int_{\mathbf{G}_P}^{\mathbf{G}_Q} d\mathbf{G}=\int_{t_P}^{t_Q}\mathbf{F}\,dt \tag{6.8}$$

가 된다. 위 식에서, $\mathbf{G}_P$와 $\mathbf{G}_Q$는 각각 시간 t_P와 t_Q에서 운동량을 나타낸다. 따라서 식 (6.8)로부터

$$\mathbf{G}_Q-\mathbf{G}_P=\int_{t_P}^{t_Q}\mathbf{F}\,dt \tag{6.9}$$

로 표현되는 **운동량과 충격량의 관계**가 얻어진다. 즉, 위 식의 우변처럼 힘을 시간에 관하여 적분한 양이 **충격량**(impulse)이고, 운동량과 충격량은 크기와 방향을 포함하는 벡터이다. 위 식의 좌변은 시간 t_P로부터 시간 t_Q까지의 운동량의 변화를 나타내고 있기 때문에 '**운동량의 변화**는 받은 **충격량**과 같다'라고 말할 수 있다. 또한, 충격량의 단위는 Ns이고,

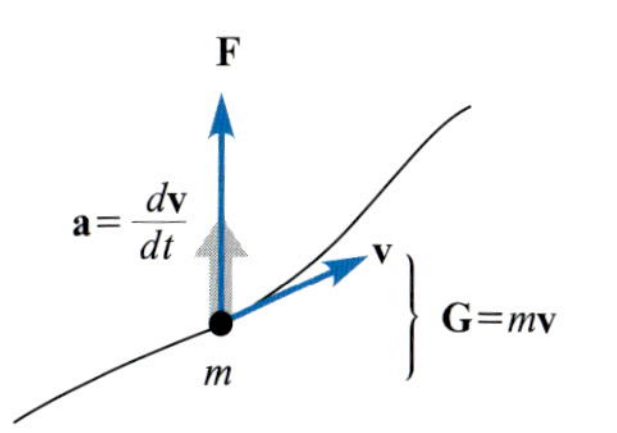

그림 6.3 힘 F를 받고 운동하는 질점

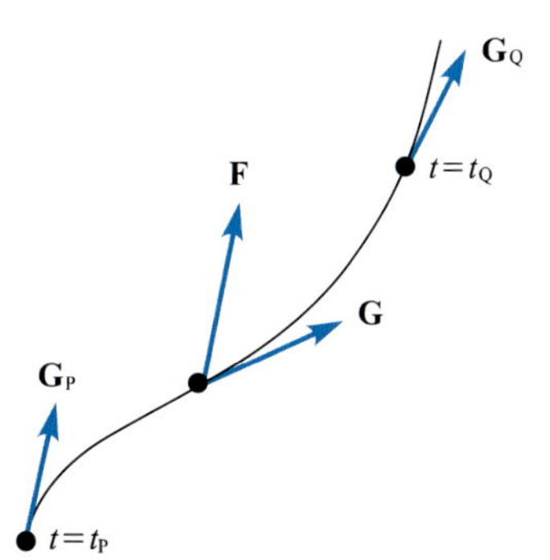

그림 6.4 운동하는 질점

운동량의 단위 kgm/s와 같은 차원이다.

식 (6.9)는 식 (6.9a)와 같이 다시 쓸 수 있으며, 물체의 초기 운동량에 충격량을 합한 것은 물체의 최종 운동량과 같음을 의미한다. 즉,

$$\mathbf{G}_Q = \mathbf{G}_P + \int_{t_P}^{t_Q} \mathbf{F}\, dt \tag{6.9a}$$

또는

$$\begin{Bmatrix} m(v_Q)_x \\ m(v_Q)_y \\ m(v_Q)_z \end{Bmatrix} = \begin{Bmatrix} m(v_P)_x + \int_{t_P}^{t_Q} F_x\, dt \\ m(v_P)_y + \int_{t_P}^{t_Q} F_y\, dt \\ m(v_P)_z + \int_{t_P}^{t_Q} F_z\, dt \end{Bmatrix} \tag{6.9b}$$

이다. 일반적으로, 충격량의 적분은 시간구간 동안 크기 및 방향을 포함하는 적분이다. 이런 조건하에서 **F**나 **G**를 분력 형태로 표현하고, 적분된 분력을 결합하는 것이 필요하다. 식 (6.9a)의 분력들(x, y, z축의 방향 성분)은 다음과 같은 스칼라방정식이 된다.

$$m(v_Q)_x = m(v_P)_x + \int_{t_P}^{t_Q} F_x\, dt \tag{6.9c}$$

$$m(v_Q)_y = m(v_P)_y + \int_{t_P}^{t_Q} F_y\, dt \tag{6.9d}$$

$$m(v_Q)_z = m(v_P)_z + \int_{t_P}^{t_Q} F_z\, dt \tag{6.9e}$$

위의 세 가지 스칼라 **운동량-충격량방정식**은 완전히 **독립적**이다.

한편, 시스템 내의 모든 질점의 운동량의 고정된 점에 관한 모멘트의 벡터 합으로 정의되는 뉴턴의 기준계 내에서 고정된 점에 관한 **각운동량**에 대해서는 7장에서 자세히 설명한다.

예제 6.1

질량 100kg의 물체가 수평면상을 속도 15m/s로 우측방향으로 운동을 하고 있다. 이때 좌측방향에서 수평면과 30°의 방향으로 300N의 힘이 물체에 8s동안 작용했다면, 이 물체의 속도는 얼마가 될까?

풀이

수평면상에서 우측방향을 양의 방향으로 하고 식 (6.9a)[또는 식 (6.9c)]를 적용하면 다음과 같이 된다.

$$100\,\tilde{v} = 100 \times 15 + (-300\cos 30°) \times 8$$

$$\therefore\ \tilde{v} = \frac{100 \times 15 - 300\cos 30° \times 8}{100} = -5.78\,\text{m/s}$$

따라서 이 물체의 속도는 좌측방향으로 5.78m/s가 된다.

예제 6.2

힘과 시간과의 관계가 다음 그림과 같은 경우 충격량의 크기를 구하시오.

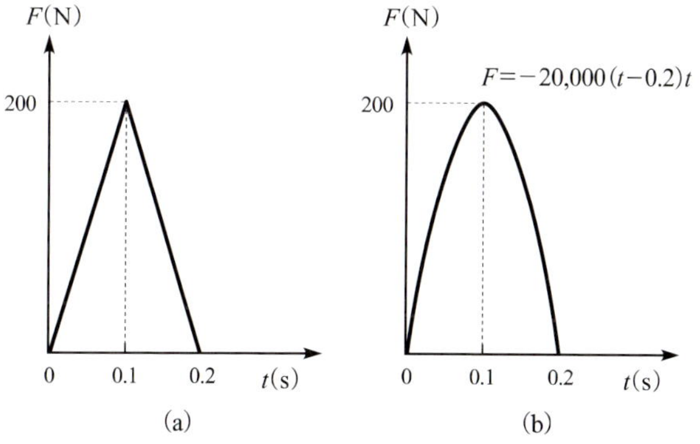

그림 예제 6.2

풀이

1) 그림 예제 6.2(a)의 충격량의 크기는 다음과 같이 계산된다.

$$\frac{1}{2} \times 200 \times 0.2 = 20\,\text{Ns}$$

2) 그림 예제 6.2(b)의 충격량의 크기는 다음과 같이 계산된다.

$$\int_0^{0.2} -20{,}000(t-0.2)t\,dt = \left[-\frac{20{,}000}{3}t^3 + 2{,}000t^2\right]_0^{0.2} = 26.67\,\text{Ns}$$

6.2.2 운동량 보존법칙

그림 6.5와 같이, 질량이 m_1, m_2인 2개의 물체(구 P와 Q)가 동일한 방향으로 직선운동을 하다가 도중에 접촉(충돌)하는 경우를 고찰해 보자. 접촉 전의 두 물체의 속도를 v_1, v_2라고 하고, 접촉 후의 속도를 각각 $\tilde{v}_1$, $\tilde{v}_2$라고 하자. 또한, 서로 접촉해 있는 시간은 t이고, 이 시간동안에 힘 F가 작용한다고 하며 기타의 외력(공기저항 등)은 작용하지 않는다고 하자. 먼저, 각각에 대한 운동량의 변화량과 충격량의 관계를 고찰하면 식 (6.7), (6.9)로부터 다음과 같이 주어진다.

$$m_1\tilde{v}_1 - m_1 v_1 = -Ft \tag{6.10a}$$

$$m_2\tilde{v}_2 - m_2 v_2 = Ft \tag{6.10b}$$

다음으로, 위 식의 양변을 더하여 변형하면 다음과 같이 된다.

$$m_1 v_1 + m_2 v_2 = m_1\tilde{v}_1 + m_2\tilde{v}_2 \tag{6.11}$$

식 (6.11)을 **운동량 보존법칙**(law of conservation of momentum)이라고 부른다. 이 식은 '2개의 물체가 접촉하여 상호 힘을 미쳐서 각각의 속도가 변화하여도 2개 물체의 접촉 전후의 운동량의 합은 변하지 않는다'는 것을 의미한다. 또한, 이 법칙은 2개의 물체가 서로 다른 방향으로 운동하고 있는 경우에도 성립한다.

한편, **각운동량 보존법칙**에 대해서는 7장에서 자세히 설명한다.

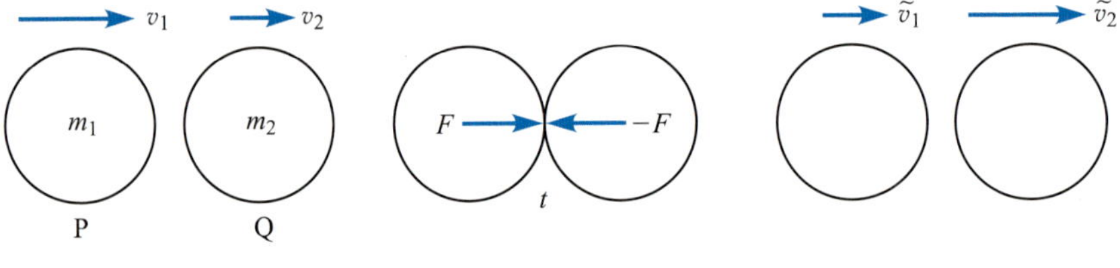

그림 6.5 운동량 보존법칙

예제 6.3

수평으로 29.4m/s의 속도로 날아 들어온 질량 0.1kg의 공을 야구방망이로 타격하였더니, 직상으로 날아가 44.1m의 높이까지 도달했다. 이때, 야구방망이가 공에 가한 충격량의 크기는 얼마인가? 또한, 야구방망이와 공의 접촉시간을 $\frac{1}{60}$s동안이라 하면 공이 받는 (평균의) 힘은 얼마인가?

풀이

야구방망이로 타격한 직후의 공의 속도를 v라고 하면[식 (2.21) 참조]

$$0^2 = v^2 + 2\times(-9.8)\times 44.1 \Rightarrow v^2 = 2\times 9.8\times 44.1 = 864.36$$

$$\therefore \ v = 29.4\text{m/s}$$

야구방망이로 타격한 전후의 공의 운동량은 수평(x방향)과 연직(y방향)의 양방향 모두 크기가

$$m v_0 = m v = 0.1\times 29.4 = 2.94\text{kgm/s}$$

이다. 또한, 야구방망이로 타격된 전후에서 공의 운동량의 방향이 다르기 때문에[식 (6.7), (6.10) 참조]

$$x\text{방향 운동량의 변화 : } F_x t = m(v_x - v_{0x}) = 0.1\times[0-(-29.4)] = 2.94\text{ kgm/s}$$

$$y\text{방향 운동량의 변화 : } F_y t = m(v_y - v_{0y}) = 0.1\times(29.4-0) = 2.94\text{ kgm/s}$$

가 얻어진다. 이것들로부터 충격량의 크기 Ft는

$$Ft = \sqrt{(F_x t)^2 + (F_y t)^2} = \sqrt{2.94^2 + 2.94^2} = 4.16\text{kgm/s} = 4.16\text{Ns}$$

가 된다. 또한, 공이 받는 (평균의) 힘 F은

$$F = \frac{Ft}{t} = \frac{4.16}{1/60} = 249.6\text{N}$$

이 된다.

예제 6.4

질량 6kg의 물체 P가 수평방향으로 10m/s의 속도로 날고 있다. 이것에 연직 위쪽방향에서 4m/s의 속도로 날아온 질량 2kg의 물체 Q가 충돌한 후, 두 물체 P와 Q는 일체가 되어 운동하였다. 충돌 후의 속도를 구하시오.

풀이

두 물체에는 중력이 작용하고 있지만, 충돌시간이 매우 짧기 때문에 중력에 의한 충격력은 무시해도 좋다. 따라서 운동량 보존법칙이 성립하므로 수평방향과 연직방향에 대하여 운동량 보존법칙을 다음과 같이 적용한다. 즉, 충돌 후 물체 속도의 수평방향 성분을 v_x, 수직방향 성분을 v_y라고 하면[식 (6.11), (6.9c), (6.9d) 참조]

$$\text{수평방향}(x\text{방향})\text{ 성분 : } 6\times 10 = (6+2)\times v_x \ \Rightarrow \ v_x = 7.5\text{m/s}$$

$$\text{연직방향}(y\text{방향})\text{ 성분 : } 2\times 4 = (6+2)\times v_y \ \Rightarrow \ v_y = 1\text{m/s}$$

가 얻어진다. 따라서 속도 v는

$$v = \sqrt{(v_x)^2 + (v_y)^2} = \sqrt{7.5^2 + 1^2} = 7.6\text{m/s}$$

가 된다. 또한, 속도 v가 수평방향과 이루는 각도 θ는 다음과 같이 된다.

$$\tan\theta = \frac{v_y}{v_x} = \frac{1}{7.5} \ \Rightarrow \ \theta = 7.6°$$

예제 6.5

수평면의 수면 위에 정지하고 있는 질량 200kg의 보트로부터 질량 70kg의 사람이 정지상태로부터 4m/s의 속도로 수중의 수평방향으로 뛰어 들어갔다면, 보트는 어떤 운동을 할까? 단, 보트와 물의 마찰력은 무시한다.

풀이

보트를 P, 사람을 Q라고 하자. 사람이 뛰어 들어가기 전에는 양자가 정지해 있기 때문에 보트와 사람의 운동량은 각각 0이다. 운동량 보존법칙 식 (6.11)에 수치를 대입하면, 다음과 같이 된다.

$$0+0=200\times\tilde{v}_1+70\times 4 \quad\Rightarrow\quad \tilde{v}_1=-1.4\text{ m/s}$$

따라서 보트는 사람과 반대방향으로 속도 1.4m/s로 진행한다.

예제 6.6

50m/s의 속도로 날아가고 있는 질량 1.5kg의 물체가 폭발하여 0.5kg과 1.0kg의 2개의 파편으로 분리되었다. 폭발직후 파편이 다음 그림과 같이 날아가고 있다면, 각 파편의 속도는 얼마인가?

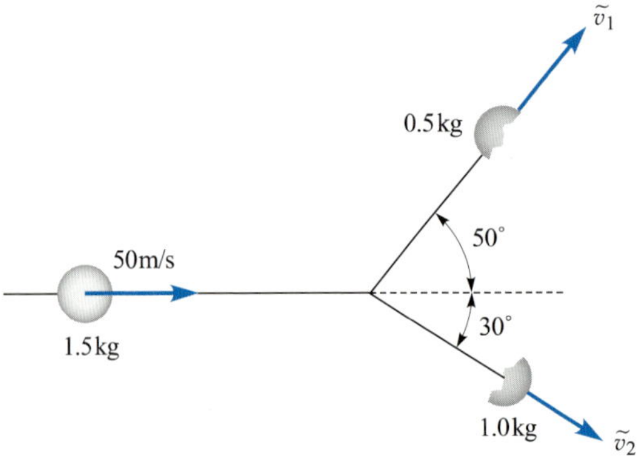

그림 예제 6.6 파편의 운동

풀이

폭발력은 내력이기 때문에 물체의 최초의 비행방향(x방향)과 이것에 직각인 방향(y방향)의 운동량은 변하지 않는다. 폭발직후 파편의 속도를 각각 $\tilde{v}_1$, $\tilde{v}_2$라고 하면

$$x\text{방향 운동량의 변화 : } 1.5\times 50=0.5\tilde{v}_1\cos 50°+1.0\tilde{v}_2\cos 30° \tag{1}$$

$$y\text{방향 운동량의 변화 : } 1.5\times 0=0.5\tilde{v}_1\sin 50°-1.0\tilde{v}_2\sin 30° \tag{2}$$

가 얻어진다. 식 (1)에 $\sin 30°$를, 식 (2)에 $\cos 30°$를 곱해서 더하면, $\tilde{v}_2$가 소거되고

$$1.5\times 50\sin 30°=0.5\tilde{v}_1\sin(50°+30°) \tag{3}$$

가 된다. 따라서 식 (3)으로부터

$$\tilde{v}_1 = 76.2\text{m/s}$$

가 얻어지고, 이것을 식 (2)에 대입하면 다음과 같이 $\tilde{v}_2$가 구해진다.

$$\tilde{v}_2 = 58.4\text{m/s}$$

6.3 충 돌

6.3.1 반발계수

충돌(impact, collision)이란 두 물체가 부딪히는 것을 말하며, 매우 짧은 시간에 비교적 큰 접촉력(contact force)을 발생시킨다. 충돌을 설명하기 위하여 그림 6.5와 같이 질량이 m_1, m_2인 2개의 물체(구 P와 Q)가 각각 동일한 방향으로 속도 v_1, v_2로 직선운동을 한다고 생각해 보자. 만약 속도 v_1이 v_2보다 크다면, 충돌은 중심선을 따라 접촉력 F를 유발한다. 이러한 충돌을 **직접 정면충돌**(direct central impact)이라고 부른다. 충돌 후의 2구의 속도를 구하기 위해서는 식 (6.11)의 운동량 보존법칙 이외에도 하나의 식이 더 필요하다. 이 식을 도입하기 위해서는 '충돌 전후의 상대속도비가 일정하고, 이 비는 충돌하는 물질에 따라 정해진 값이 된다(표 6.1 참조)'라고 하는 법칙을 이용하면 간단히 이해된다. 즉, 이 법칙을 수식으로 나타내면 다음과 같이 된다.

$$e = \frac{\tilde{v}_2 - \tilde{v}_1}{v_1 - v_2} = \frac{|\text{충돌후의 }\textbf{분리 상대속도}|}{|\text{충돌전의 }\textbf{접근 상대속도}|} \tag{6.12}$$

여기서, 좌변의 e를 **반발계수**(coefficient of restitution)라고 부른다. 대표적인 충돌물질에 대한 반발계수의 값은 표 6.1에 보여준 것과 같이 일반적인 충돌에서는 $0 < e < 1$의 범위 값이 된다. 또한, $e = 1$의 경우를 **완전 탄성충돌**(perfectly elastic impact)이라고 부른다. 이것은 공기를 빵빵하게 채운 볼을 딱딱한 마루에 내리칠 경우에 상당한다. 그리고 $e = 0$의 경우를 **완전 소성충돌**(perfectly plastic impact)이라고 부른다. 이것은 벽에 점토를 내리칠 때 벽과 점토가 일체가 되는 경우이다.

한편, 직접 정면충돌에 대하여 전개된 위의 관계를 그림 예제 6.9, 6.10에서와 같이 초기 속도와 최종속도가 평형하지 않는 **경사중심 충돌**의 경우에도 적용할 수 있다.

표 6.1 반발계수 e

재질	e	재질	e	재질	e
야구공과 강체벽	0.42	강철과 강철	0.55	아연과 아연	0.20
골프공과 강체벽	0.85	주철과 주철	0.65	황동과 황동	0.35
농구공과 목재마루	0.88	주철과 유리	0.91	목재와 목재	0.50
슈퍼볼과 목재마루	0.90	유리와 유리	0.95	코르크와 코르크	0.55

6.3.2 여러 가지 충돌의 예

충돌 후 2구 각각의 속도는 다음 2개의 식을 연립하여 풀면 구해진다.

$$m_1 \tilde{v}_1 + m_2 \tilde{v}_2 = m_1 v_1 + m_2 v_2 \tag{6.13}$$

$$-\tilde{v}_1 + \tilde{v}_2 = e(v_1 - v_2) \tag{6.14}$$

예제 6.7

그림 6.5와 같이 질량 $m_1 = 10\text{kg}$의 주철로 만든 구 P가 속도 $v_1 = 15\text{m/s}$로 운동하고, 같은 방향으로 속도 $v_2 = 6\text{m/s}$로 운동하고 있던 질량 $m_2 = 5\text{kg}$의 주철로 만든 구 Q에 충돌했다. 이 2구의 속도를 구하시오.

풀이

표 6.1로부터 주철과 주철이 충돌하는 경우의 반발계수는 $e = 0.65$이다. 식 (6.13), (6.14)에 의하여

$$10\tilde{v}_1 + 5\tilde{v}_2 = 10 \times 15 + 5 \times 6 = 180 \tag{1}$$

$$-\tilde{v}_1 + \tilde{v}_2 = 0.65 \times (15 - 6) = 5.85 \tag{2}$$

가 된다. 식 (1)과 식 (2)를 연립하여 풀면, 구하고자 하는 2구의 속도가 다음과 같이 얻어진다.

$$\tilde{v}_1 = 10.05\text{m/s}, \ \tilde{v}_2 = 15.9\text{m/s}$$

다음으로, 아래와 같은 몇 개의 특별한 충돌의 예에 대하여 고찰해 보자.

(1) 그림 6.6과 같이 수직인 큰 벽 Q에 작은 구 P가 수평으로 충돌하는 경우를 고찰해 보자. 벽 Q는 작은 구 P에 비해 충분히 커서 $m_2 = \infty$로 움직이지 않기 때문에 $v_2 = \tilde{v}_2 = 0$이 된다. 이것을 식 (6.14)에 대입하면

$$\tilde{v}_1 = -e\, v_1$$

이 되고, 따라서 구 P는 감속하여 그림 6.6(b)와 같이 충돌 전과 반대방향으로 운동하게 된다.

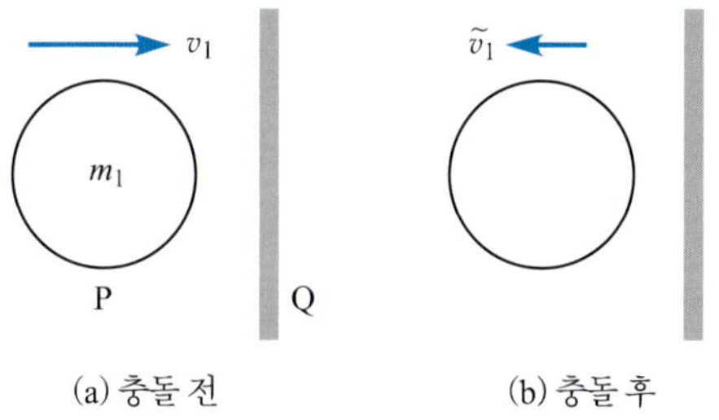

그림 6.6 작은 구와 벽의 충돌

(2) 질량이 같은 구 1과 구 2가 같은 방향으로 운동을 해서 완전 탄성충돌을 하는 경우를 고찰해 보자. 즉, $m_1 = m_2$이고 $e = 1$이기 때문에, 식 (6.13)과 식 (6.14)는 다음과 같이 된다.

$$\tilde{v}_1 + \tilde{v}_2 = v_1 + v_2$$

$$-\tilde{v}_1 + \tilde{v}_2 = v_1 - v_2$$

위 식들을 연립해서 풀면,

$$\tilde{v}_1 = v_2, \ \tilde{v}_2 = v_1$$

이 된다. 따라서 충돌 전후의 속도를 서로 바꾸는 것이 된다.

(3) 질량이 다른 구 1과 구 2가 완전 소성충돌을 하는 경우를 고찰해 보자. 즉, $m_1 \neq m_2$이고 $e = 0$이기 때문에, 식 (6.14)와 식 (6.13)은 다음과 같이 된다.

$$-\tilde{v}_1 + \tilde{v}_2 = 0 \ \Rightarrow \ \tilde{v}_1 = \tilde{v}_2$$

$$m_1\tilde{v}_1 + m_2\tilde{v}_1 = (m_1 + m_2)\tilde{v}_1 = m_1 v_1 + m_2 v_2 \ \Rightarrow \ \tilde{v}_1 = \tilde{v}_2 = \frac{m_1 v_1 + m_2 v_2}{m_1 + m_2}$$

따라서 충돌 후는 일체가 되어 운동한다.

예제 6.8

질량이 1,000kg인 말뚝을 박는 항타기의 해머는 질량 2,000kg인 말뚝의 꼭대기로부터 2.4m 높이에서 정지 상태로부터 자유낙하 되었다. 말뚝에 충돌한 후, 해머는 0.2m만큼 다시 튀어 올랐다. 다음 물음에 답하시오.

1) 충돌 직후의 말뚝의 속도 $\tilde{v}_2$를 구하시오.

2) 반발계수 e를 구하시오.

풀이

1) 자유낙하하는 동안에 에너지는 보존되며, 식 $v=\sqrt{2gh}$ [식 (2.21) 참조]로부터 충돌 직전의 해머의 초기속도 v_1과 충돌 직후의 해머의 최종속도 $\tilde{v}_1$을 다음과 같이 구할 수 있다.

$$v_1=\sqrt{2\times 9.8\times 2.4}=6.86\text{m/s}$$

$$\tilde{v}_1=-\sqrt{2\times 9.8\times 0.2}=-1.98\text{m/s}$$

해머의 충돌 직전, 말뚝의 초기속도는 $v_2=0$이다. 해머와 말뚝의 시스템에 대한 운동량 보존에 의하여 다음과 같이 충돌 직후의 말뚝의 속도 $\tilde{v}_2$가 구해진다.

$$1{,}000\times 6.86+2{,}000\times 0=1{,}000\times(-1.98)+2{,}000\times\tilde{v}_2$$

$$\therefore\ \tilde{v}_2=4.42\text{m/s}$$

2) 반발계수는 식 (6.12)로부터 다음과 같이 구해진다.

$$e=\frac{\tilde{v}_2-\tilde{v}_1}{v_1-v_2}=\frac{4.42-(-1.98)}{6.86-0}=0.93$$

예제 6.9

다음 그림과 같이 질량 $m_1=20$kg의 강철로 만든 구가 질량 $m_2=16$kg의 강철로 만든 구를 경사중심충돌을 하였다. 접촉면이 매끄럽다고 할 때, 2구의 충돌 후의 속도를 구하시오.

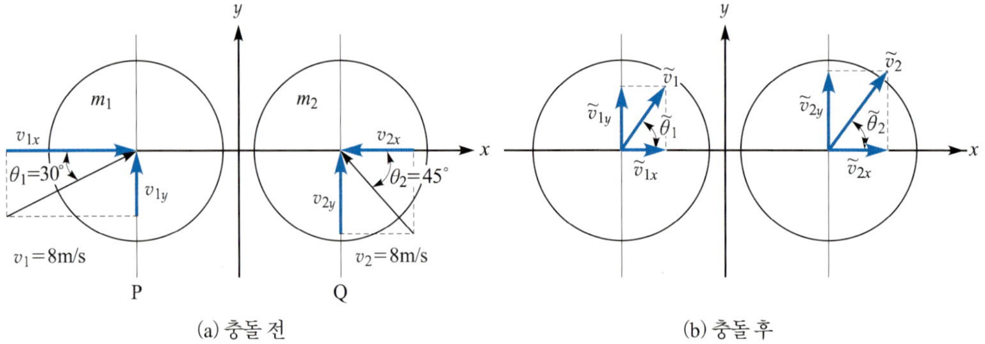

그림 예제 6.9 구와 구의 경사중심 충돌

풀이

접촉면이 매끄럽기 때문에 접촉면의 접선방향(y방향)으로는 힘이 작용하지 않으므로 이 방향의 속도성분은 변화가 없다. 이것에 반하여, 접촉면의 법선방향(x방향)으로는 상호 힘을 미치게 하기 때문에 중심선을 따라 직접 정면충돌을 하는 경우로 취급할 수 있다. 또한, 강철로 만든 구와 강철로 만든 구의 충돌 시의 반발계수는 표 6.1로부터 $e=0.55$이다. 먼저, 충돌 전의 각각의 속도성분은 그림 예제 6.9(a)로부터 다음과 같이 된다.

$$v_{1x} = 8\cos 30^\circ = 6.92\,\text{m/s},\quad v_{1y} = 8\sin 30^\circ = 4\,\text{m/s}$$

$$v_{2x} = -8\cos 45^\circ = -5.66\,\text{m/s},\quad v_{2y} = 8\sin 45^\circ = 5.66\,\text{m/s}$$

다음으로, 충돌 후의 y방향의 속도성분은 속도성분의 변화가 없기 때문에 각각 다음과 같이 주어진다.

$$\tilde{v}_{1y} = v_{1y} = 4\,\text{m/s},\quad \tilde{v}_{2y} = v_{2x} = 5.66\,\text{m/s}$$

그리고 충돌 후의 x방향의 속도성분은 중심선을 따라 직접 정면충돌을 하는 경우로 취급할 수 있기 때문에 식 (6.13)과 식 (6.14)로부터

$$20\tilde{v}_{1x} + 16\tilde{v}_{2x} = 20 \times 6.92 + 16 \times (-5.66) = 47.84 \quad (1)$$

$$-\tilde{v}_{1x} + \tilde{v}_{2x} = 0.55 \times [6.92 - (-5.66)] = 6.92 \quad (2)$$

가 된다. 식 (1), (2)를 연립하여 풀면

$$\tilde{v}_{1x} = -1.75\,\text{m/s},\quad \tilde{v}_{2x} = 5.17\,\text{m/s}$$

가 된다. 따라서 충돌 후의 속도의 크기와 방향을 구하면, 각각 다음과 같이 된다.

$$\tilde{v}_1 = \sqrt{(\tilde{x}_{1x})^2 + (\tilde{v}_{1y})^2} = \sqrt{(-1.75)^2 + 4^2} = 4.37\,\text{m/s}$$

$$\tilde{\theta}_1 = 180^\circ - \tan^{-1}\frac{4}{1.75} = 113.63^\circ$$

$$\tilde{v}_2 = \sqrt{(\tilde{x}_{2x})^2 + (\tilde{v}_{2y})^2} = \sqrt{5.17^2 + 5.66^2} = 7.67\,\text{m/s}$$

$$\tilde{\theta}_1 = \tan^{-1}\frac{5.66}{5.17} = 47.59^\circ$$

예제 6.10

다음 그림과 같이 농구공이 $\theta_1 = 55°$의 각도로 매끄럽고 무거운 목재마루에 충돌했다. 농구공과 목재마루 간의 반발계수는 0.88이다. 농구공의 충돌속도가 $v_1 = 30$m/s라 할 때, 충돌 후의 속도의 크기와 방향을 구하시오.

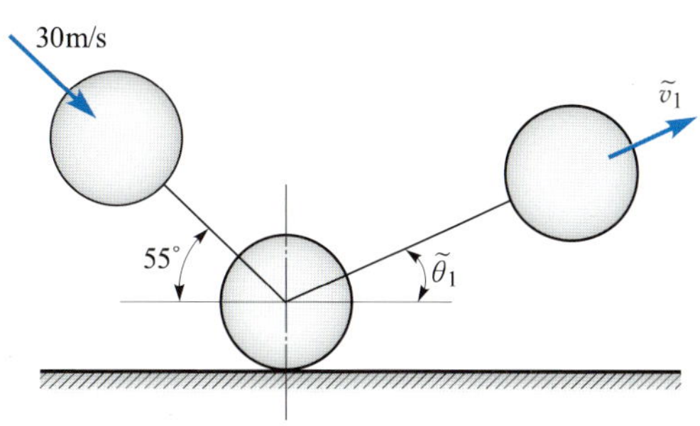

그림 예제 6.10 농구공과 목재마루의 경사중심충돌

풀이

농구공과 목재마루의 접촉면이 매끄럽기 때문에 접촉면의 마루방향(접선방향)으로는 힘이 작용하지 않으므로

이 방향의 속도성분은 변화가 없다. 이것에 반하여, 마루방향에 수직인 방향(법선방향)으로는 상호 힘을 미치게 하기 때문에 중심선을 따라 직접 정면충돌을 하는 경우로 취급할 수 있다. 마루는 농구공에 비해 충분히 크고 무거워서 $m_2 = \infty$로 움직이지 않기 때문에, 충돌 전후의 마루의 속도는 $v_2 = \tilde{v}_2 = 0$이 된다. 농구공의 충돌 후의 속도를 $\tilde{v}_1$, 마루와 이루는 각도를 $\tilde{\theta}_1$(그림 예제 6.10 참조)이라고 하면, 마루방향과 이것에 수직인 방향의 속도성분은 각각 식 (6.13)과 식 (6.14)로부터

$$\tilde{v}_1 \cos\tilde{\theta}_1 = 30\cos 55^\circ = 17.21\,\mathrm{m/s}$$

$$\tilde{v}_1 \sin\tilde{\theta}_1 = 0.88\times 30\sin 55^\circ = 21.63\,\mathrm{m/s}$$

가 된다. 따라서 충돌 후의 농구공의 속도의 크기와 방향을 구하면, 각각 다음과 같이 된다.

$$\tilde{v}_1 = \sqrt{17.21^2 + 21.63^2} = 27.64\ \mathrm{m/s}$$

$$\tilde{\theta}_1 = \tan^{-1}\frac{21.63}{17.21} = 51.49^\circ$$

6.4 충돌에서 운동에너지

6.4.1 운동에너지의 손실과 보존

2구가 중심선을 따라 직접 정면충돌을 하는 경우를 고찰해 보자. 기호는 그림 6.5와 같다. 먼저, 충돌 전에 2구가 갖고 있는 운동에너지는

$$K = \left(\frac{1}{2}m_1 v_1^2 + \frac{1}{2}m_2 v_2^2\right) \tag{6.15}$$

이 되고, 충돌 후에 2구가 갖고 있는 운동에너지는

$$\tilde{K} = \left(\frac{1}{2}m_1 \tilde{v}_1^2 + \frac{1}{2}m_2 \tilde{v}_2^2\right) \tag{6.16}$$

이 된다. 따라서 충돌 전후의 운동에너지의 차 ΔK는

$$\Delta K = K - \tilde{K} = \left(\frac{1}{2}m_1 v_1^2 + \frac{1}{2}m_2 v_2^2\right) - \left(\frac{1}{2}m_1 \tilde{v}_1^2 + \frac{1}{2}m_2 \tilde{v}_2^2\right) \tag{6.17}$$

으로 주어진다. 식 (6.13)과 식 (6.14)를 연립하여 풀면, 다음과 같은 식이 유도된다.

$$\tilde{v}_1 = v_1 - \frac{m_1}{m_1 + m_2}(1+e)(v_1 - v_2) \tag{6.18a}$$

$$\tilde{v}_2 = v_2 + \frac{m_1}{m_1 + m_2}(1+e)(v_1 - v_2) \tag{6.18b}$$

위 식의 $\tilde{v}_1$, $\tilde{v}_2$를 식 (6.17)에 대입하고 정리하면, 다음의 식이 얻어진다.

$$\Delta K = \frac{1}{2}\left(\frac{m_1 m_2}{m_1 + m_2}\right)(1-e^2)(v_1 - v_2)^2 \tag{6.19}$$

위 식으로부터, **완전 탄성충돌**$(e=1)$의 경우에는 $\Delta K = 0$이 되어 **운동에너지**는 **보존**된다. 그러나 **일반의 충돌**과 **완전 소성충돌**$(e=0)$의 경우에는 $\Delta K > 0$이 되어 **운동에너지**가 **손실**된다. 이때, 운동에너지는 변형일과 소리 및 열의 에너지로 변하게 된다.

한편, 회전 시 강체의 운동에너지에 대해서는 8장에서 설명한다.

예제 6.11

예제 6.7에서, 충돌에 의한 에너지의 손실량을 구하시오.

풀이

식 (6.17)로부터,

$$\begin{aligned}\Delta K &= \left(\frac{1}{2}m_1 v_1^2 + \frac{1}{2}m_2 v_2^2\right) - \left(\frac{1}{2}m_1 \tilde{v}_1^2 + \frac{1}{2}m_2 \tilde{v}_2^2\right) \\ &= \left(\frac{1}{2}\times 10 \times 15^2 + \frac{1}{2}\times 5 \times 6^2\right) - \left(\frac{1}{2}\times 10 \times 10.05^2 + \frac{1}{2}\times 5 \times 15.9^2\right) \\ &= 77.96\,\mathrm{J}\end{aligned}$$

6.4.2 운동에너지의 손실과 변형일

동역학에서는 물체의 변형을 고려하지 않지만, 여기서는 운동에너지의 손실이 모두 **변형일**로 바뀐다고 가정해서 충돌에 의한 **변형량** Δ를 간단히 계산한 것을 고찰해 보자. 일정한 힘 F가 가력되어지면 변형일은 $U = F\Delta$가 되기 때문에 $U = \Delta K$가 된다. 따라서 식 (6.19)로부터 다음과 같은 식이 얻어진다.

$$F\Delta = \frac{1}{2}\left(\frac{m_1 m_2}{m_1 + m_2}\right)(1-e^2)(v_1 - v_2)^2 \tag{6.20}$$

일례로서 그림 6.7과 같이 작은 구 P가 수직인 큰 벽 Q에 수평으로 완전 소성충돌 $(e=0)$을 하는 경우를 고찰해 보자. 작은 구 P의 가속도와 변형일은 식 (6.20)과 운동방정식으로부터 다음과 같이 된다.

$$a_1 = -\frac{v_1}{t} \tag{6.21a}$$

$$F\Delta = -m_1 a_1 \Delta = \frac{1}{2} m_1 v_1^2 \tag{6.21b}$$

위 식으로부터 변형량과 가속도, 속도, 그리고 충격시간과의 관계는 다음 식과 같이 주어진다.

$$\Delta = -\frac{v_1^2}{2a_1} = \frac{1}{2} v_1 t \tag{6.22}$$

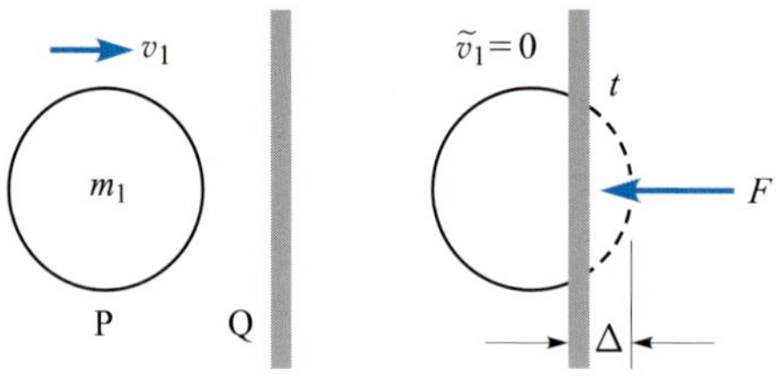

그림 6.7 변형일

예제 6.12

작은 구 P가 수직인 큰 벽 Q에 수평으로 일반충돌을 할 때, 변형량과 가속도, 속도, 그리고 충격시간과의 관계를 구하시오. 단, 작은 구 P와 큰 벽 Q의 반발계수는 e이다.

풀이

작은 구 P의 가속도와 변형일은 식 (6.20)과 운동방정식으로부터, 다음과 같이 된다.

$$a_1 = \frac{\tilde{v}_1 - v_1}{t} = \frac{-e v_1 - v_1}{t} = -\frac{(1+e)v_1}{t} \tag{1}$$

$$F\Delta = -m_1 a_1 \Delta = \frac{1}{2} m_1 (1-e^2) v_1^2 \tag{2}$$

식 (1), (2)로부터,

$$\Delta = -\frac{v_1^2(1-e^2)}{2a_1} = \frac{1}{2} v_1 (1-e) t = \frac{1}{2} v_1 t - \frac{1}{2} v_1 e t \tag{3}$$

가 된다. 즉, 일반충돌의 경우, 충돌에 의한 변형량[식 (3)의 우변 제1항]으로부터 반발에 의한 복원량[식 (3)의 우변 제2항]을 뺀 값이 정확한 변형량이 된다.

연습문제

6.1 질량 $m=10\text{kg}$의 질점이 속도 $v=12\text{m/s}$로 직선운동을 하고 있다. 이 질량이 갖는 운동량의 크기를 구하시오.

6.2 질량 $m=20\text{kg}$의 물체가 속도 $v=5\text{m/s}$로 우측방향으로 운동을 하고 있다. 이 물체가 운동하고 있는 같은 방향으로 힘 $F=4t^2$을 6s동안 받는 경우, 이 물체의 속도 $\tilde{v}$은 얼마가 되는가?

6.3 다음 그림과 같이 질량 $m=0.15\text{kg}$의 볼을 딱딱하고 매끄러운 마루에 $\theta=30°$의 각도로 속도 $v_1=20\text{m/s}$로 던졌을 때, $30°$의 방향으로 $v_2=20\text{m/s}$의 속도로 날아갔다. 이 경우 마루에 어느 정도의 힘이 작용하는가? 단, 볼과 마루의 접촉시간은 0.02초이다.

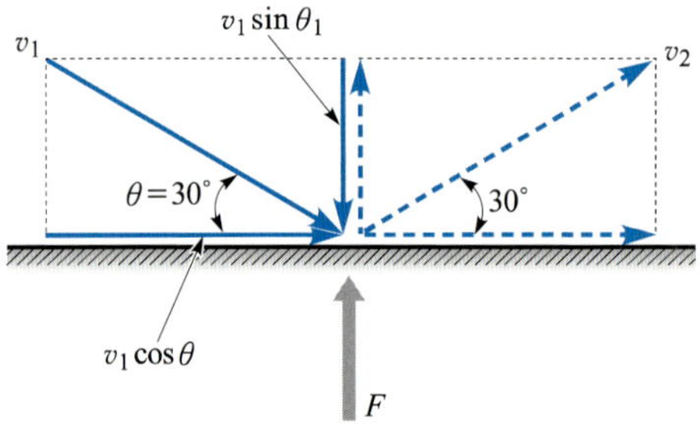

그림 연습문제 6.3

6.4 매초 질량 $m=300\text{kg}$의 연료가스를 200m/s의 속도로 분출하는 발사대 위의 로켓은 어느 정도의 추진력이 발생하는가?

6.5 다음 그림과 같이 마찰이 없는 마루에 질량 m인 물체와 질량 m_1인 물체가 놓여있다. 위의 물체에 수평방향으로 힘 F를 작용시켰다. 두 물체 사이의 운동마찰계수를 μ라고 할 때, 각각의 운동량과 시간의 관계를 물체 사이에서 미끄러지지 않는 경우와 미끄러지는 경우(물체가 떨어지지 않는 동안)로 나누어 구하시오. 단, 물체는 시간 $t=0$에서는 두 물체가 정지해 있고, $t>0$에서는 일정한 크기의 힘 F 작용하고 있다고 가정하라.

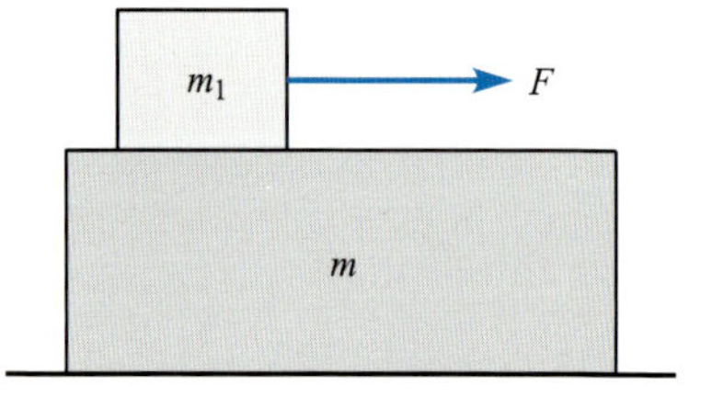

그림 연습문제 6.5

6.6 다음 그림과 같이 질량 m의 추를 h의 높이로부터 자유낙하시켜 질량 m_1의 말뚝을 지면에 s만큼 박는다. 지면으로부터 받는 힘 N은 얼마인가? 단, 충돌 후 추와 말뚝은 일체로 움직인다.

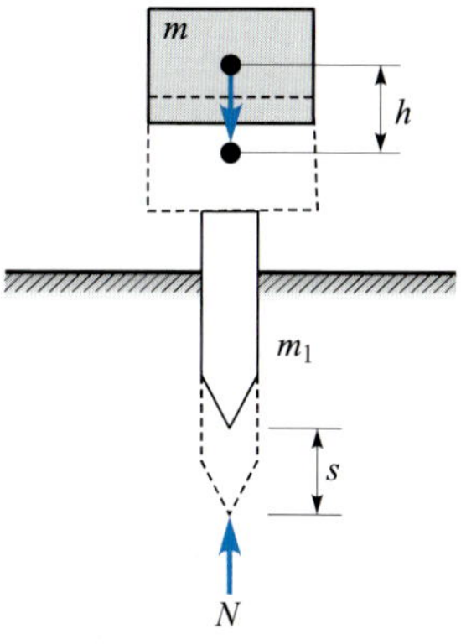

그림 연습문제 6.6

6.7 무게와 크기가 동일한 2개의 구가 있다. 정지해 있는 1개의 구에 다른 구가 6m/s의 속도로 충돌할 때, 충돌 후의 속도는 각각 얼마가 될까? 단, 반발계수는 $e = 0.65$이다.

6.8 골프공을 높이 h로부터 수평한 마루에 정지상태로부터 자유낙하 시켰더니, 높이 $\tilde{h}$만큼 다시 튀어 올라갔다. 골프공과 마루 간의 반발계수를 구하시오. 단, 마루는 딱딱하여 골프공의 충돌 시에 움직이지 않는다.

6.9 골프공을 어떤 높이에서 수평한 마루 위로 떨어뜨렸더니 첫 번째 튀어 오르는 높이가 1,600mm였고, 두 번째 튀어 오르는 높이가 1,156mm였다. 다음 물음에 답하시오.

1) 골프공과 마루 간의 반발계수는 얼마인가?

2) 최초에 골프공은 마루 위의 어느 정도 높이에서 떨어졌는가?

6.10 자동차가 정지상태로부터 일정한 각가속도로 회전수를 증가하여 20초 후에 각가속도의 크기는 얼마인가? 또한, 이 20초간에 몇 번 회전하였는가?

6.11 연습문제 6.8에서 충돌에 의한 에너지의 손실량을 구하시오.

CHAPTER

7 질점계의 운동

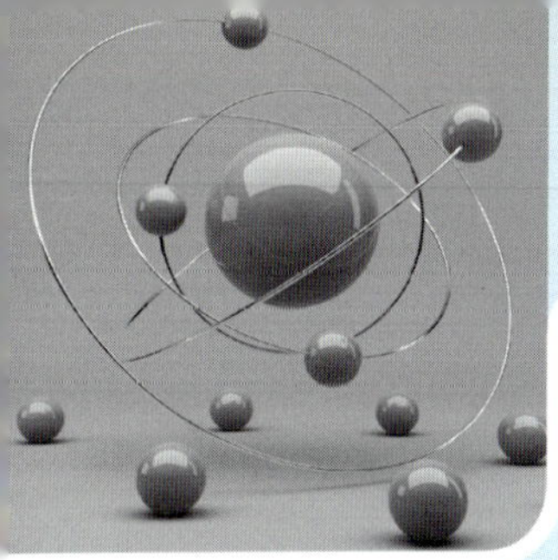

CHAPTER 7

질점계의 운동

7.1 개 요

5, 6장에서는 주로 질점 하나의 **운동역학**을 취급하였으나, 이 장에서는 질점하나에 대한 식들을 일반적인 **질점계**(system of particles, 다수의 질점의 집합)에 대하여 확장한다. 이것은 동역학의 나머지 주제들을 통합할 것이고, **강체**나 **비강체**의 운동을 기술하는데도 적용된다. 강체는 질점 상호 간의 거리가 근본적으로 변하지 않는 고체 질점계이다. 기계, 차량, 비행기, 로켓, 우주선, 그리고 많은 움직이는 구조물들의 일반적인 운동이 강체운동의 예이다. 한편, 비강체인 고체물체가 탄성 또는 비탄성 변형을 수반할 경우에는 시간에 대한 모양의 변화가 주요한 관심사이다. 비강체의 또 다른 예로는 어떤 특정한 속도로 흐르는 기체나 유체상태로 이루어진 부분질량을 들 수 있다. 비행기 엔진의 터빈을 통해 흐르는 공기와 연료, 로케의 모터노즐로부터 분사되는 연소가스 혹은 로터리 펌프를 통해 흐르는 물 등이 그 대표적인 예이다.

질점 하나에 대한 식들을 일반적인 질점계에 대해 확장하는 것은 크게 어렵지 않으며, 이러한 질점계의 운동에 관해서는 이 장에서 설명한다. 먼저, 이 장에서는 질점계의 운동에서 **내력**과 **외력**의 개념에 대하여 공부한다. 다음으로, 6.2절에서 설명한 운동량과 운동량 보존법칙을 질점계로 확장시킨 **전체 운동량**과 **전체 운동량 보존법칙**(7.4절 참조)에 대하여 기술한다. 또한, 그림 7.1과 같이 피겨스케이팅 선수가 고속회전에 들어가기 위하여 자신의 팔을 몸의 중심 가까이로 끌어당김으로서 수직축에 대한 각속도를 크게 증가시키는 현상과 관계된 **전체 각운동량**의 식을 설명한다. 여기서,

그림 7.1 피겨스케이팅 선수의 회전과 팔 동작의 관계

각운동량(angular momentum)은 운동량의 모멘트로 정의된다. 그리고 마지막으로, **질점계의 에너지**에 대하여 학습한다.

7.2 질점계의 내력과 외력

질점계는 질점 간의 상호작용으로 영향을 미치면서 운동하는 다수의 질점의 집합을 말한다. 여기서, 상호작용이라는 것은 질점집합 내의 질점들이 충돌과 분열하거나 합쳐져서 하나가 되거나, 용수철이나 실로 연결되어 있는 상태가 되어있는 것을 의미한다.

비행기(동체, 주 회전날개, 꼬리날개)와 열차(다수의 차량) 그리고 로켓[다단의 기체(동력장치와 계기를 뺀 기본 구조)와 연료] 등과 같은 실제의 물체는 매우 많은 다수의 절점이 연속적으로 연결된 것으로 볼 수 있다. 이때, 각각의 질점으로 착안하는 것보다도 전체를 1개의 질점계로 취급하고 전체가 갖은 성질을 파악하는 것이 더 편리한 경우가 많다.

그림 7.2에 보인 것과 같이, **질량**을 m_i, **위치벡터**를 $\mathbf{r}_i$로 한 n개의 질점($i=1,2,3,\cdots,n$)으로 이루어진 질점계에 대하여 고찰해 보자. 각 질점에 작용하는 힘은 질점집합 내의 질점들 사이에서 작용하는 힘과 질점계 외부로부터 작용하는 힘으로 구별할 수 있다. 전자를 **내력**(internal force) 그리고 후자를 **외력**(internal force)이라고 부른다.

이 그림 7.2의 질점계에서 질점 i에 질점 $j(i\neq j)$로부터의 내력 $\mathbf{F}_{ij}$와 외력 $\mathbf{F}_i$를 고찰해 보자. $\mathbf{F}_{ii}=0$이라고 하면, 질점 i에 관한 **운동방정식**은 다음과 같이 된다.

$$\mathbf{F}_i+(\mathbf{F}_{i1}+\mathbf{F}_{i2}+\mathbf{F}_{i3}+\cdots+\mathbf{F}_{in})=\mathbf{F}_i+\sum_{j=1}^{n}\mathbf{F}_{ij}=m_i\frac{d^2\mathbf{r}_i}{dt^2} \tag{7.1}$$

질점계 내의 모든 질점에 대하여, 위와 같은 방법으로 운동방정식을 구하고 양변을 더하면

$$\sum_{i=1}^{n}\mathbf{F}_i+\sum_{i=1}^{n}\left(\sum_{j=1}^{n}\mathbf{F}_{ij}\right)=\sum_{i=1}^{n}m_i\frac{d^2\mathbf{r}_i}{dt^2} \tag{7.2}$$

를 얻는다. 여기서 작용·반작용의 법칙에 의해

$$\mathbf{F}_{ij}=-\mathbf{F}_{ij} \tag{7.3}$$

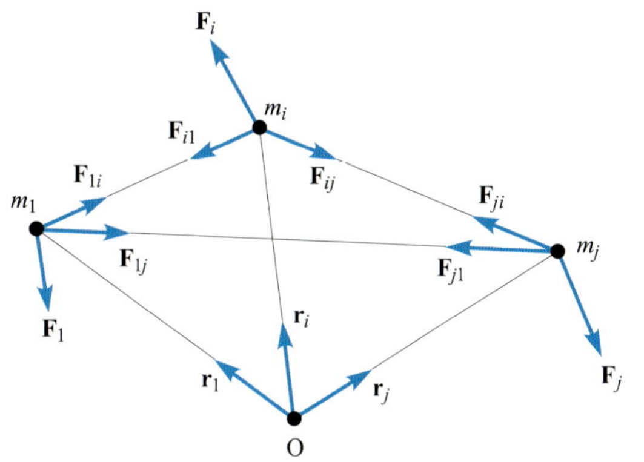

그림 7.2 질점계에서 내력과 외력

가 되기 때문에, 식 (7.2)에서 내력에 관한 항은 모두 소거되어

$$\sum_{i=1}^{n}\mathbf{F}_i=\sum_{i=1}^{n}m_i\frac{d^2\mathbf{r}_i}{dt^2} \tag{7.4}$$

라는 운동방정식이 얻어진다. 위 식으로부터 질점계 내의 각 질점의 운동을 구하기 위해서는 내력을 구할 수 있는 식 (7.1)을 해석할 필요가 있지만, 질점계의 전체적인 운동을 구하는 데는 외력만을 고찰해도 된다는 것을 알 수 있다.

7.3 질량중심의 운동

식 (7.4)를 이해하기 위하여 정역학에서 배운 질량중심에 대해 고찰해 보자. 정역학에서는 1개의 물체의 전체 질량이 중심에 집중하고, 외력에 대해서는 모든 외력의 합이 질량중심에 작용한다고 가정하여 질량중심을 질점과 같이 취급한다. 즉, 질량중심의 좌표는

$$x_G=\frac{m_1gx_1+m_2gx_2+\cdots+m_ngx_n}{mg}=\frac{\sum_{i=1}^{n}m_ix_i}{m} \tag{7.5a}$$

$$y_G=\frac{m_1gy_1+m_2gy_2+\cdots+m_ngy_n}{mg}=\frac{\sum_{i=1}^{n}m_iy_i}{m} \tag{7.5b}$$

$$z_G = \frac{m_1 g z_1 + m_2 g z_2 + \cdots + m_n g z_n}{m g} = \frac{\sum_{i=1}^{n} m_i z_i}{m} \qquad (7.5c)$$

로 주어진다. 여기서, $m = m_1 + m_2 + \cdots + m_n = \sum_{i=1}^{n} m_i$이고, m은 질점계의 **전체 질량**이다. 이러한 질량중심에 대한 생각을 질점계에도 그대로 이용한다.

식 (7.5a)~(7.5c)에 의하여 질점계의 **질량중심의 위치벡터** $\mathbf{r}_G$는 다음과 같이 된다.

$$\mathbf{r}_G = \frac{\sum_{i=1}^{n} m_i \mathbf{r}_i}{\sum_{i=1}^{n} m_i} = \frac{\sum_{i=1}^{n} m_i \mathbf{r}_i}{m} \qquad (7.6)$$

위 식을 이용하여 식 (7.4)를 다시 쓰면, 다음 식과 같이 된다.

$$\sum_{i=1}^{n} \mathbf{F}_i = m \frac{d^2 \mathbf{r}_G}{dt^2} \qquad (7.7)$$

식 (7.7)로부터 질점계의 **질량중심의 운동**은 외력의 합만이 관계하고, 내력과는 무관하다는 것을 알 수 있다. 즉, 질량중심의 운동은 이 점에 질점계의 전체 질량 m을 집중시키고, 이것에 외력의 합력을 작용하는 경우와 같다는 것을 의미한다.

7.4 전체 운동량의 식

예를 들면, 모래를 적재하고 일정한 속도로 운반하는 컨베이어 벨트 위에서 매초 일정한 비율로 모래가 아래로 떨어질 때, 어느 정도 크기의 힘으로 컨베이어 벨트를 계속해서 움직이는 것이 필요할까? 이러한 문제에 대해서는 운동방정식을 상세하게 풀지 않아도 운동량의 변화에 착목하여 문제를 풀면 해답이 쉽게 얻어지는 경우가 많다. 즉, 다음에서 설명하는 전체 운동량에 관한 법칙에 의하여 설명이 가능하다.

7.4.1 전체 운동량

식 (7.4)를 다시 쓰면, 다음과 같은 식을 얻는다.

$$\sum_{i=1}^{n} \mathbf{F}_i = \frac{d}{dt}\left(\sum_{i=1}^{n} m_i \frac{d\mathbf{r}_i}{dt}\right) = \frac{d}{dt}\left(\sum_{i=1}^{n} m_i \mathbf{v}_i\right) \qquad (7.8)$$

위 식에서 특별히 외력의 합력이 $\sum_{i=1}^{n} \mathbf{F}_i = 0$이 될 때

$$\frac{d}{dt}\left(\sum_{i=1}^{n} m_i \mathbf{v}_i\right) = 0 \qquad (7.9)$$

이 된다. 식 (7.9)를 시간 t에 관하여 적분하면,

$$\sum_{i=1}^{n} m_i \mathbf{v}_i = \text{일정} \qquad (7.10)$$

이 된다. 식 (7.10)의 좌변 $m_i \mathbf{v}_i = \mathbf{G}_i$는 질점 i의 **운동량**이다.

$\mathbf{G} = \sum_{i=1}^{n} m_i \mathbf{v}_i$는 질점계를 구성하고 있는 모든 질점에 대하여 $\mathbf{G}_i$를 더한 값이고, 질점계의 **전체 운동량**(total momentum)이라고 부른다.

7.4.2 전체 운동량 보존법칙

전체 운동량 G를 이용하여, 식 (7.8)을 다시 쓰면

$$\sum_{i=1}^{n} \mathbf{F}_i = \frac{d}{dt}\mathbf{G} = \dot{\mathbf{G}} \qquad (7.11)$$

가 된다. 위 식을 **전체 운동량의 식**(formular of total momentum)이라고 부른다. 식 (7.11)로부터 질점계에 외력이 작용할 때, **전체 운동량의 시간변화율**은 질점계에 작용하는 **전체 외력의 합력**과 같다는 것을 나타내고 있다.

특히, 질점계에 작용하는 외력 $\mathbf{F}_i$의 합력 $\sum_{i=1}^{n} \mathbf{F}_i$가 0이 되었을 때,

$$\frac{d}{dt}\mathbf{G} = 0 \tag{7.12}$$

이 된다. 식 (7.12)를 시간 t에 관하여 적분하면,

$$\mathbf{G} = \sum_{i=1}^{n} m_i \mathbf{v}_i = \text{일정} \tag{7.13}$$

이 된다. 위 식으로부터 질점계에 작용하는 합력이 0이 되는 경우, 질점계의 전체 운동량은 보존된다는 것을 알 수 있다. 이것을 **전체 운동량 보존법칙**(law of conservation of total momentum)이라고 부른다.

예제 7.1

속도 $v_1 = 2\text{m/s}$로 천천히 이동하고 있는 질량 $m_1 = 800\text{kg}$의 광석차(공사장이나 광산에서 쓰는 손으로 미는 조그만 궤도 화차)에 질량 $m_2 = 70\text{kg}$의 사람이 속도 $v_2 = 4\text{m/s}$로 후방에서 달려서 올라탔다. 사람이 올라탄 이후의 광석차의 속도 v를 구하시오.

풀이

이 경우 반발계수는 0이기 때문에, 전체 운동량 보존법칙에 의하여 다음과 같은 식이 된다.

$$m_1 v_1 + m_2 v_2 = (m_1 + m_2)v$$

$$\therefore v = \frac{m_1 v_1 + m_2 v_2}{m_1 + m_2}$$

위 식에 $m_1 = 800\text{kg}$, $m_2 = 70\text{kg}$, $v_1 = 2\text{m/s}$, $v_2 = 4\text{m/s}$를 대입하면, 사람이 올라탄 이후의 광석차의 속도 v가 다음과 같이 구해진다.

$$v = \frac{800 \times 2 + 70 \times 4}{800 + 70} = 2.16 \text{ m/s}$$

7.5 전체 각운동량의 식

피겨스케이트 경기에서 스핀(spin, 얼음판 위의 한 지점에서 외발로 서서 몸을 회전시키는 것)을 행하는 선수가 가슴을 넓게 펴서 회전동작에 들어간 후에 서서히 가슴을 움츠리고 손으로 가슴을 강하게 누르거나 팔을 몸의 중심회전축 가까이로 끌어당기면서 고속회전을 하는

동작을 본 사람이 많을 것이다(그림 7.1, 7.3 참조). 이것은 스핀이 각운동량을 가지고 움직이는 자전운동의 하나이기 때문에 다음에서 설명하는 각운동량에 관한 법칙에 의하여 설명이 가능하다.

그림 7.3 피겨스케이팅 선수의 회전 자세와 각속도

7.5.1 각운동량과 각충격량

6장에서, 운동하는 기세와 엄함을 나타내는 물리량으로서 질량과 속도의 곱으로 정의되는 운동량에 대하여 배웠다. 또한, 운동량 보존법칙을 유도하였으며, 충격량과 관계로서 물체의 운동량의 변화는 그 시간동안에 주어진 충격량과 같다는 것을 학습했다.

여기서는 물체가 회전운동을 할 때의 기세와 엄함을 나타내는 물리량으로서 **각운동량**(angular momentum), 즉 시스템 내의 모든 질점의 운동량의 고정된 점에 관한 모멘트의 벡터 합으로 정의되는 뉴턴의 기준계 내에서 고정된 점에 관한 각운동량에 대하여 학습한다.

그림 7.4(a)에 보인 것과 같이 질점 m이 점 O에 대해 반지름 r의 등속원운동을 하고 있을 때, 점 O에 관한 **각운동량** H는 운동량 mv와 반지름 r의 곱으로서 다음과 같이 표현된다.

$$H = mvr = mr^2\omega \tag{7.14}$$

그림 7.4(b)와 같은 일반적인 경우에는 속도 v와 반지름 r이 직각을 이루지 않기 때문에 **각운동량** H는 속도 v와 반지름 r이 이루는 각을 θ라고 하면

$$H = mvr\sin\theta \tag{7.15}$$

로 표현된다. 각운동량의 크기의 단위는 kgm^2/s이다. 모멘트를 정의했던 때와 같은 생각으로 각운동량을 **운동량의 모멘트**라고 부르기도 한다.

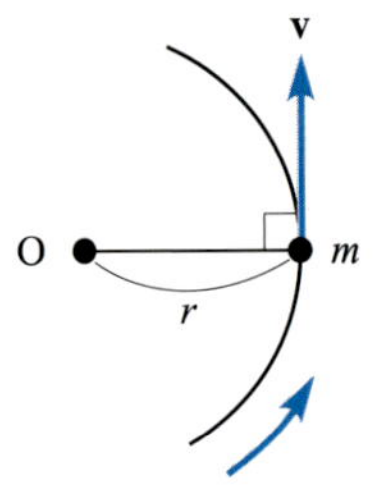

(a) 등속원운동의 경우

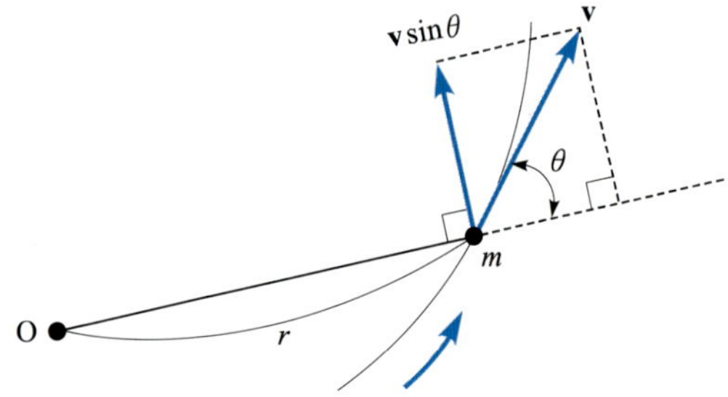

(b) 일반적인 경우

그림 7.4 각운동량

그림 7.5에 보인 것과 같이 **각운동량**을 **벡터량**으로서 고찰하면, **외적**(벡터곱)을 이용해서 다음 식과 같이 나타낼 수 있다.

$$\mathbf{H} = \mathbf{r} \times m\mathbf{v} = \mathbf{r} \times \mathbf{G} \tag{7.16}$$

위 식을 벡터 $\mathbf{r}$, $\mathbf{G}$의 외적(벡터곱)의 성분을 이용하여 표현하고 계산을 수행하면 다음과 같이 된다.

$$\begin{aligned}
\mathbf{H} &= \mathbf{r} \times \mathbf{G} \\
&= (x\mathbf{i} + y\mathbf{j} + z\mathbf{k}) \times (mv_x\mathbf{i} + mv_y\mathbf{j} + mv_z\mathbf{k}) \\
&= \begin{vmatrix} \mathbf{i} & \mathbf{j} & \mathbf{k} \\ x & y & z \\ mv_x & mv_y & mv_z \end{vmatrix} \\
&= (ymv_z - zmv_y)\mathbf{i} + (zmv_x - xmv_z)\mathbf{j} + (xmv_y - ymv_x)\mathbf{k}
\end{aligned} \tag{7.17}$$

따라서 **각운동량** $\mathbf{H}$의 **성분 표시**를 행하면, 식 (7.17)은 다음 식과 같이 된다.

$$H_x = ymv_z - zmv_y \tag{7.18a}$$

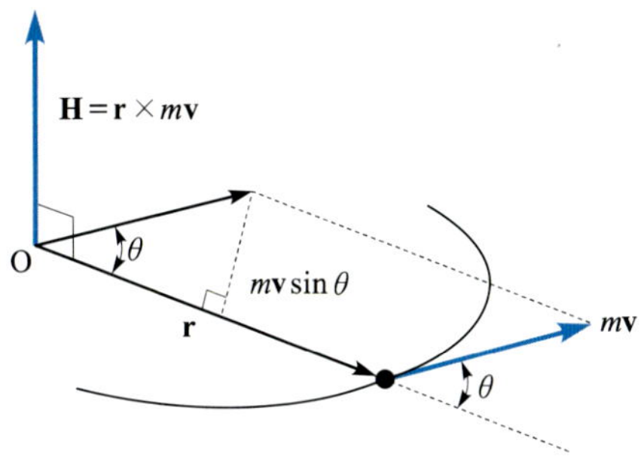

그림 7.5 각운동량

$$H_y = z\,mv_x - x\,mv_z \tag{7.18b}$$

$$H_z = x\,mv_y - y\,mv_x \tag{7.18c}$$

예제 7.2

질량 2kg의 질점이 어떤 점에 관하여 반지름 $r = 1.2$ m로 등속원운동을 하고 있다. 각속도가 $\omega = 0.15$ rad/s일 때, 이 실섬이 가진 회전중심에 관한 각운동량의 크기를 구하시오.

풀이

이 질량의 운동량은 $mv = mr\omega = 2\times 1.2\times 0.15 = 0.36$kgm/s이다. 따라서 각운동량의 크기는 식 (7.14)로부터

$$H = mr^2\omega = r(mr\omega) = 1.2\times 0.36 = 0.43\ \text{kgm}^2/\text{s}$$

예제 7.3

질량 $m = 2$kg의 질점이 그림 예제 7.3의 위치 P, Q에서 각각의 속도를 갖고 있을 때, 다음 각각의 경우에 대하여 원점 O에 관한 각운동량의 크기를 구하시오.

1) $x = 2$m, $y = 0$, $z = 0$에서 $v_x = 0$, $v_y = 2$m/s, $v_z = 0$인 경우
2) $x = 2$m, $y = 2$m, $z = 0$에서 $v_x = -2$ m/s, $v_y = 0$, $v_z = 0$인 경우

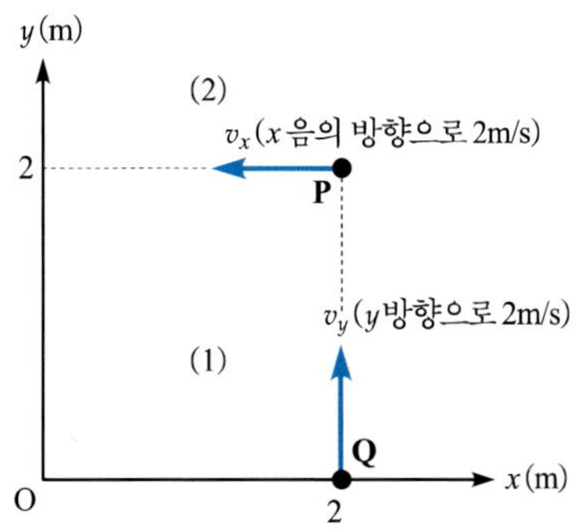

그림 예제 7.3

풀이

1) 위치 P를 3차원 공간에서 위치벡터 $\mathbf{r}$을 이용하여 나타내면,

$$\mathbf{r} = x\mathbf{i} + y\mathbf{j} + z\mathbf{k} = 2\mathbf{i} + 0\mathbf{j} + 0\mathbf{k} \qquad (1)$$

가 된다. 그리고 위치 P에 있는 질량 $m = 2\text{kg}$의 운동량 $\mathbf{G} = m\mathbf{v}$는

$$\mathbf{G} = m\mathbf{v} = mv_x\mathbf{i} + mv_y\mathbf{j} + mv_z\mathbf{k} = 0\mathbf{i} + 4\mathbf{j} + 0\mathbf{k} \qquad (2)$$

가 된다. 식 (1), (2)를 식 (7.17)에 대입하면, 이 경우에 대한 각운동량의 벡터가 다음과 같이 구해진다.

$$\begin{aligned} \mathbf{H} &= \mathbf{r} \times \mathbf{G} \\ &= (2\mathbf{i} + 0\mathbf{j} + 0\mathbf{k}) \times (0\mathbf{i} + 4\mathbf{j} + 0\mathbf{k}) \\ &= \begin{vmatrix} \mathbf{i} & \mathbf{j} & \mathbf{k} \\ 2 & 0 & 0 \\ 0 & 4 & 0 \end{vmatrix} \\ &= (0\times0 - 0\times4)\mathbf{i} + (0\times0 - 2\times0)\mathbf{j} + (2\times4 - 0\times0)\mathbf{k} \\ &= 8\mathbf{k} \end{aligned} \qquad (3)$$

따라서 식 (3)으로부터 구하고자 하는 각운동량의 크기 H는 다음과 같이 된다.

$$H = |\mathbf{H}| = \sqrt{H_x^2 + H_y^2 + H_z^2} = \sqrt{0^2 + 0^2 + 8^2} = 8\text{kgm}^2/\text{s}$$

참고로, 식 (7.18c)에 $x = 2\text{m}$, $y = 0$, $v_x = 0$, $v_y = 2\text{m/s}$를 대입하면, 이 경우에 대한 각운동량의 크기는 다음과 같이 위의 결과와 같은 값이 간단히 얻어진다.

$$H = H_z = x\,mv_y - y\,mv_x = 2\times(2\times2) - 0\times(2\times0) = 8\ \text{kgm}^2/\text{s}$$

2) 위치 Q를 3차원 공간에서 위치벡터 $\mathbf{r}$을 이용하여 나타내면,

$$\mathbf{r} = x\mathbf{i} + y\mathbf{j} + z\mathbf{k} = 2\mathbf{i} + 2\mathbf{j} + 0\mathbf{k} \qquad (4)$$

가 된다. 그리고 위치 Q에 있는 질량 $m = 2\text{kg}$의 운동량 $\mathbf{G} = m\mathbf{v}$는

$$\mathbf{G} = m\mathbf{v} = mv_x\mathbf{i} + mv_y\mathbf{j} + mv_z\mathbf{k} = -4\mathbf{i} + 0\mathbf{j} + 0\mathbf{k} \qquad (5)$$

가 된다. 식 (4), (5)를 식 (7.17)에 대입하면, 이 경우에 대한 각운동량의 벡터가 다음과 같이 구해진다.

$$\begin{aligned} \mathbf{H} &= \mathbf{r} \times \mathbf{G} \\ &= (2\mathbf{i} + 2\mathbf{j} + 0\mathbf{k}) \times (-4\mathbf{i} + 0\mathbf{j} + 0\mathbf{k}) \\ &= \begin{vmatrix} \mathbf{i} & \mathbf{j} & \mathbf{k} \\ 2 & 2 & 0 \\ -4 & 0 & 0 \end{vmatrix} \\ &= (2\times0 - 0\times0)\mathbf{i} + [0\times(-4) - 2\times0]\mathbf{j} + [2\times0 - 2\times(-4)]\mathbf{k} \\ &= 8\mathbf{k} \end{aligned} \qquad (6)$$

따라서 식 (6)으로부터 구하고자 하는 각운동량의 크기 H는 다음과 같이 된다.

$$H = |\mathbf{H}| = \sqrt{H_x^2 + H_y^2 + H_z^2} = \sqrt{0^2 + 0^2 + 8^2} = 8\text{kgm}^2/\text{s}$$

참고로, 식 (7.18c)에 $x = 2\text{m}$, $y = 2\text{m}$, $v_x = -2\ \text{m/s}$, $v_y = 0$을 대입하면, 이 경우에 대한 각운동량의 크기는 다음과 같이 위의 결과와 같은 값이 간단히 얻어진다.

$$H = H_z = x\,mv_y - y\,mv_x = 2\times(2\times0) - 2\times[2\times(-2)] = 8\text{kgm}^2/\text{s}$$

7.5.2 각운동량 보존법칙

운동량에 대하여 운동량 보존법칙이 성립한다는 것은 6.2절에서 설명했다. 여기서는 각운동량에 대해서도 같은 현상이 성립할 수 있는가에 대하여 고찰한다.

식 (7.16)을 시간 t에 관하여 미분하면, 다음 식이 얻어진다.

$$\frac{d\mathbf{H}}{dt}=\frac{d\mathbf{r}}{dt}\times(m\mathbf{v})+\mathbf{r}\times\left(m\frac{d\mathbf{v}}{dt}\right) \tag{7.19}$$

여기서,

$$\frac{d\mathbf{r}}{dt}=\mathbf{v},\ \mathbf{v}\times(m\mathbf{v})=m(\mathbf{v}\times\mathbf{v})=0 \tag{7.20}$$

이기 때문에, 식 (7.19)의 우변 첫 번째 항은 0이 된다. 또한, 질점에 작용하는 힘을 $\mathbf{F}$라고 하면

$$\mathbf{F}=m\frac{d\mathbf{v}}{dt} \tag{7.21}$$

이다. 따라서 식 (7.19)는 원점에 관한 모멘트(회전모멘트)를 $\mathbf{M}$이라고 하면, 다음 식과 같이 된다.

$$\frac{d\mathbf{H}}{dt}=\dot{\mathbf{H}}=\mathbf{M}=\mathbf{r}\times\mathbf{F} \tag{7.22}$$

위 식으로부터, **각운동량의 시간변화율**은 질점에 작용하는 **모멘트**와 같다는 것을 알 수 있다. 특히, 질점에 작용하는 모멘트 $\mathbf{M}$이 0이 되었을 때, 식 (7.22)는

$$\frac{d\mathbf{H}}{dt}=\dot{\mathbf{H}}=0,\ \text{즉}\ \mathbf{H}=\text{일정} \tag{7.23}$$

이 된다. 위 식으로부터 각운동량은 보존된다는 것을 알 수 있다. 이것을 **각운동량 보존법칙**(law of conservation of angular momentum)이라고 부른다.

다음으로, 6.2.1항의 직선운동 시의 운동량과 충격량의 관계가 같은 방법으로 회전운동에도 적용 가능한가에 대하여 고찰해 보자. 먼저, 식 (7.22)의 양변을 임의의 정해진 시간 t_P로부터 시간 t_Q까지 적분하면 다음 식이 얻어진다.

$$[\mathbf{H}]_{t_P}^{t_Q} = \mathbf{H}_Q - \mathbf{H}_P = \int_{t_P}^{t_Q} \mathbf{M}\,dt \tag{7.24}$$

위 식의 우변은 t_P로부터 t_Q까지의 시간에 작용한 모멘트의 적분 값이다. 이것을 **각충격량**(angular impulse)이라고 부른다. 식 (7.24)로부터 '**각운동량의 변화**는 받은 **각충격량**과 같다'라고 말할 수 있다.

예제 7.4

다음 그림과 같이 매끄러운 수평한 마루 위를 동일한 점을 질량중심으로 하여 같은 길이($r=2$m)의 실로 연결시켜 원운동을 하는 2개의 질량 $m_1=3$kg, $m_2=4$kg가 있다. 충돌 전 각 질량의 속도가 각각 $v_1=10$ m/s, $v_2=5$m/s로 등속원운동을 하고 있다가, 충돌 후에는 일체가 되어 운동을 했다. 충돌 후의 속도를 구하시오.

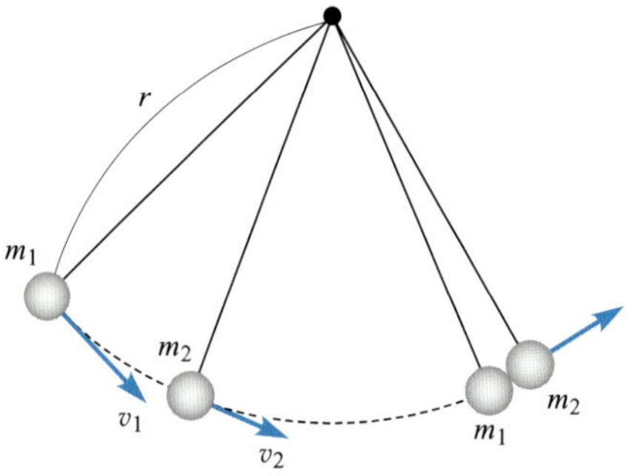

그림 예제 7.4

풀이

충돌 후의 속도를 $\tilde{v}$라고 하면, 각운동량 보존법칙에 의하여

$$r(m_1v_1+m_2v_2)=r\,(m_1+m_2)\,\tilde{v} \tag{1}$$

이 된다. 따라서

$$\tilde{v}=\frac{r(m_1v_1+m_2v_2)}{r(m_1+m_2)}=\frac{m_1v_1+m_2v_2}{m_1+m_2}$$

$$=\frac{3\times10+4\times5}{3+4}=7.14\text{ m/s}$$

7.5.3 고정점에 관한 전체 각운동량과 전체 각운동량 보존법칙

7.4절에서는 질점계의 전체 운동량에 관한 고찰을 했다. 또한, 7.5.1~7.5.2항에서는 회전운동으로 생기는 각운동량에 관하여 학습했다. 여기서부터는 질점계에 관해 직선운동에서 전체 운동량 보존법칙을 고찰한 것과 같은 방법으로, 회전운동에서 전체 각운동량 등의 물리량을 도입하고 운동의 이해를 도모한다.

공간 내의 임의의 점 O를 선택하여 **고정**하였을 때, 질점계 내의 질점 i에 관한 **각운동량**은

$$\mathbf{H}_i = \mathbf{r}_i \times m_i \mathbf{v}_i = \mathbf{r}_i \times \mathbf{G}_i \tag{7.25}$$

로 표현된다. 위 식을 모든 질점에 대하여 합하고 기호 $\mathbf{H}$로 표시하면, 다음과 같은 식이 얻어진다.

$$\mathbf{H} = \sum_{i=1}^{n} (\mathbf{r}_i \times m_i \mathbf{v}_i) = \sum_{i=1}^{n} (\mathbf{r}_i \times \mathbf{G}_i) \tag{7.26}$$

위 식을 점 O에 관한 **전체 각운동량**(total angular momentum)이라고 부른다. 7.4.2항에서 질점계 내의 전체 운동량의 시간변화율이 내력과는 관계가 없다는 것을 보여주었다. 동일한 방법으로, 전체 각운동량의 시간변화율도 다음 식과 같이 내력과는 관계가 없다는 것을 알 수 있다.

$$\sum_{i=1}^{n} (\mathbf{r}_i \times \mathbf{F}_i) = \sum_{i=1}^{n} \left(\mathbf{r}_i \times m_i \frac{d^2 \mathbf{r}_i}{dt^2}\right) \tag{7.27}$$

식 (7.8)을 유도한 것과 같은 방법으로 식 (7.27)의 우변을 다시 고쳐 쓰면, 다음 식이 얻어진다.

$$\sum_{i=1}^{n} (\mathbf{r}_i \times \mathbf{F}_i) = \frac{d}{dt} \sum_{i=1}^{n} (\mathbf{r}_i \times m_i \mathbf{v}_i) \tag{7.28}$$

식 (7.28)의 좌변을 $\mathbf{M}$이라고 놓으면, $\mathbf{M}$은 전체 외력으로 인한 점 O에 대한(전체 외력의 점 O에 관한) **모멘트의 합**(resultant moment)이다. 이것과 식 (7.26)의 관계로부터 식 (7.28)을 다시 고쳐 쓰면 다음과 같은 식이 얻어진다.

$$\frac{d\mathbf{H}}{dt} = \dot{\mathbf{H}} = \mathbf{M} \tag{7.29}$$

식 (7.29)를 점 O에 대해 회전하는(점 O에 관한) **전체 각운동량의 식**(formula total angular momentum)이라고 부른다. 위 식으로부터 질점계의 **전체 각운동량의 시간변화율**은 내력에 관계없이 **전체 외력으로 인한 모멘트의 합**과 같다는 것을 알 수 있다.

특히, 질점계에 작용하는 모멘트의 합 M이 0이 되었을 때

$$\frac{d\mathbf{H}}{dt} = 0 \tag{7.30}$$

이 된다. 식 (7.30)을 시간 t에 관하여 적분하면,

$$\mathbf{H} = \sum_{i=1}^{n}(\mathbf{r}_i \times m_i \mathbf{v}_i) = \sum_{i=1}^{n}(\mathbf{r}_i \times \mathbf{G}_i) = \text{일정} \tag{7.31}$$

이 된다. 위 식으로부터 질점계에 작용하는 전체 외력으로 인한 모멘트의 합이 0이 되는 경우, 질점계의 전체 각운동량은 보존된다는 것을 알 수 있다. 이것을 **전체 각운동량 보존법칙**(law of conservation of total angular momentum)이라고 부른다.

예제 7.5

다음 그림과 같이 가볍고 자유롭게 회전하는 외륜반경 r_1과 내륜반경 r_2의 윤축에 질량 m_1, m_2(단, $m_1 > m_2$)의 질점 1, 2가 신축성이 없는 실로 감아서 걸쳐있다. 전체 각운동량의 식을 이용하여 질점 1, 2의 운동방정식을 구하시오. 단, 실과 윤축의 질량 및 마찰은 무시한다.

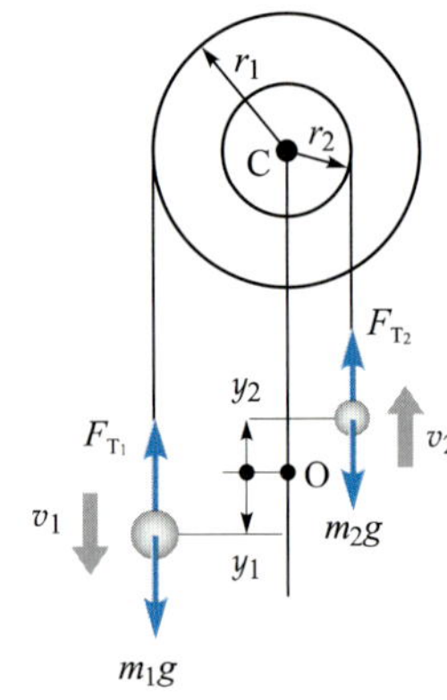

그림 예제 7.5

풀이

질점 1과 질점 2를 같은 높이인 그림 예제 7.5의 점 O로부터 조용히 손을 놓는다. 질점 1의 위치를 y_1이라고 하면, 질점 2의 위치 y_2는 내 · 외륜반경의 차이로부터

$$y_2 = \left(\frac{r_2}{r_1}\right) y_1 \tag{1}$$

이 된다. 또한, 질점의 속도를 v_1, v_2라고 하면

$$v_2 = \left(\frac{r_2}{r_1}\right) v_1 \tag{2}$$

이 된다. 점 C에 대해 회전하는(점 O에 관한) 전체 각운동량 H는 다음 식으로 표현된다.

$$H = r_1 m_1 v_1 + r_2 m_2 v_2 = \left(r_1 m_1 + \frac{r_2^2}{r_1} m_2\right) \frac{dy_1}{dt} \tag{3}$$

전체 외력으로서는 중력 $m_1 \mathrm{g}$, $m_2 \mathrm{g}$가 작용한다. 전체 외력으로 인한 점 C에 대한(전체 외력의 점 O에 관한) 모멘트의 합(resultant moment)은

$$M = r_1 m_1 \mathrm{g} - r_2 m_2 \mathrm{g} = (r_1 m_1 - r_2 m_2)\mathrm{g} \tag{4}$$

가 된다. 전체 각운동량의 식 (7.29)에 의하여

$$\frac{d}{dt}\left(r_1 m_1 + \frac{r_2^2}{r_1} m_2\right) \frac{dy_1}{dt} = (r_1 m_1 - r_2 m_2)\mathrm{g}$$

$$\therefore \frac{d}{dt}\left(\frac{r_1^2 m_1 + r_2^2 m_2}{r_1}\right) \frac{dy_1}{dt} = (r_1 m_1 - r_2 m_2)\mathrm{g} \tag{5}$$

가 성립한다. 따라서 질점 1, 2에 대하여 각각의 운동방정식은

$$\frac{d^2 y_1}{dt^2} = \frac{r_1(r_1 m_1 - r_2 m_2)}{r_1^2 m_1 + r_2^2 m_2}\mathrm{g}, \quad \frac{d^2 y_2}{dt^2} = \frac{r_2(r_1 m_1 - r_2 m_2)}{r_1^2 m_1 + r_2^2 m_2}\mathrm{g}$$

가 된다. 위 식에 위치 y_1, y_2의 초기조건을 넣어주면 위치를 구하는 것이 가능하게 된다.

7.5.4 질량중심과 임의의 점에 관한 전체 각운동량의 식

7.5.3항에서는 공간에 고정한 점에 관한 전체 각운동량과 전체 각운동량 보존법칙을 도출하였다. 이 고정한 점을 질점계의 질량중심으로 바꾸어 놓아도 식 (7.29)와 같은 형태의 다음 식이 성립한다.

$$\frac{d\mathbf{H}_\mathrm{G}}{dt} = \dot{\mathbf{H}}_\mathrm{G} = \mathbf{M}_\mathrm{G} \tag{7.32}$$

식 (7.32)를 **질량중심** G에 관한 **전체 각운동량의 식**이라고 부른다. 위 식으로부터 질량중심 G에 관한 전체 각운동량의 시간변화율은 내력과는 관계가 없고 전체 외력의 질량중심 G에 관한 모멘트의 합(resultant moment)과 같다는 것을 알 수 있다.

질점계 내의 질점 m_i에 관하여 고정점 O를 시작점으로 하는 위치벡터를 $\mathbf{r}_i$, 질량중심 G를 시작점으로 하는 위치벡터를 $\tilde{\mathbf{r}}_i$, 그리고 고정점 O를 시작점으로 한 질량중심 G의 위치벡터를 $\mathbf{r}_\mathrm{G}$라고 하면, $\mathbf{r}_i = \mathbf{r}_\mathrm{G} + \tilde{\mathbf{r}}_i$가 성립한다(그림 7.6 참조). 이 관계를 이용하면 질점계에

작용하는 전체 외력의 질량중심 G에 관한 모멘트의 합이 0이 되었을 때, 식 (7.32)로부터

$$\mathbf{H}_{\mathrm{G}} = \sum_{i=1}^{n}(\tilde{\mathbf{r}}_{i} \times m_i \tilde{\mathbf{v}}_i) = \text{일정} \tag{7.33}$$

을 얻는 것이 가능하다. 위 식으로부터 질점계에 작용하는 전체 외력의 질량중심 G에 관한 모멘트의 합이 0이 되었을 때, 질량중심 G에 관한 전체 각운동량이 보존된다는 것을 알 수 있다.

그림 7.6에서 **임의의 점** P(가속도 $\ddot{\mathbf{r}}_{\mathrm{P}}$를 가질 수도 있음)에 대한 **각운동량**은

$$\mathbf{H}_{\mathrm{P}} = \sum_{i=1}^{n}\mathbf{r}_{i\mathrm{P}} \times m_i \dot{\mathbf{r}}_i = \sum_{i=1}^{n}(\mathbf{r}_{\mathrm{GP}} + \tilde{\mathbf{r}}_i) \times m_i \dot{\mathbf{r}}_i \tag{7.34}$$

이 된다. 위 식 우변의 첫 번째 항은 $\mathbf{r}_{\mathrm{GP}} \times \sum_{i=1}^{n} m_i \dot{\mathbf{r}}_i = \mathbf{r}_{\mathrm{GP}} \times \sum_{i=1}^{n} m_i \mathbf{v}_i = \mathbf{r}_{\mathrm{GP}} \times m\mathbf{v}_{\mathrm{G}}$이고, 두 번째 항은 $\sum_{i=1}^{n}\tilde{\mathbf{r}}_i \times m_i \dot{\mathbf{r}}_i = \mathbf{H}_{\mathrm{G}}$이다. 여기서 $m = m_1 + m_2 + m_3 + \cdots + m_n = \sum_{i=1}^{n} m_i$이고, m은 질점계의 **전체 질량**이다. 따라서 식 (7.34)는 다음과 같이 된다.

$$\mathbf{H}_{\mathrm{P}} = \mathbf{H}_{\mathrm{G}} + \mathbf{r}_{\mathrm{GP}} \times \sum_{i=1}^{n} m_i \mathbf{v}_i = \mathbf{H}_{\mathrm{G}} + \mathbf{r}_{\mathrm{GP}} \times m\mathbf{v}_{\mathrm{G}} \tag{7.35}$$

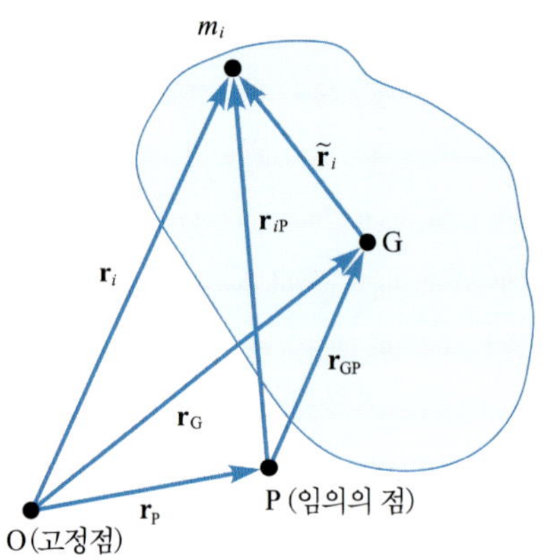

그림 7.6

식 (7.35)는 **임의의 점** P에 관한 **절대각운동량**이 **질량중심** G에 관한 **각운동량**과 질량중심 G에 집중되었다고 생각되는 **시스템의 운동량** $m\mathbf{v}_G$의 점 P에 관한 **모멘트의 합**(resultant moment)이라는 것을 말해주고 있다.

정역학에서 설명한 적이 있는 모멘트의 원리를 사용하면, 점 G와 같은 임의의 점을 합력 및 짝힘으로 힘의 시스템을 표현할 수 있다. 그림 7.7은 G점을 통과하는 합력 $\sum_{i=1}^{n}\mathbf{F}_i$와 그에 따른 짝힘 $\mathbf{M}_G$로 힘계(force system)에 작용하는 외력의 합력들을 나타내고 있다. 이 힘계에 작용하는 모든 외력으로 인한 P점에 관한 모멘트의 합이 그들의 합력으로 인한 모멘트와 같다는 사실을 알 수 있다. 따라서

$$\mathbf{M}_P = \mathbf{M}_G + \mathbf{r}_{GP} \times \sum_{i=1}^{n} \mathbf{F}_i \tag{7.36}$$

로 나타낼 수 있고, 이것을 식 (7.32)와 식 (7.11)에 의해

$$\mathbf{M}_P = \dot{\mathbf{H}}_G + \mathbf{r}_{GP} \times m\mathbf{a}_G \tag{7.37}$$

로 된다. 식 (7.37)에서 볼 수 있는 것과 같이, 임의로 편리하게 선택한 P점에 관하여 모멘트 방정식을 쓸 수 있으며 그림 7.7과 같이 가시화할 수 있다. 이 방정식은 제8장에서 설명하는 강체의 운동역학에서 중요한 기초가 된다.

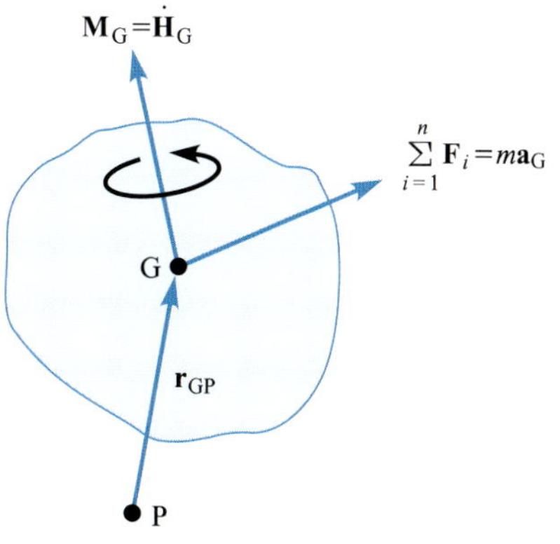

그림 7.7

예제 7.6

반지름이 $r = 60\text{mm}$인 2개의 원판의 원기둥 위에 다음 그림과 같이 60°마다 질량 $m_1 = 0.2\text{kg}$의 질점을 6개씩 붙인 원판 P와 $m_2 = 0.3\text{kg}$의 질점을 60°마다 6개씩 붙인 원판 Q가 있다. 원판 P, Q는 함께 같은 축상에 있고, 축은 매끄럽게 회전한다. 원판 P를 $\omega_1 = 3\pi$(rad/s)로 회전시킨 상태에서 정지해 있는 원판 Q에 밀어붙여 일체로 회전시켰다. 접합 후의 각속도 ω_2를 구하시오.

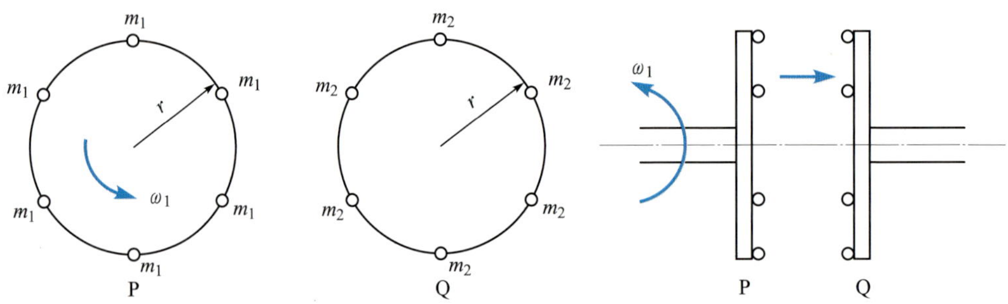

그림 예제 7.6

풀이

전체 각운동량 보존법칙에 의하여,

$$0.06 \times [6 \times 0.2 \times (0.06 \times 3\pi)] = 0.06 \times [(6 \times 0.2 + 6 \times 0.3) \times (0.06 \times \omega_2)]$$

가 된다. 따라서 접합 후의 각속도는 다음과 같이 된다.

$$\omega_2 = \frac{6}{5}\pi\,(\text{rad/s})$$

7.6 질점계의 에너지

7.6.1 질점계의 운동에너지

질점계가 n개의 질점으로 구성된 경우, i번째의 질점의 질량을 m_i, 속도를 $\mathbf{v}_i$라고 하면, 그 질점의 운동에너지는 $\frac{1}{2}m_i\mathbf{v}_i^2$이 된다. 질점계의 **전체 운동에너지** K는 다음과 같이 이들을 합하여 구한다. 즉,

$$K = \sum_{i=1}^{n}\frac{1}{2}m_i\,\mathbf{v}_i^2 \tag{7.38}$$

이다. 여기서, 7.5.4항에서 이용한 $\mathbf{r}_i = \mathbf{r}_G + \tilde{\mathbf{r}}_i$을 미분하여 구하는 **속도벡터**의 관계식 $\mathbf{v}_i = \mathbf{v}_G + \tilde{\mathbf{v}}_i$을 식 (7.38)에 대입하면

$$K = \frac{1}{2} m\ \mathbf{v}_G^2 + \sum_{i=1}^{n} \frac{1}{2} m_i\ \tilde{\mathbf{v}}_i^2 \tag{7.39}$$

이 얻어진다. 여기서, $m = \sum_{i=1}^{n} m_i$이고, m은 질점계의 전체 질량이다. 식 (7.39)의 우변의 제1항 및 제2항을 각각 **질량중심운동에너지** 그리고 **상대운동에너지**라고 부른다. 질량중심 운동에너지는 모든 질량이 질량중심에 집중되었다고 하였을 때의 질량중심의 병진운동에 의한 운동에너지이다. 그리고 상대운동에너지는 질량중심에 대한 상대운동에 의한 운동에너지이다.

예제 7.7

4개의 질점으로 구성된 질점계의 질점 각각의 질량, 위치, 속도, 외력이 다음 그림과 같다. 질량중심의 위치 벡터 $\mathbf{r}_G$, 질량중심의 속도벡터 $\mathbf{v}_G$, 질량중심의 가속도벡터 $\mathbf{a}_G$, 전체 운동에너지 K, 전체 운동량 $\mathbf{G}$, 점 O에 관한 전체 각운동량 $\mathbf{H}_O$와 전체 각운동량의 시간변화율 $\dot{\mathbf{H}}_O$, 질량중심에 관한 전체 각운동량 $\mathbf{H}_G$와 전체 각운동량의 시간변화율 $\dot{\mathbf{H}}_G$를 구하시오.

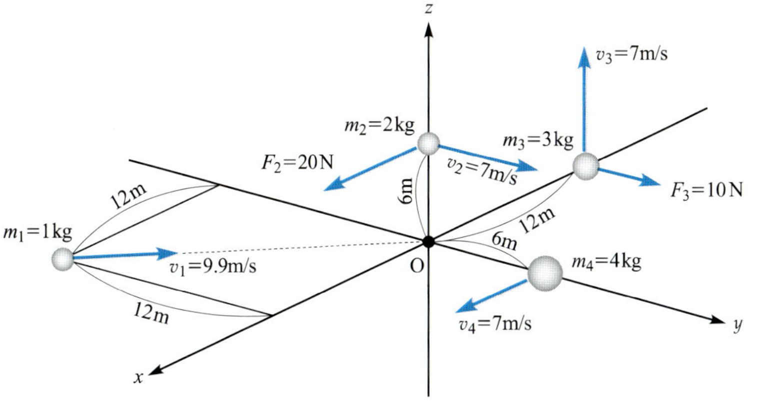

그림 예제 7.7

풀이

식 (7.6)으로부터 질량중심의 위치벡터 $\mathbf{r}_G$는 다음과 같이 구해진다.

$$\mathbf{r}_G = \frac{\sum_{i=1}^{n} m_i \mathbf{r}_i}{\sum_{i=1}^{n} m_i} = \frac{1\times(12\mathbf{i}-12\mathbf{j})+2\times(6\mathbf{k})+3\times(-12\mathbf{i})+4\times(6\mathbf{j})}{1+2+3+4}$$

$$= -2.4\mathbf{i} + 1.2\mathbf{j} + 1.2\mathbf{k} \quad (1)$$

질량중심의 속도벡터 $\mathbf{v}_G$는

$$\mathbf{v}_G = \frac{\sum_{i=1}^{n} m_i \mathbf{v}_i}{\sum_{i=1}^{n} m_i} = \frac{1\times(-7\mathbf{i}+7\mathbf{j})+2\times(7\mathbf{j})+3\times(7\mathbf{k})+4\times(7\mathbf{i})}{1+2+3+4}$$

$$= 2.1\mathbf{i} + 2.1\mathbf{j} + 2.1\mathbf{k} \quad (2)$$

가 된다. 식 (7.7)에서 $\frac{d^2\mathbf{r}_G}{dt^2} = \ddot{\mathbf{r}}_G = \mathbf{a}_G$이므로 $\mathbf{a}_G$에 대하여 다시 쓰면, 질량중심의 가속도벡터 $\mathbf{a}_G$가 다음과 같이 구해진다.

$$\mathbf{a}_G = \frac{\sum_{i=1}^{n} \mathbf{F}_i}{m} = \frac{20\mathbf{i}+10\mathbf{j}}{1+2+3+4} = 2\mathbf{i}+\mathbf{j} \quad (3)$$

식 (7.38)로부터, 전체 운동에너지 K는 다음과 같이 구해진다.

$$K = \sum_{i=1}^{n} \frac{1}{2} m_i \mathbf{v}_i^2 = \frac{1}{2}\times(1\times 9.9^2 + 2\times 7^2 + 3\times 7^2 + 4\times 7^2) = 269.5\text{J}$$

전체 운동량 G는 다음과 같이 구해진다.

$$\mathbf{G} = \sum_{i=1}^{n} m_i \mathbf{v}_G = (1+2+3+4)\times(2.1\mathbf{i}+2.1\mathbf{j}+2.1\mathbf{k}) = 21\mathbf{i}++21\mathbf{j}+21\mathbf{k}$$

식 (7.26)으로부터, 점 O에 관한 전체 각운동량 $\mathbf{H}_O$는 다음과 같이 구해진다.

$$\mathbf{H}_O = \sum_{i=1}^{n} (\mathbf{r}_i \times m_i \mathbf{v}_i) = 0 - 6\times(2\times 7)\mathbf{i} + 12\times(3\times 7)\mathbf{j} - 6\times(4\times 7)\mathbf{k}$$

$$= -84\mathbf{i} + 252\mathbf{j} - 168\mathbf{k} \quad (4)$$

식 (7.29)로부터, 점 O에 관한 전체 각운동량의 시간변화율 $\dot{\mathbf{H}}_O$는 다음과 같이 구해진다.

$$\dot{\mathbf{H}}_O = \mathbf{M}_O = \sum_{i=1}^{n} (\mathbf{r}_i \times \mathbf{F}_i) = 6\times 20\mathbf{j} - 12\times 10\mathbf{k} = 120\mathbf{j} - 120\mathbf{k} \quad (5)$$

식 (7.35)로부터, 질량중심에 관한 전체 각운동량 $\mathbf{H}_G$는 다음과 같이 구해진다.

$$\mathbf{H}_G = \mathbf{H}_O - \mathbf{r}_G \times m\mathbf{v}_G$$

$$= -84\mathbf{i} + 252\mathbf{j} - 168\mathbf{k} - (-2.4\mathbf{i} + 1.2\mathbf{j} + 1.2\mathbf{k}) \times (21\mathbf{i} + 21\mathbf{j} + 21\mathbf{k})$$

$$= -84\mathbf{i} + 176.4\mathbf{j} - 92.4\mathbf{k}$$

질량중심에 관한 전체 각운동량의 시간변화율 $\dot{\mathbf{H}}_G$는 식 (7.32)나 식 (7.37)로부터 구할 수 있다. 식 (7.37)로부터 구하면, 다음과 같이 된다.

$$
\begin{aligned}
\dot{\mathbf{H}}_G &= \mathbf{M}_O - \mathbf{r}_G \times m\mathbf{a}_G \\
&= 120\mathbf{j} - 120\mathbf{k} - (-2.4\mathbf{i} + 1.2\mathbf{j} + 1.2\mathbf{k}) \times (20\mathbf{i} + 10\mathbf{j}) \\
&= 12\mathbf{i} + 96\mathbf{j} - 72\mathbf{k}
\end{aligned}
$$

7.6.2 질점계의 위치에너지(퍼텐셜에너지)

중력장에서 **질점계**의 위치에너지(퍼텐셜에너지)를 고찰해 보자. 질점계 내의 i번째의 질점의 질량을 m_i, 기준으로부터 i번째의 질점까지의 높이를 z_i라고 하면, 그 질점의 위치에너지(퍼텐셜에너지)는 $m_i g\, y_i$가 된다. 따라서 질점계의 **전체 위치(퍼텐셜)에너지** V는 다음과 같이 이들을 합하여 구한다. 즉,

$$V = \sum_{i=1}^{n} m_i g\ y_i = \left(\sum_{i=1}^{n} m_i y_i\right) g \tag{7.40}$$

기준으로부터 질량중심까지의 높이를 y_G라고 하면,

$$y_G = \frac{\sum_{i=1}^{n} m_i y_i}{m} \tag{7.41}$$

로 표현된다. 따라서

$$V = m g\, y_G \tag{7.42}$$

가 된다. 여기서, $m = \sum_{i=1}^{n} m_i$이고, m은 질점계의 전체 질량이다.

위 식으로부터 중력장 내에 존재하는 질점계의 위치(퍼텐셜)에너지는 질점이 모두 질량중심에 모이고(집중하고), 이것에 중력이 작용한다고 생각할 때의 값과 같다는 것을 알 수 있다.

연 습 문 제

7.1 질량 0.4kg의 질점이 어떤 점에 관하여 반지름 $r = 1.0$ m로 등속원운동을 하고 있다. 각속도가 $\omega = 4.0$rad/s일 때, 이 질점이 가진 회전중심에 관한 각운동량의 크기를 구하시오.

7.2 다음 그림과 같이 질량 m을 길이 L의 가벼운 봉으로 지지하고 점 O에 관해 회전할 수 있도록 한 단진자에서 식 (7.22)의 각운동량의 시간변화율을 이용하여 운동방정식을 구하시오.

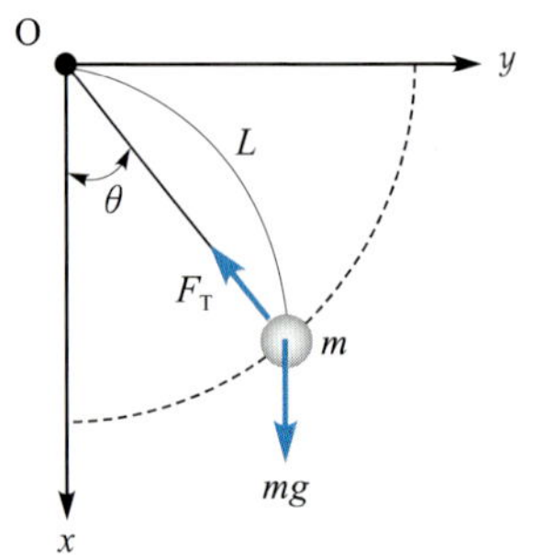

그림 연습문제 7.2

7.3 다음 그림과 같이 탄환의 초기속도를 측정할 목적으로 질량 $m_2 = 10$kg의 아연으로 만든 구를 $l = 2$m의 길이로 천장에 매달았다. 정지해 있는 아연으로 만든 구에 들어온 탄환은 구와 일체가 되어 운동하고, 최대각 $\theta = 20°$ 만큼 올라갔다. 탄환의 질량을 $m_1 = 1$kg이라고 할 때, 탄환의 초기속도 v_1을 구하시오.

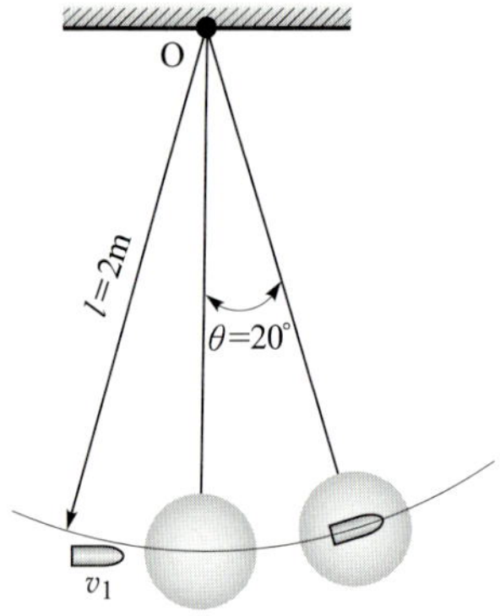

그림 연습문제 7.3

7.4 반지름이 $r = 600\text{mm}$인 2개의 원판의 원기둥 위에 다음 그림과 같이 90°마다 질량 $m_1 = 2\text{kg}$의 질점을 4개씩 붙인 원판 P와 $m_2 = 4\text{kg}$의 질점을 90°마다 4개씩 붙인 원판 Q가 있다. 원판 P, Q는 함께 같은 축상에 있고, 축은 매끄럽게 회전한다. 원판 P를 $\omega_1 = 5\text{rad/s}$로 회전시킨 상태에서 정지해 있는 원판 Q에 밀어붙여 일체로 회전시켰다. 접합 후의 각속도 ω_2를 구하시오.

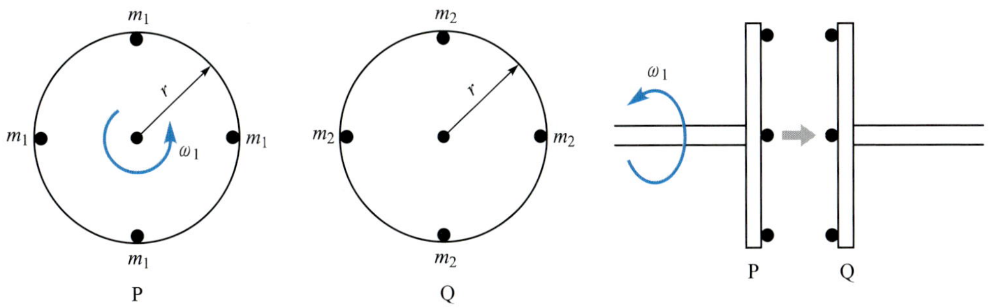

그림 연습문제 7.4

7.5 다음 그림과 같이 점 O를 원점으로 하는 위치벡터 r에 외력 F가 작용하는 그네 시스템이 있다. 원점 O에 관한 전체 각운동량의 시간변화율 $\dot{\mathbf{H}}_O$를 구하시오.

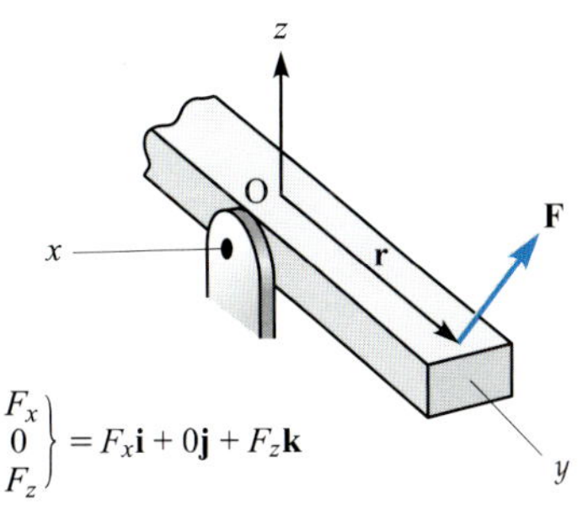

$$\mathbf{F} = \begin{Bmatrix} F_x \\ 0 \\ F_z \end{Bmatrix} = F_x\mathbf{i} + 0\mathbf{j} + F_z\mathbf{k}$$

$$\mathbf{r} = \begin{Bmatrix} 0 \\ l \\ 0 \end{Bmatrix} = 0\mathbf{i} + l\mathbf{j} + 0\mathbf{k}$$

그림 연습문제 7.5 그네 시스템의 지점 회전축(x축)에 관한 각운동량의 시간변화율

CHAPTER

8 강체의 운동

CHAPTER 8

강체의 운동

8.1 개요

강체(rigid body)는 질점 상호 간의 거리가 근본적으로 변하지 않는 **고체 질점계**이다. 기계, 차량, 비행기, 로켓, 우주선, 그리고 많은 움직이는 구조물들의 일반적인 운동이 강체 운동의 예이다. 앞 장까지는 질점의 운동을 중심으로 하여 다수의 질점을 갖는 질점계의 운동법칙에 대하여 배웠다. 또한, 정역학적인 강체의 평형으로부터 강체에는 힘의 평형과 힘의 모멘트의 평형이 필요하다는 것을 공부했다. 이것으로부터 강체를 운동시키는 경우에는 질점과 같은 형태의 병진운동(translation)뿐만이 아니라 회전운동에 대해서도 고려해야 한다는 것을 알 수 있다. 즉, 강체의 운동(rotation)에서는 질점과 동일한 관계식이 이용되지만 물체의 회전운동도 고려해야 한다. 따라서 강체의 운동에서는 변위, 속도, 가속도뿐만이 아니라 각변위, 각속도, 각가속도도 포함되어야 한다.

질점의 **병진운동**에 관해서는 물체의 운동의 파라미터로서 **질량**(mass)을 정의했다. 이것과 같은 형태로 물체의 회전의 파라미터가 존재한다고 예상할 수 있다. 이 **회전운동**의 파라미터가 이 장에서 배우는 (질량)**관성모멘트**[(mass) moment of inertia])라고 불리는 양이다. 이것은 질량을 가진 물체가 병진운동을 할 때 운동에너지를 갖는 것처럼 관성모멘트를 가진 물체가 회전운동을 할 때 회전운동에너지를 갖는 것이 가능하다.

그림 8.1과 같은 인공지능(AI)이 탑재된 로봇의 경우는 팔을 펴거나 걸을 때에 다양한 강체운동의 동작, 즉 병진운동과 회전운동을 수행한다. 이러한 역학적 거동을 포함한 설계를 하는 경우에 필요한 것이 강체의 운동에 대한 지식이다. 따라서 이 장에서 배우는 강체의 운동법칙들을 이러한 로봇 등을 설계하는 데에 적용되어야 한다. 정리하면, 다음 2가지 이유로 인하여 강체의 운동을 기술할 필요가 있다. 첫째는 기어나 캠 그리고 여러 종류의 링크장치 등에서 운동의 발생, 전달, 그리고 제어할 필요가 있기 때문이다. 이 경우 기계 부품의 형상을 설계하기 위하여 변위, 속도, 가속도는 물론 각변위, 각속도, 각가속도도 분석해야 한다. 또한, 운동의 결과로 인해 발생된 힘은 반드시 부품 설계 시 반영되어야 한다.

그림 8.1 인공지능이 탑재된 로봇

둘째는 힘이 작용하여 발생되는 강체운동을 가끔 계산해야 하기 때문이다. 추력(추진력)과 중력을 고려하여 로켓의 운동을 계산하는 것이 그것의 좋은 예이다.

이 장에서는 먼저 평면에서 발생하는 강체의 운동을 분석하는 방법에 대하여 다룬다. 이를 위하여 강체에 작용하는 힘과 운동의 관계를 설명하고, 강체의 회전운동을 기술할 때에 필요한 관성모멘트를 도출한다. 또한, 강체의 회전을 동반하는 각종 운동 및 충격을 받는 강체의 운동에 대한 **운동방정식**(equation of motion)을 도출하고 그 해법에 대하여 기술한다. 그리고 마지막으로, 강체에 대한 3차원 동역학에 대하여 소개한다.

8.2 강체에 작용하는 힘과 운동의 관계

8.2.1 강체에 작용하는 힘

강체는 질점이 무수히 모인 것이고 그 상호간의 거리가 변하지 않는 질점계라고 생각할 수 있다. 그림 8.2와 같이 전체 질량이 m인 강체상의 점 P에 힘 $\mathbf{F}$가 작용하는 경우를 고찰해 보자. 작용하는 힘의 작용선은 반드시 질량중심을 통과하지 않을 수도 있다는 것에 유념하길 바란다. 질량중심 G로부터 힘 벡터 $\mathbf{F}$까지 수선(perpendicular)의 길이를 h[그림 8.2(a)]

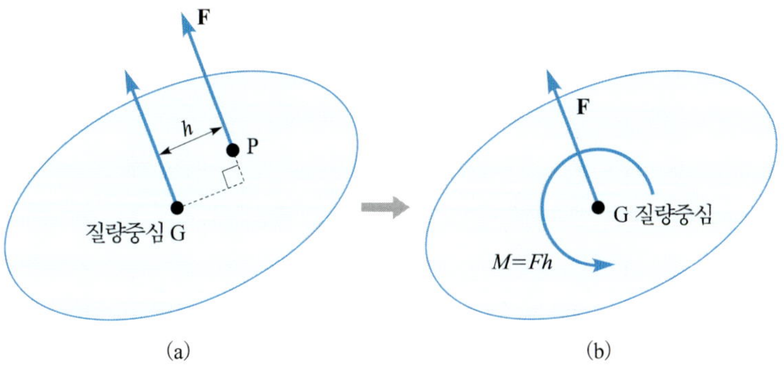

그림 8.2 강체에 작용하는 힘

라고 하면, 이 힘은 그림 8.2(b)와 같이 질량중심에 작용하는 힘 **F**와 모멘트 $M=Fh$(여기서, $F=|\mathbf{F}|$)라고 하는 등가의 힘계(force system)로 바꾸어 놓는 것이 가능하다. 만약 여러 개의 힘이 작용하면, 힘 **F**는 그 합력을, P는 합력의 작용점을 의미한다.

또한, 여기서는 물체의 모든 부분이 평행한 평면 내에서만 운동하는 강체의 **평면운동**(plane motion)을 취급한다. 즉, 물체가 얇은 판과 같이 운동이 평면(질량중심이 포함된 평면인 운동평면) 내에 국한되는 경우만을 취급한다. 이러한 가정은 공학 분야에서 여러 가지 강체운동(병진운동과 회전운동)을 나타낼 때 충분히 합당하다.

8.2.2 강체의 운동

그림 8.3에 보인 것과 같이, 평면상의 강체의 질량중심 G를 $(x_G,\ y_G)$, 강체 중에 잡은 기준축과 x축과의 각도(회전각)를 θ라고 한다. 이 강체를 미소요소로 나누어 임의의 점 P에 있는 1개의 미소요소 Δm에 대하여 고찰해 보자. 이 요소의 **위치**좌표$(x,\ y)$는 강체의 질량중심으로부터의 거리 r과 기준축으로부터의 각도 ψ를 이용하면

$$x = x_G + r\cos(\theta + \psi) \tag{8.1a}$$

$$y = y_G + r\sin(\theta + \psi) \tag{8.1b}$$

로 표현된다.

식 (8.1)에서 r과 ψ는 시간에 따라 변화하지 않는 좌표(왜냐하면 강체는 변형하지 않기 때문에 강체 내의 미소요소의 상대적 위치를 나타내는 r과 ψ는 시간에 따라 변화하지 않는 상수임)이기 때문에, 위 식의 x, y를 시간 t에 관하여 한 번 미분하면 강체 내의 임의의 점 P의 **속도**$(\dot{x},\ \dot{y})$는 다음과 같이 표현된다.

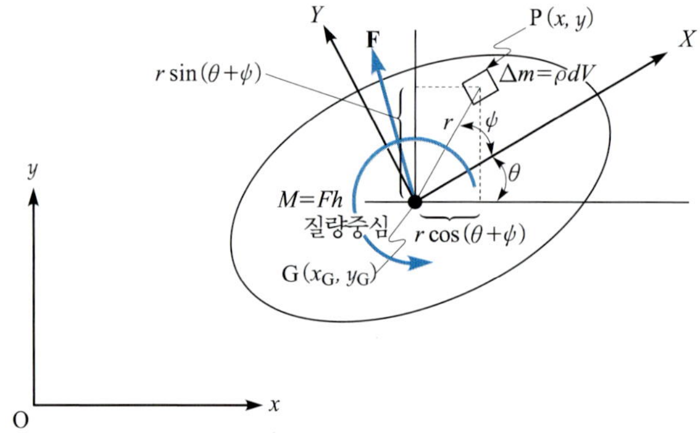

그림 8.3 강체의 운동

$$\dot{x} = \dot{x}_G - r\dot{\theta}\sin(\theta+\psi) = \dot{x}_G - r\omega\sin(\theta+\psi) \tag{8.2a}$$

$$\dot{y} = \dot{y}_G + r\dot{\theta}\cos(\theta+\psi) = \dot{y}_G + r\omega\cos(\theta+\psi) \tag{8.2b}$$

여기서, $\dot{\theta} = \omega$는 **각속도**이다. 위 식의 $\dot{x}$, $\dot{y}$를 시간 t에 관하여 한 번 미분하고 식 (8.1)로부터의 $r\cos(\theta+\psi) = x - x_G$와 $r\sin(\theta+\psi) = y - y_G$의 관계를 대입하면, 강체 내의 임의의 점 P의 **가속도**($\ddot{x}$, $\ddot{y}$)는 다음과 같이 된다.

$$\begin{aligned}\ddot{x} &= \ddot{x}_G - r\ddot{\theta}\sin(\theta+\psi) - r\dot{\theta}^2\cos(\theta+\psi)\\ &= \ddot{x}_G - \alpha(y-y_G) - \omega^2(x-x_G)\end{aligned} \tag{8.3a}$$

$$\begin{aligned}\ddot{y} &= \ddot{y}_G + r\ddot{\theta}\cos(\theta+\psi) - r\dot{\theta}^2\sin(\theta+\psi)\\ &= \ddot{y}_G + \alpha(x-x_G) - \omega^2(y-y_G)\end{aligned} \tag{8.3b}$$

여기서, $\ddot{\theta} = \alpha$는 **각가속도**이다.

8.2.3 강체의 운동과 힘 그리고 모멘트의 관계

그림 8.3에서 **달랑베르의 원리**(d'Alembert's principle, 4.2.2항 참조)를 각 미소요소에 적용하면, 각 미소요소에 작용하고 있는 힘 $\Delta\mathbf{F}$의 xy방향 성분은

$$\Delta F_x = \Delta m\ddot{x} = \Delta m\,[\ddot{x}_G - \alpha(y-y_G) - \omega^2(x-x_G)] \tag{8.4a}$$

$$\Delta F_y = \Delta m \ddot{y} = \Delta m \left[\ddot{y}_G + \alpha(x - x_G) - \omega^2 (y - y_G)\right] \tag{8.4b}$$

로 나타낼 수 있다. 물체의 밀도를 ρ라고 하면 $\Delta m = \rho dV$이기 때문에 이 강체에 가해지는 **힘**의 합력은

$$\begin{aligned} F_x &= \int_V dF_x = \int_V \left[\ddot{x}_G - \alpha(y - y_G) - \omega^2(x - x_G)\right] \rho dV \\ &= \int_V \ddot{x}_G \rho dV - \alpha \int_V (y - y_G) \rho dV - \omega^2 \int_V (x - x_G)] \rho dV \\ &= \ddot{x}_G \int_V \rho dV - 0 - 0 \\ &= m \ddot{x}_G \end{aligned} \tag{8.5a}$$

$$\begin{aligned} F_y &= \int_V dF_y = \int_V \left[\ddot{y}_G + \alpha(x - x_G) - \omega^2(y - y_G)\right] \rho dV \\ &= \int_V \ddot{y}_G \rho dV + \alpha \int_V (x - x_G) \rho dV - \omega^2 \int_V (y - y_G)] \rho dV \\ &= \ddot{y}_G \int_V \rho dV + 0 - 0 \\ &= m \ddot{y}_G \end{aligned} \tag{8.5b}$$

로 계산되어질 수 있다. 여기서, dV는 부피요소이고 V는 부피이다. 식 (8.5)에서 가속도 벡터 $\mathbf{a}$를 이용하면, 외력과 질량중심의 가속도와의 관계는

$$\mathbf{F} = m\,\mathbf{a} \tag{8.6}$$

가 되어 질점과 같은 형태의 **운동방정식**이 얻어진다. 미소요소에 작용하고 있는 **힘이 질량중심에 관하여 만드는 모멘트**(회전모멘트) M은 질량중심으로부터의 팔 길이를 고려하면

$$\begin{aligned} \Delta M &= -\Delta F_x (y - y_G) + \Delta F_y (x - x_G) \\ &= -\Delta m \left[\ddot{x}_G - \alpha(y - y_G) - \omega^2(x - x_G)\right](y - y_G) \\ &\quad + \Delta m \left[\ddot{y}_G + \alpha(x - x_G) - \omega^2(y - y_G)\right](x - x_G) \\ &= \Delta m \left[-\ddot{x}_G (y - y_G) + \ddot{y}_G (x - x_G) + \alpha(y - y_G)^2 + \alpha(x - x_G)^2\right] \\ &= \Delta m \left[-\ddot{x}_G (y - y_G) + \ddot{y}_G (x - x_G) + \alpha r^2\right] \end{aligned} \tag{8.7}$$

으로 정리된다. 이 힘의 모멘트를 강체 전체에서 합치면 다음과 같은 **회전의 운동방정식**이 얻어진다.

$$M = \int_V dM = \int_V r^2 \rho \, dV = I_G \alpha \tag{8.8}$$

여기서, I_G는 질량중심에 관한 **관성모멘트**이다. 즉, $I_G = \int_V r^2 \rho \, dV$이다. 관성모멘트의 단위는 $\mathrm{kgm^2}$이고, 이 계산에 관해서는 다음 예제에서 간략히 설명한다. 그리고 자세한 관성모멘트의 계산은 8.3절에서 학습한다. 식 (8.5), (8.8)은 2차원에서 강체의 운동방정식이다.

예제 8.1

다음 그림과 같이 질량을 무시할 수 있고 변형이 없는 강체봉의 양단에 질량 m_1의 질점이 부착되어 있다. 1개의 질점에 수직으로 크기 F의 힘을 작용시켰을 때, 질량중심의 가속도 a와 회전의 각가속도 α를 구하시오.

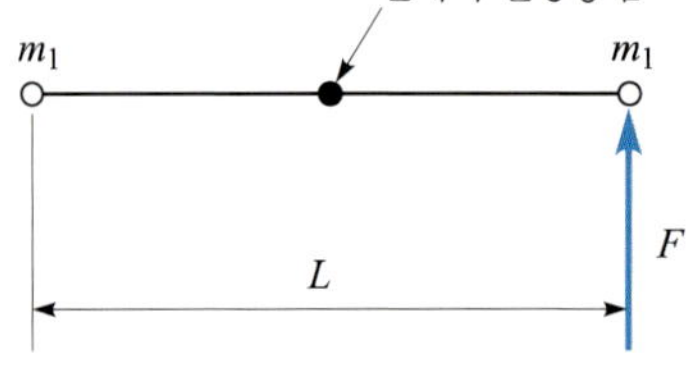

그림 예제 8.1

풀이

질량중심의 가속도 a는

$$a = \frac{F}{2m_1}$$

이다. 질량중심으로부터의 거리 $\frac{L}{2}$에 질량 m_1의 질점이 2개 있기 때문에, 관성모멘트는

$$I_G = 2m_1\left(\frac{L}{2}\right)^2 = \frac{m_1 L^2}{2}$$

이 되고, 각가속도 α는 다음과 같이 된다.

$$\alpha = \frac{M}{I_G} = \frac{F\frac{L}{2}}{\frac{m_1 L^2}{2}} = \frac{F}{L}$$

8.2.4 고정축에 관한 강체의 회전

(1) 등각속도로 회전할 때 축에 작용하는 힘

그림 8.4와 같이, 강체는 질량중심이라고 한정하지 않고 **고정축에 관한 회전**(rotation about a fixed axis)을 한다. 고정축 O에 관하여 일정한 각속도 ω로 회전하는 강체를 고찰해 보자. 원점을 O로 한 직교좌표 x, y와 강체와 함께 회전하는 직교좌표 X, Y를 설정한다. 강체의 기준축 X의 각도를 θ라고 하면, $\dot{\theta}=\omega$, $\theta=\omega t$라고 쓸 수 있다.

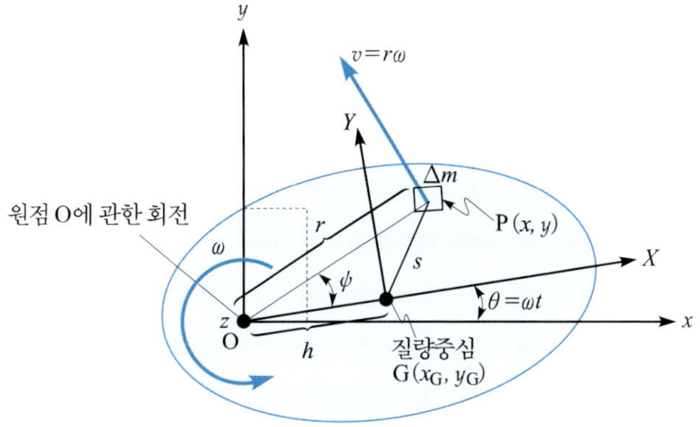

그림 8.4 고정축에 관한 강체의 운동

이때, 임의의 위치는

$$x=r\cos(\theta+\psi) \tag{8.9a}$$

$$y=r\sin(\theta+\psi) \tag{8.9b}$$

가 된다. 위 식의 x, y를 시간 t에 관하여 두 번 미분하면(이 경우는 **등각속도운동**이므로 $\ddot{\theta}=0$이 된다는 것에 유념할 것), 강체 내의 임의의 점 P의 **가속도**($\ddot{x}$, $\ddot{y}$)는 다음과 같이 된다.

$$\begin{aligned}\ddot{x}&=-r\dot{\theta}^2\cos(\theta+\psi)=-r\omega^2\cos(\theta+\psi)\\&=-\omega^2 x\end{aligned} \tag{8.10a}$$

$$\begin{aligned}\ddot{y}&=-r\dot{\theta}^2\sin(\theta+\psi)=-r\omega^2\sin(\theta+\psi)\\&=-\omega^2 y\end{aligned} \tag{8.10b}$$

따라서 미소요소에 작용하고 있는 힘 $\Delta\mathbf{F}$의 xy방향 성분은

$$\Delta F_x = -\Delta m\,\omega^2 x \tag{8.11a}$$

$$\Delta F_y = -\Delta m\omega^2 y \tag{8.11b}$$

로 나타낼 수 있다. 강체 전체에 작용하는 합력의 성분은

$$\begin{aligned} F_x &= \int_V dF_x = -\omega^2 \int_V x\rho dV \\ &= -\omega^2 m x_{\mathrm{G}} \end{aligned} \tag{8.12a}$$

$$\begin{aligned} F_y &= \int_V dF_y = -\omega^2 \int_V y\rho dV \\ &= -\omega^2 m y_{\mathrm{G}} \end{aligned} \tag{8.12b}$$

가 된다. 따라서 강체 전체에 작용하는 합력은 다음 식과 같이 된다.

$$F = |\mathbf{F}| = \sqrt{F_x{}^2 + F_y^2} = mh\omega^2 \tag{8.13}$$

위 식은 질량 m의 물체가 질량중심으로부터 h만큼 떨어진 점에서 **등속원운동**을 할 때, 질량중심과 회전의 중심을 연결하는 선을 작용선으로 하는 **구심력**이 회전의 중심방향으로 운동하는 것이다. 역으로, 작용반작용의 관계에 의하여 축에는 큰 힘(구심력과 크기는 같고 방향이 반대인 힘, 즉 **원심력**)이 강체의 질량중심 방향으로 작용한다. 이 경우 힘이 축방향이기 때문에 모멘트는 작용하지 않는다.

(2) 각가속도가 0이 아닐 때 축에 작용하는 힘과 모멘트

그림 8.4와 같이, 축 x와 강체의 기준방향 X의 각도, 각속도, 각가속도를 각각 θ, $\dot{\theta} = \omega$, $\ddot{\theta} = \alpha$라고 놓는다. 여기서, 임의의 위치좌표(x, y)는 식 (8.9a), (8.9b)이다. 이 들 식의 x, y를 시간 t에 관하여 두 번 미분하면(이 경우는 각가속도가 0이 아니므로 $\ddot{\theta} \neq 0$이 된다는 것에 유념할 것), 강체 내의 임의의 점 P의 **가속도**($\ddot{x}$, $\ddot{y}$)는 다음과 같이 된다.

$$\begin{aligned}\ddot{x} &= -r\ddot{\theta}\sin(\theta+\psi) - r\dot{\theta}^2\cos(\theta+\psi) \\ &= -r\alpha\sin(\theta+\psi) - r\omega^2\cos(\theta+\psi) \\ &= -\alpha y - \omega^2 x\end{aligned} \tag{8.14a}$$

$$\begin{aligned}\ddot{y} &= r\ddot{\theta}\cos(\theta+\psi) - r\dot{\theta}^2\sin(\theta+\psi) \\ &= r\alpha\cos(\theta+\psi) - r\omega^2\sin(\theta+\psi) \\ &= \alpha x - \omega^2 y\end{aligned} \tag{8.14b}$$

따라서 미소요소에 작용하고 있는 관성력 $\Delta\mathbf{F}$의 xy방향 성분은

$$\Delta F_x = -\Delta m(\alpha y + \omega^2 x) \tag{8.15a}$$

$$\Delta F_y = \Delta m(\alpha x - \omega^2 y) \tag{8.15b}$$

로 나타낼 수 있다. 강체 전체에 작용하는 관성력의 합력의 성분은

$$\begin{aligned}F_x &= \int_V dF_x = \int_V (-\alpha y - \omega^2 x)\rho\, dV \\ &= -\alpha m y_G - \omega^2 m x_G\end{aligned} \tag{8.16a}$$

$$\begin{aligned}F_y &= \int_V dF_y = \int_V (\alpha x - \omega^2 y)\rho\, dV \\ &= \alpha m x_G - \omega^2 m y_G\end{aligned} \tag{8.16b}$$

가 된다. 위의 관성력이 만드는 점 O에 관한 힘의 모멘트는

$$\begin{aligned}\Delta M &= -\Delta F_x y + \Delta F_y x \\ &= -\Delta m(-\alpha y - \omega^2 x)y + \Delta m(\alpha x - \omega^2 y)x \\ &= \Delta m(x^2 + y^2) \\ &= \alpha r^2 \Delta m\end{aligned} \tag{8.17}$$

으로 정리된다. 이 힘의 모멘트를 강체 전체에서 합치면 다음과 같이 각속도와는 관계가 없는 전체 **모멘트**가 구해진다.

$$M=\int_V dM=\int_V \alpha r^2 \rho dV=\alpha\int_V r^2\rho dV \\ = I\alpha = I\ddot{\theta} \tag{8.18}$$

여기서, I는 점 O에 관한 **관성모멘트**이다. 즉, 점 O에 관한 관성모멘트는

$$I=\int_V r^2\rho dV \tag{8.19}$$

이다. 위 식에서 I의 적분을 그림 8.2에 보여준 좌표 X, Y로 정리하면, $r^2=(X+h)^2+Y^2$이기 때문에

$$\begin{aligned} I &= \int_V r^2\rho dV=\int_V [(X+h)^2+Y^2]\rho dV \\ &= \int_V (X^2+h^2+2hX+Y^2)\rho dV \\ &= \int_V [(X^2+Y^2)+h^2+2hX]\rho dV \\ &= \int_V s^2\rho dV + h^2\int_V \rho dV + 2h\int_V X\rho dV \\ &= \int_V s^2\rho dV + h^2\int_V \rho dV + 0 \\ &= I_G + mh^2 \end{aligned} \tag{8.20}$$

이 얻어진다. 위 식으로부터 질량중심과 고정축이 일치하지 않을 때, 고정축에 관한 관성모멘트는 질량중심에 관한 관성모멘트 I_G에 mh^2을 더하면 된다. 이 관계를 **평행축 정리**(parallel axis theorem)라고 부른다. 질량중심을 통과하지 않는 축에 관한 관성모멘트는 평행축 정리를 이용하면 질량중심에 관한 관성모멘트 I_G로부터 구할 수 있다. 평행축 정리를 잘 이용하면, 복잡한 형태의 회전 부품의 관성모멘트를 적분을 행하지 않고도 구할 수가 있다. 이것에 대한 자세한 것은 8.3절의 예제에서 보여준다.

8.2.5 축의 편심과 회전기계의 문제

그림 8.5와 같이 세탁기에서 탈수를 할 때 회전 드럼 내의 의류 등이 얽히고 치우쳐 큰 진동·소음이 발생한다. 이것은 회전체의 **질량중심**이 **회전축의 중심**과 일치하지 않는 **편심**

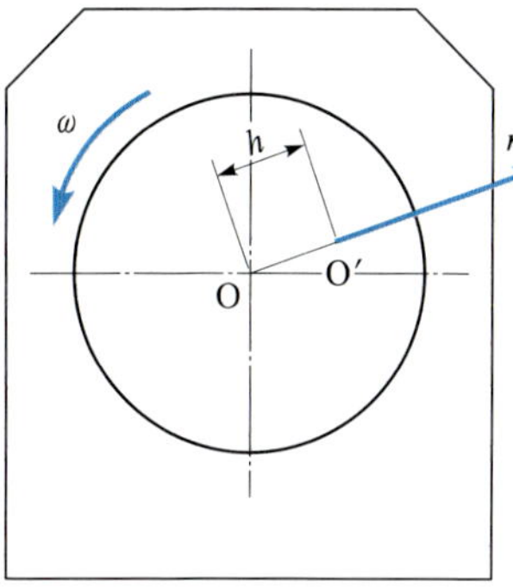

그림 8.5 세탁기의 편심

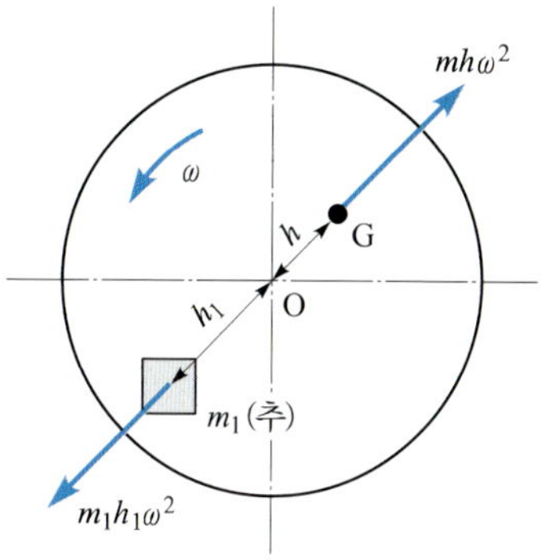

그림 8.6 회전체의 평형

(eccentricity)에 의해 드럼에 생기는 **원심력**이 평형을 잃어버리게 되어 드럼이 흔들리기 때문에 발생한다.

편심은 회전하는 부품의 가공오차, 조립오차 등 또는 축의 변형에 의하여 발생한다. 편심에 의하여 지금까지 평형을 이루고 있었던 원심력에 차이가 생기고 이 차이가 식 (8.12)에 표현되어 있는 것처럼 각속도 ω의 제곱에 비례하기 때문에 부품이 고속으로 회전하게 되면 사소한 편심에서도 큰 진동이 발생한다. 편심에 의한 진동은 기계 등에서는 유해하기 때문에 통상적으로 편심이 될 수 있으면 발생하지 않도록 해야 한다.

한편, 모터의 회전축이 편심되어 있으면 회전 시에 진동이 발생한다. 이 방법은 휴대전화의 진동모드 등에서 이용되고 있다.

8.2.6 축의 편심의 수정법

그림 8.6과 같이 질량 m인 회전체의 **질량중심** G가 **회전축의 중심** O로부터 h만큼 **편심**되어 있다면, 식 (8.13)에 의해 $mh\omega^2$의 힘이 OG방향으로 G로부터 외부 쪽으로 작용한다. 이것에 대하여 같은 크기로 반대방향으로 **원심력**이 작용하도록 질량을 G의 반대측으로 고정하면(그림 8.6의 질량 m_1 참조), 진동을 지우는 힘이 될 수 있다. 질량 m_1을 회전축의 중심 O로부터 h_1만큼의 위치에 설치하면 이 질량이 받는 원심력은 $m_1h_1\omega^2$이 된다. 질량 m, m_1에 의한 원심력이 평형을 이룰 때

$$mh\omega^2 = m_1h_1\omega^2 \tag{8.21}$$

이라고 쓸 수 있다. 즉, 각속도에 관계없이

$$mh = m_1 h_1 \qquad (8.22)$$

이 되도록 질량 m_1의 추를 G의 반대측으로 $h_1 = \frac{mh}{m_1}$의 위치에 설치하면 된다. 이 작업을 **평형 조정**(balancing)이라고 부른다. 설치한 추를 **평형 조정추**(balancing weight)라고 한다.

예제 8.2

질량 $m = 15$kg의 바퀴를 측정하였더니 회전축에 대하여 $h = 8$mm의 질량중심의 편심이 검출되었다. 회전축에 대하여 질량중심의 반대방향으로 바퀴의 내측에 회전축으로부터 $h_1 = 250$mm 떨어진 위치에 추를 설치하여 평형을 이루게 하려고 한다. 어느 정도의 질량 m_1의 추를 설치하면 좋을까?

풀이

식 (8.22)로부터,

$$m_1 = \frac{mh}{h_1} = \frac{15 \times 5}{250} = 0.3\text{kg}$$

이 된다. 즉, 회전축에 대하여 질량중심의 반대방향으로 250mm 떨어진 위치에 0.3kg의 추를 설치하면 된다.

TIP

각운동 관계식

평면회전운동을 하는 강체 내의 임의의 선분의 각변위 θ를 시간 t에 관하여 1번 미분하면 강체의 각속도 ω가 구해지고, 2번 미분하면 강체의 각가속도 α가 구해진다. 즉,

$$\frac{d\theta}{dt} = \dot{\theta} = \omega \qquad (1)$$

$$\frac{d^2\theta}{dt^2} = \ddot{\theta} = \dot{\omega} = \frac{d\omega}{dt} = \alpha \qquad (2)$$

이다. 식 (1), (2)에서 dt를 소거하면 다음과 같은 식이 얻어진다.

$$\ddot{\theta}\, d\theta = \dot{\theta}\, d\dot{\theta} \quad \text{또는} \quad \alpha\, d\theta = \omega\, d\omega \qquad (3)$$

식 (1), (2)는 제2장의 질점의 직선운동을 정의할 때 쓴 식 (2.6), (2.8)과 비슷하다. 즉, 직선운동을 표현하는 제2장의 모든 관계식은 선형량인 s, v, a를 각각 각운동량인 θ, ω, α를 바꾸어서 그대로 이용할 수 있다. 예를 들면, 등각가속도인 경우 식 (1), (2), (3)을 적분하면 다음과 같은 식이 얻어진다.

$$\omega = \omega_0 + \alpha t, \quad \theta = \theta_0 + \omega_0 t + \frac{\alpha t^2}{2}, \quad \omega^2 = \omega_0^2 + 2\alpha(\theta - \theta_0) \tag{4}$$

여기서, t는 운동이 지속된 시간이고, θ_0은 초기 각변위 그리고 ω_0은 초기 각속도이다. 따라서 위 식들은 제2장에서 언급한 일정 가속도가 있는 직선운동과 완벽하게 비슷하므로 적분하여 구할 수 있다.

8.3 관성모멘트

8.3.1 관성모멘트와 회전반지름

식 (8.6)과 식 (8.18)에서 '강체의 **가속도** a와 전체 **질량** m의 곱이 작용하는 **힘** F와 같다'는 것과 '**각가속도** α와 **관성모멘트** I의 곱이 작용하는 힘의 **모멘트** M과 같다'는 것을 보였다. **질량**이 **병진운동**에 관해서 물체의 운동을 유지시키려고 하는 **관성**을 나타내고 있는 것과 같은 형태로, **관성모멘트**는 물체의 **회전운동**을 유지시키려고 하는 '**회전운동에 대한 관성**'을 나타내고 있다.

물체의 밀도를 ρ라고 하면, 물체 내의 미소요소의 질량(질량요소, 미소질량) dm은 $dm = \rho dV$가 된다. 따라서 식 (8.19)의 점 O에 관한 관성모멘트는

$$I = \int_V r^2 \rho dV = \int r^2 dm \tag{8.23}$$

이 된다. 위 식에서 보여준 것처럼 관성모멘트는 강체의 질량뿐만 아니라 그 형상 및 밀도에 따라 다르다. 또한, 물체의 전체 질량을 m이라고 하면, 관성모멘트 I는

$$I = m\kappa^2 \tag{8.24}$$

로 나타낼 수 있다. 식 (8.24)는

$$\kappa = \sqrt{\frac{I}{m}} \tag{8.25}$$

로 표현될 수 있다. 여기서, κ는 **회전반지름**(radius of gyration)이다. 식 (8.24)로부터 물체의 관성모멘트는 전체 질량 m이 물체의 고정축으로부터 거리 κ의 위치에 집중되어 있다고

할 경우의 관성모멘트와 같다.

8.3.2 각종 형상의 물체에 대한 관성모멘트의 예

관성모멘트의 도출법 및 특징을 이해하기 위하여, 여기서는 기본적인 형상을 가진 물체의 관성모멘트를 예제를 통해 구해본다. 운동평면에 수직한 축에 관하여 회전이 생기는 평면운동의 경우, I에 대하여 하나의 아래첨자로 관성축을 나타낼 수 있다. 그림 8.4와 같이 평판이 xy방향으로 평면운동을 한다면, 이 평판의 점 O를 통과하는 z방향 회전(점 O를 통과하는 z축에 관한) 관성모멘트는 I_O로 표기된다. 한편, 한 축 이상으로 회전이 일어나는 8.6절의 강체에 대한 3차원 동역학의 경우, 대칭성을 표현하기 위해 2개의 아래첨자가 필요하다. 따라서 여기서도 x축, y축, z축의 관성모멘트를 각각 I_{xx}, I_{yy}, I_{zz}로 표기한다.

예제 8.3

다음 그림과 같은 길이가 L이고 질량이 m인 가느다란 봉이 있다. 다음 물음에 답하시오.

1) 질량중심 G를 통과하는 z방향 회전(G를 통과하는 z축에 관한) 관성모멘트 I_G와 회전반지름 κ_G를 구하시오.

2) 점 O를 통과하는 z'방향 회전(O를 통과하는 z'축에 관한) 관성모멘트 I_O와 회전반지름 κ_O를 구하시오.

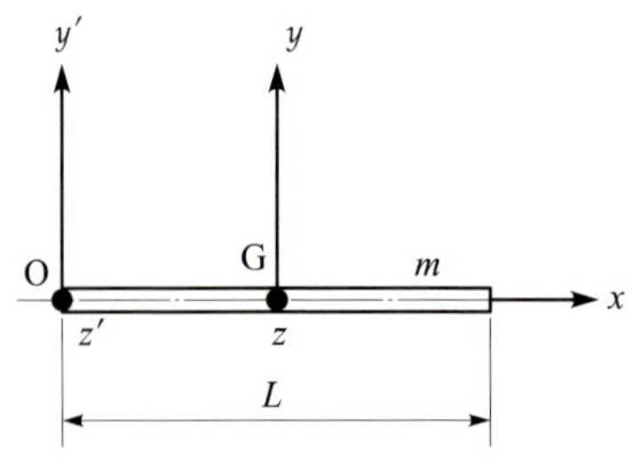

(a)

그림 예제 8.3

풀이

1) 그림 예제 8.3(b)와 같이 질량중심 G로부터 거리 r의 위치의 미소거리 dr을 고찰해 보자. 봉의 단위길이당 질량은 $\rho_m = \dfrac{m}{L}$이기 때문에 미소부분의 질량 dm은

$$dm = \rho_m dr = \frac{m}{L} dr$$

이 된다. 식 (8.23)으로부터,

$$I_G = I_{zz} = \int r^2 dm$$

$$= \int_{-\frac{L}{2}}^{\frac{L}{2}} r^2 \frac{m}{L} dr = \frac{2m}{L}\left[\frac{r^3}{3}\right]_0^{\frac{L}{2}} = \frac{1}{12} m L^2 \tag{1}$$

식 (8.25)로부터,

$$\kappa_G = \kappa_{zz} = \sqrt{\frac{I_G}{m}} = \frac{L}{2\sqrt{3}}$$

2) 그림 예제 8.3(c)와 같이 점 O로부터 거리 r의 위치의 미소거리 dr을 고찰해 보자. 봉의 단위길이당 질량은 $\rho_m = \dfrac{m}{L}$이기 때문에 미소부분의 질량 dm은

$$dm = \rho_m dr = \frac{m}{L} dr$$

이 된다. 식 (8.23)으로부터,

$$I_O = I_{z'z'} = \int r^2 dm$$

$$= \int_0^L r^2 \frac{m}{L} dr = \frac{m}{L}\left[\frac{r^3}{3}\right]_0^L = \frac{1}{3} m L^2 \tag{2}$$

식 (8.25)로부터,

$$\kappa_O = \kappa_{z'z'} = \sqrt{\frac{I_O}{m}} = \frac{L}{\sqrt{3}}$$

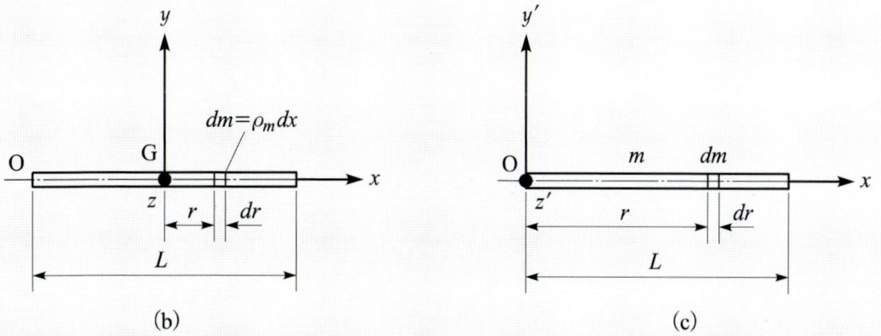

그림 예제 8.3

예제 8.4

다음 그림과 같은 질량이 m인 얇은 직사각형의 평판이 있다. 다음 물음에 답하시오.

1) x축의 관성모멘트를 각각 I_{xx}, y축의 관성모멘트 I_{yy}, 그리고 질량중심 G를 통과하는 z방향 회전(G를 통과하는 z축에 관한) 관성모멘트 I_G와 회전반지름 κ_G를 구하시오.

2) x'축의 관성모멘트를 $I_{x'x'}$와 회전반지름 $\kappa_{x'x'}$를 구하시오.

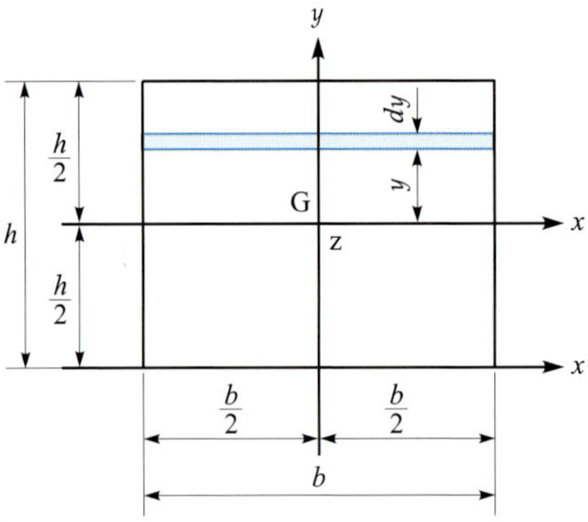

그림 예제 8.4

풀이

1) 그림 예제 8.4와 같은 직사각형의 평판에서 질량중심 G를 통과하고 x축에 평행한 미소폭 dy를 가진 얇은 띠 모양을 고려해 보자. 이 부분의 질량은 $dm = \dfrac{m}{bh} b\,dy$이기 때문에 x축의 관성모멘트 I_{xx}는 다음과 같이 된다.

$$I_{xx} = \int y^2 dm$$

$$= \int_{-\frac{h}{2}}^{\frac{h}{2}} \frac{m}{h} y^2 dy = \frac{2m}{h}\left[\frac{y^3}{3}\right]_0^{\frac{h}{2}} = \frac{1}{12} m h^2 \qquad (1)$$

y축에 평행한 미소폭 dx를 가진 얇은 띠 모양을 고려하고, 위와 같은 방법으로 하면 y축의 관성모멘트 I_{yy}는 다음과 같이 된다.

$$I_{yy} = \int x^2 dm$$

$$= \int_{-\frac{b}{2}}^{\frac{b}{2}} \frac{m}{b} x^2 dx = \frac{2m}{b}\left[\frac{x^3}{3}\right]_0^{\frac{b}{2}} = \frac{1}{12} m b^2 \qquad (2)$$

면적 극관성모멘트에 대해 $I_z = I_x + I_y$가 성립하는 것과 같이[부록 II의 식 (II.8) 참조]

$$I_{zz} = I_{xx} + I_{yy} \qquad (3)$$

가 성립하나, 이것은 반드시 얇은 평판인 경우에만 적용 가능하다. 주어진 문제는 얇은 직사각형의 평판에 대한 것이므로, 식 (3)을 이용하여 질량중심 G를 통과하는 z방향 회전(G를 통과하는 z축에 관한) 관성모멘트 I_G를 구하면 다음과 같이 된다.

$$I_G = I_{zz} = I_{xx} + I_{yy}$$
$$= \frac{1}{12}mh^2 + \frac{1}{12}mb^2 = \frac{1}{12}m(b^2+h^2) \qquad (4)$$

참고로, dx와 dy로 구성된 미소질량 dm과 식 (8.23)을 이용하여 직접적으로 I_{zz}를 구하는 것은 연습문제 8.3의 풀이를 참조하길 바란다. 한편, 질량중심 G를 통과하는 z방향 회전반지름 κ_G는 다음과 같이 된다.

$$\kappa_G = \kappa_{zz} = \sqrt{\frac{I_G}{m}} = \frac{\sqrt{b^2+h^2}}{2\sqrt{3}}$$

2) 평행축 정리 식 (8.20)으로부터 x'축의 관성모멘트를 $I_{x'x'}$는 다음과 같이 된다.

$$I_{x'x'} = I_{xx} + m\left(\frac{h}{2}\right)^2$$
$$= \frac{1}{12}mh^2 + m\left(\frac{h}{2}\right)^2 = \frac{1}{3}mh^2 \qquad (5)$$

회전반지름 $\kappa_{x'x'}$는

$$\kappa_{x'x'} = \sqrt{\frac{I_{x'x'}}{m}} = \frac{h}{\sqrt{3}}$$

가 된다.

예제 8.5

다음 그림과 같이 반지름이 r_0이고 질량이 m인 균질한 원판에서 질량중심 G를 통과하는 z방향 회전(G를 통과하는 z축에 관한) 관성모멘트 I_G를 구하시오.

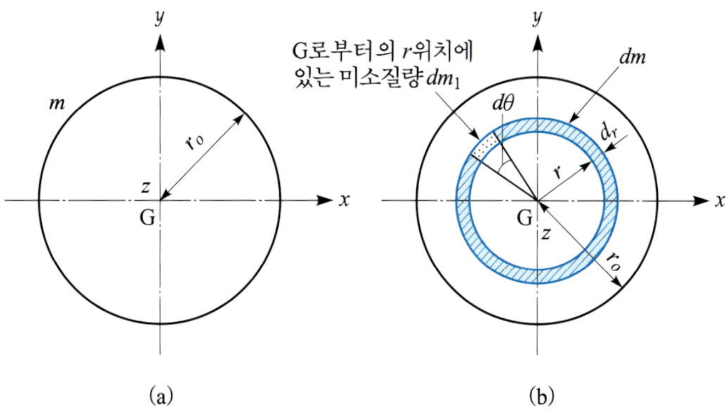

그림 예제 8.5

풀이

그림 예제 8.5(b)와 같이 원판상의 미소각 $d\theta$와 반지름방향의 미소길이 dr을 고찰해 보자. $d\theta$와 dr가 미소

하기 때문에 그 면적 dA는

$$dA = dr(r\,d\theta) = r\,dr\,d\theta$$

가 된다. 그림 예제 8.5(b)에서 단위면적당 질량은 $\rho_m = \dfrac{m}{\pi r_0^2}$ 이기 때문에 질량 dm_1은

$$dm_1 = \rho_m\,dA = \frac{m}{\pi r_0^2}\,r\,dr\,d\theta$$

가 된다. 질량요소 dm_1의 관성모멘트는

$$dI_{zz,1} = dm_1 r^2 = \rho_m\,dA\,r^2 = \rho_m\,r^3\,dr\,d\theta = \frac{m}{\pi r_0^2}\,r^3\,dr\,d\theta$$

이고, 각도 θ에 대하여 독립이다. 고정된 z축으로부터 거리 r의 원환[그림 예제 8.5(b)에서 사선부분]의 관성모멘트는

$$dI_{zz} = dm\,r^2 = (\rho_m 2\pi r\,dr)\,r^2 = 2\pi\rho_m\,r^3\,dr = 2\pi\frac{m}{\pi r_0^2}\,r^3\,dr = \frac{2m}{r_0^2}\,r^3\,dr$$

이다. 위 식을 반지름방향으로 적분하면 구하고자 하는 관성모멘트 I_G가 다음과 같이 얻어진다.

$$I_G = I_{zz} = \int_V dI_{zz} = \int_0^{r_0} 2\pi\rho_m\,r^3\,dr = 2\pi\rho_m\left[\frac{r^4}{4}\right]_0^{r_0}$$

$$= \frac{\pi}{2}\rho_m r_0^4 = \frac{\pi}{2}\,\frac{m}{\pi r_0^2}\,r_0^4 = \frac{1}{2}m r_0^2 \qquad (1)$$

(1) 중공단면을 갖는 물체의 관성모멘트

그림 8.7과 같은 중공부분 A_1을 갖는 물체 A_0의 관성모멘트 I를 고찰해 보자. 중공이 없는 물체 $A\,(=A_0+A_1)$를 고려하면, 점 O를 통과하는 z축에 관한 관성모멘트는 적분의 성질로부터

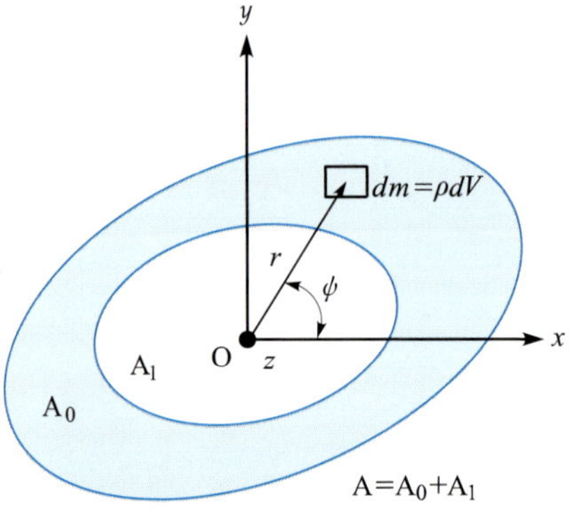

그림 8.7 중공단면의 관성모멘트

$$I = \int_{A_0} r^2 dm = \int_{A_0 + A_1} r^2 dm - \int_{A_1} r^2 dm = I_A - I_{A_1} \tag{8.26}$$

로 표현된다. 다음의 예제는 I_A와 I_{A_1}로부터 중공 물체 A_0의 관성모멘트를 쉽게 구하는 것을 보여준다.

예제 8.6

다음 그림과 같이 단위면적당 질량 ρ_m, 내측 반지름 r_1, 외측 반지름 r_0의 균질한 중공의 원환 판이 있다. 질량중심 G를 통과하는 z방향 회전(G를 통과하는 z축에 관한) 관성모멘트 I_G를 구하시오.

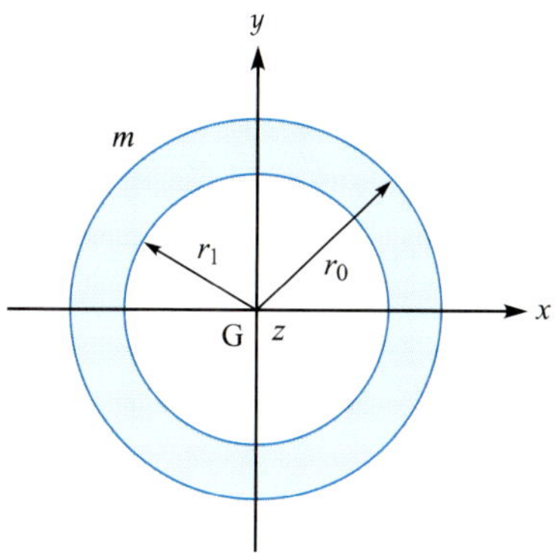

그림 예제 8.6

풀이

단위면적당 질량이 ρ_m이기 때문에 예제 8.5의 식 (1)로부터 반지름 r_1 및 반지름 r_0의 관성모멘트는 각각 다음과 같이 된다.

$$I_{r_1} = \frac{\pi}{2}\rho_m r_1^4,\ I_{r_0} = \frac{\pi}{2}\rho_m r_0^4$$

따라서 구하고자 하는 중공의 원환 판의 관성모멘트 I_G는 식 (8.26)으로부터 다음과 같이 된다.

$$I_G = I_{zz} = I_{r_0} - I_{r_1} = \frac{\pi}{2}\rho_m r_0^4 - \frac{\pi}{2}\rho_m r_1^4$$

$$= \frac{\pi}{2}\rho_m (r_0^4 - r_1^4) \tag{1}$$

만약 원환 판의 질량을 m이라고 하면, 위 식의 중공의 원환 판의 관성모멘트 I_G는

$$I_G = \frac{\pi}{2}\rho_m (r_0^4 - r_1^4) = \frac{\pi}{2}\left[\frac{m}{\pi(r_0^2 - r_1^2)}\right](r_0^4 - r_1^4) = \frac{\pi}{2}\left[\frac{m}{\pi(r_0^2 - r_1^2)}\right](r_0^2 - r_1^2)(r_0^2 + r_1^2)$$

$$= \frac{1}{2}m(r_0^2 + r_1^2) \tag{2}$$

이 된다.

예제 8.7

다음 그림과 같이 밀도 ρ, 두께 l, 질량 m의 중공의 장방형 부재가 있다. 질량중심 G를 통과하는 z방향 회전(G를 통과하는 z축에 관한) 관성모멘트 I_G를 구하시오.

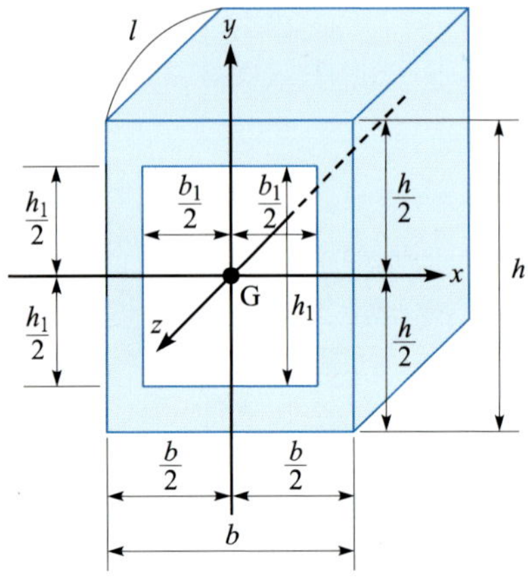

그림 예제 8.7

풀이

예제 8.4의 식 (4)로부터 변의 길이가 bh 및 b_1h_1인 장방형 부재의 관성모멘트는 각각 다음과 같이 된다.

$$I_{bh} = \frac{1}{12}\rho bhl(b^2+h^2),\ I_{b_1h_1} = \frac{1}{12}\rho b_1h_1l(b_1^2+h_1^2)$$

따라서 구하고자 하는 중공의 장방형 부재의 관성모멘트 I_G는 식 (8.26)으로부터 다음과 같이 된다.

$$I_G = I_{zz} = I_{bh} - I_{b_1h_1} = \frac{1}{12}\rho bhl(b^2+h^2) - \frac{1}{12}\rho b_1h_1l(b_1^2+h_1^2)$$

$$= \frac{1}{12}\rho l[bh(b^2+h^2) - b_1h_1(b_1^2+h_1^2)] \tag{1}$$

(2) 기본 도형이 조합된 단면을 갖는 물체의 관성모멘트

그림 8.8과 같이 영역 A_0과 영역 A_1의 도형이 조합된 단면을 갖는 물체의 관성모멘트 I를 고찰해 보자. 점 O를 통과하는 z축에 관한 관성모멘트는 적분의 성질로부터

$$I = \int_{A_0+A_1} r^2\,dm = \int_{A_0} r^2\,dm + \int_{A_1} r^2\,dm = I_{A_0} + I_{A_1} \tag{8.27}$$

로 표현된다. 다음의 예제는 I_{A_0}과 I_{A_1} 그리고 평행축 정리로부터 전체 물체의 관성모멘트를 구하는 것을 보여준다.

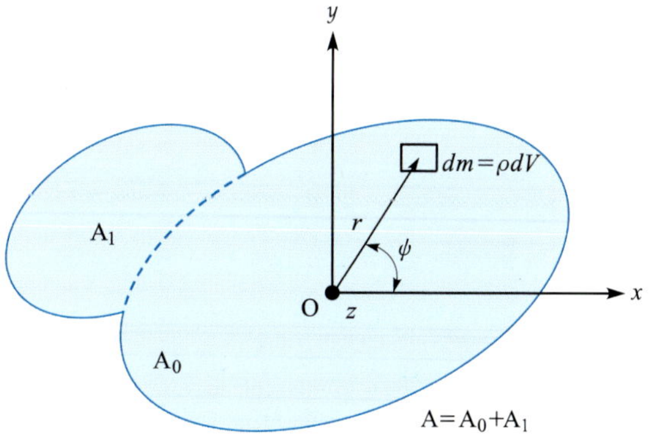

그림 8.8 기본 도형이 조합된 단면

예제 8.8

다음 그림과 같은 반지름 h(m)의 반원 A_0과 종·횡방향의 길이가 각각 $2h$(m), h(m)인 장방형 A_1이 조합된 단면 형태를 갖는 균질한 도형에서 점 O를 통과하는 z축에 관한 관성모멘트 I_O를 구하시오. 또한, 전체 물체의 질량중심 G를 통과하는 z축에 관한 관성모멘트 I_G를 평행축 정리를 이용하여 구하시오. 단, 단위면적당 질량을 ρ_m(kg/m^2)이라고 한다.

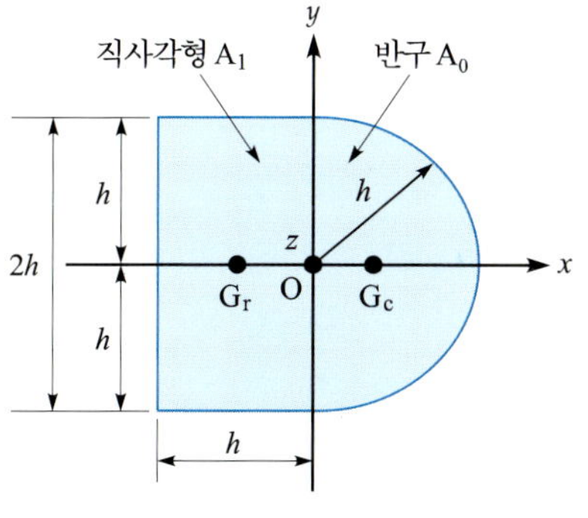

(a)

그림 예제 8.8

풀이

1) 예제 8.4의 식 (5), (1), (3)을 이용하면, 점 O를 통과하는 z축에 관한 장방형 A_1의 관성모멘트 $I_{zz,\mathrm{h}}$가 다음과 같이 된다.

$$I_{zz,\mathrm{h}} = \frac{4}{3}\rho_m h^4 (\mathrm{kgm^2})$$

예제 8.5와 같은 방법으로 미소요소에 대해 적분하여 점 O를 통과하는 z축에 관한 반원 A_0의 관성모멘트 $I_{zz,\mathrm{c}}$를 구하면 다음과 같이 된다.

$$I_{zz,\mathrm{c}} = \frac{\pi}{4}\rho_m h^4 (\mathrm{kgm^2})$$

따라서 I_O는 식 (8.27)로부터 다음과 같이 된다.

$$I_\mathrm{O} = I_{zz,\mathrm{h}} + I_{zz,\mathrm{c}} = \frac{4}{3}\rho_m h^4 + \frac{\pi}{4}\rho_m h^4 = 2.119\,\rho_m h^4\ (\mathrm{kgm^2})$$

2) 그림 예제 8.8(b)로부터 반원 $\mathrm{A_0}$의 질량중심 $\mathrm{G_c}$의 x좌표를 x_c라고 하면

$$x_\mathrm{c} = \frac{\displaystyle\int_0^h 2\sqrt{h^2-x^2}\,x\,dx}{\pi h^2/2}$$

이 된다. 여기서 $h^2 - x^2 = t$로 치환하면 $\dfrac{dt}{dx} = -2x$가 되고, 이것을 변형하면 $x\,dx = -\dfrac{1}{2}dt$가 된다. 그리고 $x=0$일 때 $t=h^2$이고, $x=h$일 때 $t=0$이다. 이들 관계를 고려하여 위 식의 적분을 행하면

$$x_\mathrm{c} = \frac{\displaystyle\int_0^h 2\sqrt{h^2-x^2}\,x\,dx}{\pi h^2/2} = \frac{\displaystyle\int_{h^2}^0 2\sqrt{t}\left(-\frac{1}{2}dt\right)}{\pi h^2/2} = \frac{\displaystyle -\int_{h^2}^0 \sqrt{t}\,dt}{\pi h^2/2} = \frac{-\left[\dfrac{2}{3}t^{3/2}\right]_{h^2}^0}{\pi h^2/2}$$

$$= \frac{\dfrac{2}{3}h^3}{\pi h^2/2} = \frac{4h}{3\pi}\,(\mathrm{m})$$

가 된다. 또한, 장방형 $\mathrm{A_1}$의 질량중심 $\mathrm{G_r}$의 x좌표는 $x_\mathrm{r} = -\dfrac{h}{2}$이다. 따라서 단면 전체의 질량중심 G의 x좌표를 x_G라고 하면

$$x_\mathrm{G} = \frac{\dfrac{\pi h^2}{2}\left(\dfrac{4h}{3\pi}\right) + 2h^2\left(-\dfrac{h}{2}\right)}{\pi h^2/2 + 2h^2} = -0.093h\,(\mathrm{m})$$

가 된다. 평행축 정리의 식 (8.20)을 이용하면 전체 물체의 질량중심 G를 통과하는 z축에 관한 관성모멘트 I_G는

$$I_\mathrm{G} = I_\mathrm{O} - \rho_m\left(2h^2 + \frac{\pi h^2}{2}\right)x_\mathrm{G}^2 = 2.119\rho_m h^4 - 0.031\rho_m h^4 = 2.088\rho_m h^4\ (\mathrm{kgm^2})$$

이 된다.

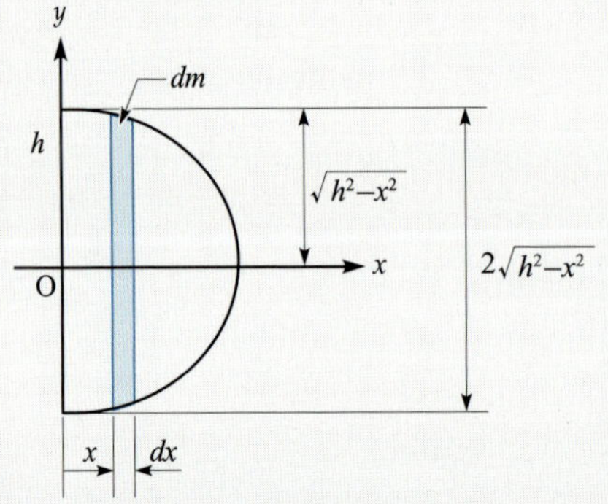

(b)

그림 예제 8.8

8.3.3 입체의 관성모멘트

그림 8.9와 같이 물체에 대하여 xyz 직교좌표계를 잡아 물체 내의 미소질량 $dm(=\rho dV = \rho dxdydz)$의 좌표를 (x, y, z)로 나타내면, 각 축으로부터 미소질량까지의 거리 r_x, r_y, r_z는 다음과 같이 된다.

$$\begin{Bmatrix} r_x \\ r_y \\ r_z \end{Bmatrix} = \begin{Bmatrix} \sqrt{y^2+z^2} \\ \sqrt{z^2+x^2} \\ \sqrt{x^2+y^2} \end{Bmatrix} \tag{8.28}$$

물체의 x, y, z축에 관한 **관성모멘트**는 각각 I_{xx}, I_{yy}, I_{zz}로 표기되며, 식 (8.19)에서 r을 각 축에서부터의 거리 r_x, r_y, r_x로 바꾸어 놓으면 다음과 같이 된다.

$$\begin{aligned} I_{xx} &= \int_V r_x^2 \rho\, dV = \int r_x^2\, dm \\ &= \int (y^2+z^2)\, dm = \rho \iiint (y^2+z^2)\, dx\, dy\, dz \end{aligned} \tag{8.29a}$$

$$\begin{aligned} I_{yy} &= \int_V r_y^2 \rho\, dV = \int r_y^2\, dm \\ &= \int (z^2+x^2)\, dm = \rho \iiint (z^2+x^2)\, dx\, dy\, dz \end{aligned} \tag{8.29b}$$

$$\begin{aligned} I_{zz} &= \int_V r_z^2 \rho\, dV = \int r_z^2\, dm \\ &= \int (x^2+y^2)\, dm = \rho \iiint (x^2+y^2)\, dx\, dy\, dz \end{aligned} \tag{8.29c}$$

여기서, ρ는 물체의 밀도이다.

한편, 8.6절의 3차원 강체의 회전에서 각운동량은 위의 관성모멘트 식 이외에 **관성곱**(product of inertia) 식을 포함하고 있다. 관성곱의 정의는 다음과 같다.

$$I_{xy} = I_{yx} = \int xy\, dm \tag{8.30a}$$

$$I_{zx} = I_{xz} = \int zx\, dm \tag{8.30b}$$

$$I_{yz} = I_{zy} = \int yz\, dm \tag{8.30c}$$

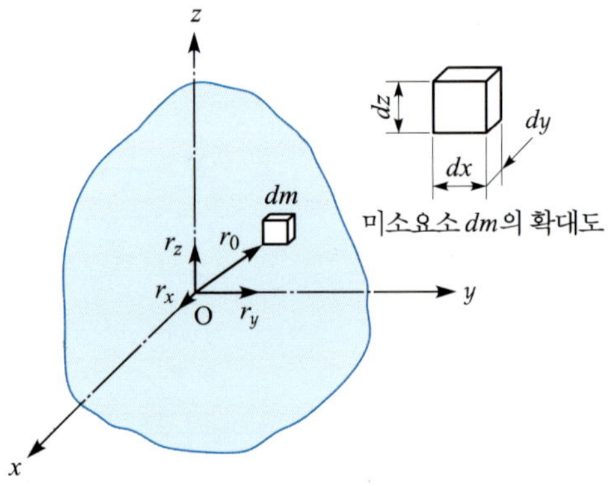

그림 8.9 입체의 관성모멘트

예제 8.9

다음 그림과 같이 한 변의 길이가 b(m)이고 높이가 h(m)인 직방체에서 z축에 관한 관성모멘트 I_{zz}를 구하시오. 단, 직방체의 전체 질량은 m이다.

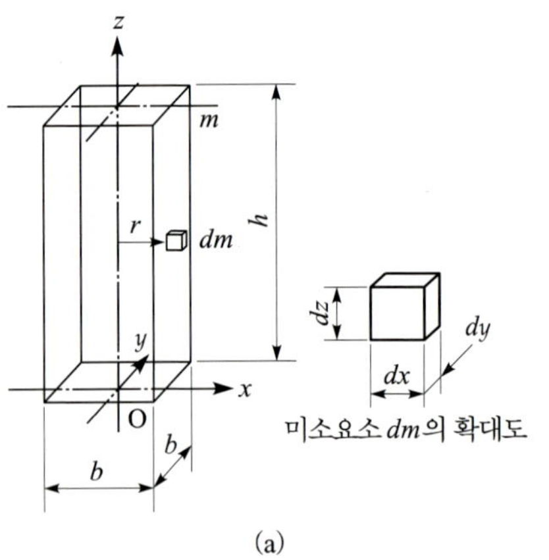

(a)

그림 예제 8.9

풀이

그림 예제 8.9(a)와 같이 한 변의 길이가 dx, dy, dz(m), 그리고 질량이 dm(kg)인 미소요소를 고찰해 보자. 직방체의 밀도를 ρ(kg/m^3)이라고 하면, 질량은 밀도와 체적의 곱이므로 $dm = \rho\, dx\, dy\, dz$로 표현된다. z축으로부터 미소질량까지의 거리를 $r_z\left(=\sqrt{x^2+y^2}\right)$(m)라고 하면, 식 (8.29c)로부터 z축에 관한 관성모멘트 I_{zz}는 다음과 같이 된다.

$$I_{zz} = \int_V r_z^2 \rho\, dV = \int r_z^2 dm = \int (x^2+y^2)\, dm = \rho \iiint (x^2+y^2)\, dx\, dy\, dz$$

$$= \rho \int_0^h \int_{-\frac{b}{2}}^{\frac{b}{2}} \int_{-\frac{b}{2}}^{\frac{b}{2}} (x^2+y^2)\, dx\, dy\, dz = \rho h \int_{-\frac{b}{2}}^{\frac{b}{2}} \int_{-\frac{b}{2}}^{\frac{b}{2}} (x^2+y^2)\, dx\, dy$$

$$= \frac{1}{6} m h^2 \tag{1}$$

참고로, 그림 예제 8.9(b)와 같이 단면적 $dx\,dy$ 그리고 높이 h의 가느다란 직방체의 질량을 $dm = \rho h\,dx\,dy$로 처음부터 나타내고 관성모멘트를 적분하여 구해도 위의 식 (1)과 같은 결과 값이 얻어진다.

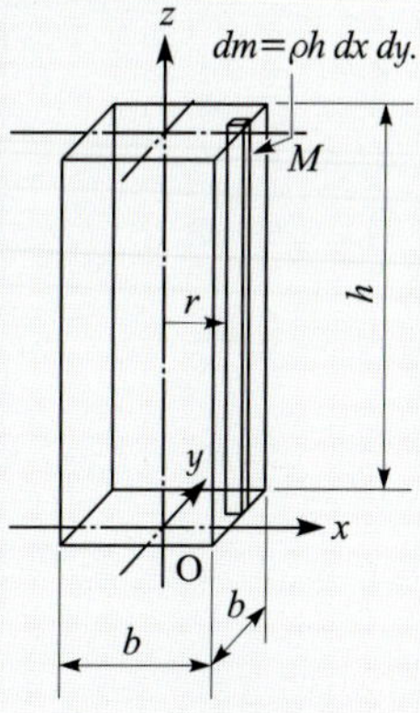

(b)

그림 예제 8.9

그림 8.10과 같이 **얇은 판상**의 물체의 경우는 면에 수직한 축을 z축이라고 하면 z방향의 값은 무시할 수가 있다. 따라서 식 (8.29)의 x, y, z축에 관한 **관성모멘트**는 각각 다음과 같이 된다.

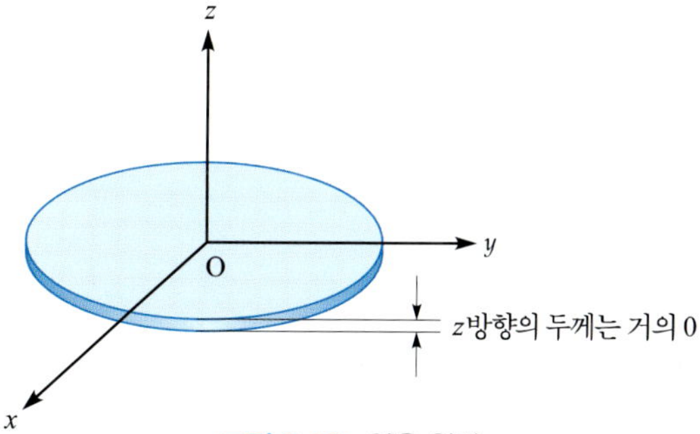

그림 8.10 얇은 원판

$$I_{xx} = \int_V r_x^2 \rho\,dV = \int r_x^2\,dm = \int_V y^2\,dm = \rho \iint y^2\,dx\,dy \tag{8.31a}$$

$$I_{yy} = \int_V r_y^2 \rho\,dV = \int r_y^2\,dm = \int_V x^2\,dm = \rho \iint x^2\,dx\,dy \tag{8.31b}$$

$$I_{zz} = \int_V r_z^2 \rho\,dV = \int r_z^2\,dm = \int_V (x^2 + y^2)\,dm = \rho \iint (x^2 + y^2)\,dx\,dy \tag{8.31c}$$

표 8.1 각종 물체의 관성모멘트

물체	질량중심의 관성모멘트 I_G	물체	질량중심의 관성모멘트 I_G
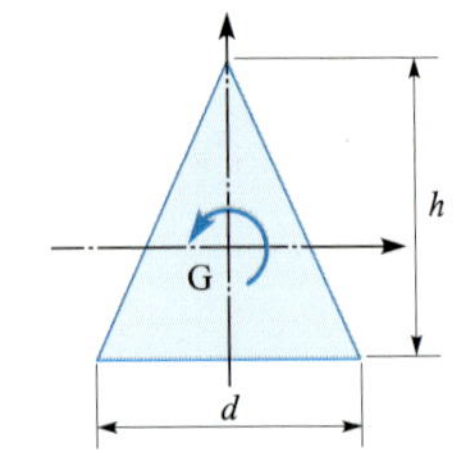	$I_G = m\left(\frac{1}{24}d^2 + \frac{1}{18}h^2\right)$ 삼각형	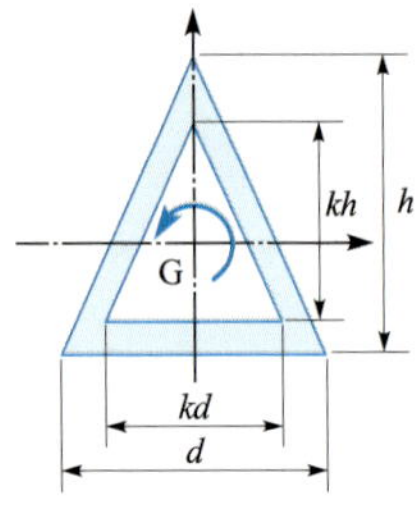	$I_G = m\left(\frac{1}{24}d^2 + \frac{1}{18}h^2\right)(1+k^2)$ 중공 삼각형
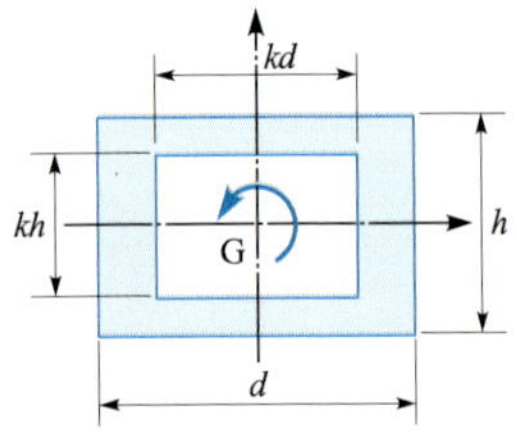	$I_G = \frac{1}{12}m(d^2 + h^2)(1+k^2)$ 중공 직사각형	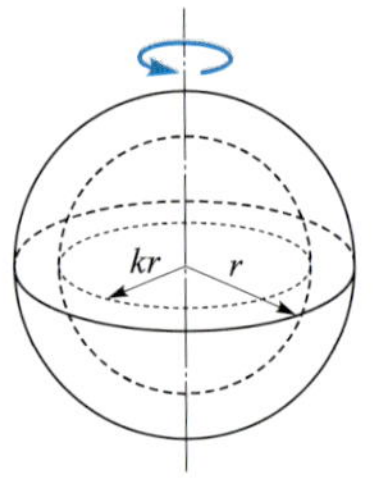	$I_G = \frac{2}{5}mr^2\left(\frac{1-k^5}{1-k^3}\right)$ 중공 구 위 식에서 $k=0$이면, 다음 식과 같이 반지름이 r인 구의 질량중심 관성모멘트가 된다. $I_G = \frac{2}{5}mr^2$ 구
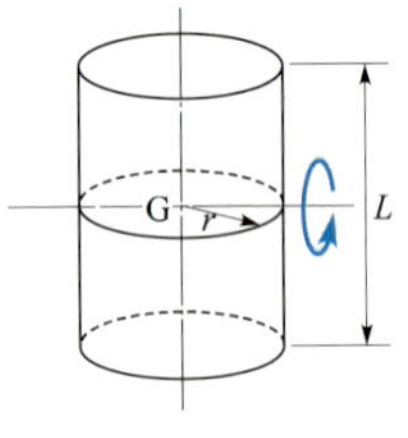	$I_G = m\left(\frac{1}{12}L^2 + \frac{1}{4}r^2\right)$ 원기둥(수평축 회전)	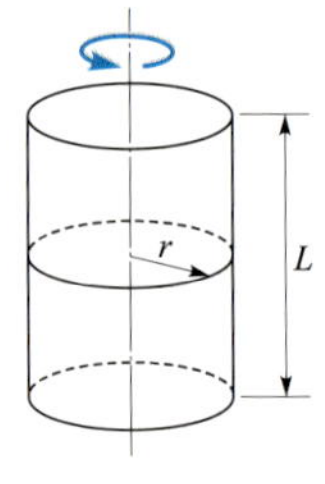	$I_G = \frac{1}{2}mr^2$ 원기둥(수직축 회전)
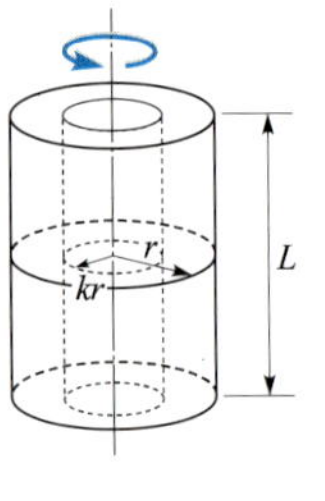	$I_G = \frac{1}{2}mr^2(1+k^2)$ 원통(수직축 회전)	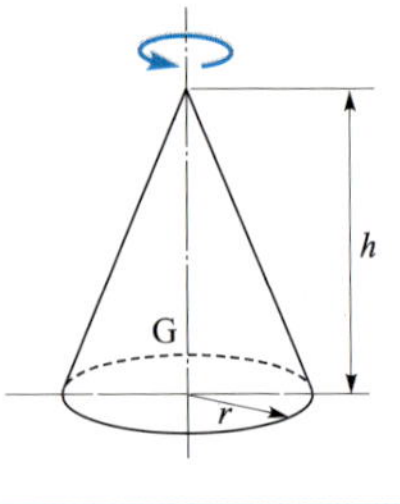	$I_G = \frac{3}{10}mr^2$ 원뿔(수직축 회전)

8.4 각종 강체의 평면운동

8.4.1 강체의 평면운동

여기서는 문제가 복잡하게 하지 않도록 강체의 **평면운동**(plane motion, 물체의 모든 부분이 그림 8.11과 같이 평행한 평면 내에서만 움직이는 운동)만을 기술한다. 실제로 평탄한 도로를 주행하는 자동차와 연직평면 내에서 상승·하강하는 항공기 등을 강체로 보면 근사적으로 평면 내의 운동이 되고, 이 절에서 취급하는 내용이 그대로 응용될 수 있다. 평면의 경우, 이들을 구성하는 각 점은 어느 것이나 다 1개의 평면 내에서 운동한다.

강체 내의 각 점을 연결한 모든 **선분**이 그림 8.11(a), (b)와 같이 항상 각각의 원래의 위치와 평행을 유지하는 운동을 **병진운동**(translational motion)이라고 부른다. 병진운동은 물체 내의 모든 점이 직선적으로 움직이는 **직선 병진운동**[그림 8.11(a) 참조]과 모든 점이 완전히 동일한 곡선상을 움직이는 **곡선 병진운동**[그림 8.11(b) 참조]으로 분류할 수 있다.

또한, 강체의 평면운동에는 그림 8.11(c)와 같은 어떤 축에 관한 **회전운동**(rotary motion)이 있다. 회전운동에서는 모든 점이 고정축을 중심으로 하여 원 궤도의 모양을 이루고, 각 점을 연결한 직선은 같은 시간에 같은 각도만을 회전한다. 특히, 강체는 병진운동과 회전운동이 결합된 그림 8.11(d)와 같은 **일반평면운동**(general plane motion)을 하는 경우가 많다. 8.2절, 7.5.4항, 그리고 3.6절에서 다루었던 상대운동의 원리를 이용하여 일반평면운동을 나타낼 수 있다.

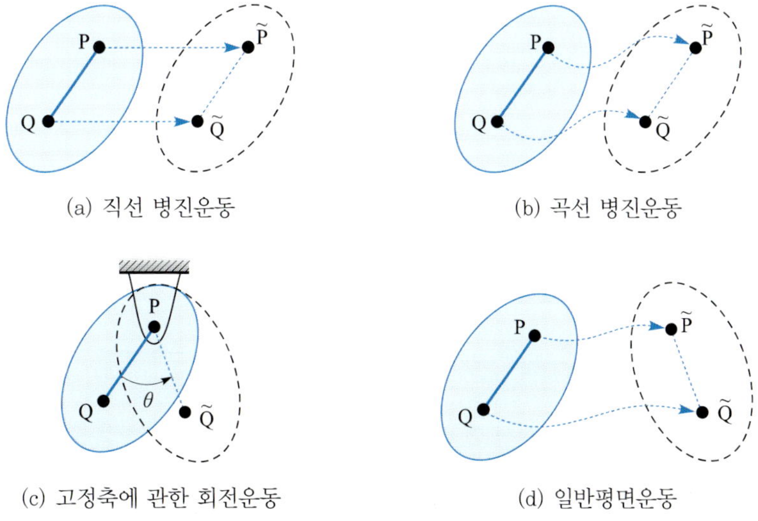

그림 8.11 강체의 평면운동

이 절에서는 기본적인 강체의 평면운동에 관해 다음과 같은 예제를 통하여 설명한다. 여기의 내용은 자유도가 많아지는 8.6절의 3차원 문제를 이해하는데 기초가 된다.

예제 8.10

다음 그림과 같이 한 변의 길이가 h이고 높이가 $2h$인 직방체에서 밑면의 1변 $\mathrm{O\tilde{O}}$에 관하여 작은 각도 θ만큼 경사지게 한 후에 손을 놓았다. 이때 성립하는 운동방정식을 구하시오. 단, 직방체의 전체 질량은 m이다.

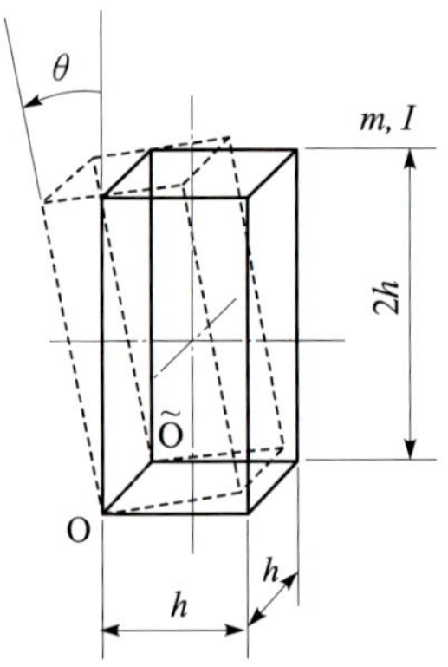

(a)

그림 예제 8.10

풀이

직방체를 각도 θ만큼 경사지게 하였을 때, 직방체에 작용하는 중력은 그림 예제 8.10(b)와 같이 분해된다. 이 분력은 자세를 원래의 상태로 되돌리려고 하는 방향으로 작용하는 힘에 의한 모멘트(복원모멘트라고 함)와 넘어지려고 하는 방향으로 작용하는 힘에 의한 모멘트(전도모멘트라고 함)를 발생시킨다. 이때의 운동은 직방체의 밑면의 변 $\mathrm{O\tilde{O}}$를 고정축으로 하는 회전운동을 한다. 여기서, **복원모멘트** M_R은 그림 예제 8.10(b)에 보인 중력의 분력 $mg\cos\theta$와 고정축으로부터 거리 $\frac{h}{2}$와의 곱으로 다음과 같이 된다.

$$M_R = -\frac{h}{2}mg\cos\theta \quad (1)$$

위 식에서, 힘의 모멘트의 방향이 시계방향이므로 음의 부호(−)를 갖는다. 같은 방법으로, **전도모멘트** M_F는 중력의 분력 $mg\sin\theta$와 고정축으로부터 거리 h와의 곱으로 다음과 같이 된다.

$$M_F = hmg\sin\theta \quad (2)$$

위 식에서, 힘의 모멘트의 방향이 반시계방향이므로 양의 부호(+)를 갖는다. 점 O에 관한 이들 힘의 모멘트 식 (1)과 식 (2)의 합이 직방체에 작용하는 **관성력에 의한 모멘트**[식 (8.18)] $M = I\alpha = I\ddot{\theta}$와 평형을 이루기 때문에 다음과 같은 **운동방정식**이 얻어진다. 즉, 운동방정식은

$$I\ddot{\theta} = -\frac{h}{2}mg\cos\theta + hmg\sin\theta \quad (3)$$

가 된다. 여기서, I는 점 O에 관한 관성모멘트로 예제 (8.4)의 식 (4)와 평행축 정리의 식 (8.20)으로부터

$$I = I_G + m\,\overline{OG}^2 = \frac{1}{12}m[h^2+(2h)^2] + m\left[\left(\frac{h}{2}\right)^2 + h^2\right] = 1.67\,m\,h^2$$

이다.

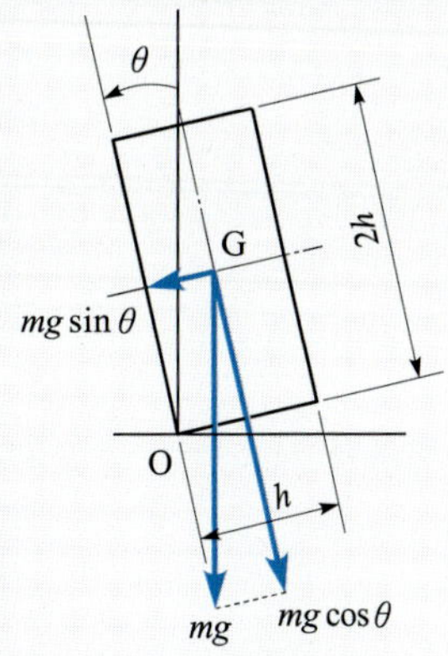

(b)

그림 예제 8.10

예제 8.11

다음 그림은 회전하고 있는 강체 원판에 브레이크를 걸어서 정지시키는 장치를 보여주고 있다. 원판의 회전수 $n = 2{,}400$rpm, 원판의 무게 $W = 2{,}000$ N, 가해진 힘 $F = 400$N, 길이 $l = 2$m, 길이 $\tilde{l} = 0.8$m, 마찰계수 $\mu = 0.3$인 경우, 브레이크에 의해 원판이 정지하기까지의 시간 t를 구하시오.

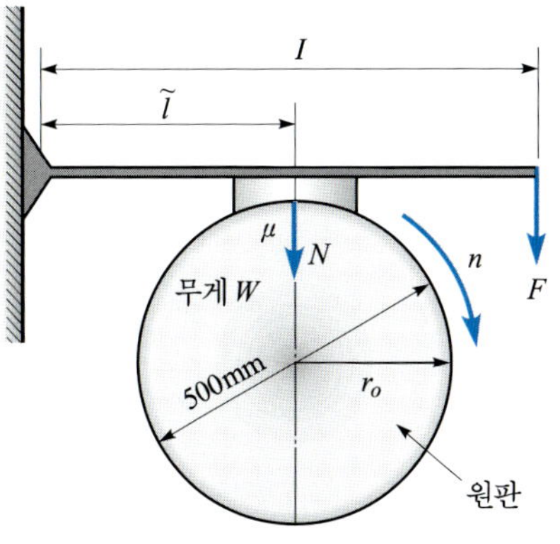

그림 예제 8.11

풀이

식 (8.18)의 $M = I\alpha = I\ddot{\theta}$와 TIP 각운동 관계식 (4)의 $\omega = \omega_0 + \alpha t$로부터 브레이크에 의해 원판이 정지하기

까지의 시간 t를 구할 수 있다. 단, 브레이크는 마이너스(−) 토크(torque, 비틀림모멘트, 회전모멘트)로 일을 하기 때문에 각가속도 $\alpha(=\ddot{\theta})$는 마이너스(−)가 된다. 초기각속도를 ω_0 그리고 끝나는 시간 t에서의 각속도를 ω라고 하면, 이 시간동안의 각가속도는 마이너스(−)이기 때문에 다음과 같은 식이 얻어진다.

$$-\alpha = \frac{\omega - \omega_0}{t}$$

$$\therefore t = \frac{\omega - \omega_0}{-\alpha} = \frac{\omega_0}{\alpha} \quad (\because \omega = 0) \tag{1}$$

또한, $M = I\alpha$로부터

$$\alpha = \frac{M}{I} \tag{2}$$

이다. 여기서, $M = \mu N r_0$(브레이크의 마찰모멘트), $N = F\frac{l}{\tilde{l}}$, $I = \frac{1}{2}\left(\frac{W}{g}\right) r_0^2$ [원판의 관성모멘트, 예제 8.5의 식 (1) 참조]이다. 따라서 식 (2)의 각가속도 α는 다음과 같이 된다.

$$\alpha = \frac{\mu N r_0}{I} = \frac{\mu F \frac{l}{\tilde{l}} r_0}{\frac{W r_0^2}{2g}} = \frac{2g\mu F l}{W r_0 \tilde{l}} = \frac{2 \times 9.8 \times 0.3 \times 400 \times 2}{2,000 \times 0.25 \times 0.8} = 11.76\,\mathrm{rad/s^2}$$

또한, $\omega_0 = \frac{2\pi n}{60} = \frac{2\pi \times 2,400}{60} = 251.33\,\mathrm{rad/s}$이기 때문에, 식 (1)로부터 구하고자 하는 시간 t는 다음과 같이 된다.

$$t = \frac{\omega_0}{\alpha} = \frac{251.33}{11.76} = 21.37\,\mathrm{s}$$

예제 8.12

다음 그림과 같이 수평과 이루는 각도가 θ인 경사면상을 반지름 r_0, 질량 m의 구(sphere)가 미끄러지지 않고 굴러서 내려올 때의 가속도 a를 구하시오.

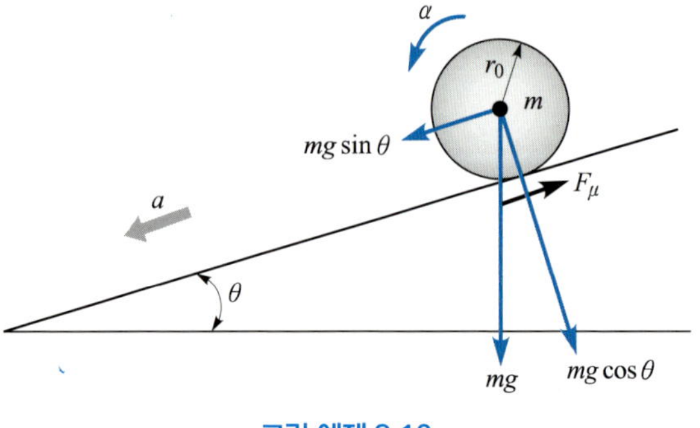

그림 예제 8.12

풀이

경사면을 따라가는 방향으로 구에 작용하는 합력 F는 마찰력을 F_μ라고 하면

$$F = mg\sin\theta - F_\mu \tag{1}$$

이다. 따라서 그림 예제 8.12에서처럼 가속도를 a라고 하면, 병진운동의 운동방정식은 다음과 같이 된다.

$$mg\sin\theta - F_\mu = ma \tag{2}$$

질량중심축에 작용하는 모멘트(회전모멘트)는 $M = F_\mu r_0$이기 때문에 구의 질량중심을 통과하는 축에 관한 관성모멘트를 I_G라 놓으면 운동방정식은 식 (8.18)로부터

$$F_\mu r_0 = I_G \alpha \tag{3}$$

가 된다. 표 8.1에서 구의 질량중심의 관성모멘트로부터

$$I_G = \frac{2}{5} m r_0^2 \tag{4}$$

이다. 미끄러지지 않고 굴러서 내려올 조건은

$$a = r_0 \alpha \tag{5}$$

가 된다. 식 (4), (5)를 식 (3)에 넣고 정리하면

$$F_\mu = \frac{I_G \alpha}{r_0} = \frac{2}{5} ma \tag{6}$$

가 된다. 식 (6)을 식 (2)에 대입하고 a에 관하여 풀면 질량중심의 가속도 a는 다음과 같이 된다. 즉,

$$mg\sin\theta - F_\mu = mg\sin\theta - \frac{2}{5} ma = ma$$

$$\therefore a = 0.714 g\sin\theta$$

이다.

8.4.2 강체의 회전진동

일정한 시간마다 같은 운동을 반복하는 현상을 **진동**(vibration)이라고 부른다. 회전운동에서도 진동이 생길 수 있고, 이때의 진동을 **회전진동**(rotational vibration)이라고 부른다.

진동에 대해서는 4.4.3항의 설명을 참조하길 바란다. 진동의 주기와 진동수의 관계를 요약하면 다음과 같다. 즉, 강체의 질량, 관성모멘트, 용수철상수에 의해 정해지는 ω_n은 계(system)의 **원고유진동수**(circular natural frequency) 또는 **각속도**(angular velocity)이다. 보통, **고유진동수**(natural frequency, 고유주파수)로서 언급되는 **순환진동수**(cyclic frequancy) f_n는

$$f_n = \frac{\omega_n}{2\pi} \tag{8.32}$$

으로 주어지고, 단위는 Hz[=1/s=cps(cycle per second)]이다. 주기운동을 하는 계(system)의 응답이 등시간 간격 T_n으로 반복될 때, 이 시간 T_n를 계(system)의 **주기**(period 또는 고유주기)라고 하며 진동수의 역수이다. 따라서

$$T_n = \frac{1}{f_n} = \frac{2\pi}{\omega_n}(\mathrm{s}) \tag{8.33}$$

이다.

8.4.3 강체의 비틀림 회전진동

그림 8.12와 같이 탄성축, 즉 용수철의 움직임을 갖는 축의 선단에 설치한 원판을 각도 θ만큼 비틀면 이 각도에 비례하여 복원토크(torque)가 생긴다. 탄성축을 단위각도(1rad) 비틀리는데 필요한 토크(torque, 비틀림모멘트)를 축의 **비틀림 용수철상수**라고 부르고, 여기서는 k_θ로 표기한다. 원판의 관성모멘트를 I라고 하면 식 (8.18)에 의해 θ만큼 변형된 위치에서 관성력에 의한 모멘트(회전모멘트)는 $M = I\ddot{\theta}$이고, 이것은 복원토크(torque) $-k_\theta\theta$와 평형을 이룬다. 따라서 강체의 **비틀림 회전진동** 시의 원판의 **운동방정식**은

$$I\ddot{\theta} = -k_\theta\theta \tag{8.34}$$

가 된다. 위 식에 대한 고유진동수는 8.4.5항에서 구한다.

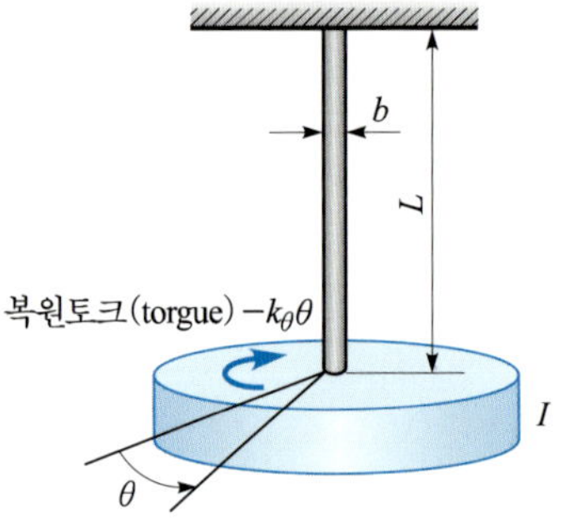

그림 8.12 비틀림 진동계

8.4.4 강체 단진자

그림 8.13과 같이 점 O에 관하여 자유롭게 회전이 가능한 강체가 있다. 만약 이 강체가 중력에 의하여 자유롭게 진동할 수 있다면, 이것을 **강체 단진자**(rigid body pendulum)라고

부른다. 강체 단진자가 그림 8.13과 같이 회전축을 통과하는 연직방향의 직선으로부터 멀어지면 중력에 의하여 원래의 위치로 되돌아가려고 하는 복원모멘트가 생긴다. 또한, 경사져서 질량중심의 위치가 높게 올라가면 위치에너지가 증가한다. 이때 얻은 위치에너지와 강체 단진자의 회전 운동에너지가 서로 바뀌게 됨을 반복하여 회전축을 통과하는 연직방향의 직선을 중심으로 한 진동이 발생한다.

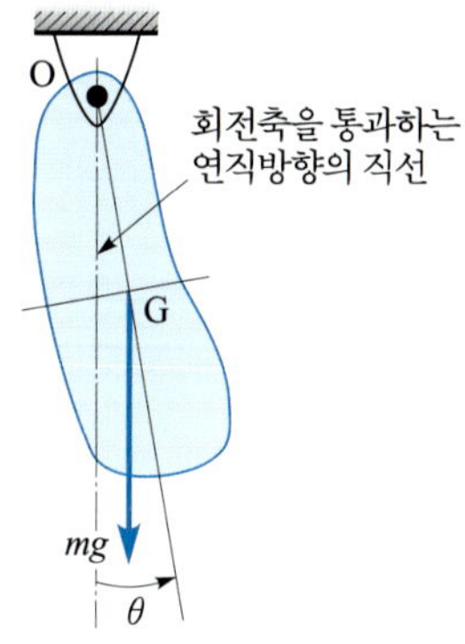

그림 8.13 강체 단진자

예제 8.13

다음 그림과 같이 물체가 질량중심 G로부터 r_0 거리에 있는 수평축 P에 매달려 강체 단진자의 진동을 하고 있다. 물체의 질량을 m, 질량중심 G에 관한 관성모멘트를 I_G, 연직선에 대한 PG의 각도를 θ, 물체의 각속도를 ω, 각가속도를 $\alpha(=\ddot{\theta})$라고 할 때, 다음 물음에 답하시오.

1) 물체가 회전축 P로부터 받는 힘 $\mathbf{R}=\begin{Bmatrix} R_x \\ R_y \end{Bmatrix}$를 이용해서 물체 질량중심 G의 x, y방향의 운동방정식과 G에 관한 회전 운동방정식을 구하시오.
2) 1)의 회전 운동방정식으로부터 P에 관한 회전 운동방정식을 유도하고, 이 강체 단진자의 고유진동수를 구하시오.

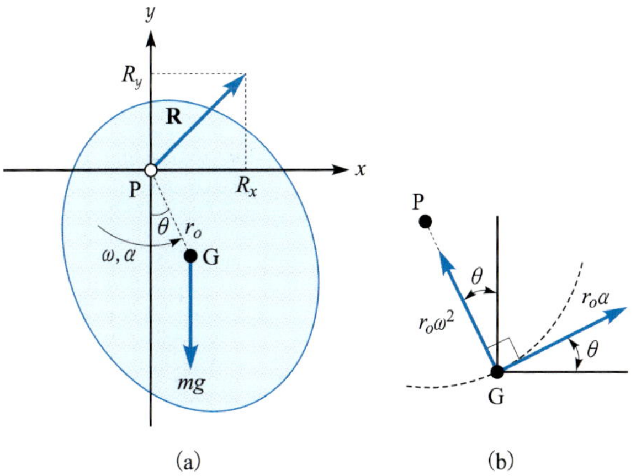

그림 예제 8.13 강체 단진자

풀이

1) 질량중심 G의 가속도는 그림 예제 8.13(b)와 같이 PG에 수직인 $r_0\alpha$(접선가속도)와 $\overrightarrow{\mathrm{GP}}$의 방향으로 $r_0\omega^2$(구심가속도)이 된다. 식 (8.16)의 관성력과 중력 그리고 관성력에 의한 모멘트의 식 (8.18)을 고려하면, 운동방정식은 다음과 같이 된다.

$$R_x = m r_0 (\alpha \cos\theta - \omega^2 \sin\theta) \qquad (1)$$

$$R_y - m g = m r_0 (\alpha \sin\theta + \omega^2 \cos\theta) \qquad (2)$$

$$I_G \alpha = -R_x r_0 \cos\theta - R_y r_0 \sin\theta \qquad (3)$$

2) 식 (1), (2)로부터 R_x, R_y를 구하고, 이들을 식 (3)에 대입하면

$$\begin{aligned} I_G \alpha &= m r_0^2 (\alpha \cos\theta - \omega^2 \sin\theta) \cos\theta - m r_0^2 (\alpha \sin\theta + \omega^2 \cos\theta + g) \sin\theta \\ &= -m r_0^2 \alpha (\cos^2\theta + \sin^2\theta) - m g r_0 \sin\theta \\ &= -m r_0^2 \alpha - m g r_0 \sin\theta \end{aligned}$$

$$\therefore (I_G + m r_0^2)\alpha = -m g r_0 \sin\theta \qquad (4)$$

P에 관한 관성모멘트 I_P는 식 (8.20)의 평행축 정리로부터 $I_P = I_G + m r_0^2$이다. 따라서 식 (4)는 다음 식과 같이 된다.

$$I_P \alpha = -m g r_0 \sin\theta \qquad (5)$$

식 (5)의 운동방정식은 다음과 같이 변형된다.

$$\frac{d^2\theta}{dt^2} + \frac{m g r_0}{I_P}\theta = 0 \qquad (6)$$

위 식은 식 (4.31)에 나타낸 운동방정식과 같은 형태이기 때문에, 이 강체 단진자운동은 단순조화운동을 한다. 따라서 원고유진동수 ω_n은

$$\omega_n = \sqrt{\frac{m g r_0}{I_P}} \qquad (7)$$

이 된다. 따라서 강체 단진자의 고유진동수 f_n은 다음과 같이 된다.

$$f_n = \frac{\omega_n}{2\pi} = \frac{1}{2\pi}\sqrt{\frac{m g r_0}{I_P}} \qquad (8)$$

참고로, 예제 4.20의 식 (4) 이후의 풀이과정을 참고하길 바란다.

8.4.5 회전진동계의 고유진동수

여기서는 그림 8.12의 비틀림 진동계의 고유진동수를 구해본다. 식 (8.34)의 해가 단순조화운동을 한다고 하면

$$\theta = \sin(\omega t + \psi) \qquad (8.35)$$

라고 쓸 수 있다. 여기서, ω(rad/s)는 각속도, ψ(rad)는 초기 위상각이다. 위 식의 양변을 시간 t에 관하여 2번 미분하면

$$\ddot{\theta} = -\omega^2 \sin(\omega t + \psi) \tag{8.36}$$

가 된다. 식 (8.35), (8.36)을 식 (8.34)에 대입하고 정리하면

$$\left(I\omega^2 - k_\theta\right)\sin(\omega t + \psi) = 0 \tag{8.37}$$

이 된다. 이것을 만족하는 $\omega = \omega_n$은

$$\omega_n = \sqrt{\frac{k_\theta}{I}} \tag{8.38}$$

이다. 따라서 식 (8.32)를 이용하면 그림 8.12의 비틀림 진동계의 고유진동수는 다음과 같이 된다.

$$f_n = \frac{\omega_n}{2\pi} = \frac{1}{2\pi}\sqrt{\frac{k_\theta}{I}} \tag{8.39}$$

예제 8.14

다음 그림에서 균질하고 가는 강체봉(rigid bar)의 질량은 $m = 8$kg이고, 또한 그림의 E에 집중질량 5kg이 부착되어 있다. 용수철상수는 $k = 3000$ N/m이고, 평형 위치에서 봉 BC는 수평을 유지하고 있다. 봉을 시계방향으로 5° 변형시킨 후에 놓았다. 이 강체봉의 고유진동수 f_n과 최대각속도 $\dot{\theta}_{\max}$를 구하시오. 단, B점은 힌지지점(hinge support)으로서 회전축이 된다.

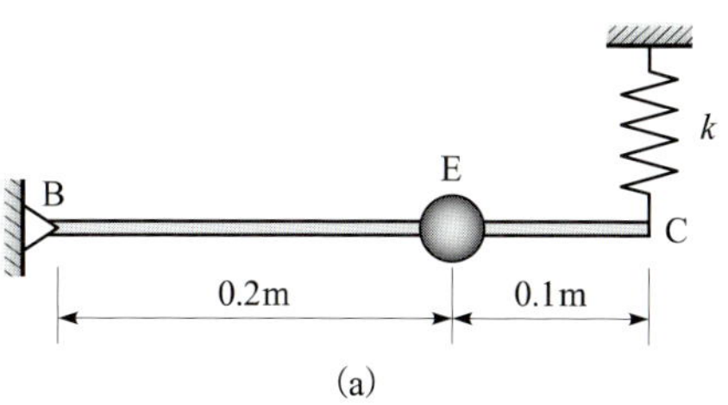

(a)

그림 예제 8.14

풀이

그림 예제 8.14(b)는 평형상태에서 시계방향으로 θ만큼 변형된 상태의 자유물체도이다. 여기서, F_0는 평형 위치에서 용수철의 인장력이고, u_c는 오른쪽 끝단의 변위이다.

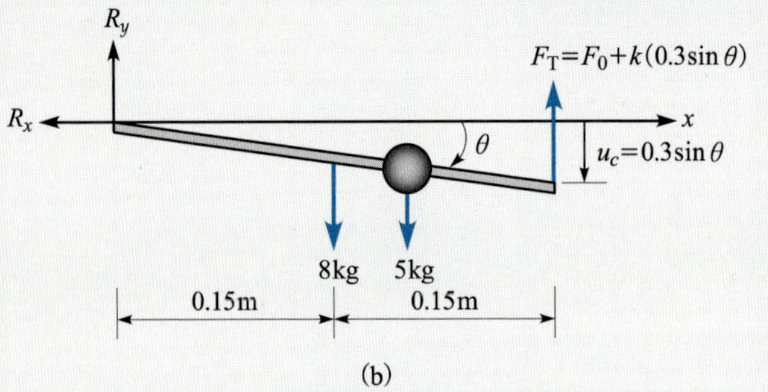

그림 예제 8.14

$\theta=0°$일 때 봉은 평형 위치에 있으며, 이때의 B점에 관한 평형방정식은 다음과 같다.

$$+\curvearrowright\sum M_B=0\ ;\ 0.3\times F_0=0.15\times 8\times 9.8+0.2\times 5\times 9.8$$

$$\therefore\ F_0=72\text{N}$$

식 (8.18)에 의하여, θ만큼 변형된 위치에서 B점의 관성력에 의한 모멘트(회전모멘트)는 다음과 같다.

$$M_B=I_B\ddot{\theta}$$

여기서, 강체봉 BC의 B점에 관한 (질량)관성모멘트는 $I_B=I_G+m(\frac{l}{2})^2=\frac{ml^2}{12}+m(\frac{l}{2})^2=\frac{ml^2}{3}=\frac{8\times 0.3^2}{3}$ 이고, B점에 관한 집중질량 E의 관성모멘트는 $I_B=5\times 0.2^2$이다. 그리고 I_G는 봉 BC의 질량중심에 관한 봉 BC의 관성모멘트이다. 따라서 B점에 관한 평형방정식은 다음과 같이 된다.

$$+\curvearrowright\sum M_B=0\ ;\ 8\times 9.8\times 0.15\cos\theta+5\times 9.8\times 0.2\cos\theta-(T_0+k\times 0.3\sin\theta)\times 0.3\cos\theta$$
$$=(\frac{8\times 0.3^2}{3}+5\times 0.2^2)\ddot{\theta}$$

각 θ가 작으면 $\cos\theta\approx 1$, $\sin\theta\approx\theta$이므로, 위 식은 다음과 같이 된다.

$$8\times 9.8\times 0.15+5\times 9.8\times 0.2-(F_0+3000\times 0.3\theta)\times 0.3=(\frac{8\times 0.3^2}{3}+5\times 0.2^2)\ddot{\theta}$$

위 식을 정리하면, 위 식은 다음과 같이 된다.

$$-270\theta=0.44\ddot{\theta}\ \Rightarrow\ \ddot{\theta}+614\theta=0$$

따라서 강체봉의 원고유진동수는 $\omega_n=\sqrt{614}=25\text{rad/sec}$이고, 강체봉의 고유진동수는 다음과 같이 된다.

$$f_n=\frac{\omega_n}{2\pi}=\frac{25}{2\times 3.14}=3.98\text{Hz}$$

위 운동의 미분방정식의 해를 단순조화운동으로 가정하면 다음과 같다.

$$\theta=A\cos(\omega_n t-\psi)$$

그리고 $t=0$일 때, $\theta=5°=\frac{5\pi}{180}$rad이고 $\dot{\theta}=0$이므로 다음과 같이 진폭 A와 위상각 ψ가 구해진다.

$$A\cos(-\psi)=\frac{5\pi}{180},\ \dot{\theta}=-A\omega_n\sin(-\psi)=0\ \Rightarrow\ \psi=0\ ,\ A=\frac{5\pi}{180}=0.09\text{rad}$$

그러므로 운동의 미분방정식의 해는 다음과 같이 된다.

$$\theta = A\cos\omega_n t = 0.09\cos 25t$$

$$\dot{\theta} = -A\omega_n \sin\omega_n t = -0.09\times 25\times \sin 25t = -2.25\sin 25t$$

따라서 강체봉의 최대각속도는 다음과 같이 된다.

$$\dot{\theta}_{\max} = 2.25\,\text{rad/sec}$$

8.5 강체의 운동량과 각운동량, 운동에너지

7.4절과 7.5절에서는 각각 **운동량**과 **각운동량**의 원리를 확장시켜 시스템의 질점들 사이의 연결방법과 무관하게 임의의 질점계에 대해서도 적용할 수 있게 하였다. 강체는 질점계의 한 특수한 경우에 불과하므로 강체운동에 대하여 이 확장된 7.4, 7.5, 7.6절의 관계식이 모두 그대로 적용된다. 이제 2차원 강체운동에 대하여 이 식들을 직접 적용해 보자.

8.5.1 병진운동과 회전운동을 동시에 받는 강체의 운동량과 각운동량

질량 m의 강체가 속도 $\mathbf{v}_g$로 직선운동하고 있을 때의 운동량 $\mathbf{G}_g$는 다음과 같이 된다.

$$\mathbf{G}_g = m\mathbf{v}_g \tag{8.40}$$

여기서, 8.2절의 그림 8.3과 같이 질량중심 G가 속도 $\mathbf{v}_G = \begin{Bmatrix} \dot{x}_G \\ \dot{y}_G \end{Bmatrix}$로 병진운동을 하고, 질량중심에 관하여 각속도 $\omega = \dot{\theta}$로 회전하는 강체를 고찰해 보자. 체적이 ΔV인 미소요소의 속도는 식 (8.2)에 주어져 있기 때문에 강체 전체의 **운동량** $\mathbf{G} = \begin{Bmatrix} G_x \\ G_y \end{Bmatrix}$는

$$G_x = \int_V \rho[\dot{x}_G - r\omega\sin(\theta+\psi)]\,dV = \dot{x}_G\int_V \rho\,dV = m\dot{x}_G \tag{8.41a}$$

$$G_y = \int_V \rho[\dot{y}_G + r\omega\cos(\theta+\psi)]\,dV = \dot{y}_G\int_V \rho\,dV = m\dot{y}_G \tag{8.41b}$$

가 된다. 즉, 계(system) 전체의 운동량은 회전의 영향을 받지 않고 전체 질량과 질량중심의

속도 $\mathbf{v}_G$의 곱으로 다음과 같이 표현된다.

$$\mathrm{G} = m\mathbf{v}_G \tag{8.42}$$

미소요소의 운동량의 질량중심에 관한 모멘트, 즉 각운동량 ΔH는

$$\begin{aligned}\Delta H &= -\rho[\dot{x}_G - r\omega\sin(\theta+\psi)]r\sin(\theta+\psi)\Delta V \\ &\quad + \rho[\dot{y}_G + r\omega\cos(\theta+\psi)]r\cos(\theta+\psi)\Delta V \\ &= \rho\omega r^2\Delta V + \rho r[-\dot{x}_G\sin(\theta+\psi) + \dot{y}_G\cos(\theta+\psi)]\Delta V\end{aligned} \tag{8.43}$$

가 된다. 따라서 강체 전체의 질량중심에 관한 **각운동량** H는 위 식을 강체 전체에서 적분하면 다음과 같이 된다.

$$H = \omega\int_V \rho r^2 dV = I_G\omega \tag{8.44}$$

각운동량의 값에는 강체의 질량중심에 관한 각속도만이 영향을 주고, 병진속도는 영향을 미치지 않는다.

8.5.2 고정축에 관하여 회전하는 강체의 각운동량

외적(벡터곱)의 전형적인 응용문제인 그림 8.14와 같은 **회전체의 속도**에 대하여 고려해보자. **강체**의 **평면운동학**에서 그림 8.14와 같이 고정축에 대해 강체가 **회전**할 때, 점 A의 선형(접선)속도벡터의 크기 $|\mathbf{v}|$, 각속도벡터의 크기 $|\omega|$, 위치벡터의 크기 $|\mathbf{r}|$의 관계를 식으로 나타내면

$$|\mathbf{v}| = |\omega||\mathbf{r}|\sin\theta = |\omega\times\mathbf{r}| \tag{8.45}$$

이 된다. 여기서, θ는 ω와 $\mathbf{r}$이 이루는 각도(사잇각)이다. 따라서 1개의 직선을 회전축으로 하여 일정한 각속도 ω로 등속원운동을 하는 점 A의 **속도벡터** $\mathbf{v}$는 **각속도벡터** ω와 **위치벡터** $\mathbf{r}$과의 **외적(벡터곱)** $\omega\times\mathbf{r}$이 된다. 즉,

$$\mathbf{v} = \omega\times\mathbf{r} \tag{8.46}$$

이 된다. 여기서, ω의 방향은 회전축의 방향이고, 회전은 **오른손 나사**를 진행시키는 방향으로

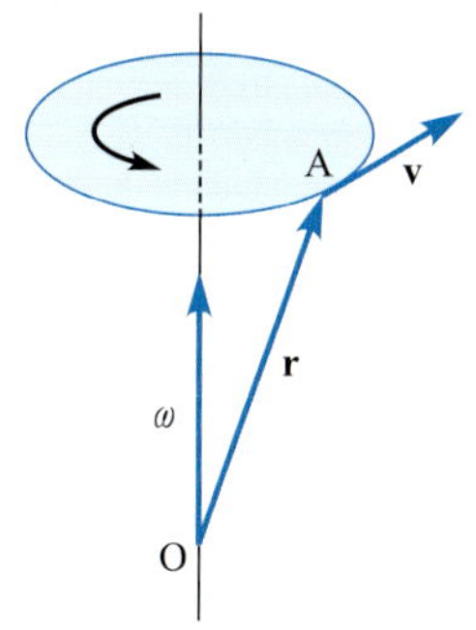

그림 8.14 강체의 회전

나타난다.

점 A의 **가속도벡터** $\mathbf{a}$는 외적으로 표현된 식 (8.46)의 $\mathbf{v}$를 시간에 관하여 미분해서 다음과 같이 구해진다. 즉,

$$\begin{aligned} \mathbf{a} &= \dot{\mathbf{v}} = \dot{\omega} \times \mathbf{r} + \omega \times \dot{\mathbf{r}} \\ &= \dot{\omega} \times \mathbf{r} + \omega \times (\omega \times \mathbf{r}) \\ &= \alpha \times \mathbf{r} + \omega \times \mathbf{v} \end{aligned} \tag{8.47}$$

이다. 여기서, $\alpha = \dot{\omega}$는 강체의 각가속도벡터이다. 따라서 식 (3.10c), (3.10d)에 해당하는 식은 각각 다음과 같이 된다.

$$\mathbf{a}_t = \alpha \times \mathbf{r} \tag{8.48}$$

$$\mathbf{a}_n = \omega \times (\omega \times \mathbf{r}) \tag{8.49}$$

각운동량의 벡터는 항상 운동평면에 수직하므로, 벡터 표시는 일반적으로 사용하지 않는다. 질량중심에 대한 각운동량을 스칼라로 표현하면 다음과 같이 된다. 즉, 물체의 고정축으로부터 r의 거리만큼 떨어져 있는 질량 dm의 미소부분의 각운동량 dH는 dm이 가진 속도를 v라고 하면 $v = r\omega$이기 때문에,

$$dH = r \times v\,dm = r^2 \omega\,dm \tag{8.50}$$

이 된다[식 (3.10b). 그림 (8.9), 그림 (8.16) 참조]. 식 (8.50)을 강체 전체에서 적분하면, 고정축에 관하여 회전하는 **강체**의 **각운동량** H가 다음과 같이 얻어진다.

$$H = \int \omega r^2 dm = \omega \int r^2 dm = I\omega \tag{8.51}$$

여기서, $I = \int r^2 dm$은 고정축에 관한 강체의 관성모멘트이다[식 (8.23) 참조]. 식 (8.51)과 운동량의 식 (6.5)를 비교하면 질량에 상당하는 것이 관성모멘트, 속도에 상당하는 것이 각속도가 되어있다는 것을 알 수 있다.

예제 8.15

다음 그림과 같이 길이 L(m)의 십자형 강체봉의 각 선단에 부착된 질량 m_1(kg)의 물체가 중앙의 축에 관하여 각속도 ω(rad/s)로 회전하고 있다. 이 계(system)의 관성모멘트를 구하고 각운동량을 계산하시오. 단, 강체봉의 질량은 무시한다.

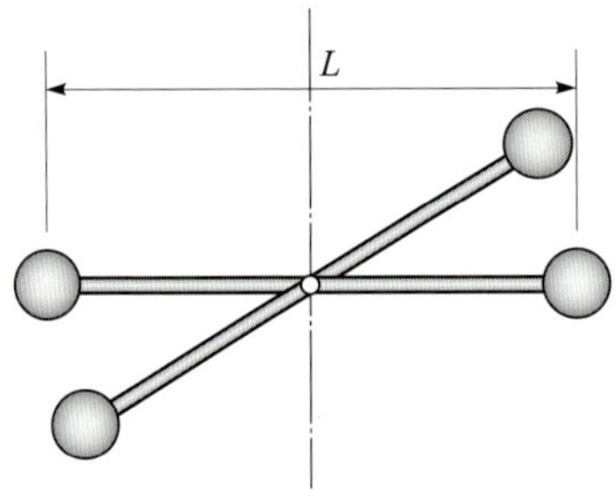

그림 예제 8.15

풀이

부착된 질량이 4개이므로 관성모멘트는

$$I = m_1 \times \left(\frac{L}{2}\right)^2 \times 4 = m_1 L^2 (\text{kgm}^2)$$

이 된다. 식 (8.51)로부터 각운동량은

$$H = I\omega = m_1 L^2 \omega \ (\text{kgm}^2/\text{s})$$

가 된다.

8.5.3 타격중심

그림 8.15(a)와 같이 봉의 질량중심 이외의 점에 직각으로 충격력을 주었을 때, 그림 8.15(b)와 같이 병진운동($\tilde{v}_2$)과 회전운동(ω)이 동시에 발생한다. 이때, 충돌 직후의 속도가 정확히 0이 되는 점이 있다. 예를 들어, 야구방망이로 볼을 칠 때 충돌 직후의 속도가 0이 되는

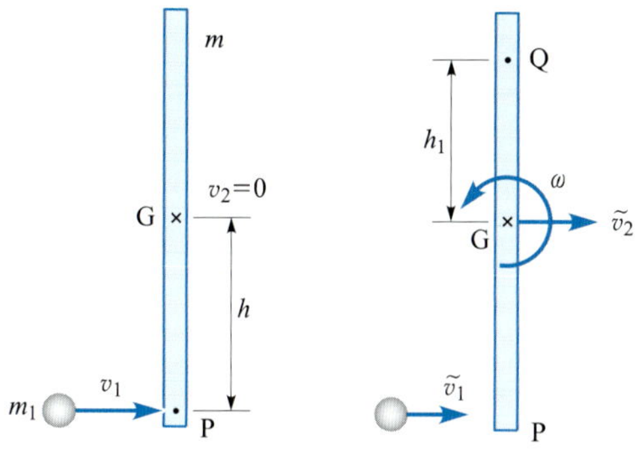

(a) 충돌 직전 (b) 충돌 직후

그림 8.15 타격중심

점을 잡고 있으면, 손에는 충격이 전해지지 않는다. 이러한 경우 볼의 충돌점을 그 위치에 대한 **타격중심**(center of percussion)이라고 부른다. 여기서는 이들 점과 질량중심과의 관계를 고찰한다.

그림 8.15와 같이 처음에 정지해 있는 질량 m의 강체봉에 질량중심 G로부터 거리 h만큼 떨어진 점 P에 질량 m_1의 질점이 봉에 수직으로 속도 v_1으로 충돌하는 경우를 고찰해 보자. 충돌 직후 봉은 질점의 충돌방향으로 질량중심의 병진운동과 질량중심에 관하여 회전운동이 겹쳐져서 운동을 한다. 충돌 직후의 질점의 속도를 $\tilde{v}_1$, 강체의 질량중심 속도를 $\tilde{v}_2$, 강체의 질량중심에 관한 각속도를 ω, 질량중심에 관한 관성모멘트를 $I = m\kappa^2$[식 (8.24) 참조]이라고 하자. 길이 L의 단면이 일정한 봉의 경우, $\kappa^2 = \frac{1}{12}L^2$이다[예제 8.3의 식 (1) 이하 참조].

이때, 질점과 강체봉으로 이루어진 계(system)의 **운동량보존법칙**[식 (6.11) 참조]에 의하여

$$m_1 v_1 = m_1 \tilde{v}_1 + m \tilde{v}_2 \tag{8.52}$$

가 된다. 또한, 봉의 질량중심에 관한 **각운동량보존법칙**[식 (7.23), 예제 7.4의 식 (1), 식 (8.51) 참조]에 의하여

$$\begin{aligned} m_1 v_1 h &= m_1 \tilde{v}_1 h + I\omega \\ &= m_1 \tilde{v}_1 h + m\kappa^2 \omega \end{aligned} \tag{8.53}$$

가 된다.

충돌 직후 강체봉의 운동은 질량중심이 속도 $\widetilde{v}_2$로 이동하고 질량중심에 관하여 반시계방향으로 각속도 ω로 회전하고 있기 때문에, 점 P의 반대쪽에 있는 질량중심으로부터 거리가 h_1인 점의 속도는 $\widetilde{v}_2 - h_1\omega$이고, 그 속도가 0이 되는 점 Q의 질량중심으로부터의 거리 h_1을 다음과 같이 구할 수 있다.

$$\widetilde{v}_2 - h_1\omega = 0 \quad \Rightarrow \quad h_1 = \frac{\widetilde{v}_2}{\omega} \tag{8.54}$$

식 (8.52), (8.53)으로부터

$$m\widetilde{v}_2 h = m\kappa^2\omega \quad \Rightarrow \quad \widetilde{v}_2 = \frac{\kappa^2\omega}{h} \tag{8.55}$$

가 되기 때문에

$$h_1 = \frac{\widetilde{v}_2}{\omega} = \frac{\kappa^2}{h} \tag{8.56}$$

이고

$$\kappa^2 = h h_1 \tag{8.57}$$

의 관계가 구해진다. 식 (8.57)을 만족하는 점 Q에서는 충돌 직후의 속도가 0이 된다. 점 P가 점 Q에 대한 **타격중심**이다. 반대로 점 Q를 타격하면 점 P가 정지하는 것을 보여준다. 물체에 작용하는 모든 힘의 합력은 반드시 이 **타격중심**을 통과한다는 성질을 갖고 있으며, 따라서 타격중심에 관한 모멘트의 합은 항상 0이 된다.

예제 8.16

길이 $L = 2$ m의 단면적이 일정하고 균질한 봉의 한쪽 끝으로부터 100mm의 위치를 잡고 볼을 쳤다. 이때의 타격중심을 구하시오.

풀이

단면적이 일정하고 균질한 봉의 경우

$$\kappa^2 = \frac{1}{12}L^2 = \frac{1}{12}\times 2^2 = 0.333\,\text{m}^2$$

이다. 한쪽 끝으로부터 100mm의 위치를 잡고 볼을 쳤기 때문에

$$h_1 = 1 - 0.1 = 0.9\text{m}$$

이다. 식 (8.57)로부터

$$h = \frac{\kappa^2}{h_1} = \frac{0.333}{0.9} = 0.37\text{m}$$

가 된다. 따라서 타격중심은 질량중심으로부터 봉을 잡은 쪽과 반대방향으로 0.37m에 위치한다.

8.5.4 고정축에 관하여 회전하는 강체의 운동에너지

그림 8.16과 같이 고정축에 관하여 각속도 ω로 회전하고 있는 강체가 갖은 운동에너지에 대하여 고찰해 보자.

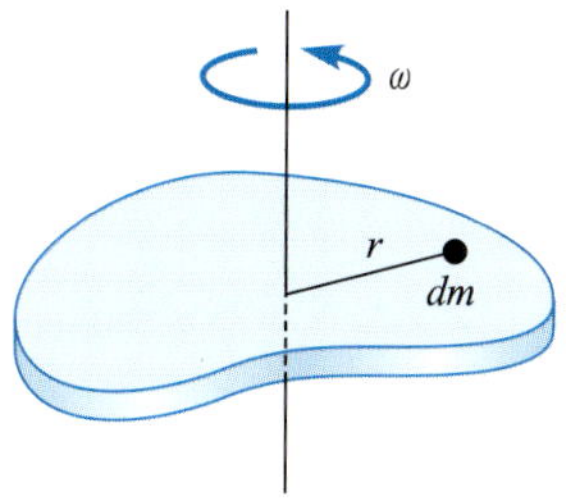

그림 8.16 미소질량 dm과 회전체가 갖은 에너지

강체의 고정축으로부터 r의 거리만큼 떨어져 있는 질량 dm의 미소부분이 갖은 운동에너지 dK_r은 dm이 가진 속도를 v라고 하면 $v = r\omega$ 이기 때문에

$$dK_r = \frac{1}{2} dm\, v^2 = \frac{1}{2}(r\omega)^2 dm \tag{8.58}$$

이 된다. 식 (8.58)을 강체 전체에서 적분하면 고정축에 관하여 회전하는 **강체**의 **운동에너지** K_r이 다음과 같이 구해진다.

$$K_r = \int \frac{1}{2}(r\omega)^2 dm = \frac{1}{2}\omega^2 \int r^2 dm = \frac{1}{2} I\omega^2 \tag{8.59}$$

여기서, $I = \int r^2 dm$은 고정축에 관한 강체의 관성모멘트이다[식 (8.23) 참조]. 식 (8.59)를 강체의 병진운동 경우의 식 (7.38)과 비교하면 질량에 상당하는 것이 관성모멘트, 속도에

상당하는 것이 각속도가 되어있다는 것을 알 수 있다.

예제 8.17

질량 1,500kg, 회전반지름 800mm의 자동차가 500rpm으로 회전운동을 하고 있다. 이 자동차가 가지고 있는 운동에너지 K_r을 구하시오.

풀이

식 (8.24)로부터, 자동차의 관성모멘트는

$$I = m\kappa^2 = 1{,}500 \times 0.8^2 = 960\,\text{kgm}^2$$

이다. 회전수 $n = 500$ rpm을 각속도 ω로 바꾸면

$$\omega = \frac{2\pi n}{60} = \frac{2\pi \times 500}{60} = 52.36\,\text{rad/s}$$

가 된다. 따라서 운동에너지 K_r은 식 (8.59)에 의하여 다음과 같이 된다.

$$K_r = \frac{1}{2} I\omega^2 = \frac{1}{2} \times 960 \times 52.36^2 = 1{,}315.95\,\text{Nm} = 1{,}316\ \text{kJ}$$

8.5.5 강체의 평면운동의 운동에너지

강체의 평면운동(plane motion)은 병진운동과 질량중심에 관한 회전운동으로 기술할 수 있다는 것을 8.4.1절에서 배웠다. 여기서는 질량중심의 병진운동의 속도 v, 질량중심에 관하여 각속도 ω로 운동하는 질량 m, 질량중심에 관한 관성모멘트 I의 강체가 갖은 운동에너지를 구해보자.

그림 8.17과 같이 xy평면 내에서 운동하고 있는 강체가 있다. 질량중심 및 강체 내의 임의의 점 P의 위치벡터를 각각 $\mathbf{r}_G$, $\mathbf{r}_P$라고 하면, $\mathbf{r}_P$는 $\mathbf{r}_G$와 $\mathbf{r}_{GP}$(G를 시작점으로 하고 P를 끝점으로 하는 상대위치벡터)의 합으로서 다음과 같이 표현할 수 있다[식 (3.40), (7.35) 참조].

$$\mathbf{r}_P = \mathbf{r}_G + \mathbf{r}_{GP} \tag{8.60}$$

점 P의 속도벡터는

$$\dot{\mathbf{r}}_P = \dot{\mathbf{r}}_G + \dot{\mathbf{r}}_{GP} \text{ 또는 } \mathbf{v}_P = \mathbf{v}_G + \mathbf{v}_{GP} \tag{8.61}$$

이다. 점 P에서 미소질량 dm의 운동에너지는 다음과 같이 표현된다.

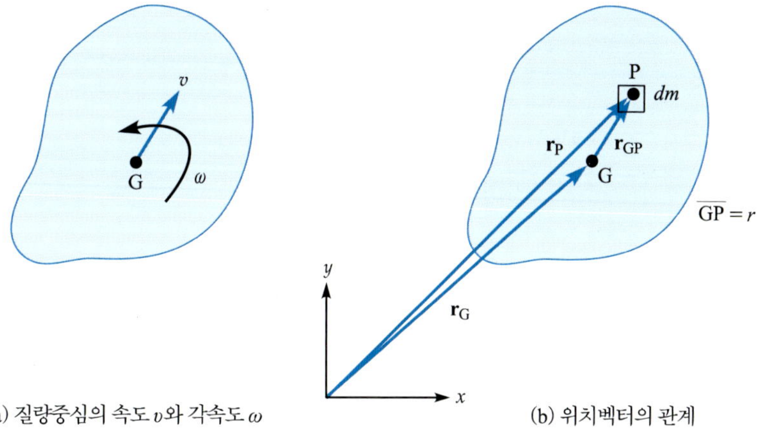

그림 8.17 평면운동을 하는 강체

$$\begin{aligned} dK_r &= \frac{1}{2}\left|\dot{\mathbf{r}}_P\right|^2 dm = \frac{1}{2}\left|\dot{\mathbf{r}}_G + \dot{\mathbf{r}}_{GP}\right|^2 dm \\ &= \frac{1}{2}(\dot{\mathbf{r}}_G + \dot{\mathbf{r}}_{GP}) \cdot (\dot{\mathbf{r}}_G + \dot{\mathbf{r}}_{GP}) dm \\ &= \frac{1}{2}\left|\dot{\mathbf{r}}_G\right|^2 dm + \dot{\mathbf{r}}_G \cdot \dot{\mathbf{r}}_{GP} dm + \frac{1}{2}\left|\dot{\mathbf{r}}_{GP}\right|^2 dm \end{aligned} \tag{8.62}$$

여기서, $|\dot{\mathbf{r}}_G|$는 질량중심 속도의 크기이고 $|\dot{\mathbf{r}}_{GP}|$는 점 P의 점 G에 대한 상대속도의 크기이기 때문에 각각 다음과 같은 관계가 있다.

$$|\dot{\mathbf{r}}_G| = v, \ |\dot{\mathbf{r}}_{GP}| = r\omega \tag{8.63}$$

식 (8.62)를 강체 전체에서 적분하면, 강체 전체의 운동에너지 K_{rt}가 다음과 같이 구해진다.

$$K_{rt} = \frac{1}{2}v^2 \int dm + \dot{\mathbf{r}}_G \left(\int \dot{\mathbf{r}}_{GP} dm \right) + \frac{1}{2}\omega^2 \int r^2 dm \tag{8.64}$$

여기서, $\dot{\mathbf{r}}_G$의 크기는 질량중심 속도의 크기로 v이고 ω와 함께 강체 내의 위치와는 관계가 없는 양이라는 것을 이용했다. 질량 및 관성모멘트 그리고 질량중심의 정의로부터 $m = \int dm$ 및 $I = \int r^2 dm$ 그리고 $\int \mathbf{r}_{GP} dm = 0$이 된다는 것을 고려하면, **강체**의 **운동에너지** K_{rt}가 다음과 같이 유도된다.

$$K_{rt} = \frac{1}{2}mv^2 + \frac{1}{2}I\omega^2 \tag{8.65}$$

결국, 위 식에서 보여준 것처럼 강체의 평면운동의 운동에너지는 병진운동의 운동에너지와 질량중심에 관한 회전 운동에너지의 합으로 표현된다.

예제 8.18

다음 그림과 같이 질량 $m = 2.0\text{kg}$, 반지름 $r_0 = 100\text{mm}$, 길이 400mm의 원기둥이 축에 수직한 방향으로 $v = 0.2$ m/s로 수평면을 미끄러지지 않고 굴러가고 있다. 이 원기둥이 갖는 운동에너지를 구하시오.

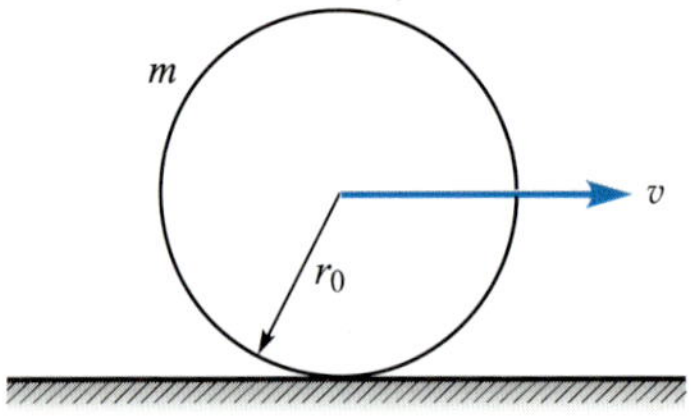

그림 예제 8.18

풀이

표 8.1로부터 이 원기둥의 관성모멘트는

$$I = \frac{1}{2}mr_0^2 = \frac{1}{2} \times 2.0 \times 0.1^2 = 0.01\ \text{kgm}^2$$

이다. 원기둥이 미끄러지지 않고 굴러갈 조건은 원기둥 방향의 속도가 병진운동의 속도와 같은 경우로서, $v = r_0\omega$ 이다. 따라서 회전운동의 각속도 ω는

$$\omega = \frac{v}{r_0} = \frac{0.2}{0.1} = 2\text{rad/s}$$

가 된다. 식 (8.65)로부터 구하고자 하는 운동에너지 K_{rt}는 다음과 같이 된다.

$$K_{rt} = \frac{1}{2}mv^2 + \frac{1}{2}I\omega^2 = \frac{1}{2} \times 2.0 \times 0.2^2 + \frac{1}{2} \times 0.01 \times 2^2 = 0.06\text{Nm} = 0.06\ \text{J}$$

8.5.6 강체의 평면운동의 역학적에너지 보존법칙

예제 8.19

다음 그림과 같이 경사면을 질량 m, 반지름 r_0의 구(sphere)가 미끄러지지 않고 굴러서 내려올 때, 다음 물음에 답하시오.

1) 구의 병진운동의 속도 v와 회전운동의 각속도 ω를 구하시오.

2) 높이 h_1만큼 낙하했을 때의 병진운동의 속도 $\tilde{v}$과 회전운동의 각속도 $\tilde{\omega}$을 구하시오.

3) 구가 미끄러지지 않고 굴러서 내려오기 위해 필요한 마찰계수 μ_0을 구하시오.

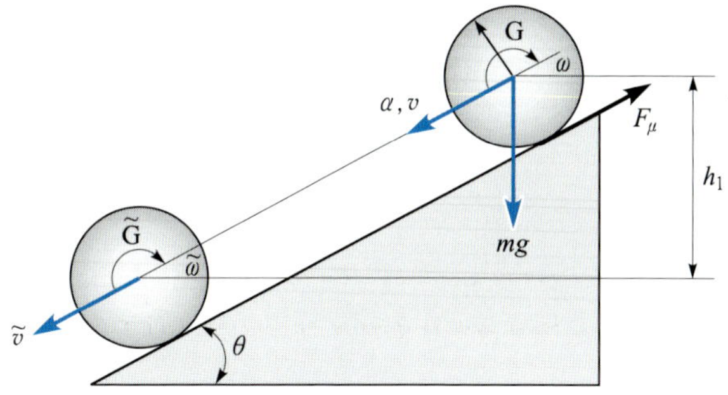

그림 예제 8.19

풀이

1) 예제 8.12의 풀이로부터 가속도를 a와 각가속도 $\alpha = \dfrac{a}{r_0}$ (미끄러지지 않고 굴러서 내려올 조건은 $a = r_0\alpha$ 임)는

$$a = 0.714 g \sin\theta \tag{1}$$

$$\alpha = \frac{a}{r_0} = 0.714\frac{g\sin\theta}{r_0} \tag{2}$$

가 된다. 따라서 병진운동의 속도 v와 회전운동의 각속도 ω는 다음과 같이 된다.

$$v = at = 0.714 g \sin\theta t \tag{3}$$

$$\omega = \alpha t = \frac{a}{r_0}t = 0.714\frac{g\sin\theta t}{r_0} \tag{4}$$

2) 구의 낙하높이 h_1과 속도 v 및 각속도 ω의 관계를 구해보자. 그림 예제 8.19와 같이 높이 h_1만큼 낙하했을 때 구의 병진운동의 속도와 회전운동의 각속도를 각각 $\tilde{v}$과 $\tilde{\omega}$이라고 하면, 구의 운동에너지 K_{rt}는 식 (8.65)로부터 다음과 같이 된다.

$$K_{rt} = \frac{1}{2}m\tilde{v}^2 + \frac{1}{2}I_G\tilde{\omega}^2 \tag{5}$$

표 8.1에서 구의 질량중심의 관성모멘트로부터 $I_G = \dfrac{2}{5}mr_0^2$이다. 식 (5)의 에너지는 중력이 한 일 $U_p = mgh_1$과 같다. 즉,

$$\frac{1}{2}m\tilde{v}^2 + \frac{1}{2}I_G\tilde{\omega}^2 = \frac{1}{2}m\tilde{v}^2 + \frac{1}{2}\left(\frac{2}{5}mr_0^2\right)\left(\frac{\tilde{v}}{r_0}\right)^2 = \frac{1}{2}m\tilde{v}^2 + \frac{1}{5}m\tilde{v}^2$$

$$= \frac{7}{10}m\tilde{v}^2 = mgh_1 \tag{6}$$

위 식을 $\tilde{v}$에 대하여 풀면,

$$\tilde{v} = 1.195\sqrt{gh_1} \tag{7}$$

이 얻어진다. $\tilde{v} = r_0 \tilde{\omega}$이므로,

$$\tilde{\omega} = \frac{\tilde{v}}{r_0} = 1.195\frac{\sqrt{gh_1}}{r_0} \tag{8}$$

이 된다.

3) 예제 8.12의 식 (2)

$$mg\sin\theta - F_\mu = ma$$

와 식 (1)

$$a = 0.714g\sin\theta$$

로부터 마찰력 F_μ는 다음 식과 같이 된다.

$$F_\mu = mg\sin\theta - ma = mg\sin\theta - m(0.714g\sin\theta) = 0.286mg\sin\theta \tag{9}$$

한편, 구와 경사면 사이의 최대 정지마찰력을 F_{μ_0}, 정지마찰계수 μ_0이라고 하면

$$F_{\mu_0} = \mu_0 mg\cos\theta \tag{10}$$

이다. 구가 미끄러지지 않기 위해서는 $F_{\mu_0} \geq F_\mu$, 즉

$$\mu_0 mg\cos\theta \geq 0.286mg\sin\theta \tag{11}$$

이 되어야 한다. 위 식을 정리하면

$$\mu_0 \geq 0.286\tan\theta \tag{12}$$

가 된다.

8.6 강체에 대한 3차원 동역학

8.6.1 강체의 3차원 좌표계와 자세의 표현

공학 분야에서 동역학 문제의 대부분은 대체로 8.5절까지에서 다룬 평면운동의 원리에서 그 해를 다룰 수 있다. 그러나 오늘날의 공학 발전으로 인해 **3차원에서의 운동해석**이 필요한 문제들이 자주 나타난다. 평면운동에 제3의 차원을 추가하는 것은 **운동학**과 **운동역학**의 관계를 더욱 복잡하게 만들어서 힘, 속도, 가속도 그리고 운동량을 표현하는 벡터에 제3의 성분이 부가되고 각도의 양을 나타내는 벡터, 즉 각속도, 각가속도, 각운동량 및 힘의 모멘트 등에 새로운 2개의 성분을 포함시키기도 한다. **벡터해석**의 장점이 바로 이러한 복잡한 3차원 운동에서 크게 사용될 것이다. 따라서 평면운동에 대한 동역학의 튼튼한 기초는 강체에 대한 **3차원 동역학**을 배우는데 매우 유용할 것이다.

이 절에서는 강체의 3차원 운동을 완벽하게 설명하는 것이 아니라 3차원 운동에 대한 기본적인 내용만을 취급한다. 그러나 이런 내용은 3차원 운동에서 자주 생기는 문제들의 많은 부분에 대한 해를 구하는데 충분하고, 한층 더 깊은 학문에 대한 기초가 될 것이다.

강체의 **3차원 공간운동**은 강체상의 1점, 예를 들면 질량중심 G에 전체 질량 m이 집중한 질점으로서의 운동과 질량중심을 통과하는 3축에 관한 회전운동, 즉 자세의 변화를 표현하는 3개의 파라미터로 나누어 독립적으로 고찰하는 것이 가능하다.

질량중심의 운동은 8.5절까지에서 다룬 것이 그대로 성립한다. 즉, 그림 8.18과 같이 질량중심의 위치벡터를 $\mathbf{r}_G$라고 하고, 강체에 작용하는 힘 $\mathbf{F}_1$, $\mathbf{F}_2$, $\mathbf{F}_3$, ⋯, $\mathbf{F}_n$의 전체 합을 $\mathbf{F}$라고 하면, 다음 식과 같이 표현될 수 있다.

$$\mathbf{F} = \mathbf{F}_1 + \mathbf{F}_2 + \mathbf{F}_3 + \cdots + \mathbf{F}_n = \sum_{i=1}^{n} \mathbf{F}_i = m\,\ddot{\mathbf{r}}_G \tag{8.66}$$

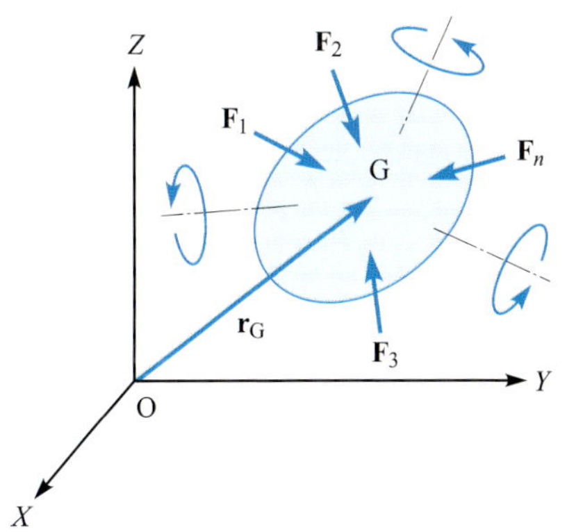

그림 8.18 강체의 질량중심의 위치와 3개의 회전

강체의 회전에 대한 운동방정식은 평면회전운동과는 조금 다르게 표현한다. **자세의 변화**는 3개의 독립된 회전각으로 표현하는 것이 가능하지만, 이 3개의 회전각을 벡터 형태로 표현하는 것은 가능하지 않다. 그러므로 먼저 자세의 변화를 그림 8.19와 같이 물체에 고정한 좌표계의 단위벡터가 정지좌표계에 대해 어느 방향에 있는가에 따라 표현한다. 즉, 자세를 방향벡터

$$\mathbf{E} = \{\mathbf{e}_1 \ \mathbf{e}_2 \ \mathbf{e}_3\} \tag{8.67}$$

으로 표현하다. 위 식은 $\mathbf{e}$를 행벡터(row vector)로 표현한 것이다. 식 (8.67)의 자세는 9개의

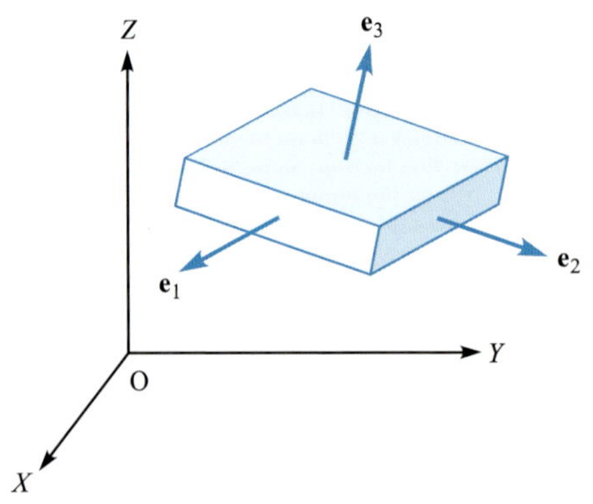

그림 8.19 물체에 고정한 3개의 자세벡터

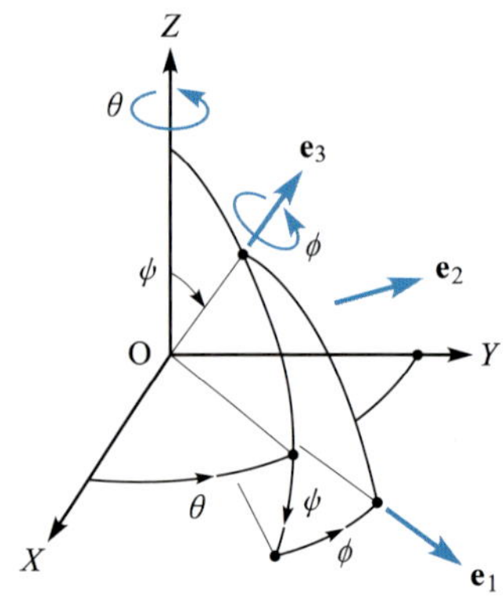

그림 8.20 오일러 각 (θ, ψ, ϕ)에 의한 자세의 표현

성분으로 표현되는 것이지만, $|\mathbf{e}|=1$이고 각 $\mathbf{e}_i$는 서로 직교하므로 독립된 성분은 3개이다.

$\{\mathbf{e}_1\ \mathbf{e}_2\ \mathbf{e}_3\}$가 최초에는 X, Y, Z축과 일치하고 있지만, 임의의 자세에 도달하기 위해서는 회전을 시켜야 한다. 다음의 **오일러 각**(Eulerian angle)을 이용하면 이러한 3차원 공간에서 강체의 **자세의 표현**이 가능하다. 즉, 그림 8.20과 같이 Z축을 $\mathbf{e}_3$으로(2개의 회전각 파라미터 θ, ψ 사용), X축을 $\mathbf{e}_1$로(3개의 회전각 파라미터 θ, ψ, ϕ 사용), 그리고 Y축을 $\mathbf{e}_2$로 옮기면, 이때의 **방향벡터**는

$$\mathbf{e}_1 = \begin{Bmatrix} \cos\theta\cos\psi\cos\phi - \sin\theta\sin\phi \\ \sin\theta\cos\psi\cos\phi + \cos\theta\sin\phi \\ -\sin\psi\cos\phi \end{Bmatrix} \tag{8.68a}$$

$$\mathbf{e}_2 = \begin{Bmatrix} -\cos\theta\cos\psi\sin\phi - \sin\theta\cos\phi \\ -\sin\theta\cos\psi\sin\phi + \cos\theta\cos\phi \\ \sin\psi\sin\phi \end{Bmatrix} \tag{8.68b}$$

$$\mathbf{e}_3 = \begin{Bmatrix} \cos\theta\sin\psi \\ \sin\theta\sin\psi \\ \cos\psi \end{Bmatrix} \tag{8.68c}$$

가 된다.

예제 8.20

다음 그림과 같이 오일러 각이 $\theta = 45°$, $\psi = 35°$, $\phi = -45°$일 때, 자세를 표현하는 단위벡터 e_1, e_2, e_3을 구하시오.

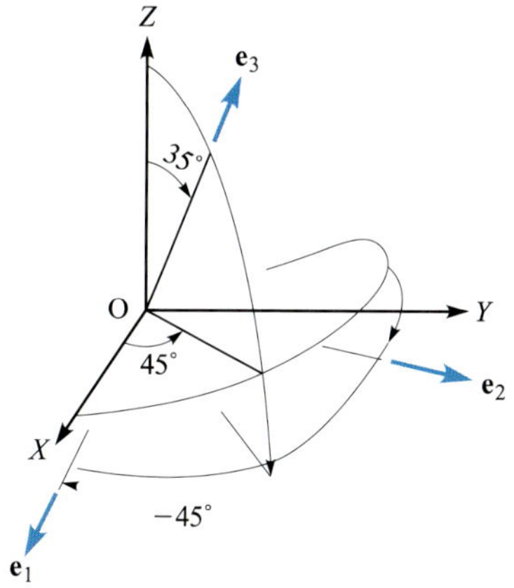

그림 예제 8.20

풀이

식 (8.68)에 $\theta = 45°$, $\psi = 35°$, $\phi = -45°$를 대입하면

$$e_1 = \begin{Bmatrix} \cos 45° \cos 35° \cos(-45°) - \sin 45° \sin(-45°) \\ \sin 45° \cos 35° \cos(-45°) + \cos 45° \sin(-45°) \\ -\sin 35° \cos(-45°) \end{Bmatrix} = \begin{Bmatrix} 0.910 \\ -0.090 \\ -0.406 \end{Bmatrix} \quad (1a)$$

$$e_2 = \begin{Bmatrix} -\cos 45° \cos 35° \sin(-45°) - \sin 45° \cos(-45°) \\ -\sin 45° \cos 35° \sin(-45°) + \cos 45° \cos(-45°) \\ \sin 35° \sin(-45°) \end{Bmatrix} = \begin{Bmatrix} -0.090 \\ 0.910 \\ -0.406 \end{Bmatrix} \quad (1b)$$

$$e_3 = \begin{Bmatrix} \cos 45° \sin 35° \\ \sin 45° \sin 35° \\ \cos 35° \end{Bmatrix} = \begin{Bmatrix} 0.406 \\ 0.406 \\ 0.819 \end{Bmatrix} \quad (1c)$$

가 된다. 이들은 각각 (X, Y, Z)축과 (e_1, e_2, e_3)가 이루는 각도의 여현(cosine) 값이다. 즉, $0.910 = \cos^{-1} 24.5°$, … 등이기 때문에

$$E = \{e_1 \; e_2 \; e_3\} = \begin{Bmatrix} \cos 24.5° & \cos 95.2° & \cos 66° \\ \cos 95.2° & \cos 24.5° & \cos 66° \\ \cos 114° & \cos 114° & \cos 35° \end{Bmatrix} \quad (2)$$

로 표현된다. 식 (2)를 **방향여현**(directional cosine)이라고 부른다. 또한, e_1, e_2, e_3는 단위벡터이기 때문에

$$|e_1| = \sqrt{0.910^2 + (-0.090)^2 + (-0.406)^2} = 1$$

$$|e_2| = \sqrt{(-0.090) + 0.910^2 + (-0.406)^2} = 1$$

$$|e_3| = \sqrt{0.406^2 + 0.406^2 + 0.819^2} = 1$$

이 된다.

8.6.2 각속도와 각가속도

각속도는 **벡터량**이고, 벡터적인 가감산이 가능하다. 즉, 그림 8.21과 같이 ω_1과 ω_2의 각속도벡터를 갖은 물체의 운동은 $\omega_1 + \omega_2 = \omega$ 의 각속도벡터를 갖은 운동과 같다. 물체상에 1점 P를 잡고 회전중심으로부터의 위치벡터를 $\mathbf{r}_m$ 이라고 하면, 그 점의 속도는

$$\mathbf{v} = \omega \times \mathbf{r}_m = (\omega_1 + \omega_2) \times \mathbf{r}_m \tag{8.69}$$

이 된다. 위 식에서 각속도 ω_1과 ω_2의 모두가 방향이 변하지 않는다고는 할 수 없다. 즉, 어느 것이든가 혹은 모두가 고정의 회전축이 아니면 회전속도는 변할 수 있다. 예를 들면, 그림 8.21의 예에서는 ω_1은 고정축으로 방향이 변하지 않지만 ω_2는 변한다. 따라서 이 경우 합성한 각속도 ω도 방향이 변한다.

각가속도도 **벡터량**이고 그것을 α로 표기하면, 그림 8.21, 8.22에서 각가속도는

$$\alpha = \dot{\omega} + \omega_1 \times \omega \tag{8.70}$$

이 된다. 여기서 $\dot{\omega} = \dot{\omega}_1 + \dot{\omega}_2$로 각각의 축에 관한 각속도의 **크기의 변화**를, $\omega_1 \times \omega$는 ω의 **방향의 변화**를 나타내는 각가속도이다.

물체상의 1점의 **가속도** $\mathbf{a}$는 그 점의 위치벡터를 $\mathbf{r}_m$이라 하고 지금까지 평면운동에서 적용해 왔던 상대운동의 원리(3.6절, 3.5.2항, 8.5.5항 참조)를 이용하면

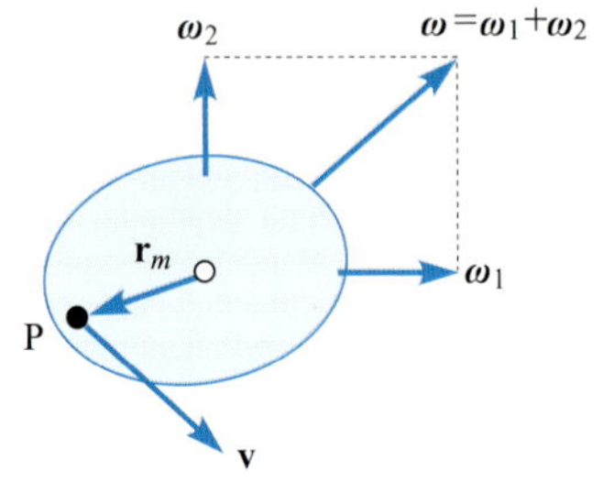

그림 8.21 회전 속도벡터의 합성

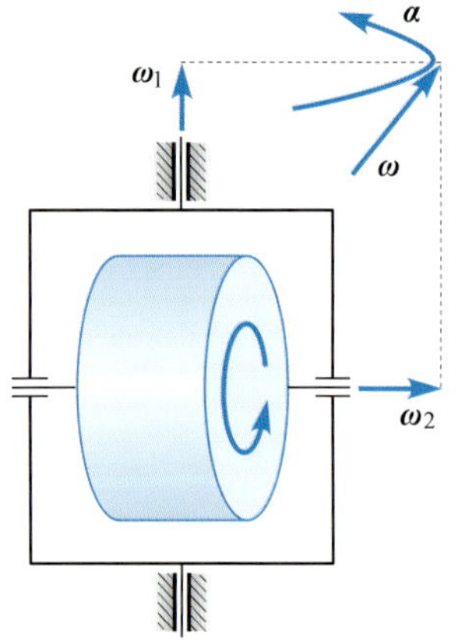

그림 8.22 방향 변화를 동반하는 각가속도

$$\begin{aligned} \mathbf{a} &= \boldsymbol{\alpha}\times\mathbf{r}_m+\boldsymbol{\omega}\times\mathbf{v} \\ &= \dot{\boldsymbol{\omega}}\times\mathbf{r}_m+(\boldsymbol{\omega}_1\times\boldsymbol{\omega})\times\mathbf{r}_m+\boldsymbol{\omega}\times(\boldsymbol{\omega}\times\mathbf{r}_m) \end{aligned} \tag{8.71}$$

이 된다[식 (8.47)~(8.49) 참조].

그림 8.23과 같이 일반적으로 회전하는 좌표계 $\widetilde{X}\ \widetilde{Y}\ \widetilde{Z}$ 가 있고, 그 단위벡터를 $\mathbf{e}_1$, $\mathbf{e}_2$, $\mathbf{e}_3$, 그 좌표계의 회전속도(각속도) 벡터를 $\boldsymbol{\Omega}$ 이라 하자. 회전좌표계상에서 표시된 임의의 벡터를 $\mathbf{R}_m$ 이라고 하면, 그 시간미분인 $\mathbf{V}_m$ 은 다음과 같이 된다. 즉,

$$\mathbf{R}_m = R_{\widetilde{X}}\,\mathbf{e}_1+R_{\widetilde{Y}}\,\mathbf{e}_2+R_{\widetilde{Z}}\,\mathbf{e}_3 \tag{8.72}$$

$$\begin{aligned} \mathbf{V}_m &= \dot{R}_{\widetilde{X}}\,\mathbf{e}_1+\dot{R}_{\widetilde{Y}}\,\mathbf{e}_2+\dot{R}_{\widetilde{Z}}\,\mathbf{e}_3+R_{\widetilde{X}}\,\dot{\mathbf{e}}_1+R_{\widetilde{Y}}\,\dot{\mathbf{e}}_2+R_{\widetilde{Z}}\,\dot{\mathbf{e}}_3 \\ &= \dot{\mathbf{R}}_m+\boldsymbol{\Omega}\times\mathbf{R}_m \end{aligned} \tag{8.73}$$

여기서, $\dot{\mathbf{R}}_m$ 은 $\mathbf{R}_m$ 의 크기의 변화를, $\boldsymbol{\Omega}\times\mathbf{R}_m$ 은 $\mathbf{R}_m$ 의 방향의 변화를 나타낸다. 따라서 $\mathbf{R}_m$ 의 변화율은 $\mathbf{R}_m$ 의 **크기의 변화**와 **자세의 변화**와의 합으로 표현된다. 식 (8.70)은 $\dot{\mathbf{R}}_m = \boldsymbol{\omega}$ 이고 $\boldsymbol{\Omega}=\boldsymbol{\omega}_1$ 인 예이고, 식 (8.71)은 $\dot{\mathbf{R}}_m=\mathbf{v}$ 이고 $\boldsymbol{\Omega}=\boldsymbol{\omega}$ 인 사례이다. 식 (8.73)은 8.6.3절에서 응용된다.

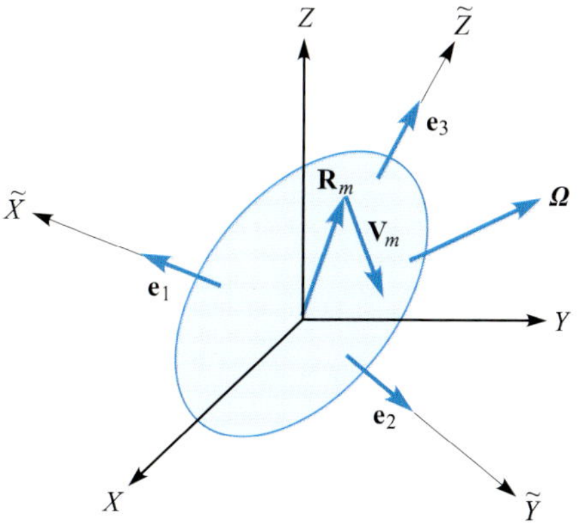

그림 8.23 일반적인 벡터 $\mathbf{R}_m$의 시간미분 $\mathbf{V}_m$

예제 8.21

다음 그림과 같이 각판이 각속도를 가지고 있고, 점 P의 초기위치는 P(200, 0, 400)mm이다. 각판상의 점 P(200, 0, 400)은 $t = 0.02$ s후에 어느 위치에 있고, 그 순간의 속도벡터와 가속도벡터를 계산하시오.

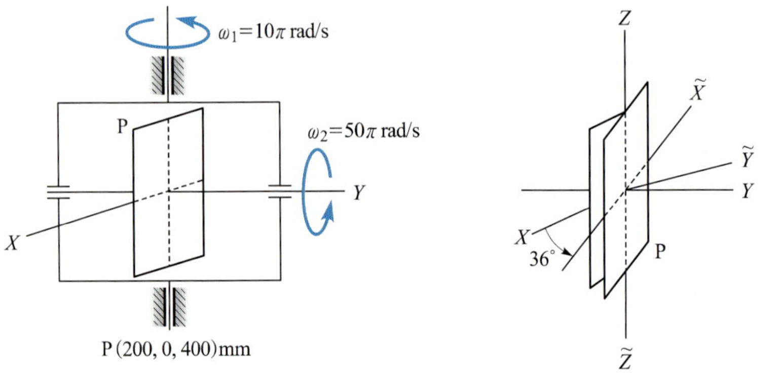

(a) 각판의 회전 (b) 0.02s 후의 각판의 위치와 자세

그림 예제 8.21

풀이

그림 예제 8.21(a)와 같이 베어링에 고정된 좌표계는 ω_1의 각속도로 이동하고, 각판에 고정된 좌표계는 ω_2의 각속도로 이동하고 있다. $t = 0.02$ s후 각판에 고정된 이동좌표계는 베어링의 Y에 관하여 $\theta_2 = \omega_2 t = 50\pi \times 0.02 = \pi$ rad만큼, 그리고 그 베어링은 Z축에 관하여 $\theta_1 = \omega_1 t = 10\pi \times 0.02 = \frac{\pi}{5}$ rad $= 36°$만큼 회전하기 때문에, 각판에 고정된 이동좌표계는 그림 예제 8.21(b)와 같이 $\widetilde{Y}$ 축이 36°만큼 Y축에 경사지고, $\widetilde{Z}$ 축은 아래쪽을 향하게 된다. 따라서 각판에 고정된 이동좌표계로부터 정지된 고정좌표계로의 변환은 다음과 같이 된다.

$$x = -\widetilde{X}\cos 36° - \widetilde{Y}\sin 36°$$

$$y = -\widetilde{X}\sin 36° + \widetilde{Y}\cos 36°$$

$$z = -\widetilde{Z}$$

위 식에 $\mathbf{r}_m = (\widetilde{X}, \widetilde{Y}, \widetilde{Z}) = (200, 0, 400)$mm를 대입하면, 구하고자 하는 점 P의 $t = 0.02$s후의 위치벡터 $\mathbf{r}$이 다음과 같이 얻어진다.

$$\mathbf{r} = (x, y, z) = (-160.80, -117.56, -400)\,\text{mm}$$

다음으로, 점 P의 이 순간의 각속도를 $\widetilde{X}\,\widetilde{Y}\,\widetilde{Z}$ 좌표에 표시하면 $\omega_1 = (0, 0, -10\pi)$ rad/s, $\omega_2 = (0, 50\pi, 0)$ rad/s이다. 이것을 식 (8.69)에 대입하면, 구하고자 하는 점 P의 $t = 0.02$ s후의 속도벡터 $\mathbf{v}$가 다음과 같이 얻어진다.

$$\mathbf{v} = \omega \times \mathbf{r}_m = (\omega_1 + \omega_2) \times \mathbf{r}_m = (62.83, -6.28, -31.42)\,\text{m/s}$$

식 (8.70)으로부터, 각가속도벡터 α는 $\dot{\omega} = 0$이고 $\omega = \omega_1 + \omega_2 = (0, 50\pi, -10\pi)$이기 때문에

$$\alpha = \dot{\omega} + \omega_1 \times \omega = (4{,}934.80,\ 0,\ 0)\,\text{rad/s}^2$$

이 된다. 마지막으로, 식 (8.71)로부터 $\widetilde{X}\ \widetilde{Y}\ \widetilde{Z}$ 좌표에 표시하여 가속도벡터 $\mathbf{a}$를 구하면 다음과 같이 된다.

$$\begin{aligned}\mathbf{a} &= \alpha \times \mathbf{r}_m + \omega \times \mathbf{v} \\ &= (4{,}934.80,\ 0,\ 0) \times (0.2,\ 0,\ 0.4) + (0,\ 50\pi,\ -10\pi) \times (62.83,\ -6.28,\ -31.42) \\ &= (-5{,}132.73,\ -3{,}947.78,\ -9{,}869.31)\,\text{m/s}^2\end{aligned}$$

참고로, 위의 가속도는 구심가속도 및 코리올리(Coriolis) 가속도 등이 모두 포함되어 있다.

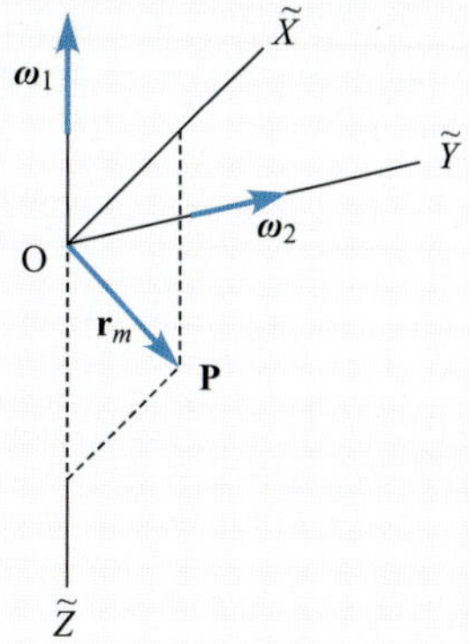

(c) 각판의 각속도와 위치벡터

그림 예제 8.21

예제 8.22

다음 그림과 같이 3자유도 로봇장치의 회전관절의 각각이 ω_1, ω_2, ω_3으로 등속회전운동을 하고 있을 때, 선단 Q의 속도와 가속도를 구하시오.

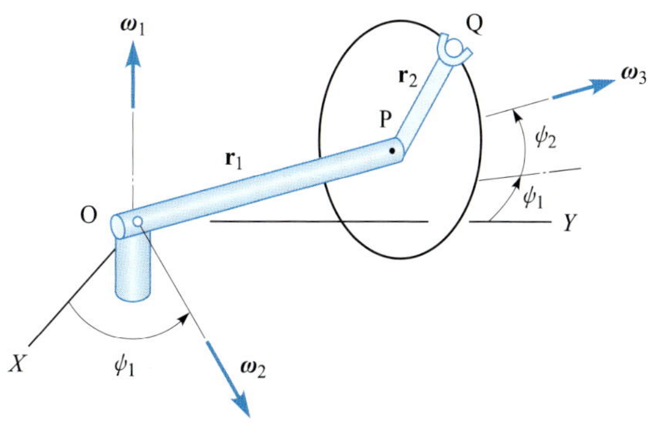

그림 예제 8.22

풀이

그림 예제 8.22처럼 $\overrightarrow{OP} = \mathbf{r}_1$, $\overrightarrow{PQ} = \mathbf{r}_2$라고 하고, 먼저 점 P의 속도 $\mathbf{v}_P$와 가속도 $\mathbf{a}_P$를 구해보자. 이것은 ω_3과 관계가 없기 때문에, 식 (8.69), (8.70), (8.71)로부터

$$\mathbf{v}_P = \omega \times \mathbf{r}_1 = (\omega_1 + \omega_2) \times \mathbf{r}_1$$

$$\alpha_P = \dot{\omega} + \omega_1 \times \omega = (\dot{\omega}_1 + \dot{\omega}_2) + \omega_1 \times (\omega_1 + \omega_2) = (0+0) + \omega_1 \times (\omega_1 + \omega_2) = \omega_1 \times \omega_2$$

$$\begin{aligned} \mathbf{a}_P &= \alpha_P \times \mathbf{r}_1 + \omega \times \mathbf{v}_P = \alpha_P \times \mathbf{r}_1 + (\omega_1 + \omega_2) \times \mathbf{v}_P \\ &= (\omega_1 \times \omega_2) \times \mathbf{r}_1 + (\omega_1 + \omega_2) \times ((\omega_1 + \omega_2) \times \mathbf{r}_1) \end{aligned}$$

이 된다. 다음으로, 점 P에 대한 Q의 상대속도 $\mathbf{v}_{PQ}$와 상대가속도 $\mathbf{a}_{PQ}$를 구해보자. 이것은 점 P가 원점 O에 일치하고 있을 때의 P점의 그들을 구하면 된다. 즉, 각속도 ω는

$$\omega = \omega_1 + \omega_2 + \omega_3$$

이고, 각가속도는 ω_1에 의한 ω_2의 방향 변화와 $\omega_1 + \omega_2$에 의한 ω_3의 방향 변화의 합이므로

$$\alpha = \omega_1 \times \omega_2 + (\omega_1 + \omega_2) \times \omega_3$$

이 된다. 그러므로 상대속도 $\mathbf{v}_{PQ}$와 상대가속도 $\mathbf{a}_{PQ}$는

$$\mathbf{v}_{PQ} = \omega \times \mathbf{r}_2 = (\omega_1 + \omega_2 + \omega_3) \times \mathbf{r}_2$$

$$\begin{aligned} \mathbf{a}_{PQ} &= \alpha \times \mathbf{r}_2 + \omega \times \mathbf{v}_{PQ} \\ &= (\omega_1 \times \omega_2 + (\omega_1 + \omega_2) \times \omega_3) \times \mathbf{r}_2 + (\omega_1 + \omega_2 + \omega_3) \times ((\omega_1 + \omega_2 + \omega_3) \times \mathbf{r}_2) \end{aligned}$$

가 된다. 따라서 구하고자 하는 선단 Q의 속도 $\mathbf{v}_Q$와 가속도 $\mathbf{a}_Q$는 다음과 같이 된다.

$$\begin{aligned} \mathbf{v}_Q &= \mathbf{v}_P + \mathbf{v}_{PQ} \\ &= (\omega_1 + \omega_2) \times \mathbf{r}_1 + (\omega_1 + \omega_2 + \omega_3) \times \mathbf{r}_2 \end{aligned}$$

$$\begin{aligned} \mathbf{a}_Q &= \mathbf{a}_P + \mathbf{a}_{PQ} \\ &= (\omega_1 \times \omega_2) \times \mathbf{r}_1 + (\omega_1 + \omega_2) \times ((\omega_1 + \omega_2) \times \mathbf{r}_1) \\ &\quad + (\omega_1 \times \omega_2 + (\omega_1 + \omega_2) \times \omega_3) \times \mathbf{r}_2 + (\omega_1 + \omega_2 + \omega_3) \times ((\omega_1 + \omega_2 + \omega_3) \times \mathbf{r}_2) \end{aligned}$$

이와 같이 회전좌표계 위에 또 다른 회전좌표계가 있고 그것의 각속도가 ω_3일 때, 그 시스템의 각가속도는 제1의 회전좌표계의 각가속도 $\omega_1 \times \omega_2$와 제2의 회전좌표계의 각가속도 $(\omega_1 + \omega_2) \times \omega_3$의 합이 된다.

8.6.3 3차원에서 강체의 회전의 운동역학

3차원 공간에서 **강체의 운동역학**도 평면운동의 경우와 마찬가지로 강체의 질량중심의 **병진운동**과 질량중심에 관한 **회전운동**으로 표현되고, 동적인 **힘**과 동적인 **모멘트**[식 (7.22), (8.18), (8.44) 참조] 사이에는 다음의 관계가 성립한다.

$$\mathbf{F} = m\,\mathbf{a}_G = m\frac{d}{dt}(m\,\mathbf{v}_G) = m\,\ddot{\mathbf{r}}_G \tag{8.74}$$

$$\mathbf{M}_m = \frac{d\mathbf{H}_m}{dt} = \dot{\mathbf{H}}_m \tag{8.75}$$

$$\mathbf{H}_m = [I]\omega = \begin{bmatrix} I_{\widetilde{X}\widetilde{X}} & -I_{\widetilde{X}\widetilde{Y}} & -I_{\widetilde{X}\widetilde{Z}} \\ -I_{\widetilde{Y}\widetilde{X}} & I_{\widetilde{Y}\widetilde{Y}} & -I_{\widetilde{Y}\widetilde{Z}} \\ -I_{\widetilde{Z}\widetilde{X}} & -I_{\widetilde{Z}\widetilde{Y}} & I_{\widetilde{Z}\widetilde{Z}} \end{bmatrix} \begin{Bmatrix} \omega_{\widetilde{X}} \\ \omega_{\widetilde{Y}} \\ \omega_{\widetilde{Z}} \end{Bmatrix} \tag{8.76}$$

여기서, $\mathbf{H}_m$은 강체의 **각운동량**, ω는 **각속도**의 벡터(그림 8.24), 행렬 $[I]$는 **관성행렬**(inertia matrix)[혹은 **관성텐서**(inertia tensor)]이다. 참고로, 관성모멘트와 관성곱에 사용된 이중 아래첨자는 텐서표기법으로 사용할 경우 특별한 의미를 갖는 표기의 대칭성을 간직한다. 식 (8.29), (8.30)으로부터 행렬 $[I]$의 성분들은 다음과 같은 형태들로 표현된다.

$$I_{\widetilde{X}\widetilde{X}} = \int \left(\widetilde{Y}^{\,2} + \widetilde{Z}^{\,2}\right) dm = \rho \iiint \left(\widetilde{Y}^{\,2} + \widetilde{Z}^{\,2}\right) d\widetilde{X}\, d\widetilde{Y}\, d\widetilde{Z} \tag{8.77}$$

$$I_{\widetilde{X}\widetilde{Y}} = I_{\widetilde{Y}\widetilde{X}} = \int \widetilde{X}\,\widetilde{Y}\, dm \tag{8.78}$$

$I_{\widetilde{X}\widetilde{Y}}$, $I_{\widetilde{Y}\widetilde{Z}}$, $I_{\widetilde{Z}\widetilde{X}}$를 **관성곱**(product of inertia)이고, 강체 내의 적당한 좌표축 $\widetilde{X}\,\widetilde{Y}\,\widetilde{Z}$를 잡아서 이 항을 0으로 만들 수 있다. 이 관성곱을 0으로 하는 축은 직교하고 이것을 **주관성축**(principal axes of inertia)이라고 하고, $I_{\widetilde{X}\widetilde{X}}$, $I_{\widetilde{Y}\widetilde{Y}}$, $I_{\widetilde{Z}\widetilde{Z}}$를 **주관성모멘트**(principal moments of inertia)라 하며, 이는 선택된 특정한 원점에 대하여 관성모멘트의 최댓값, 중간값, 최솟값을 나타낸다. 주관성축이 잡아지면 관성곱이 0이 되기 때문에 식 (8.76)은

$$\mathbf{H}_m = \begin{Bmatrix} I_{\widetilde{X}\widetilde{X}}\,\omega_{\widetilde{X}} \\ I_{\widetilde{Y}\widetilde{Y}}\,\omega_{\widetilde{Y}} \\ I_{\widetilde{Z}\widetilde{Z}}\,\omega_{\widetilde{Z}} \end{Bmatrix} \tag{8.79}$$

이 되어 표현이 간단하게 된다. 병진운동의 경우에는 속도와 운동량이 같은 방향이지만, 회전운동에서는 각속도와 각운동량의 방향이 다르다(그림 8.25 참조).

그림 8.26과 같은 회전각속도(회전하는 기준축의 각속도) Ω_m을 가진 회전계에 대하여 식 (8.73)의 회전좌표계의 표현을 식 (8.75)에 적용하면 **모멘트**는

$$\mathbf{M}_m = \dot{\mathbf{H}}_m + \Omega_m \times \mathbf{H}_m \tag{8.80}$$

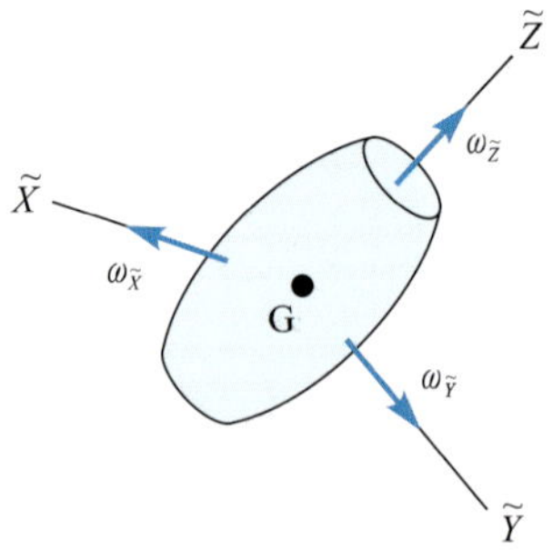

그림 8.24 각속도의 물체 고정좌표 성분

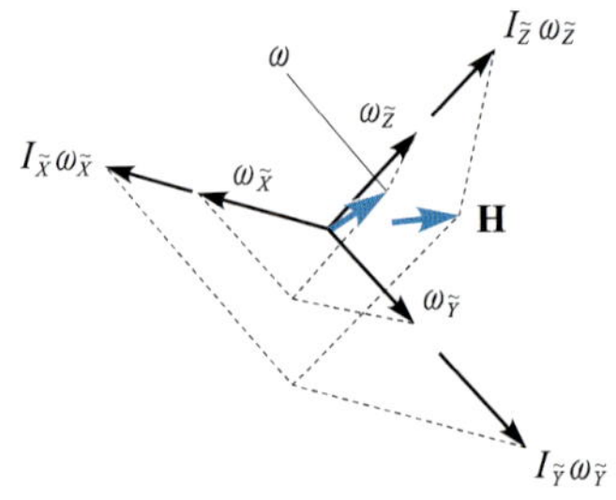

그림 8.25 ω와 H

이 된다. 위 식이 **회전운동**의 동역학의 **기초방정식**이다.

이제 식 (8.80)을 좌표축이 질량중심을 지나거나 강체에 고정된 경우에 대하여 적용해 보자. 이러 조건하에서 $\widetilde{X}\ \widetilde{Y}\ \widetilde{Z}$ 좌표계로 표시하면, 관성모멘트와 관성곱은 시간에 대하여 불변이고, 또한 $\Omega = \omega$이다. 따라서 좌표축이 질량중심을 지나거나 강체에 고정된 경우에 식 (8.80)의 3개의 스칼라 성분은 $\widetilde{X}\ \widetilde{Y}\ \widetilde{Z}$ 가 주관성축(관성곱이 0인 축)일 때

$$M_{\widetilde{X}} = I_{\widetilde{X}\widetilde{X}}\,\dot{\omega}_{\widetilde{X}} - (I_{\widetilde{Y}\widetilde{Y}} - I_{\widetilde{Z}\widetilde{Z}})\,\omega_{\widetilde{Y}}\,\omega_{\widetilde{Z}} \tag{8.81a}$$

$$M_{\widetilde{Y}} = I_{\widetilde{Y}\widetilde{Y}}\,\dot{\omega}_{\widetilde{Y}} - (I_{\widetilde{Z}\widetilde{Z}} - I_{\widetilde{X}\widetilde{X}})\,\omega_{\widetilde{Z}}\,\omega_{\widetilde{X}} \tag{8.81b}$$

$$M_{\widetilde{Z}} = I_{\widetilde{Z}\widetilde{Z}}\,\dot{\omega}_{\widetilde{Z}} - (I_{\widetilde{X}\widetilde{X}} - I_{\widetilde{Y}\widetilde{Y}})\,\omega_{\widetilde{X}}\,\omega_{\widetilde{Y}} \tag{8.81c}$$

이 된다. 위 식은 좌표축이 질량중심을 지나거나 강체에 고정되었을 때의 일반적인 모멘트를 구하는 식이다. **오일러 방정식**(Euler's equation of motion)으로 알려진 식 (8.81)의 관계식은 일반적인 3차원 강체운동을 연구하는데 매우 유용하다.

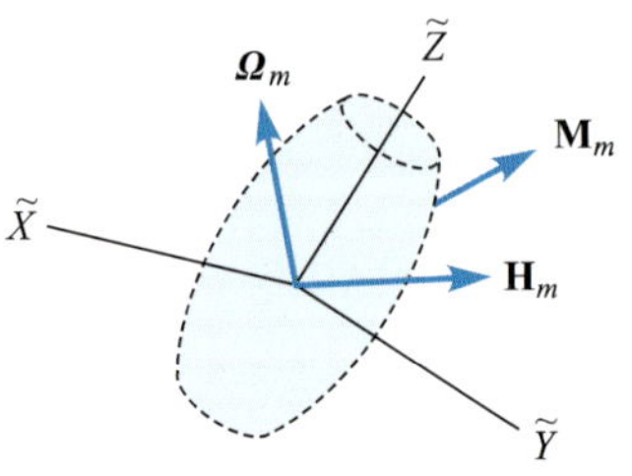

그림 8.26 회전계의 동역학

예제 8.23

다음 그림과 같은 물체의 주관성모멘트를 구하시오. 단, 물체의 밀도는 ρ로 균질하다.

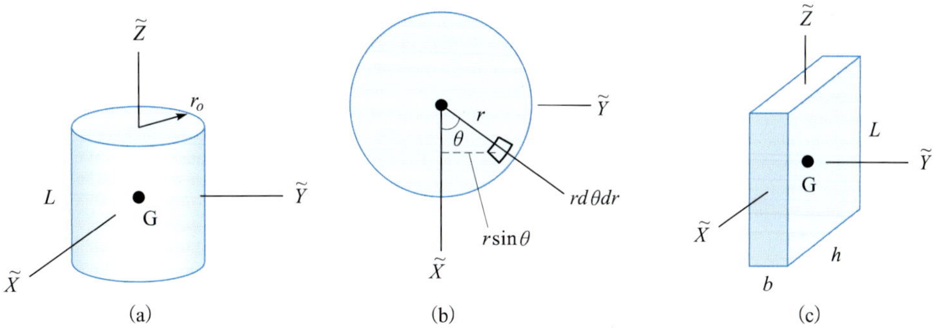

그림 예제 8.23 원기둥의 주관성모멘트 그림 예제 8.23 직방체의 주관성모멘트

풀이

1) 그림 예제 8.23(a), (b) 원기둥의 주관성모멘트

물체가 대칭축을 가지고 있으면 그것이 주관성축이 된다. 그러므로 그림 예제 8.23(a), (b)에서 가운데에 위치한 질량중심 G를 통과하는 $\widetilde{X}$, $\widetilde{Y}$, $\widetilde{Z}$ 축이 주관성축이다. 따라서 주어진 원기둥의 주관성모멘트는 식 (8.77), (8.29)에 의하여 다음과 같이 된다.

$$I_{\widetilde{X}\widetilde{X}} = I_{\widetilde{Y}\widetilde{Y}} = \int \left(\widetilde{Y}^2 + \widetilde{Z}^2\right) dm = \rho \iiint \left(\widetilde{Y}^2 + \widetilde{Z}^2\right) d\widetilde{X}\, d\widetilde{Y}\, d\widetilde{Z}$$

$$= \rho \int_{-\frac{L}{2}}^{\frac{L}{2}} \int_0^{2\pi} \int_0^{r_0} \left(r^2 \sin^2\theta + \widetilde{Z}^2\right) r\, dr\, d\theta\, d\widetilde{Z}$$

$$= \rho \left[L \frac{\pi r_0^4}{4} + \frac{2}{3}\left(\frac{L}{2}\right)^3 \pi r_0^2\right] = m\left(\frac{1}{12}L^2 + \frac{1}{4}r_0^2\right) \tag{1}$$

$$I_{\widetilde{Z}\widetilde{Z}} = \int \left(\widetilde{X}^2 + \widetilde{Y}^2\right) dm = \rho \iiint \left(\widetilde{X}^2 + \widetilde{Y}^2\right) d\widetilde{X}\, d\widetilde{Y}\, d\widetilde{Z}$$

$$= \rho \int_{-\frac{L}{2}}^{\frac{L}{2}} \int_0^{2\pi} \int_0^{r_0} r^3\, dr\, d\theta\, d\widetilde{Z} = \frac{1}{2} m r_0^2 \tag{2}$$

여기서, m은 원기둥의 질량으로 $m = \rho\pi r_0^2 L$ 이다.

2) 그림 예제 8.23(c) 직방체의 주관성모멘트

물체가 대칭축을 가지고 있으면, 그것이 주관성축이 된다. 그러므로 그림 예제 8.23(c)에서 가운데에 위치한 질량중심 G를 통과하는 $\widetilde{X}$, $\widetilde{Y}$, $\widetilde{Z}$ 축이 주관성축이다. 따라서 주어진 직방체의 주관성모멘트는 식 (8.77), (8.29)에 의하여 다음과 같이 된다.

$$I_{\widetilde{X}\widetilde{X}} = \int \left(\widetilde{Y}^2 + \widetilde{Z}^2\right) dm = \rho \iiint \left(\widetilde{Y}^2 + \widetilde{Z}^2\right) d\widetilde{X}\, d\widetilde{Y}\, d\widetilde{Z}$$

$$= \rho \int_{-\frac{L}{2}}^{\frac{L}{2}} \int_{-\frac{b}{2}}^{\frac{b}{2}} \int_{-\frac{h}{2}}^{\frac{h}{2}} (\widetilde{Y}^2 + \widetilde{Z}^2) d\widetilde{X}\, d\widetilde{Y}\, d\widetilde{Z}$$

$$= \rho \left[\frac{2}{3}\left(\frac{b}{2}\right)^3 hL + \frac{2}{3}\left(\frac{L}{2}\right)^3 hb \right] = \frac{1}{12} m(b^2 + L^2) \tag{3}$$

$$I_{\widetilde{Y}\widetilde{Y}} = \rho \int_{-\frac{L}{2}}^{\frac{L}{2}} \int_{-\frac{b}{2}}^{\frac{b}{2}} \int_{-\frac{h}{2}}^{\frac{h}{2}} (\widetilde{Z}^2 + \widetilde{X}^2) d\widetilde{X}\, d\widetilde{Y}\, d\widetilde{Z} = \frac{1}{12} m(h^2 + L^2) \tag{4}$$

$$I_{\widetilde{Z}\widetilde{Z}} = \rho \int_{-\frac{L}{2}}^{\frac{L}{2}} \int_{-\frac{b}{2}}^{\frac{b}{2}} \int_{-\frac{h}{2}}^{\frac{h}{2}} (\widetilde{X}^2 + \widetilde{Y}^2) d\widetilde{X}\, d\widetilde{Y}\, d\widetilde{Z} = \frac{1}{12} m(h^2 + b^2) \tag{5}$$

여기서, m은 직방체의 질량으로 $m = \rho h b L$ 이다.

예제 8.24

다음 그림과 같이 물체의 가운데에 위치한 질량중심 G를 통과하는 직교축 X, Y, Z가 있다. 이 물체의 주관성축은 $\widetilde{X}$, $\widetilde{Y}$, $\widetilde{Z}$ 이고, Z축과 $\widetilde{Z}$축은 일치한다. X, Y축의 관성모멘트와 관성적이 I_{XX}, I_{YY}, I_{XY}일 때, 주관성축의 방향과 주관성모멘트를 구하시오.

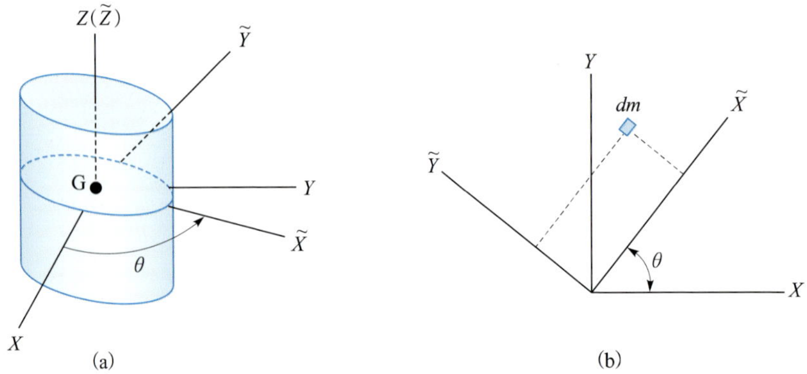

그림 예제 8.24

풀이

Z축과 $\widetilde{Z}$ 축은 일치하므로 Z축이 주관성축의 하나이고 나머지 2개의 주관성축은 Z축에 수직한 평면, 즉 XY평면 내에 있다. 이 관성주축은 $\widetilde{X}$, $\widetilde{Y}$ 이고 그림 예제 8.24와 같이 θ만큼 경사져 있다. 따라서 이 관성주축에 관한 주관성모멘트를 $I_{\widetilde{X}\widetilde{X}}$, $I_{\widetilde{Y}\widetilde{Y}}$라고 하면, 다음의 식이 성립한다.

$$\widetilde{X} = X\cos\theta + Y\sin\theta$$

$$\widetilde{Y} = -X\sin\theta + Y\cos\theta$$

$$
\begin{aligned}
I_{\widetilde{X}\widetilde{Y}} &= \int \widetilde{X}\,\widetilde{Y}\,dm \\
&= \int (X\cos\theta + Y\sin\theta)(-X\sin\theta + Y\cos\theta)\,dm \\
&= \int [(Y^2 - X^2)\sin\theta\cos\theta + XY(\cos^2\theta - \sin^2\theta)]\,dm \\
&= \sin\theta\cos\theta\left[-\int (X^2+Z^2)\,dm + \int (Y^2+Z^2)\,dm\right] + (\cos^2\theta - \sin^2\theta)\int XY dm \\
&= (I_{XX} - I_{YY})\sin\theta\cos\theta + I_{XY}(\cos^2\theta - \sin^2\theta) \qquad (1)
\end{aligned}
$$

$I_{\widetilde{X}\widetilde{Y}} = 0$이 되는 θ는 위 식을 바꾸어 쓰면

$$
\frac{1}{2}(I_{XX} - I_{YY})\sin 2\theta + I_{XY}\cos 2\theta = 0
$$

$$
\therefore \tan 2\theta = \frac{2I_{XY}}{I_{YY} - I_{XX}} \qquad (2)
$$

식 (2)를 만족하는 θ는 0과 180° 사이에 2개가 있고, 각각이 직교하는 주관성축이 된다. 이때, 주관성모멘트는

$$
\begin{aligned}
I_{\widetilde{X}\widetilde{X}} &= \int \left(\widetilde{Y}^2 + \widetilde{Z}^2\right) dm \\
&= \int [(-X\sin\theta + Y\cos\theta)^2 + Z^2]\,dm \\
&= \int [(X^2+Z^2)\sin^2\theta + (Y^2+Z^2)\cos^2\theta - 2XY\sin\theta\cos\theta]\,dm \\
&= I_{YY}\sin^2\theta + I_{XX}\cos^2\theta - 2I_{XY}\sin\theta\cos\theta \qquad (3)
\end{aligned}
$$

같은 방법으로

$$
I_{\widetilde{Y}\widetilde{Y}} = I_{YY}\cos^2\theta + I_{XX}\sin^2\theta + 2I_{XY}\sin\theta\cos\theta \qquad (4)
$$

가 된다. 또한, $I_{\widetilde{Z}\widetilde{Z}} = I_{ZZ}$ 이다.

예제 8.25

다음 그림과 같이 면밀도 $\rho = 200$ kg/m^{2}의 원판이 미끄러지지 않고 굴러가고 있다. 이 원판의 각운동량을 구하시오. 단, 연결봉의 관성은 무시한다.

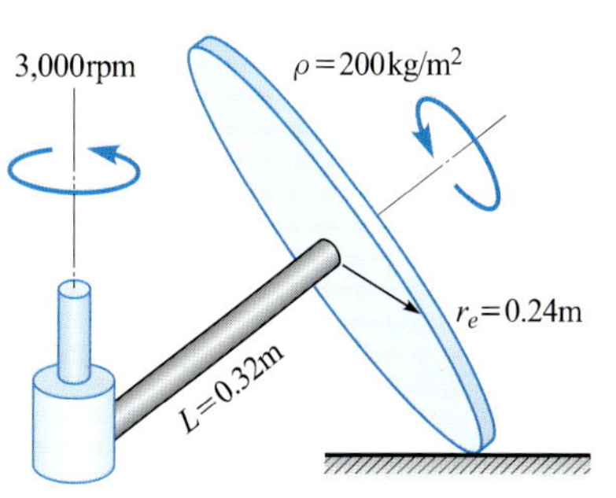

(a) 굴러가는 원판

그림 예제 8.25

풀이

원판의 주관성축은 $\widetilde{X}'$, $\widetilde{Y}'$, $\widetilde{Z}$ 이고, 각각의 축에 관한 관성모멘트는 예제 8.23의 원기둥에서 $L\to 0$으로 놓으면

$$I_{\widetilde{X}'\widetilde{X}'} = I_{\widetilde{Y}'\widetilde{Y}'} = \frac{1}{4}m r_0^2, \quad I_{\widetilde{Z}\widetilde{Z}} = \frac{1}{2}m r_0^2, \quad m = \rho\pi r_0^2 \tag{1}$$

이다[그림 예제 8.25(b) 참조]. 이 계(system)는 고정점 O에 관한 회전운동이기 때문에 $O_{\widetilde{X}\widetilde{Y}\widetilde{Z}}$ 좌표계로부터 바라다본 관성모멘트는

$$I_{\widetilde{X}\widetilde{X}} = I_{\widetilde{X}'\widetilde{X}'} + mL^2 = \frac{1}{4}m r_0^2 + mL^2, \quad I_{\widetilde{Y}\widetilde{Y}} = I_{\widetilde{X}\widetilde{X}}, \quad I_{\widetilde{Z}\widetilde{Z}} = \frac{1}{2}m r_0^2 \tag{2}$$

이 된다. $\omega = 3{,}000\text{rpm} = 314\text{rad/s}$인 경우에 각속도는 $\omega_m = (\omega_{\widetilde{X}}, \omega_{\widetilde{Y}}, \omega_{\widetilde{Z}}) = (\omega\cos\beta, 0, \omega(\sin\beta - L_1/r_0))$이기 때문에[그림 예제 8.25(b), (c) 참조], 각운동량 $\mathbf{H}_m = (H_{\widetilde{X}}, H_{\widetilde{Y}}, H_{\widetilde{Z}})$은 다음과 같이 된다.

$$H_{\widetilde{X}} = I_{\widetilde{X}\widetilde{X}}\ \omega_{\widetilde{X}} = I_{\widetilde{X}\widetilde{X}}\ \omega\cos\beta = (\frac{1}{4}m r_0^2 + mL^2)\ \omega\cos\beta \tag{3a}$$

$$H_{\widetilde{Y}} = I_{\widetilde{Y}\widetilde{Y}}\ \omega_{\widetilde{Y}} = 0 \tag{3b}$$

$$H_{\widetilde{Z}} = I_{\widetilde{Z}\widetilde{Z}}\ \omega_{\widetilde{Z}} = \frac{1}{2}m r_0^2\ \omega(\sin\beta - L_1/r_0) \tag{3c}$$

$\rho = 200\text{ kg/m}^2$, $r_0 = 0.24\text{m}$, $L = 0.32\text{ m}$, $\beta = \tan^{-1}\left(\dfrac{r_0}{L}\right) = \tan^{-1}\left(\dfrac{0.24}{0.32}\right) = 36.87°$, $L_1 = \dfrac{L}{\cos\beta} = \dfrac{0.32}{\cos 36.87°} = 0.4\text{m}$, $m = \rho\pi r_0^2 = 200\pi\times 0.24^2 = 36.19\text{ kg}$을 위 식에 대입하면, 구하고자 하는 각운동량이 다음과 같이 얻어진다.

$$\mathbf{H}_m = (H_{\widetilde{X}}, H_{\widetilde{Y}}, H_{\widetilde{Z}}) = (1061.82,\ 0,\ -349.09)\text{kgm}^2/\text{s}$$

그림 예제 8.25(d)로부터 $\mathbf{H}_m$의 방향은

$$\theta = \tan^{-1}\left(\frac{349.09}{1061.82}\right) = 18.20°$$

이다. 참고로, 각속도 ω_m의 방향은 그림 예제 8.25(c)로부터 $53.13°$이다. 이처럼 회전운동에서는 각속도와 각운동량의 방향이 다르다.

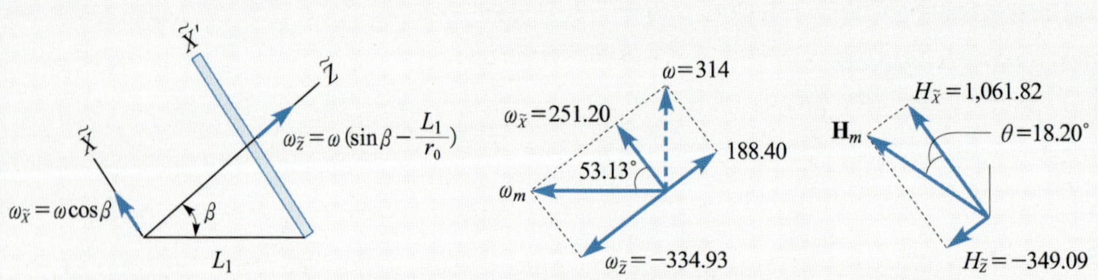

(b) 주관성축으로 각속도의 분해　(c) 각속도의 벡터　(d) 각운동량의 벡터

그림 예제 8.25

예제 8.26

다음 그림과 같이 직사각형의 판을 등각속도 ω로 회전시킬 때, 지점 P, Q가 받는 반력의 크기를 구하시오.

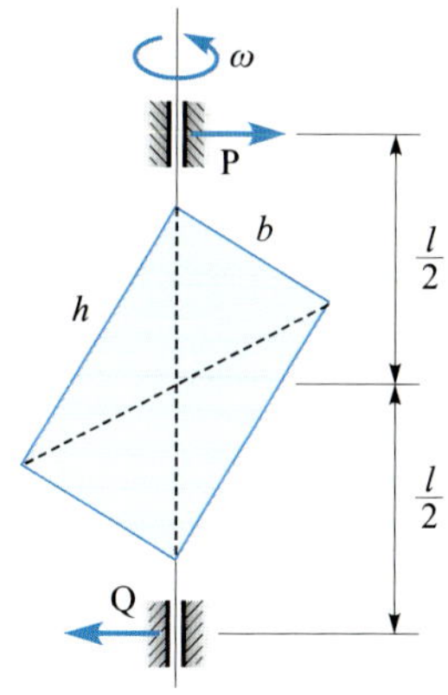

(a) 회전하는 직사각형의 판의 지점이 받는 힘

그림 예제 8.26

풀이

주관성축은 그림 예제 8.26(b)의 $\widetilde{X}$, $\widetilde{Y}$ 이고, 이 축에 관한 관성모멘트 $I_{\widetilde{X}\widetilde{X}}$, $I_{\widetilde{Y}\widetilde{Y}}$는 예제 8.23의 그림 (c)로부터

$$I_{\widetilde{X}\widetilde{X}} = \frac{1}{12} m h^2 \tag{1a}$$

$$I_{\widetilde{Y}\widetilde{Y}} = \frac{1}{12} m b^2 \tag{1b}$$

이다. 또한, 각속도의 $\widetilde{X}$, $\widetilde{Y}$ 의 성분은 그림 예제 8.26(b)로부터

$$\omega_{\widetilde{X}} = \omega \cos\beta \tag{2a}$$

$$\omega_{\widetilde{Y}} = \omega \sin\beta \tag{2b}$$

이다. 따라서 각운동량의 $\widetilde{X}$, $\widetilde{Y}$ 의 성분은 식 (8.79)로부터

$$H_{\widetilde{X}} = I_{\widetilde{X}\widetilde{X}}\ \omega_{\widetilde{X}} = I_{\widetilde{X}\widetilde{X}}\ \omega\cos\beta \tag{3a}$$

$$H_{\widetilde{Y}} = I_{\widetilde{Y}\widetilde{Y}}\ \omega_{\widetilde{Y}} = I_{\widetilde{Y}\widetilde{Y}}\ \omega\sin\beta \tag{3b}$$

가 된다. $\widetilde{X}\,\widetilde{Y}\,\widetilde{Z}$ 좌표계에서는 $\omega_m = (\omega_{\widetilde{X}},\ \omega_{\widetilde{Y}},\ 0)$의 등각속도로 회전하고 있기 때문에 $\dot{\omega}_{\widetilde{X}} = \dot{\omega}_{\widetilde{Y}} = \dot{\omega}_{\widetilde{Z}} = 0$이고 $\dot{\mathrm{H}}_m = 0$이다. 또한, 좌표축이 질량중심을 지나거나 강체에 고정된 경우, $\widetilde{X}\,\widetilde{Y}\,\widetilde{Z}$ 좌표계로 표시하면 관성모멘트와 관성곱은 시간에 대하여 불변이고 $\Omega = \omega$이다. 따라서 주어진 문제에 대한 식 (8.80)의 회전운동 기초방정식은 다음과 같이 된다.

$$\begin{aligned}\mathrm{M}_m &= \omega_m \times \mathrm{H}_m \\ &= (\omega_{\widetilde{X}},\ \omega_{\widetilde{Y}},\ 0) \times (I_{\widetilde{X}\widetilde{X}}\,\omega_{\widetilde{X}},\ I_{\widetilde{Y}\widetilde{Y}}\,\omega_{\widetilde{Y}},\ 0)\end{aligned}$$

$$=(0,\ 0,\ -(I_{\tilde{X}\tilde{X}}-I_{\tilde{Y}\tilde{Y}})\,\omega_{\tilde{X}}\,\omega_{\tilde{Y}}) \tag{4}$$

즉, 식 (8.81c)에서 $\dot{\omega}_{\tilde{Z}}=0$인 경우의 식과 같게 된다. 그러므로

$$M_{\tilde{Z}}=-(I_{\tilde{X}\tilde{X}}-I_{\tilde{Y}\tilde{Y}})\,\omega_{\tilde{X}}\,\omega_{\tilde{Y}} \tag{5}$$

의 동적 모멘트가 필요하다. 따라서 구하고자 하는 반력 R은 지점에 그림 예제 8.26(c)와 같이

$$R=-M_{\tilde{Z}}/l$$

$$=\frac{m(h^2-b^2)\,\omega^2\sin\beta\cos\beta}{12l} \tag{6}$$

의 크기로 작용한다.

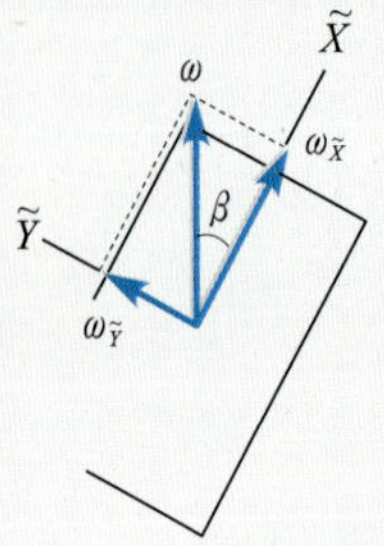

(b) 주관성축으로 각속도의 분해

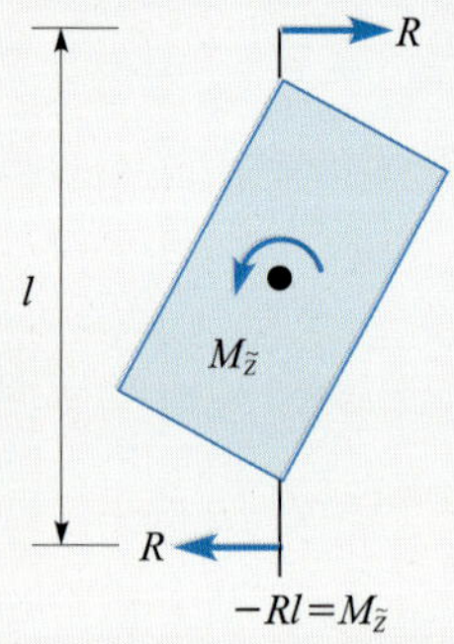

(c) 지점이 받는 힘

그림 예제 8.26

예제 8.27

다음 그림과 같이 팽이가 축을 수평으로 하여 회전하고 있다. 이 팽이의 자이로 운동(gyroscopic motion)에서 정상운동과 세차운동(precession) 그리고 자이로 모멘트(gyroscopic moment)에 대하여 논하시오.

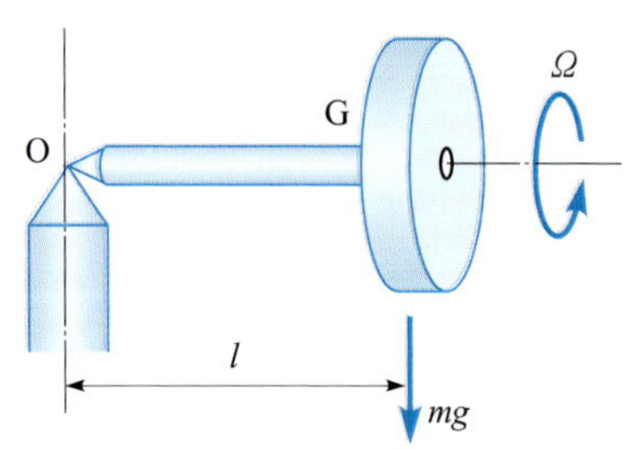

(a)

그림 예제 8.27

풀이

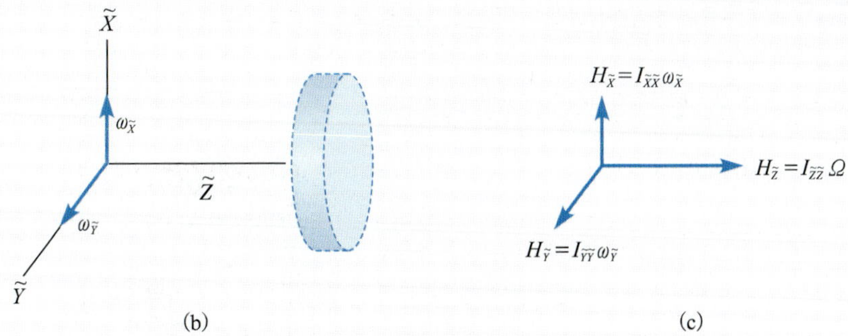

그림 예제 8.27

그림 예제 8.27(b)와 같이 좌표축을 $\tilde{X}\tilde{Y}\tilde{Z}$ 축으로 잡고, 이 축에 관한 관성모멘트를 $I_{\tilde{X}\tilde{X}}$, $I_{\tilde{Y}\tilde{Y}}$, $I_{\tilde{Z}\tilde{Z}}$라 하자. 이 좌표계는 mgl의 모멘트에 의하여 회전되어지는 것이 예상된다. $\tilde{Z}$ 축이 항상 수평을 유지하고 할지 않을지 모르지만 수평이 된 순간의 동역학적 평형을 계산해 보자. 이 좌표계의 각속도를

$$\omega_m=(\omega_{\tilde{X}},\ \omega_{\tilde{Y}},\ \Omega) \tag{1}$$

라 하면, 각운동량은[그림 예제 8.27(c) 참조]

$$\mathbf{H}_m=(H_{\tilde{X}},\ H_{\tilde{Y}},\ H_{\tilde{Z}})=(I_{\tilde{X}\tilde{X}}\ \omega_{\tilde{X}},\ I_{\tilde{Y}\tilde{Y}}\omega_{\tilde{Y}},\ I_{\tilde{Z}\tilde{Z}}\Omega) \tag{2}$$

이기 때문에

$$\mathbf{M}_m=(M_{\tilde{X}},\ M_{\tilde{Y}},\ M_{\tilde{Z}})=\dot{\mathbf{H}}_m+\omega_m\times\mathbf{H}_m \tag{3}$$

에 대입하면

$$M_{\tilde{X}}=I_{\tilde{X}\tilde{X}}\dot{\omega}_{\tilde{X}}-(I_{\tilde{Y}\tilde{Y}}-I_{\tilde{Z}\tilde{Z}})\omega_{\tilde{Y}}\Omega \tag{4a}$$

$$M_{\tilde{Y}}=I_{\tilde{Y}\tilde{Y}}\dot{\omega}_{\tilde{Y}}-(I_{\tilde{Z}\tilde{Z}}-I_{\tilde{X}\tilde{X}})\omega_{\tilde{X}}\Omega \tag{4b}$$

$$M_{\tilde{Z}}=I_{\tilde{Z}\tilde{Z}}\dot{\Omega}-(I_{\tilde{X}\tilde{X}}-I_{\tilde{Y}\tilde{Y}})\omega_{\tilde{X}}\omega_{\tilde{Y}}=-(I_{\tilde{X}\tilde{X}}-I_{\tilde{Y}\tilde{Y}})\omega_{\tilde{X}}\omega_{\tilde{Y}} \tag{4c}$$

이 된다. $M_{\tilde{X}}=0$, $M_{\tilde{Z}}=0$, $M_{\tilde{Y}}=-mgl$ 이므로, $I_{\tilde{X}\tilde{X}}=I_{\tilde{Y}\tilde{Y}}$일 때에만 식 (4c)가 항등적으로 성립한다.

정상운동에서는 $\dot{\omega}_{\tilde{X}}=0$ 과 $\dot{\omega}_{\tilde{Y}}=0$ 이므로, 식 (4a)로부터

$$-(I_{\tilde{Y}\tilde{Y}}-I_{\tilde{Z}\tilde{Z}})\omega_{\tilde{Y}}\Omega=0 \quad \therefore \omega_{\tilde{Y}}=0 \tag{5}$$

즉, $\tilde{Z}$ 축은 수평을 유지하고 있다. 식 (4b)로부터

$$-(I_{\tilde{Z}\tilde{Z}}-I_{\tilde{X}\tilde{X}})\omega_{\tilde{X}}\Omega=-mgl \quad \therefore \omega_{\tilde{X}}=mgl/[(I_{\tilde{Z}\tilde{Z}}-I_{\tilde{X}\tilde{X}})\Omega] \tag{6}$$

가 얻어진다. 이렇게 해서 $\tilde{Z}$ 축이 수평면 내를 빙글빙글 도는 **정상운동**이 존재한다는 것을 알 수 있다. 이 팽이의 경우, 수직축인 $\tilde{X}$ 축에 관해 야기된 회전을 **세차운동**이라고 부른다. 중력에 의하여 팽이가 넘어지지 않는 것은 넘어지게 하려는 모멘트가 팽이의 회전축의 방향을 바꾸는 데에 사용되기 때문이다. 즉, $M_{\tilde{Y}}=-(I_{\tilde{Z}\tilde{Z}}-I_{\tilde{X}\tilde{X}})\omega_{\tilde{X}}\Omega$를 **자이로 모멘트**라고 부른다. 따라서 **자이로 운동**에서 스핀(spin)축[로터(rotor)축, $\tilde{Z}$ 축], 세차운동축($\tilde{X}$ 축), 그리고 토크(torque)축($\tilde{Y}$)을 각각 구분할 수 있고, 여기서 각 축의 양의 회전방향은

오른손법칙을 사용하여 정한다.

회전체의 각운동량보존법칙에 의하여 $(I_{\tilde{Z}\tilde{Z}} - I_{\tilde{X}\tilde{X}})\,\Omega$가 크면 $\omega_{\tilde{X}}$가 작게 된다. 즉, 다소의 모멘트를 추가해도 회전축의 방향을 바꾸기가 힘들다. 이와 같은 방향성 유지 특성이 **자이로스코프**(gyroscope)를 관성유도시스템(inertial guidance system)이나 그 밖의 방향검출기 혹은 방향 제어장치 등으로 이용할 수 있게 하였다. 즉, 자이로스코프 자신을 둘러싼 구조물의 회전에 관계없이 자이로스코프는 항상 일정한 방향을 유지하며, 이 동작이 바로 자이로컴퍼스의 원리가 된다. 또한, 자이로스코프는 안정장치에도 사용되어 왔다. 즉, 선박이나 자동차에 설치된 자이로의 세차운동을 제어하여 자이로 모멘트를 발생시킴으로서, 선박이나 자동차에서 좌우로 흔들리는 진동을 제어할 수 있다.

TIP

자이로 운동(gyroscopic motion)과 세차운동

정지하고 있는 팽이가 서있는 일은 거의 불가능하지만, 회전시키면 서있는 것이 가능하다. 회전운동을 시작할 때 팽이에 준 각운동량이 회전축의 방향을 유지하게 하기 때문이고, 회전수가 감소하면 각운동량이 감소하여 팽이의 중력방향과 차가 발생하므로 팽이가 넘어진다. 회전에 의하여 팽이에는 원심력이 회전축에 직각방향으로 작용한다. 이 경우, 원심력과 중력은 서로 직각을 이룬다.

중심에 회전축을 갖은 원반이 고속회전을 하고 있으면, 반대 측의 축을 고정시키지 않아도 팽이와 같이 안정적으로 회전시킬 수 있다는 것으로부터 자이로 운동의 원리이다. 즉, 그림 TIP 1과 같이 한쪽 끝에 실을 묶어 매달은 자이로스코프의 경우 회전체의 각운동량보존법칙에 의하여 회전축의 방향을 바꾸기가 힘들다. 방향을 변화시키기 위해서는 이 각운동량보다도 큰 외력이 필요하게 된다.

그림 TIP 2와 같이 미사일에 자이로스코프를 탑재하면, 미사일이 방향 전환을 하여도 자이로 회전축은 변하지 않는다. 따라서 미사일 발사 전에 지상에서 자이로스코프의 초기 회전각의 방향과 미사일의 축방향의 차이를 비행 중에 측정하여 미사일 축방향을 검출하는 것이 가능하다.

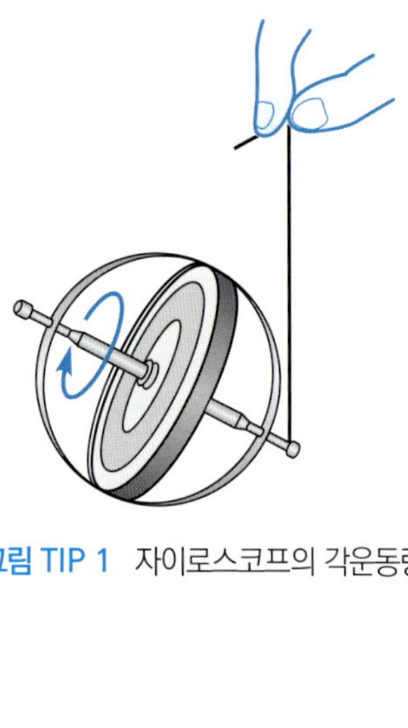

그림 TIP 1 자이로스코프의 각운동량

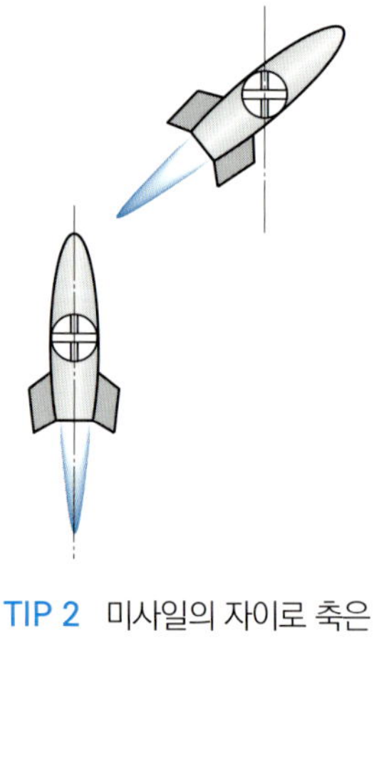

그림 TIP 2 미사일의 자이로 축은 불변

그림 TIP 3은 그림 TIP 1 자이로스코프가 기울어진 상태에서 연직선 주위를 회전하고 있는 **세차운동**, 즉 일정한 속력으로 회전하고 있는 로터(rotor)축[스핀(spin)축]이 다른 축(세차운동축)을 중심으로 일정하게 도는 운동을 보여주고 있다.

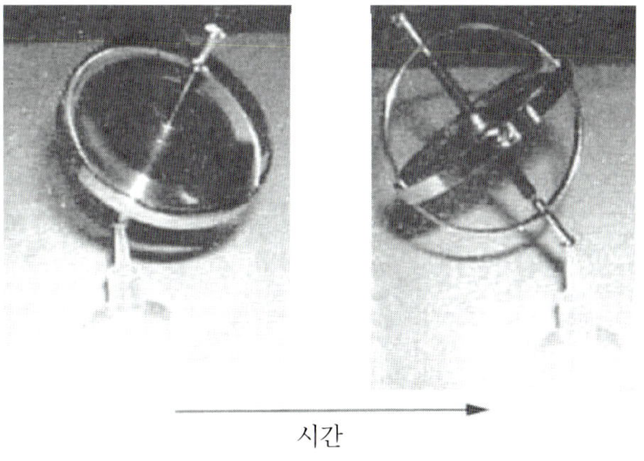

그림 TIP 3 세차운동을 하고 있는 자이로스코프

연 습 문 제

8.1 질량 800kg, 회전반지름 700mm의 물체가 10초간에 회전수가 300rpm에서 150rpm이 되었다. 관성모멘트 I, 각가속도 α, 그리고 모멘트(회전모멘트) M을 구하시오.

8.2 다음 그림과 같은 질량 m, 길이 L의 균질한 두께를 가진 봉이 있다. 평행축 정리를 이용하여 봉의 좌단 y축에 관한 관성모멘트 I_y를 구하시오.

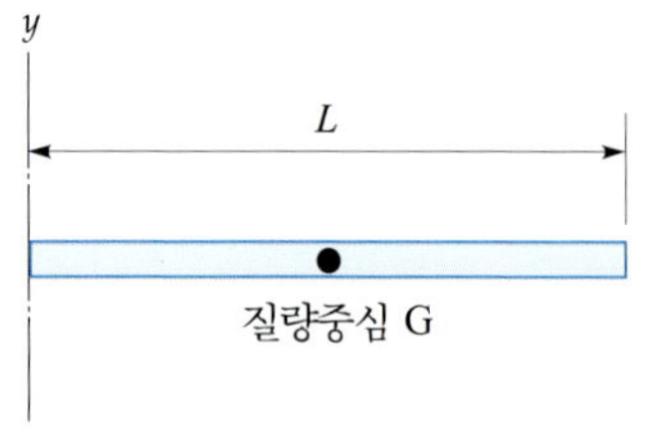

그림 연습문제 8.2

8.3 다음 그림과 같이 두께가 t이고 밀도가 ρ로 균질한 직사각형 판이 있다. 미소질량 dm을 적분하여 직사각형의 질량중심 G를 통과하는 z방향 회전(G를 통과하는 z축에 관한) 관성모멘트 I_G와 회전반지름 κ_G를 구하시오.

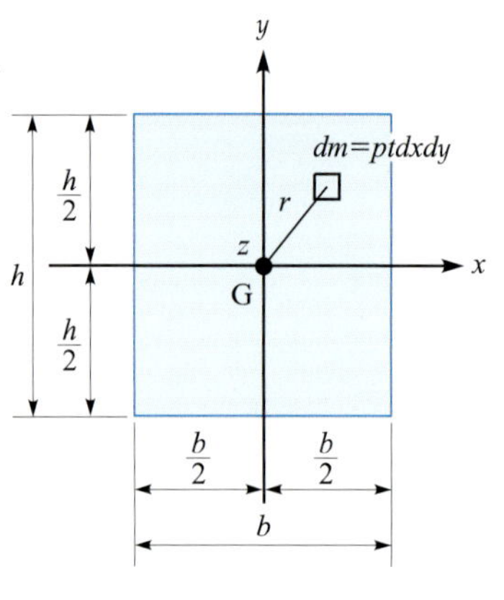

그림 연습문제 8.3

8.4 다음 그림과 같이 반지름이 2.0m이고 질량이 8.0kg인 균질하고 얇은 원판에서 질량중심 G를 통과하는 x, y, z방향 회전(G를 통과하는 x, y, z축에 관한) 관성모멘트 I_{xx}, I_{yy}, I_{zz}와 회전반지름 κ_{xx}, κ_{yy}, κ_{zz}를 구하시오.

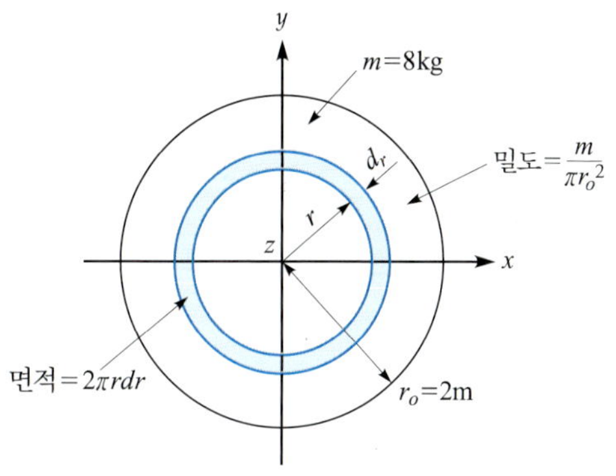

그림 연습문제 8.4

8.5 다음 그림과 같이 내부에 4개의 빈 원을 가진 지름 1,600mm, 두께 400mm의 원형강판의 중심 O를 통과하는 z방향 회전(O를 통과하는 z축에 관한) 관성모멘트 I_O를 구하시오. 단, 밀도는 $\rho = 7.83 \times 10^3$kg/m^{3}이다.

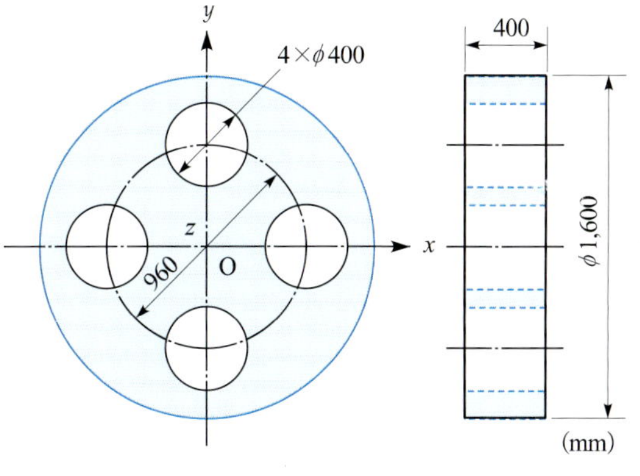

그림 연습문제 8.5

8.6 다음 그림과 같은 균질한 직방체에서 질량중심을 통과하는 x, y, z방향 회전(질량중심을 통과하는 x, y, z축에 관한) 관성모멘트 I_{xx}, I_{yy}, I_{zz}를 구하시오. 단, 직방체의 질량은 m이다.

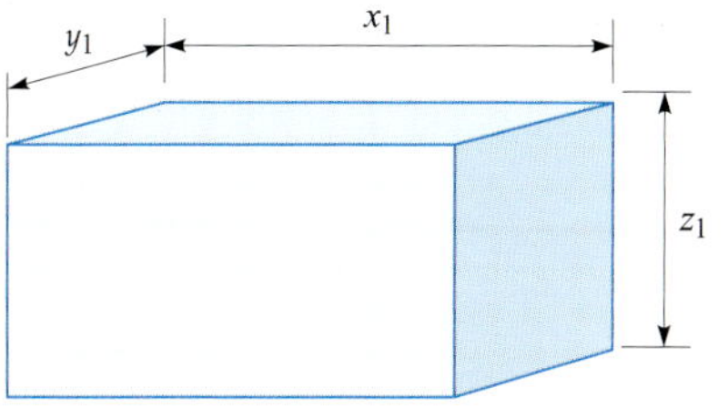

그림 연습문제 8.6

8.7 다음 그림과 같은 균질한 구에서 질량중심 G를 통과하는 직경에 관한 관성모멘트 I_G를 구하시오. 단, 구의 질량은 m이다.

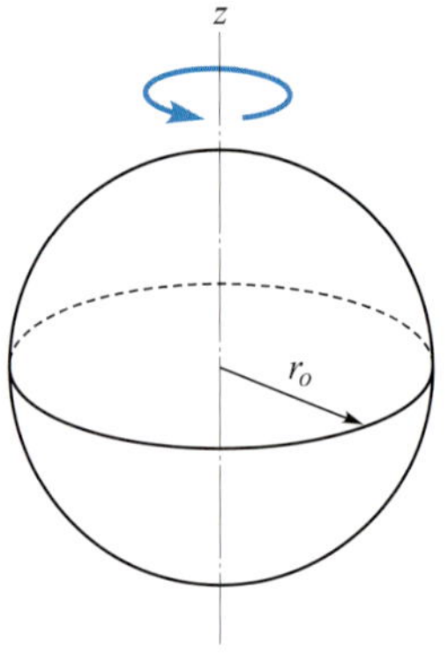

그림 연습문제 8.7

8.8 다음 그림과 같이 반지름 r_0, 질량 m, 높이 h인 균질한 원기둥에서 질량중심 G를 통과하는 x, z방향 회전(G를 통과하는 x, z축에 관한) 관성모멘트 I_{xx}, I_{zz}를 구하시오.

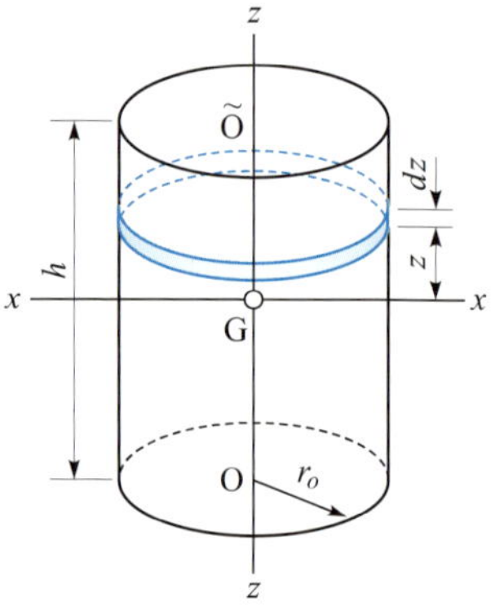

그림 연습문제 8.8

8.9 질량 $m = 5$kg, 반지름 $r_0 = 0.2$m의 균질한 원판에 다음 그림과 같이 실을 감아서 한쪽 끝을 천장에 고정시키고, 초기 정지상태로부터 원판을 놓아 떨어지게 하였다. 이 경우 원판의 각가속도 α, 원판 질량중심의 가속도 a, 실의 장력 F_T, 그리고 5초 후의 원판의 각속도 ω 및 회전수 n을 구하시오. 단, 실의 질량은 무시한다.

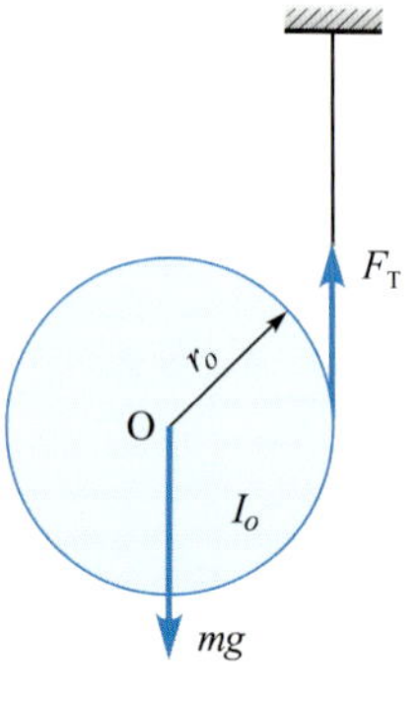

그림 연습문제 8.9

8.10 다음 그림과 같이 물체가 질량중심 G로부터 r거리에 있는 수평축 O에 매달려 강체 단진자의 진동을 하고 있다. 물체의 질량을 m, 질량중심 G에 관한 관성모멘트를 I_G, 연직선에 대한 OG의 각도를 θ, 각가속도를 $\alpha(=\ddot{\theta})$라고 할 때, 이 강체 단진자의 회전 운동방정식과 고유진동수를 구하시오.

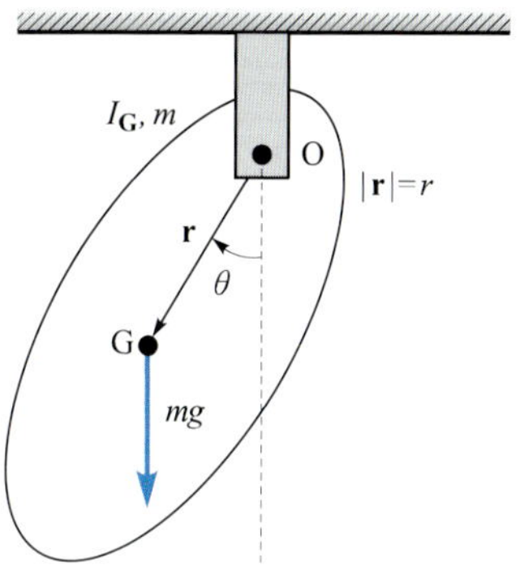

그림 연습문제 8.10

8.11 다음 그림과 같이 길이 L, 질량 m의 가늘고 균질한 봉 PQ가 양단에 실로 구속되어 수평으로 매달려 있다. 이 상태에서 실 PS를 절단하였을 때, 절단 직후에 생기는 봉의 질량중심의 가속도 a와 실 QR의 장력 F_T를 구하시오. 단, 실의 질량은 무시한다.

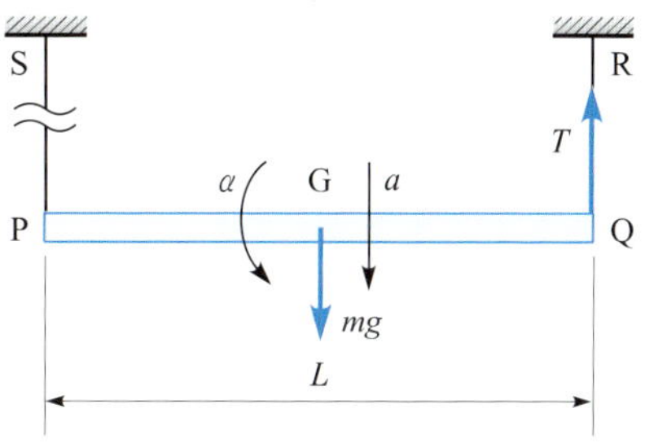

그림 연습문제 8.11

8.12 축으로부터 2.5m 떨어진 곳에 크기를 무시할 수 있는 질량 2kg의 물체가 축에 관하여 매분 12회전하고 있다. 이 계(system)의 관성모멘트 I, 각운동량 H, 운동에너지 K_r을 구하시오.

8.13 다음 그림과 같이 수평과 이루는 각도가 θ인 경사면상을 반지름 r_0, 질량 m의 균질한 원기둥이 초기속도 $v=0$으로부터 미끄러지지 않고 굴러서 연직방향으로 h_1만큼 내려왔을 때 질량중심의 속도 v를 구하시오.

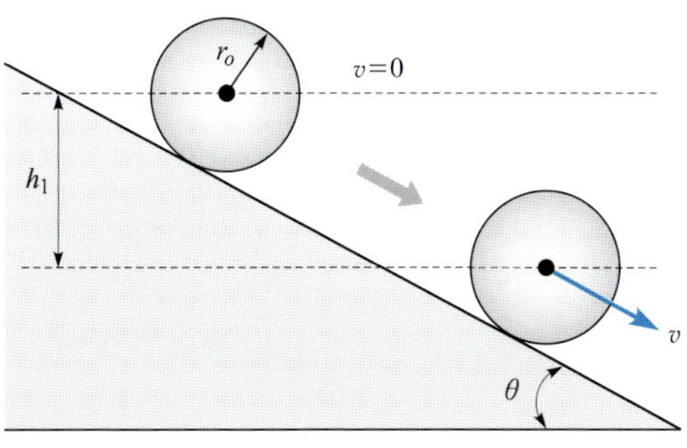

그림 연습문제 8.13

8.14 다음 그림과 같이 (1)에서 (2)로 변환하는 데는 X축에 관하여 $-90°$ 회전하면 된다. 물체의 이 변환 자세를 표현하는 오일러 각(θ, ψ, ϕ)을 구하시오.

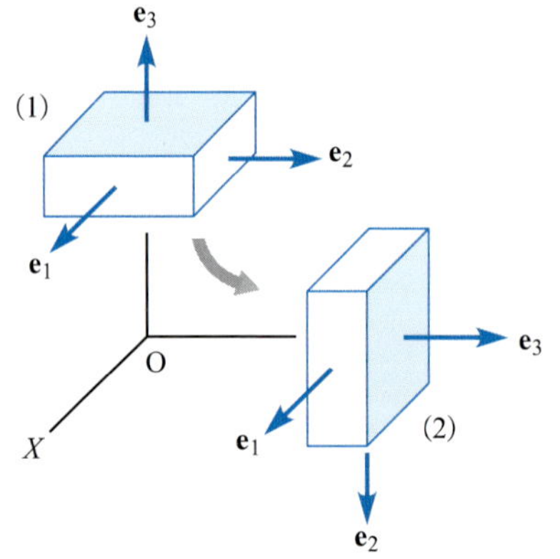

그림 연습문제 8.14

8.15 다음 그림과 같은 로봇 팔 선단의 작업(work) 질량중심 G의 순간속도와 가속도를 구하시오.

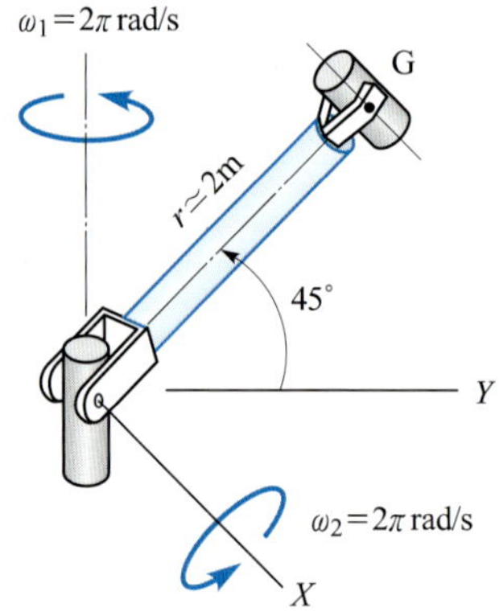

그림 연습문제 8.15

8.16 다음 그림과 같이 자이로스코프가 탑재된 차량이 원 궤도를 주행하고 있다. 자이로스코프의 각가속도 α_g와 점 Q의 가속도 $\mathbf{a}_Q$를 구하시오.

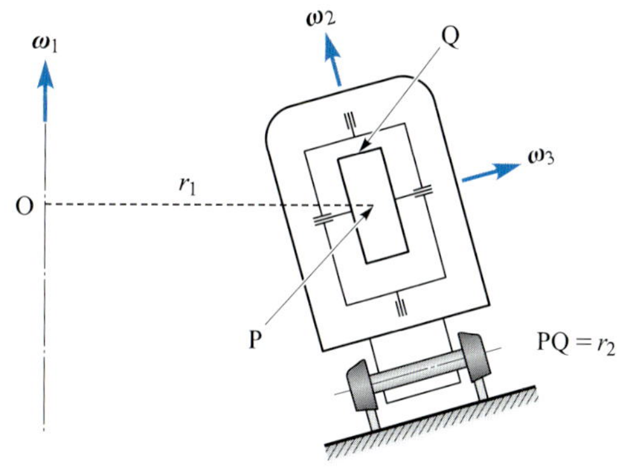

그림 연습문제 8.16

8.17 다음 그림과 같이 경사진 강체판에서 각운동량 $\mathbf{H}_m$과 베어링이 받는 반력을 구하시오. 단, 강체판의 질량은 m이고 각속도는 $\omega_m = (\omega_{\widetilde{X}},\ \omega_{\widetilde{Y}},\ \omega_{\widetilde{Z}}) = (\omega\cos\beta,\ 0,\ \omega\sin\beta)$이다. 그리고 ω는 일정하다. 또한, 이 강체판의 주관성축은 $\widetilde{X}$, $\widetilde{Y}$, $\widetilde{Z}$ 이고, 주관성모멘트 $I_{\widetilde{X}\widetilde{X}} = I_{\widetilde{Y}\widetilde{Y}} = \dfrac{1}{4}m r_0^2$, $I_{\widetilde{Z}\widetilde{Z}} = \dfrac{1}{2}m r_0^2$ 이다.

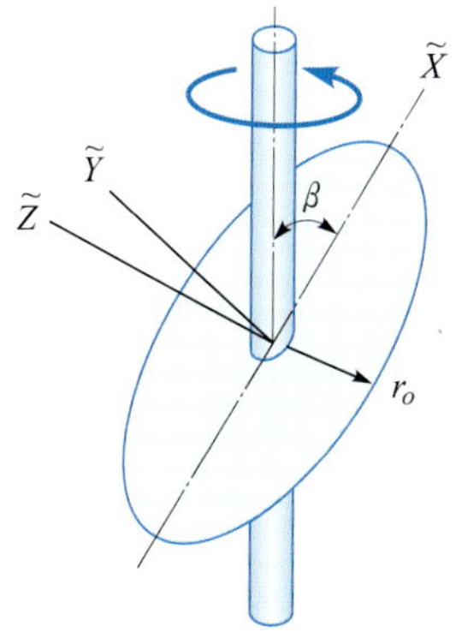

그림 연습문제 8.17

CHAPTER

부 록

I 힘의 합성과 분해

II 평면의 기하학적 성질

CHAPTER

부 록

I 힘의 합성과 분해

구조물에 작용하는 자중(힘)들은 다양한 형태와 크기, 방향 등을 가지고 복합적으로 작용한다. 이러한 힘들을 합성하고 분해하는 일은 중요하다.

(1) 힘의 합성

평면상에 작용하는 여러 힘을 합성하여 합성된 힘의 크기와 방향, 작용점을 구하기 위하여 평면상에 작용하는 힘들을 한 점에 작용하는 두 힘의 합성, 한 점에 작용하는 여러 힘의 합성, 한 점에 작용하지 않는 여러 힘의 합성, 평행한 두 힘의 합성, 평행한 여러 힘의 합성으로 구분한다.

1) 한 점에 작용하는 두 힘의 합성 : 힘의 평행사변형 법칙 혹은 힘의 삼각형 법칙을 이용하여 구한다. 힘 P_1과 P_2의 합성된 힘의 크기 R은 다음과 같이 얻어진다.

$$\therefore R = \sqrt{P_1^2 + P_2^2 + 2P_1 \cdot P_2 \cdot \cos\alpha} \tag{I.1}$$

여기서, α는 두 힘 P_1과 P_2 사이의 사이각을 의미한다. 합성된 힘의 크기 R의 산정 과정은 다음과 같다.

$$\begin{aligned} R &= \sqrt{(P_1 + P_2 \cdot \cos\alpha)^2 + (P_2 \cdot \sin\alpha)^2} \\ &= \sqrt{\left(P_1^2 + 2P_1P_2 \cdot \cos\alpha + P_2^2 \cdot \cos^2\alpha\right) + P_2^2 \cdot \sin^2\alpha} \\ &= \sqrt{P_1^2 + 2P_1P_2 \cdot \cos\alpha + P_2^2\left(\cos^2\alpha + \sin^2\alpha\right)} \\ &= \sqrt{P_1^2 + P_2^2 + 2P_1P_2 \cdot \cos\alpha} \end{aligned}$$

합력 R의 작용방향은 θ를 구함으로써 알 수 있다.

$$\tan\theta = \frac{y_1}{x_1} = \frac{P_2 \cdot \sin\alpha}{P_1 + P_2 \cdot \cos\alpha}, \quad \theta = \tan^{-1}\frac{P_2 \cdot \sin\alpha}{P_1 + P_2 \cdot \cos\alpha} \tag{I.2}$$

그림 I.1에서 한 점에 작용하는 두 힘의 합력 작용점은 두 힘의 작용점과 동일한 O점이 된다.

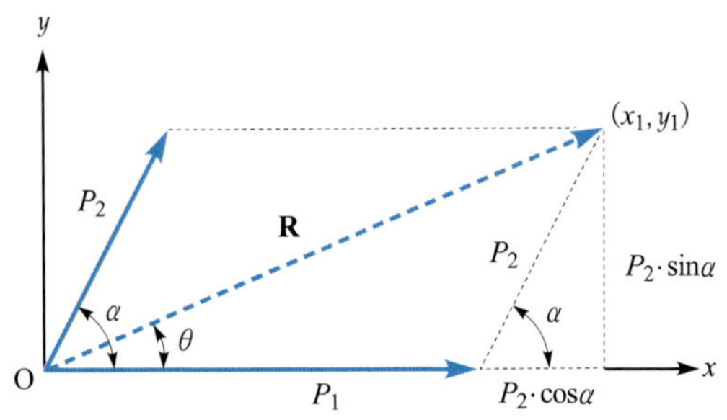

그림 I.1 한 점에 작용하는 두 힘의 합성

예제 I.1

다음 그림과 같이 xy평면상에 작용하고 있는 두 힘의 합력 크기 R과 작용방향 β를 구하여라.

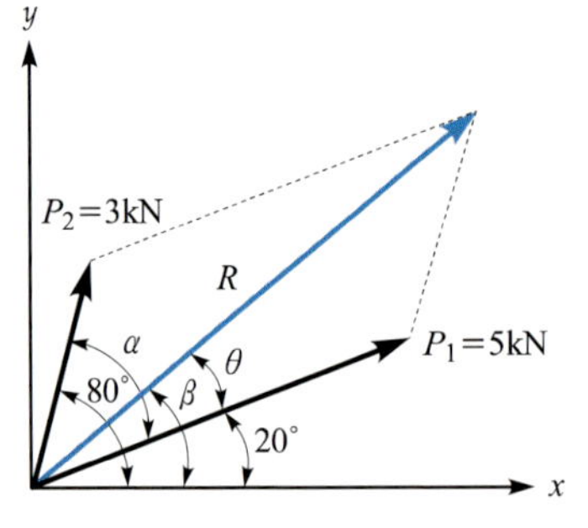

그림 예제 I.1

풀이

합력의 크기 R은 식 (I.1)을 이용하여 구할 수 있다.

$$\begin{aligned} R &= \sqrt{P_1^2 + P_2^2 + 2P_1P_2 \cdot \cos\alpha} \\ &= \sqrt{5^2 + 3^2 + 2 \times 5 \times 3 \times \cos(80-20)^\circ} \\ &= 7\,\text{kN} \end{aligned}$$

$\therefore R = 7\,\text{kN}$

합력의 작용방향 β는 식 (I.2)를 이용하여 구한다.
P_1과 합력 R과의 사이각 θ

$$\theta = \tan^{-1}\frac{P_2 \cdot \sin\alpha}{P_1 + P_2 \cdot \cos\alpha} = \tan^{-1}\frac{3 \cdot \sin(80-20)}{5+3 \cdot \cos(80-20)} = 21.8°$$

$$\therefore \beta = 20° + 21.8° = 41.8°$$

2) 한 점에 작용하는 여러 힘의 합성 : 합력의 크기, 작용방향은 도해법과 해석법을 통하여 구할 수 있다(작용점은 여러 힘들과 동일하다).

① 도해법

여러 힘을 순서대로 평행 이동시켜 다각형을 만들어 처음 힘의 시작점과 마지막 힘의 끝점을 연결하면 합력이 된다. 만일 힘의 다각형을 그렸을 때 마지막 힘의 끝점이 처음 힘의 시작점과 일치할 때는 힘의 합력이 0이라는 것을 의미한다. 도해법은 기하학적인 방법으로서 그림 I.2에 힘의 합성과정이 설명되어 있다. 그림 I.2(a)에서 힘 P_1과 P_2만을 합성한다면 두 힘의 합력의 크기는 그림 I.2(b)에서 R_1으로 표기된 합력이 될 것이다. P_1, P_2, P_3, P_4의 합력은 결국 R_3와 같다.

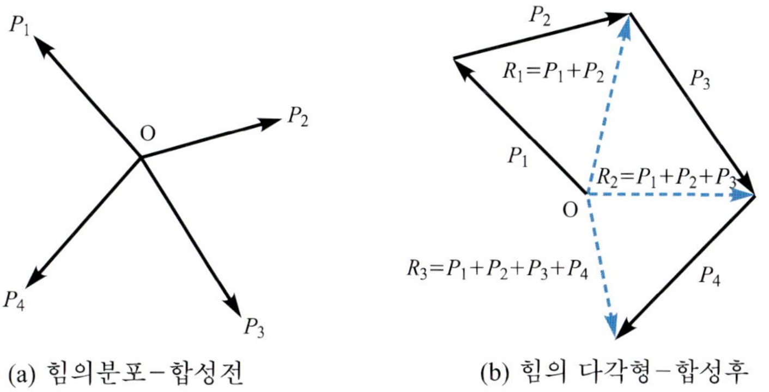

그림 I.2 도해법에 의한 여러 힘의 합성

② 해석법

여러 힘을 수직 분력과 수평 분력으로 분해하여 합력을 계산하는 방법이다. 이 의미는 여러 힘을 하나로 합성하거나, 하나의 힘을 두 힘으로 분해한 힘은 마찬가지가 된다는 힘의 분해의 원리이다. 해석법에 의한 힘의 합성을 이해하기 위하여 동일 평면상에서 한 점에 작용하는 힘 P_1, P_2, P_3, P_4를 고려해보자(그림 I.3 참조).

이 힘들의 수평분력의 합은

$$\sum H = H_1 + H_2 + H_3 + H_4 = P_1 \cdot \cos\theta_1 - P_2 \cdot \cos\theta_2 - P_3 \cdot \cos\theta_3 + P_4 \cdot \cos\theta_4$$

수직분력의 합은

$$\sum V = V_1 + V_2 + V_3 + V_4 = P_1 \cdot \sin\theta_1 + P_2 \cdot \sin\theta_2 - P_3 \cdot \sin\theta_3 - P_4 \cdot \sin\theta_4$$

이 된다.

여기에서 "+"와 "−"의 결정은 추후에 배우게 되는 정역학적인 부호규약에 준하여 결정된다. 즉, 각 좌표축에서 "+" 성분을 갖는 힘의 분력이 "+" 값이 된다. 그림 I.3에서 수평분력의 "+" 값은 "+" x축 방향(오른쪽)으로 작용하는 경우이다.

합력의 크기 R과 합력의 작용방향 θ는 각각 다음과 같이 결정된다(작용점은 힘들의 작용점인 O점이 된다).

$$R = \sqrt{(\sum H)^2 + (\sum V)^2} \tag{I.3}$$

$$\tan\theta = \frac{\sum V}{\sum H}, \quad \theta = \tan^{-1}\frac{\sum V}{\sum H} \tag{I.4}$$

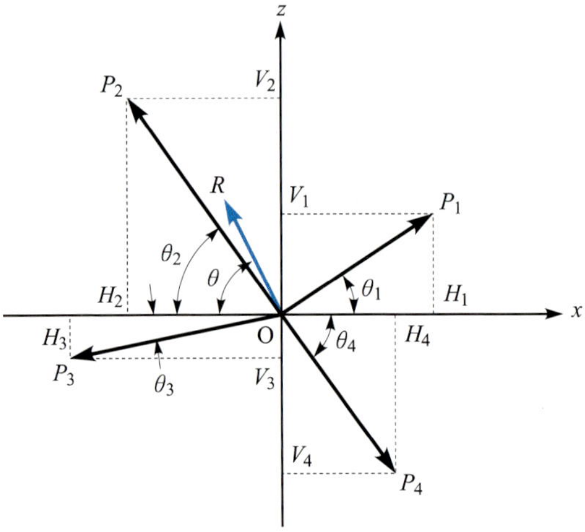

그림 I.3 해석법에 의한 여러 힘의 합성

예제 I.2

다음 그림에서 힘의 합력 R과 힘의 작용방향 θ를 해석법을 사용하여 구하여라.

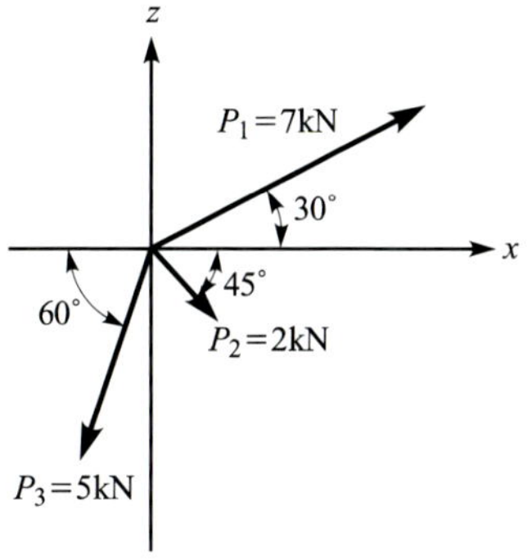

그림 예제 I.2

풀이

3힘의 수평분력의 합과 수직분력의 합을 구해보면

$$\begin{aligned}\Sigma H &= H_1 + H_2 + H_3 = P_1 \cdot \cos\theta_1 + P_2 \cdot \cos\theta_2 - P_3 \cdot \cos\theta_3 \\ &= 7 \cdot \cos 30° + 2 \cdot \cos 45° - 5 \cdot \cos 60° \\ &= 4.98\,\text{kN}\end{aligned}$$

$$\begin{aligned}\Sigma V &= V_1 + V_2 + V_3 = P_1 \cdot \sin\theta_1 - P_2 \cdot \sin\theta_2 - P_3 \cdot \sin\theta_3 \\ &= 7 \cdot \sin 30° - 2 \cdot \sin 45° - 5 \cdot \sin 60° \\ &= -2.24\,\text{kN}\end{aligned}$$

이 되므로, 합력의 크기와 방향은 식 (I.3), (I.4)를 이용하여 다음과 같이 구할 수 있다.

$$\begin{aligned}R &= \sqrt{(\Sigma H)^2 + (\Sigma V)^2} \\ &= \sqrt{(4.98)^2 + (-2.24)^2} = 5.46\,\text{kN}\end{aligned}$$

$$\theta = \tan^{-1}\frac{\Sigma V}{\Sigma H} = \tan^{-1}\frac{-2.24}{4.98} = -24.22°$$

합력(R) = 5.46kN이 되고, 합력의 작용방향은 x축에서 아래 방향으로 24.22°가 된다.

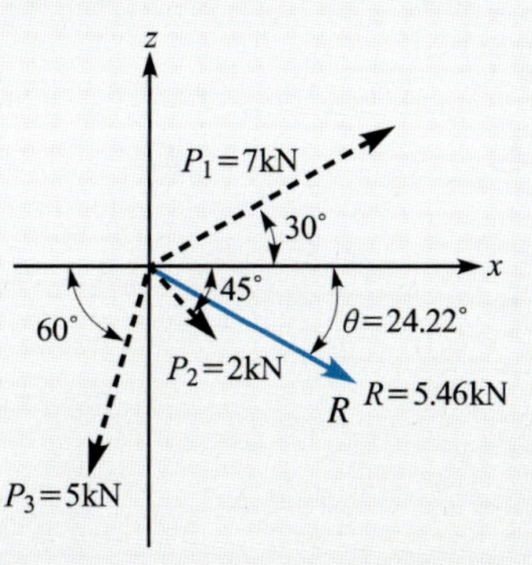

3) 평행한 힘의 합성 : 동일 평면상에 평행한 힘이 작용하고 있다면 그 합력의 크기는 그 힘들을 산술적으로 더한 값에 해당한다. 그림 I.4에서처럼 평행한 3개의 힘 P_1, P_2, P_3가 평행하게 작용하고 있다면 합력의 크기 $R=P_1+P_2+P_3$가 되며, 합력의 방향 및 위치는 바리뇽의 정리(Varignon´s theorem)를 이용하여 임의 점에 모멘트의 중심점을 잡아 위치를 구하게 되는데, 합력의 방향은 힘의 작용방향과 같게 된다.

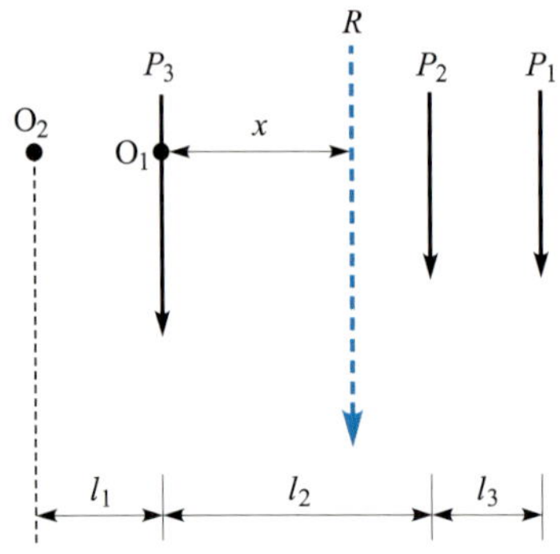

그림 I.4 평행한 힘의 합력의 작용점

그림 I.5 프랑스의 수학자 Pierre Varignon(1654~1722)
(출처: Wikimedia Commons)

바리뇽의 정리란 “각각의 분력으로 인한 모멘트 합은 분력의 합력으로 인한 모멘트의 합과 같다”는 것을 밝힌 것이다. 그림 I.4와 그에 대한 설명은 바리뇽 정리의 사용 예를 보이고 있다.

① O_1점에 모멘트 중심을 취할 경우

$$R\cdot x=P_1\cdot(l_2+l_3)+P_2\cdot l_2,\quad x=\frac{P_1\cdot(l_2+l_3)+P_2\cdot l_2}{R}$$

가 된다.

② O_2점에 모멘트 중심을 취할 경우

$$R(x+l_1)=P_1(l_1+l_2+l_3)+P_2\cdot(l_1+l_2)+P_3\cdot l_1$$

좌변은 $R(x+l_1)=R\cdot x+(P_1+P_2+P_3)\cdot l_1$이므로

$$R\cdot x+(P_1+P_2+P_3)\cdot l_1=P_1(l_1+l_2+l_3)+P_2\cdot(l_1+l_2)+P_3\cdot l_1$$

$$R\cdot x=P_1\cdot(l_2+l_3)+P_2\cdot l_2$$

$$\therefore x=\frac{P_1(l_2+l_3)+P_2\cdot l_2}{R}$$

모멘트의 중심을 어디에 설정하여도 합력의 작용점을 구하는 결과값은 동일하게 얻어짐을 알 수 있다.

예제 I.3

다음 그림과 같이 3개의 평행력이 작용하고 있을 때 합력의 크기와 작용점의 위치를 구하여라.

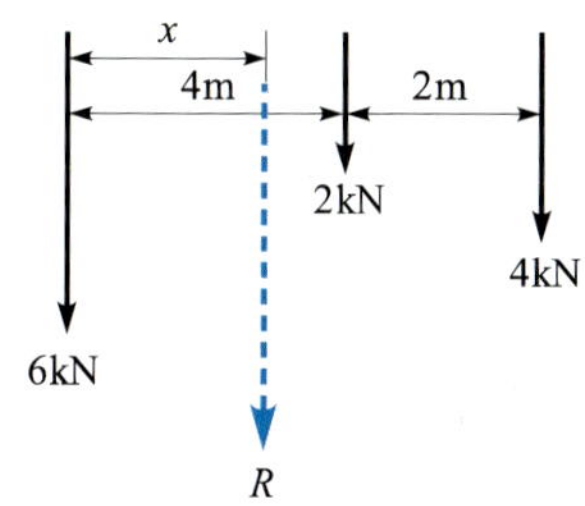

그림 예제 I.3

풀이

합력 R을 구해보면

$$R = 6 + 2 + 4 = 12\,\text{kN}$$

$$\therefore R = 12\,\text{kN}$$

작용점의 위치를 구하기 위해 6kN 하중의 작용점을 중심으로 모멘트를 취하면

$$2\,\text{kN} \times 4\,\text{m} + 4\,\text{kN} \times (4+2)\,\text{m} = R \cdot x$$

$R = 12\,\text{kN}$이므로 대입하여 정리하면 $x = 2.67\text{m}$임을 알 수 있다. 그러므로 합력의 작용점은 하중 6kN의 작용점에서부터 2.67m 떨어진 위치에 존재하게 된다.

예제 I.4

4개의 평행력이 작용하고 있다. 합력 R의 크기와 작용점의 위치(x)를 구하여라.

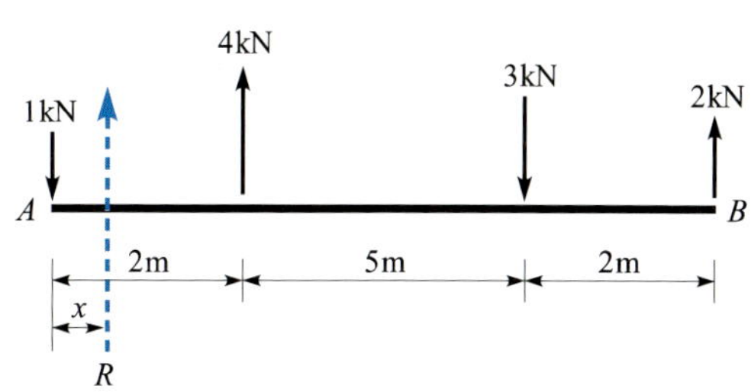

그림 예제 I.4

풀이

먼저 합력 R을 구해보면

$$R = -1 + 4 - 3 + 2$$

$$\therefore R = 2\,\text{kN}$$

다음은 작용점의 위치를 구하기 위하여 A위치에서 모멘트를 취하면(시계방향의 회전을 "+"로 가정)

$$-R\cdot x = -4\times 2+3\times 7-2\times 9$$

$$x=\frac{-4\times 2+3\times 7-2\times 9}{-2}=2.5\text{m}$$

따라서 합력은 위쪽으로 2kN이 작용하며 합력의 위치는 A점에서 우측으로 2.5m 떨어진 곳에 위치한다.

4) 한 점에 작용하지 않는 여러 힘의 합성 : 위의 2)번 항에서 설명한 "한 점에 작용하는 여러 힘의 합성"에서 합력의 크기와 작용방향을 구하는 방법과 동일하다. 차이점이 있다면 합력 R의 작용점을 구하는 과정이 필요한데, 다음 식 (I.5)를 사용하여 작용점을 구할 수 있다. 작용점의 좌표를 x_0, z_0로 나타내었는데 예제 I.2에서 작용점 좌표(x_0, z_0)는 각각 (0, 0)이다.

$$x_0=\frac{\sum V_i\cdot x_i}{\sum V_i},\quad z_0=\frac{\sum H_i\cdot z_i}{\sum H_i} \tag{I.5}$$

예제 I.5

다음 그림에서 힘의 합력 R과 작용방향 θ, 합력의 작용점 좌표(x_0, z_0)를 구하여라.

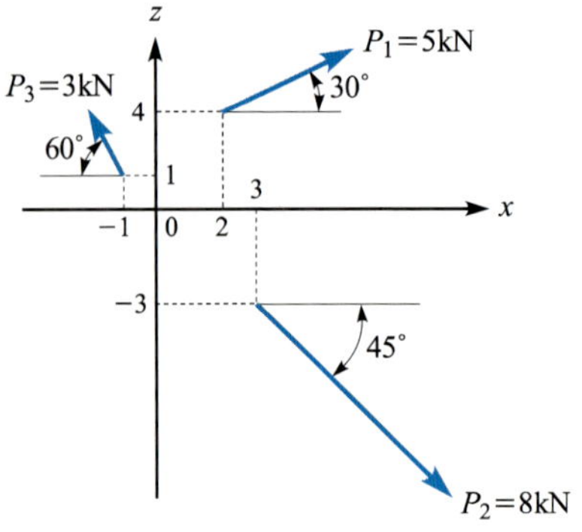

그림 예제 I.5

풀이

3힘의 수평분력의 합과 수직분력의 합을 구해보면 다음과 같다.

$$\sum H = H_1+H_2+H_3 = P_1\cdot\cos\theta_1+P_2\cdot\cos\theta_2-P_3\cdot\cos\theta_3$$
$$=5\cdot\cos 30°+8\cdot\cos 45°-3\cdot\cos 60°$$

$$= 8.49\,\text{kN}$$

$$\sum V = V_1 + V_2 + V_3 = P_1 \cdot \sin\theta_1 - P_2 \cdot \sin\theta_2 + P_3 \cdot \sin\theta_3$$

$$= 5 \cdot \sin 30° - 8 \cdot \sin 45° + 3 \cdot \sin 60°$$

$$= -0.56\,\text{kN}$$

식 (I.3), (I.4)를 이용하여 합력의 크기와 방향을 다음과 같이 구할 수 있다.

$$R = \sqrt{(\sum H)^2 + (\sum V)^2}$$

$$= \sqrt{(8.49)^2 + (-0.56)^2} = 8.51$$

$$\theta = \tan^{-1}\frac{\sum V}{\sum H} = \tan^{-1}\frac{-0.56}{8.49} = -3.77°$$

합력의 작용방향을 결정 시 수평력 $\sum H$는 "+", 수직력 $\sum V$는 "-"가 되는 분면은 4사분면이므로 합력의 작용방향은 4사분면임을 알 수 있다.

다음으로 합력의 작용점 좌표(x_0, z_0)는 바리뇽의 정리를 이용한 식 (I.5)를 이용하여 구한다.

$$x_0 \cdot \sum V_i = \sum (V_i \cdot x_i)$$

$$x_0 = \frac{\sum V_i \cdot x_i}{\sum V_i}$$

$$\sum V_i \cdot x_i = -5 \cdot \sin 30° \cdot 2 + 8 \cdot \sin 45° \cdot 3 + 3 \cdot \sin 60° \cdot 1 = 14.57\,\text{kN} \cdot \text{m}$$

$$\therefore x_0 = \frac{\sum V_i \cdot x_i}{\sum V_i} = \frac{14.57\,\text{kN} \cdot \text{m}}{0.56\,\text{kN}} = 26.02\text{m}$$

여기에서 분모의 항을 -0.56kN으로 쓰지 않도록 주의해야 한다. 위의 x_0를 결정하는 식은 바리뇽의 정리에 기인하고 있으므로 $\sum V_i$의 부호는 모멘트의 부호로부터 결정되어야 한다. 즉, 그림의 O점을 중심으로 시계방향의 회전을 "+"로 고려하고 있다.

$$z_0 = \frac{\sum H_i \cdot z_i}{\sum H_i}$$

$$\sum H_i \cdot z_i = 5 \cdot \cos 30° \cdot 4 - 8 \cdot \cos 45° \cdot 3 - 3 \cdot \cos 60° \cdot 1 = -1.15\,\text{kN} \cdot \text{m}$$

$$\therefore z_0 = \frac{\sum H_i \cdot z_i}{\sum H_i} = \frac{-1.15\,\text{kN} \cdot \text{m}}{8.49\,\text{kN}} = -0.14\text{m}$$

따라서 합력(R) = 8.51kN이 되고 방향은 x축에서 아래방향으로 3.77°가 되며 합력의 작용점 좌표는 (26.02, −0.14)가 된다.

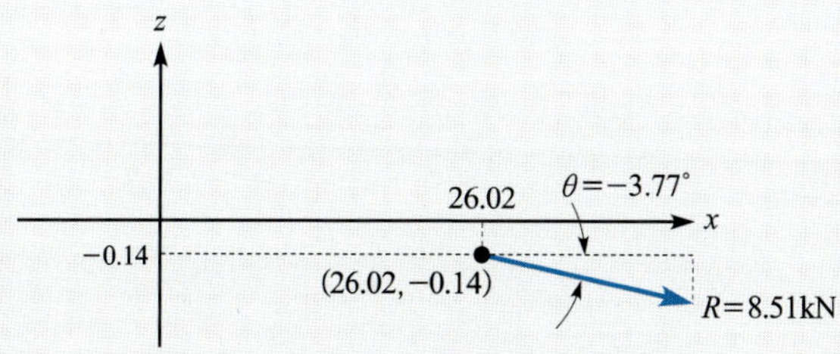

(2) 힘의 분해

1) 1개의 힘을 2개의 힘으로 분해

① 도해법

평행사변형 법칙을 이용하여 힘을 분해하며, 하나의 힘이 주어질 때 또 다른 힘을 구할 수 있다. 그림 I.6에서는 1개의 힘 R이 힘 P_1, P_2로 분해되어 있다. 이러한 도해법은 분해되는 힘의 각도가 주어졌을 때 사용할 수 있다.

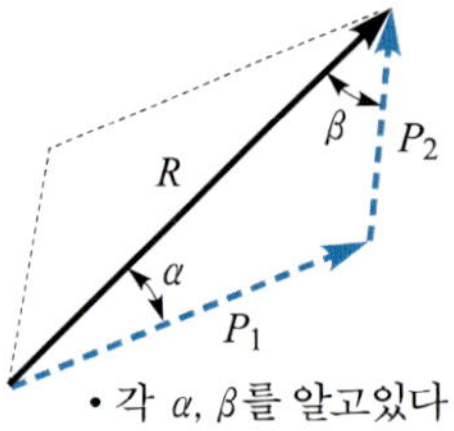

그림 I.6 도해법에 의한 힘의 분해

② 해석법

sine 법칙과 cosine 제2법칙을 이용하여 힘을 분해할 수 있다. 첫 번째로 sine 법칙은 분해되는 힘의 각도가 주어졌을 때 사용할 수 있는 방법이다. sine 법칙을 이용하여 힘을 분해하면,

$$\frac{a}{\sin\alpha}=\frac{b}{\sin\beta}=\frac{c}{\sin\gamma}$$

$$\frac{P_1}{\sin(\alpha-\theta)}=\frac{P_2}{\sin\theta}=\frac{R}{\sin(180°-\alpha)}=\frac{R}{\sin\alpha}$$

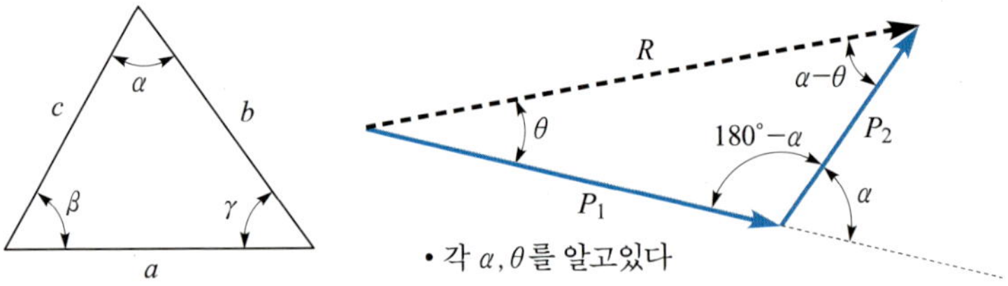

그림 I.7 sine 법칙을 이용한 힘의 분해

위의 식을 정리하여 다음과 같은 결과값을 얻을 수 있다.

$$\therefore P_1=\frac{\sin(\alpha-\theta)}{\sin\alpha}\cdot R,\qquad P_2=\frac{\sin\theta}{\sin\alpha}\cdot R$$

위의 sine 법칙은 "한 점에 작용하는 세 힘이 서로 평형을 이루고 있다면, 이 세 힘은 동일 평면상에 존재하고, 세 힘은 한 점에서 만난다"라고 하는 라미의 정리(Lami´s theorem)에 의해 성립된다.

두 번째로 cosine 제2법칙을 이용해서 힘을 분해할 수 있다. cosine 제2법칙을 이용하는 방법은 sine 법칙을 이용하는 방법과는 달리 힘의 크기가 주어졌을 때 사용할 수 있다.

$$a^2 = b^2 + c^2 - 2b \cdot c \cdot \cos\alpha$$
$$b^2 = c^2 + a^2 - 2c \cdot a \cdot \cos\beta$$
$$c^2 = a^2 + b^2 - 2a \cdot b \cdot \cos\gamma$$

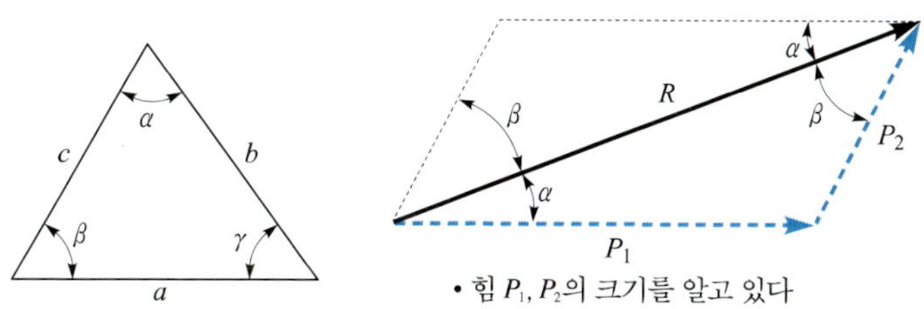

그림 I.8 cosine 법칙과 이를 이용한 힘의 분해

cosine 제2법칙을 응용하여 그림 I.8의 힘 R을 힘 P_1과 P_2로 분해해 보자.

$P_1^2 = P_2^2 + R^2 - 2P_2 \cdot R \cdot \cos\beta$ 식을 풀어 정리하면,

$$\cos\beta = \frac{P_2^2 + R^2 - P_1^2}{2P_2 \cdot R}$$

$P_2^2 = P_1^2 + R^2 - 2P_1 \cdot R \cdot \cos\alpha$는

$$\cos\alpha = \frac{P_1^2 + R^2 - P_2^2}{2P_1 \cdot R}$$

이 된다.

예제 I.6

sine 법칙을 이용하여 합력(R)을 힘 P_1과 P_2로 분해하여라.

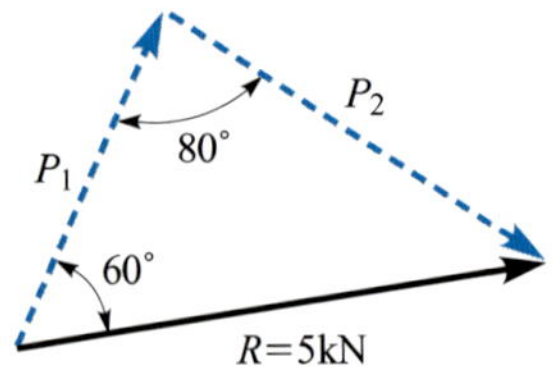

그림 예제 I.6

풀이

sine 법칙 $\dfrac{a}{\sin\alpha} = \dfrac{b}{\sin\beta} = \dfrac{c}{\sin\gamma}$ 을 이용하면

$\dfrac{5}{\sin 80°} = \dfrac{P_1}{\sin(180° - 60° - 80°)} = \dfrac{P_2}{\sin 60°}$ 라는 식을 얻을 수 있다.

이 식을 정리하여 P_1과 P_2를 구해보면,

$$P_1 = \frac{5 \cdot \sin 40°}{\sin 80°} = 3.26\,\text{kN} \qquad P_2 = \frac{5 \cdot \sin 60°}{\sin 80°} = 4.40\,\text{kN}$$

따라서 $P_1 = 3.26$kN, $P_2 = 4.40$kN이 된다.

예제 I.7

합력(R)을 $P_1 = 8$kN과 $P_2 = 7$kN의 힘으로 다음 그림과 같이 분해하려 한다. 각 α, β, γ를 각각 구하여라.

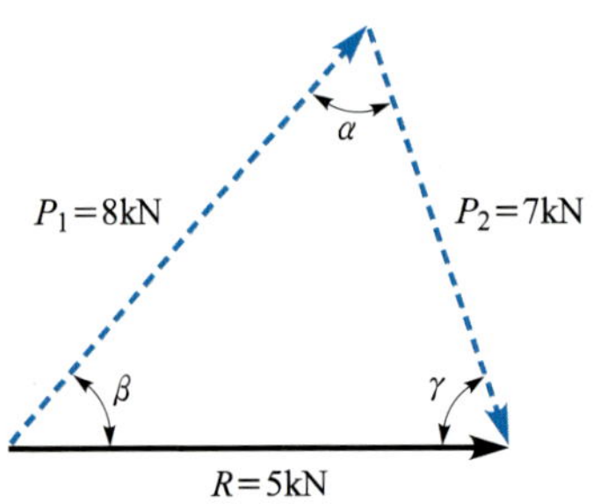

그림 예제 I.7

풀이

cosine 제2법칙을 적용하여 구해보면

$$P_1^2 = P_2^2 + R^2 - 2P_2 \cdot R \cdot \cos\gamma$$

$\gamma = 180 - (\alpha + \beta)$

$\cos\gamma = \dfrac{P_2^2 + R^2 - P_1^2}{2P_2 \cdot R} = \dfrac{7^2 + 5^2 - 8^2}{2 \times 7 \times 5} = 0.143$

$\therefore \gamma = \cos^{-1} 0.143 = 81.78°$

$P_2^2 = R^2 + P_1^2 - 2R \cdot P_1 \cdot \cos\beta$

$\cos\beta = \dfrac{R^2 + P_1^2 - P_2^2}{2R \cdot P_1} = \dfrac{5^2 + 8^2 - 7^2}{2 \times 5 \times 8} = 0.5$

$\therefore \beta = \cos^{-1} 0.5 = 60°$

$\alpha = 180 - \gamma - \beta = 180° - 81.78° - 60° = 38.22°$

2) 1개의 힘을 2개의 평행한 힘으로 분해

바리뇽의 정리를 이용하여 A 점에서 모멘트를 취하면

$$P_2(a+b) = R \cdot a$$

$$\therefore P_2 = \frac{a}{a+b} \cdot R \qquad \therefore P_1 = R - P_2$$

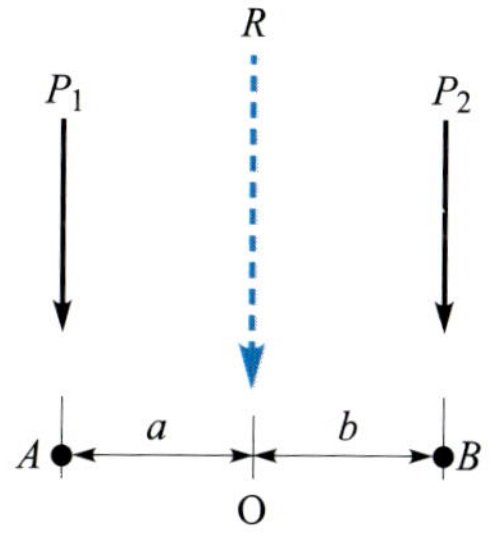

그림 I.9 평행한 힘의 분해

A 점을 기준으로 하지 않고 B 점을 기준으로 모멘트를 취해보자.

$$P_1(a+b) = R \cdot b$$

$$\therefore P_1 = \frac{b}{a+b} \cdot R \qquad \therefore P_2 = R - P_1$$

기준점의 변화에도 동일한 결과가 얻어짐을 다음 예제 I.8에서 확인해보자. 결과적으로 거리 a, b만 주어지면 1개의 힘을 2개의 평행한 힘으로 분해할 수 있다.

예제 I.8

다음 그림에서 작용하는 힘들의 합력 R이 A점으로부터 오른쪽으로 4m 떨어진 곳에 상향으로 3 kN이라면, P_1과 P_2는 각각 얼마인가?

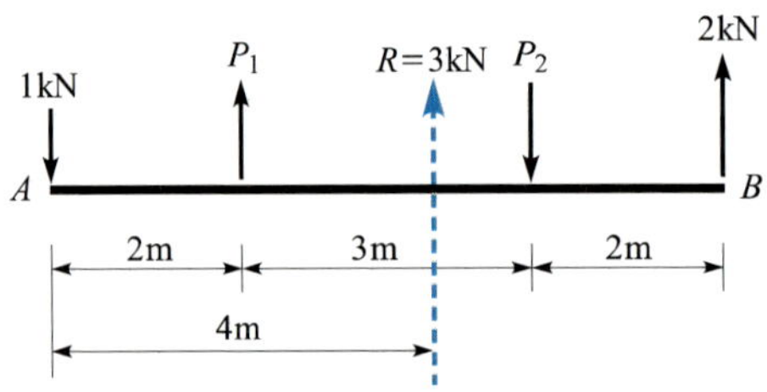

그림 예제 I.8

풀이

합력이 상향으로 3kN이 작용하므로 바리뇽의 정리를 이용하여 우선 P_1의 위치를 모멘트의 중심으로 취하면 P_2를 구할 수 있다(시계방향의 회전을 "+"로 가정).

$$-3\times 2=-1\times 2+P_2\times 3-2\times 5$$

$$\therefore P_2=2\text{kN}$$

다음으로 P_2 위치에서 모멘트를 취하면 P_1을 구할 수 있다.

$$3\times 1=-1\times 5+P_1\times 3-2\times 2$$

$$\therefore P_1=4\text{kN}$$

A 혹은 B를 모멘트의 중심으로 취하면 미지수 P_1과 P_2가 남게 되어 연립방정식을 이용해야 하므로 복잡해진다.

II 평면의 기하학적 성질

II.1 단면 1차 모멘트(G)와 도심(C)

임의 단면에 대한 미소면적과 구하려는 축에서부터 미소면적의 도심까지의 거리를 곱하여, 전단면에 대하여 적분한 값을 단면 1차 모멘트(geometrical moment)라 한다. 단면 1차 모멘트는 식 (II.1)과 같이 정의된다.

$$G_x = \int_A z dA = A \cdot \bar{z}, \quad G_z = \int_A x dA = A \cdot \bar{x} \qquad [\text{단위: } m^3] \quad (II.1)$$

그림 II.1에서 임의 단면의 전체 면적은 다음 식 (II.2)와 같다.

$$A = \int_A dA \qquad (II.2)$$

여기서, G_x : x축에 대한 단면 1차 모멘트

G_z : z축에 대한 단면 1차 모멘트

C : 도심

x, z : 좌표축에서 미소면적(dA)까지의 거리

$\bar{x}$, $\bar{z}$: 좌표축에서 도심까지의 거리

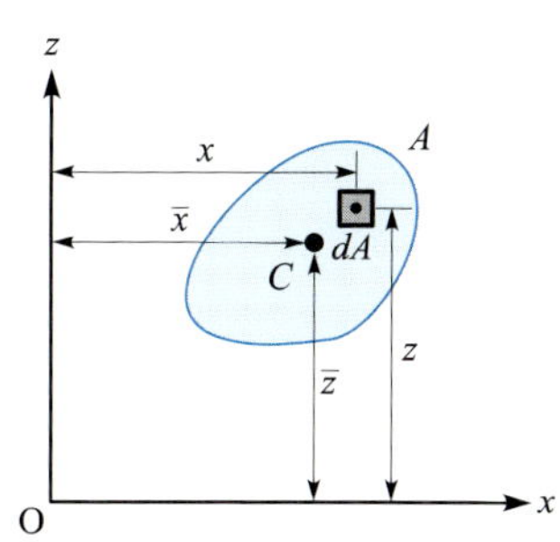

그림 II.1 단면 1차 모멘트(G)와 도심(C)

만약 임의의 단면이 xy평면에 존재하고 있다면, 다음과 같이 G_x와 G_y의 단면 1차 모멘트를 구할 수 있다.

$$G_x = \int_A y dA, \quad G_y = \int_A x dA$$

이와 같은 단면 1차 모멘트는 단면의 도심을 구하고, 앞으로 배우게 될 단면 내의 전단응력 분포 등을 구하는데 사용된다. 임의 단면의 한 점을 지나는 직교 좌표축에 대한 단면 1차 모멘트가 0일 때, 그 점이 단면의 도심이 된다. 이를 일반적인 식의 형태로 정의하면 식 (II.3)과 같이 나타낼 수 있다.

$$\bar{x}=\frac{G_z}{A}=\frac{\int_A xdA}{A}, \quad \bar{z}=\frac{G_x}{A}=\frac{\int_A zdA}{A} \qquad \text{[단위: m]} \quad \text{(II.3)}$$

도심(centroid, center of figure)은 무게중심(center of gravity)과 구분되는데, 도심은 평면 도형의 중심 및 두께가 일정하고 균질한 물체의 중심을 나타내는 점이며, 무게중심은 물체의 각 부분에 작용하는 중력의 합력이 통과하는 점이다. 물체의 무게중심이 도심과 같을 경우가 있는데 물체가 균일한 물질로 구성되고 형태가 대칭적일 때는 특히 그러하다. 그러나 어떤 물체가 질량이 서로 다른 여러 가지 물질로 구성되어 있고 형태가 비대칭적일 때는 무게중심이 도심과는 다른 경우가 많다(그림 II.2 참조).

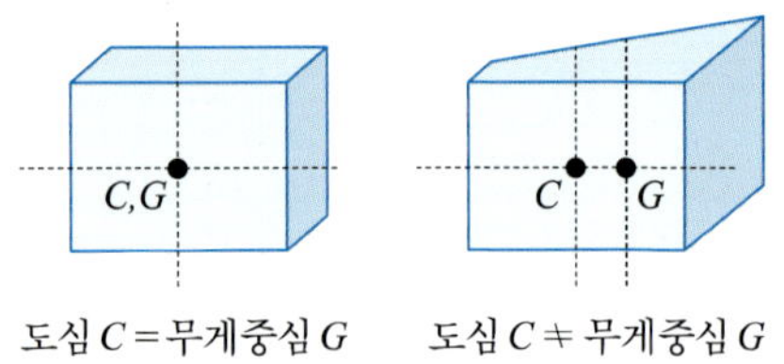

그림 II.2 도심과 무게중심

도심을 지나는 축에 대한 단면 1차 모멘트는 좌표축에서 도심까지의 거리($\bar{x}$, $\bar{z}$)가 0이 되어 G_x, G_z 또한 0이 된다.

예제 II.1

다음과 같은 채널 단면의 도심 위치 $\bar{x}$, $\bar{z}$를 구하여라.

풀이

그림의 채널 단면을 점선이 그어진 것처럼 3등분하여 구하도록 한다.

- $\bar{x}$는 z축에 대한 단면 1차 모멘트를 전체 면적으로 나눈 것이므로

$$\bar{x}=\frac{G_z}{\Sigma A_i}=\frac{\Sigma A_i \cdot x_i}{\Sigma A_i}=\frac{A_1 \cdot x_1 + A_2 \cdot x_2 + A_3 \cdot x_3}{A_1 + A_2 + A_3}$$

$$=\frac{6\times 3+18\times 0.5+6\times 3}{6\times 1+18\times 1+6\times 1}=1.5\text{m}$$

같은 방법으로,

$$\bar{z}=\frac{G_x}{\Sigma A_i}=\frac{\Sigma A_i \cdot z_i}{\Sigma A_i}$$

$$=\frac{6\times 0.5+18\times(9+1)+6\times(19+0.5)}{6\times 1+18\times 1+6\times 1}=10\text{m}$$

$$\bar{x}=1.5\text{m},\quad \bar{z}=10\text{m}$$

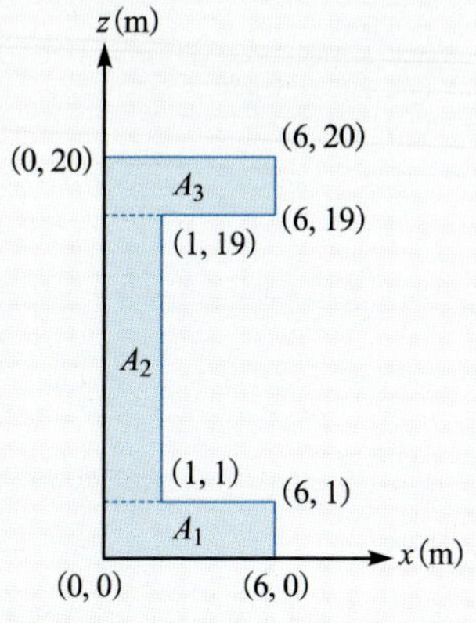

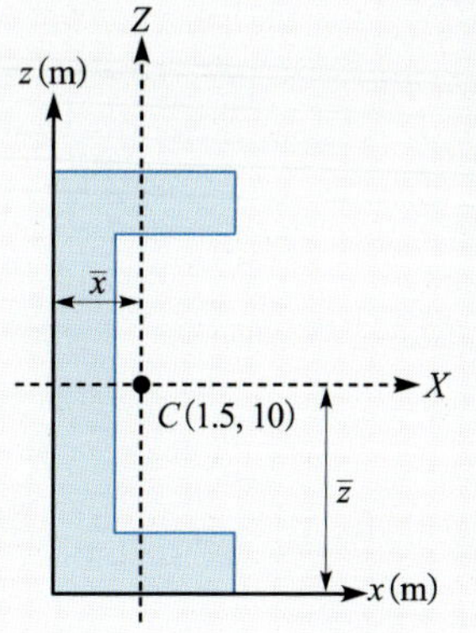

예제 II.2

xz 평면상에 놓여있는 삼각형 OBC의 도심 좌표($\bar{x}$, $\bar{z}$)를 구하여라.

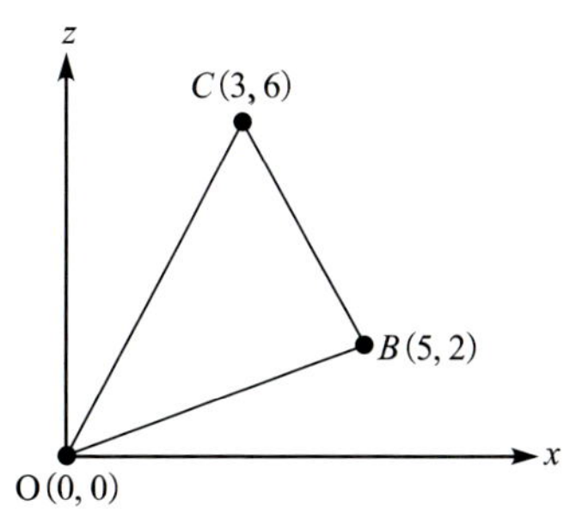

그림 예제 II.2

풀이

삼각형을 포함하는 가상의 사각형을 고려하고 단면 1차 모멘트를 이용하여 도심을 구한다.

• 분할된 각 단면에 대한 단면적과 도심을 먼저 계산한다.

$$A=A_0-(A_1+A_2+A_3)$$

$A_0=5\times 6=30$ $\qquad z_0=3$ $\qquad x=2.5$

$A_1=3\times 6\times\frac{1}{2}=9$ $\qquad z_1=6\times\frac{2}{3}=4$ $\qquad x_1=3\times\frac{1}{3}=1$

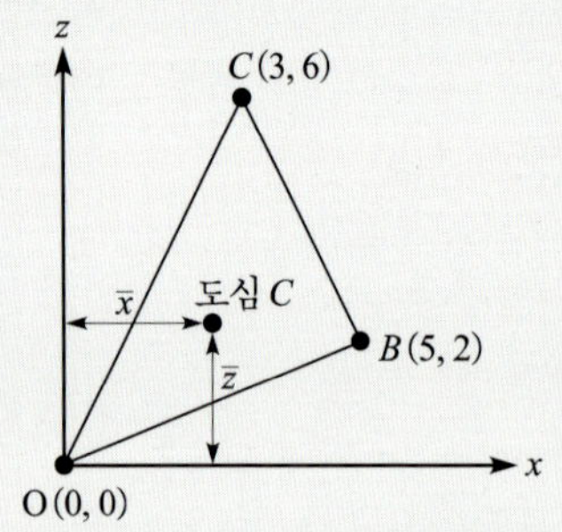

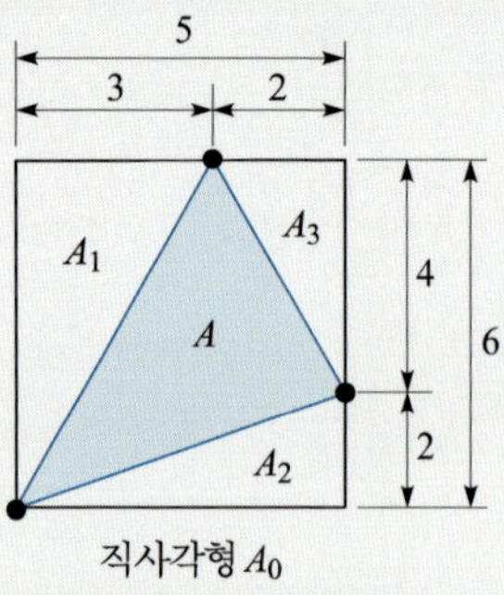

$A_2 = 5\times 2\times \dfrac{1}{2} = 5$ $\quad z_2 = 2\times \dfrac{1}{3} = 0.67$ $\quad x_2 = 5\times \dfrac{2}{3} = 3.33$

$A_3 = 4\times 2\times \dfrac{1}{2} = 4$ $\quad z_3 = 2+4\times \dfrac{2}{3} = 4.67$ $\quad x_3 = 3+2\times \dfrac{2}{3} = 4.33$

• 삼각형 OBC의 도심 좌표$(\bar{x}, \bar{z})$를 계산한다.

$$\bar{x} = \frac{G_z}{A},\quad G_z = \int_A x dA = A\bar{x} = \Sigma A_i x_i$$

$$\bar{x} = \frac{\Sigma A_i x_i}{A} = \frac{A_0 x_0 - (A_1 x_1 + A_2 x_2 + A_3 x_3)}{A_0 - (A_1 + A_2 + A_3)} = \frac{30\times 2.5 - (9\times 1 + 5\times 3.33 + 4\times 4.33)}{30 - (9+5+4)}$$

$$= \frac{32.03}{12} = 2.669$$

$$\bar{z} = \frac{G_x}{A},\quad G_x = \int_A z dA = A\bar{z} = \Sigma A_i z_i$$

$$\bar{z} = \frac{\Sigma A_i z_i}{A} = \frac{A_0 z_0 - (A_1 z_1 + A_2 z_2 + A_3 z_3)}{A_0 - (A_1 + A_2 + A_3)} = \frac{30\times 3 - (9\times 4 + 5\times 0.67 + 4\times 4.67)}{30 - (9+5+4)}$$

$$= \frac{31.97}{12} = 2.664$$

∴ 도심 좌표 $\bar{x} = 2.669,\quad \bar{z} = 2.664$

예제 II.3

밑면이 b이고 높이가 h인 이등변삼각형 단면의 단면 1차 모멘트 G_x 및 도심 $\bar{z}$의 위치를 구하면 얼마인가?

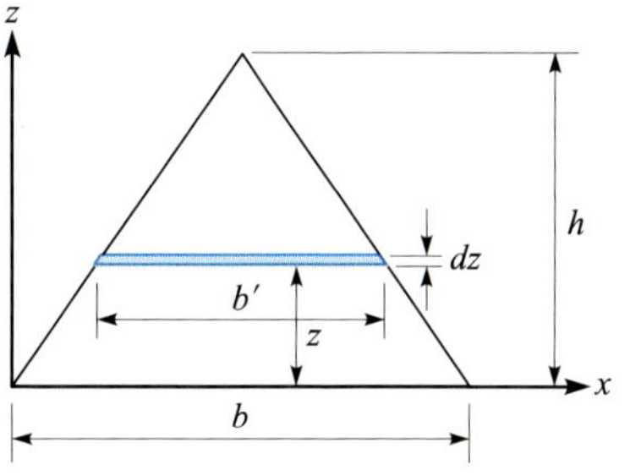

그림 예제 II.3

풀이

x축에 관한 G_x를 구하면 $\bar{z}$를 구할 수 있다. 따라서

$$G_x = \int_A z dA \text{에서 } dA = b' dz$$

$$G_x = \int_0^h z b' dz$$

$$b : h = b' : (h-z)$$

$$b' = \frac{b}{h}(h-z)$$

이 된다. 이것을 위 식에 대입하면

$$G_x = \int_0^h z\frac{b}{h}(h-z)dz = b\left[\frac{z^2}{2}\right]_0^h - \frac{b}{h}\left[\frac{z^3}{3}\right]_0^h = \frac{bh^2}{2} - \frac{bh^2}{3} = \frac{bh^2}{6}$$

이 되고,

$$\bar{z} = \frac{G_x}{A} = \frac{\frac{bh^2}{6}}{\frac{bh}{2}} = \frac{h}{3}$$

$$\therefore G_x = \frac{bh^2}{6}, \quad \bar{z} = \frac{h}{3}$$

예제 II.4

다음과 같이 xz평면에 존재하는 도형의 도심 좌표를 구하여라.

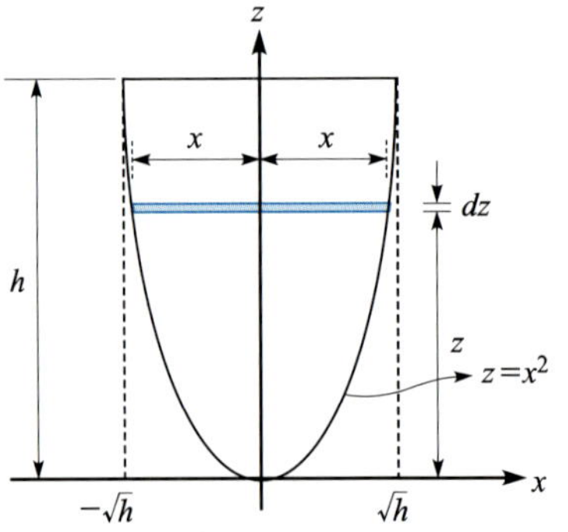

그림 예제 II.4

풀이

단면 1차 모멘트를 사용하여 구한다.

$$G_x = \int z dA, \quad G_z = \int x dA$$

$$\bar{z} = \frac{\int z dA}{A}, \quad \bar{x} = \frac{\int x dA}{A}$$

z축을 중심으로는 좌우대칭이므로 $\bar{x} = 0$이 된다.

- 전체 면적을 구하기 위하여 미소면적을 고려한다.

  $z = x^2$이므로 $z = h$일 때 $x = \pm\sqrt{h}$

  미소면적 $dA = 2x \cdot dz = 2\sqrt{z}\, dz$

$$A = \int_0^h 2\sqrt{z}\, dz = 2\left[\frac{2}{3} z^{\frac{3}{2}}\right]_0^h = \frac{4}{3} h^{\frac{3}{2}} = \frac{4}{3} h\sqrt{h}$$

- 도심을 계산한다.

$$\bar{z} = \frac{\int z dA}{A}$$

$$\int z dA = \int_0^h z \cdot 2\sqrt{z}\, dz = 2\int_0^h z^{\frac{3}{2}} dz = 2\left[\frac{2}{5} z^{\frac{5}{2}}\right]_0^h = \frac{4}{5} h^{\frac{5}{2}}$$

$$\bar{z} = \frac{(4/5)h^2\sqrt{h}}{(4/3)h\sqrt{h}} = \frac{3}{5} h$$

$$\therefore \text{ 도심 } (\bar{x}, \bar{z}) = \left(0, \frac{3}{5} h\right)$$

II.2 단면 2차 모멘트

단면 2차 모멘트(second moment of the area)는 관성 모멘트(moment of inertia)라고도 하는데 평면을 구성하는 각각의 축에서 미소면적에 이르는 거리를 제곱한 값에 미소면적을 곱하여 전단면에 대해서 적분한 것을 말한다. 단면 2차 모멘트는 주로 보의 휨공식에서 휨 강성을 결정짓는데 사용된다. 단면의 도심을 통과하는 도심축(X, Z)에 대한 단면 2차 모멘트 I_X, I_Z는 그림 II.3과 식 (II.4)와 같이 정의된다.

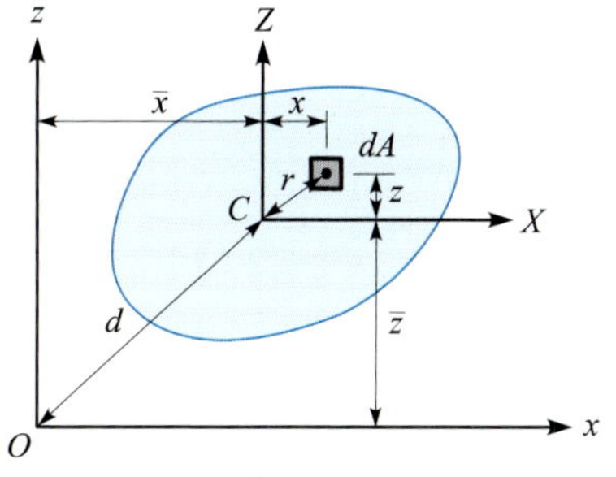

그림 II.3 단면 2차 모멘트

$$I_X = \int_A z^2 dA, \quad I_Z = \int_A x^2 dA \tag{II.4}$$

단면의 도심축에 대한 단면 2차 모멘트 I_X, I_Z가 계산되면, 평행축 정리(parallel axis theorem)를 사용하여 도심축과 평행한 임의의 축에 관한 단면 2차 모멘트 I_x, I_z를 구할 수 있다. 우선 x축에 관한 단면 2차 모멘트 I_x를 구해보자. 미소요소 dA와 x축 사이의 거리는 $z+\bar{z}$로 정의된다. 그러므로

$$I_x = \int_A (z+\bar{z})^2 dA = \int_A z^2 dA + 2\bar{z}\int_A z dA + \bar{z}^2 \int_A dA \tag{II.5}$$

위의 식 (II.5)에서 오른쪽의 첫 번째 항은 단면의 도심에 대한 단면 2차 모멘트 I_X를 나타내고, 두 번째 항은 $2\bar{z} \cdot G_x$의 형태인데, 도심축에 대해서 단면 1차 모멘트는 거리 z가 이 "0"이기 때문에 두 번째 항 전체가 "0"이 된다. 식 (II.5)는 최종적으로 다음과 같이 정리할 수 있다.

$$I_x = \int_A z^2 dA + 2\bar{z} \cdot 0 + \bar{z}^2 A$$

$$\therefore I_x = I_X + A \cdot \overline{z^2}$$ [단위: m⁴] (II.6)

동일한 방법으로 z축에 대한 단면 2차 모멘트는 다음과 같다.

$$\therefore I_z = I_Z + A \cdot \overline{x^2} \quad \text{(II.7)}$$

단면 2차 모멘트는 몇 가지 특성을 가지고 있다. 단면 2차 모멘트의 최솟값은 도심에 대한 것이며(0은 아님), 거리의 제곱형태로 얻어지므로 좌표축에 관계없이 항상 양(+)의 부호를 갖는다. 단면 2차 모멘트 I와 탄성계수 E를 곱한 EI를 휨강성(휨변형에 저항하는 성질)이라고 하는데, I가 크면 휨강성(휨저항성)이 커지게 된다. 동일한 면적을 갖는 조건에서 단면 2차 모멘트 I를 크게 하기 위해서는 단면의 폭 b보다 높이 h를 크게 해야 한다.

예제 II.5

그림과 같은 직사각형 단면의 도심축 x, z에 대한 단면 2차 모멘트 I_X, I_Z와 x, z축에 대한 I_x, I_z를 구하여라.

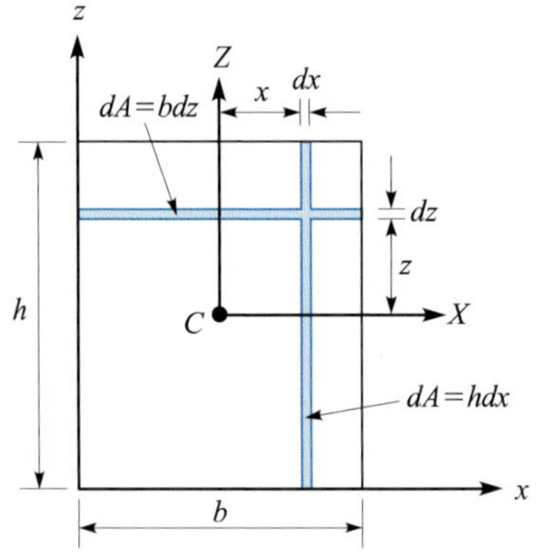

그림 예제 II.5

풀이

식 (II.4)를 이용한다.

$$I_X = \int_A z^2 \cdot dA, \quad I_Z = \int_A x^2 \cdot dA$$

$$I_X = \int_{-\frac{h}{2}}^{\frac{h}{2}} z^2 b\, dz = 2b \int_0^{\frac{h}{2}} z^2\, dz = 2b \left[\frac{z^3}{3}\right]_0^{\frac{h}{2}} = \frac{bh^3}{12}$$

같은 방법으로

$$I_Z=\int_{-\frac{b}{2}}^{\frac{b}{2}} x^2 h\,dx=2h\int_0^{\frac{b}{2}} x^2\,dx=2h\left[\frac{x^3}{3}\right]_0^{\frac{b}{2}}=\frac{hb^3}{12}$$

$$\therefore\ I_X=\frac{bh^3}{12},\quad I_Z=\frac{hb^3}{12}$$

x, z축은 도심을 통과하지 않는 임의의 좌표축이므로 식 (II.6), 식 (II.7)을 이용한다.

$$I_x=I_X+A\bar{z}^2=I_X+A\cdot\left(\frac{h}{2}\right)^2$$

$$=\frac{bh^3}{12}+(bh)\left(\frac{h^2}{4}\right)=\frac{bh^3}{12}+\frac{bh^3}{4}=\frac{bh^3}{3}$$

$$I_z=I_Z+A\bar{x}^2=I_Z+A\cdot\left(\frac{b}{2}\right)^2$$

$$=\frac{hb^3}{12}+(bh)\left(\frac{b^2}{4}\right)=\frac{hb^3}{12}+\frac{hb^3}{4}=\frac{hb^3}{3}$$

$$\therefore\ I_x=\frac{bh^3}{3},\quad I_z=\frac{hb^3}{3}$$

예제 II.6

다음 그림과 같이 z축에 대칭인 단면의 도심축 x까지의 거리 $\bar{z}$를 구하고 도심축에 대한 단면 2차 모멘트 I_x를 구하시오.

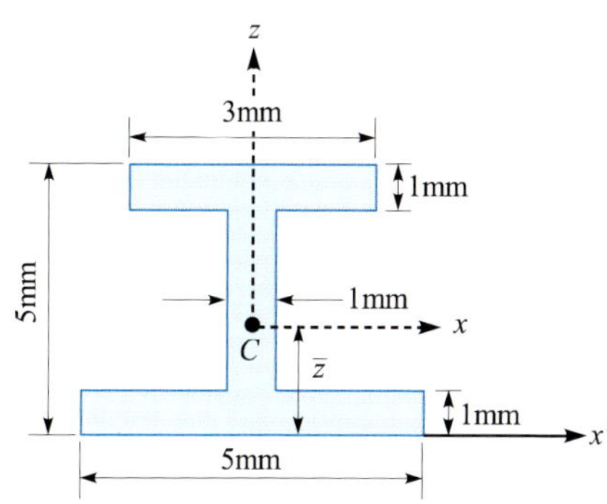

그림 예제 II.6

풀이

• 단면적 A

$$A=A_1+A_2+A_3=5\times1+1\times3+3\times1=11\text{mm}^2$$

• 단면 1차 모멘트 $G_{x'}$

$$G_{x'}=A_i\cdot\bar{z_i}=5\times1\times0.5+1\times3\times2.5+3\times1\times4.5=23.5\text{mm}^3$$

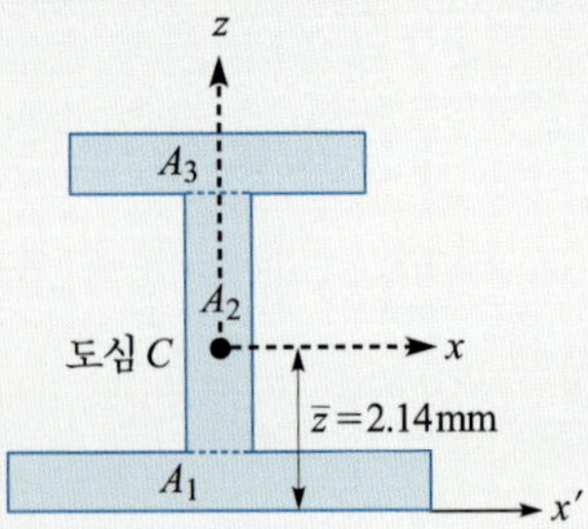

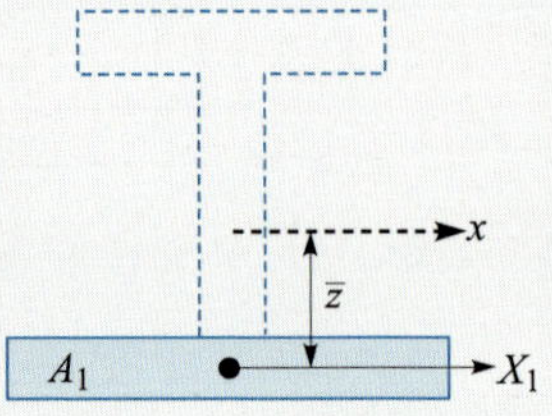

• 도심축 x까지의 거리 $\bar{z}$

$$\bar{z} = \frac{G_{x'}}{A} = \frac{23.5}{11} = 2.14\text{mm}$$

• 단면 2차 모멘트 I_x

단면 전체에 대한 단면 2차 모멘트 I_x는 도심축을 기준으로 각각의 단면에 대한 단면 2차 모멘트를 구한 후 이를 합하여 구할 수 있다.

$$I_x = I_{x_1} + I_{x_2} + I_{x_3}$$

$$I_{x_1} = I_{X_1} + A_1 \cdot \bar{z}_1^{\,2} = \frac{5\times 1^3}{12} + 5\times 1\times(-1.64)^2 = 13.86\text{mm}^4$$

$$I_{x_2} = I_{X_2} + A_2 \cdot \bar{z}_2^{\,2} = \frac{1\times 3^3}{12} + 1\times 3\times(0.36)^2 = 2.64\text{mm}^4$$

$$I_{x_3} = I_{X_3} + A_3 \cdot \bar{z}_3^{\,2} = \frac{3\times 1^3}{12} + 3\times 1\times(2.36)^2 = 16.96\text{mm}^4$$

$$\therefore I_x = I_{x_1} + I_{x_2} + I_{x_3} = 13.86 + 2.64 + 16.96 = 33.46\text{mm}^4$$

II.3 극관성 모멘트

그림 II.3에서 극점(Y축)인 C점에서 미소면적 dA까지의 거리를 r이라고 할 때 $r^2 \cdot dA$를 전단면에 대하여 적분한 것을 극관성 모멘트(polar moment of inertia)라 하며, 이 값은 좌표축의 회전에 관계없이 항상 일정하다.

$$I_P = \int_A r^2 dA = \int_A \left(x^2 + z^2\right) \cdot dA = I_X + I_Z \qquad [\text{단위: m}^4] \quad \text{(II.8)}$$

극관성 모멘트 I_P와 전단탄성계수 G를 곱한 GI_P를 비틀림 강성(비틀림에 저항하는 정도)이라고 하는데, I_P가 크면 비틀림 강성(비틀림 저항성)이 커지게 된다. 이처럼 I_P는 구조부재의 비틀림 강성을 평가하는데 사용된다.

극관성 모멘트의 경우에도 단면 2차 모멘트에서처럼 평행축 정리를 사용하여 평행 이동한 임의의 축에 대한 극점(y축) O점을 기준으로 극관성 모멘트를 구할 수 있다(그림 II.3 참조). 미소요소 dA와 O점 사이의 거리는 $d+r$로 정의된다. 그러므로 극점 O를 지나는 y축에 관한 극관성 모멘트 I_{Po}는 다음과 같다. y축은 xz평면상에서 직각으로 솟아 나오는 좌표축이다.

$$\therefore I_{P_O} = I_P + A \cdot d^2 \tag{II.9}$$

예제 II.7

직사각형 단면의 폭과 높이가 각각 b, h라 할 때 단면의 도심 O를 통과하는 극점(Y축)에 관한 극관성 모멘트를 구하여라.

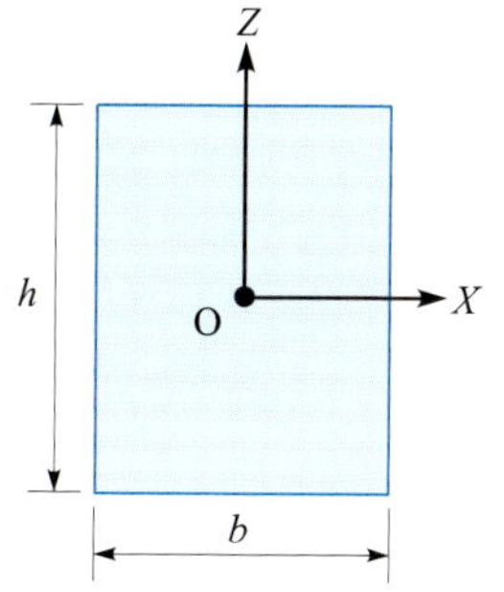

그림 예제 II.7

풀이

$I_P = I_X + I_Z$ 에서

$$I_X = \frac{bh^3}{12}, \quad I_Z = \frac{hb^3}{12}$$

$$I_P = \frac{bh^3}{12} + \frac{hb^3}{12} = \frac{bh}{12}(h^2 + b^2)$$

$$\therefore I_P = \frac{bh}{12}(h^2 + b^2)$$

II.4 단면 상승 모멘트

그림 II.4의 xz 평면에서 x, z축으로부터 미소면적 dA까지의 거리 x, z를 서로 곱하여 전 단면에 대하여 적분한 것을 단면 상승 모멘트 또는 관성 상승 모멘트(product of inertia)라 한다(상승(相乘)은 서로 곱한다는 의미). 단면 상승 모멘트는 구조물의 설계 시 필요에 따라 최대 및 최소의 단면 2차 모멘트가 발생되는 축의 방향을 알아야 하는 경우가 있다. 이 축들을 알기 위해서는 주어진 평면의 좌표축에 대한 각각의 단면 2차 모멘트뿐만 아니라 단면 상승 모멘트도 필요하다. 최대 및 최소의 단면 2차 모멘트를 주단면 2차 모멘트라 하는데, 이 내용은 II.7항에서 설명한다.

$$I_{xz} = \int_A xzdA \qquad \text{[단위: m}^4\text{]} \quad \text{(II.10)}$$

단면 상승 모멘트는 좌표축의 위치와 방향에 따라 양(+), 음(−) 또는 0의 값을 갖게 된다. 만일 평면상의 단면이 x, z축 중 어느 한 축이 단면의 대칭축일 때 단면 상승 모멘트는 0이 된다. 또한 I_{xz}값의 부호는 단면이 위치한 사분면에 따라 결정된다. 그림 II.5는 I_{xz}값의 부호 결정방법에 대해 설명하고 있다.

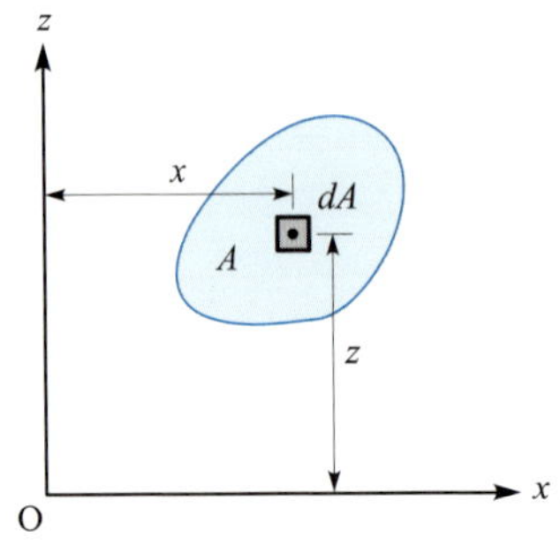

그림 II.4 단면 상승 모멘트 I_{xz}

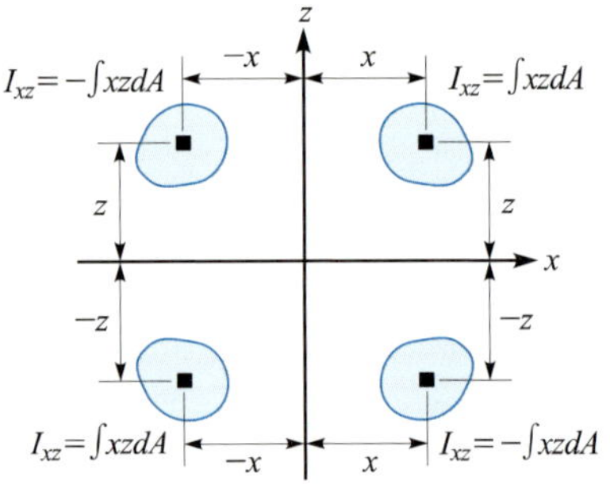

그림 II.5 I_{xz}값의 부호 결정

단면 상승 모멘트 I_{xz}에 대해서도 평행축의 정리는 동일하게 적용된다. II.2항의 그림 II.3에 진하게 나타낸 미소면적을 고려해 보자. 여기서 X 및 Z축은 도심축을 나타내고, x 및 z축에 관한 dA의 단면 상승 모멘트는 $dI_{xz} = (x+\bar{x})(z+\bar{z})dA$이므로, 전체 면적에 대한 값은 다음과 같다.

$$I_{xz} = \int_A (x+\bar{x})(z+\bar{z})dA = \int_A xzdA + \bar{x}\int_A zdA + \bar{z}\int_A xdA + \bar{x}\bar{z}\int_A dA$$

오른쪽의 첫 번째 항은 도심축에 관한 단면 상승 모멘트 I_{XZ}를 나타내며, 두 번째와 세 번째 항은 도심축에 관한 단면 1차 모멘트이므로 0이 된다. 네 번째 적분 항은 전체 면적 A를 나타내므로, I_{xz}는 다음과 같이 계산된다.

$$I_{xz} = I_{XZ} + A\,\bar{x}\,\bar{z} \tag{II.11}$$

예제 II.8

다음의 단면에 대한 단면 상승 모멘트를 x, z축에 대하여 구하여라.

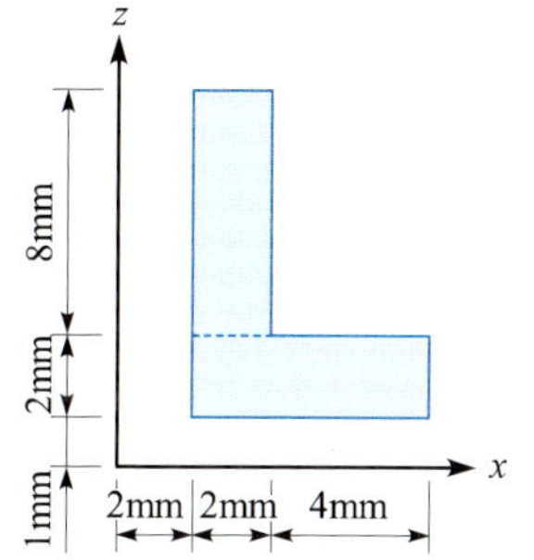

그림 예제 II.8

풀이

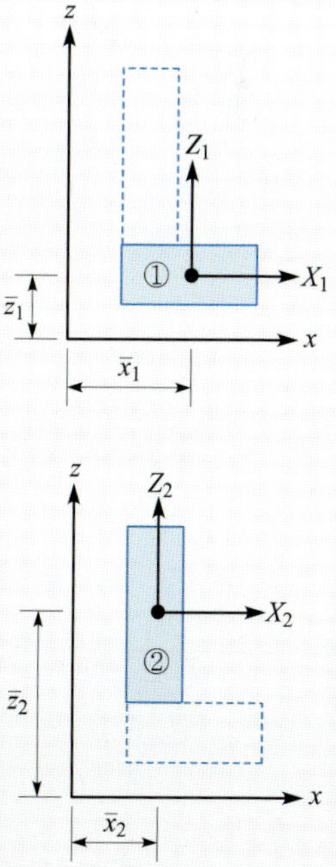

$I_{xz} = \Sigma\left(I_{XZ} + A\,\bar{x}\,\bar{z}\right)$

직사각형 ①에 대한

$$I_{xz} = I_{X_1Z_1} + A\,\bar{x}_1\bar{z}_1$$

$$= 0 + (6\times 2)\times 5\times 2 = 120\text{mm}^4$$

직사각형 ②에 대한

$$I_{xz} = I_{x_2z_2} + A\,\bar{x}_2\bar{z}_2$$

$$= 0 + (8\times 2)\times 3\times 7 = 336\text{mm}^4$$

전체 단면에 대한 단면 상승 모멘트

$$I_{xz} = 120 + 336 = 456\text{mm}^4$$

II.5 회전반경

회전반경(회전반지름)은 단면 2차 반경이라고도 하며, 단면 2차 모멘트를 단면적으로 나눈 값의 제곱근을 말한다. 단면이 xz 평면상에 존재한다면 회전반경 r_x와 r_z가 얻어진다.

$$r_x = \sqrt{\frac{I_x}{A}}, \quad r_z = \sqrt{\frac{I_z}{A}} \qquad \text{[단위: m]} \quad \text{(II.12)}$$

일반적으로 도심을 지나는 축에 대한 값을 사용하며, 실제 설계에서 필요한 것은 II.7항에서 설명하고 있는 주축에 대한 회전반경이다. 특히, 주축 중에서 최소 단면 2차 모멘트를 사용하여 구한 값을 최소 회전반경이라 하며, 봉, 기둥 등의 구조부재 설계 시 최소 회전반경을 사용한다.

II.6 단면계수

보를 설계할 때는 보의 휨응력이 주어진 설계기준, 즉 재료의 휨허용응력을 초과하지 않도록 하여야 한다. 보의 길이가 충분히 크다면 그 보는 전단력보다는 휨모멘트에 상대적으로 큰 영향을 받게 되는데, 이런 경우 보의 단면계수(section modules) S를 결정함으로써 보를 설계할 수 있다. 단면계수 S는 이처럼 보의 설계 시 단면을 결정하는데 주로 사용된다. 단면계수 S는 식 (II.13)에서처럼 도심축에 대한 단면 2차 모멘트 I와 단면의 도심에서 압축과 인장연단(상・하단) 또는 좌・우단까지의 거리로 나눈 값을 의미한다(그림 II.6 참조).

$$S_{X_1} = \frac{I_{X_1}}{z_1}, \quad S_{Z_1} = \frac{I_{Z_1}}{x_1}, \quad S_{X_2} = \frac{I_{X_2}}{z_2}, \quad S_{Z_2} = \frac{I_{Z_2}}{x_2} \qquad \text{[단위: m}^3\text{]} \quad \text{(II.13)}$$

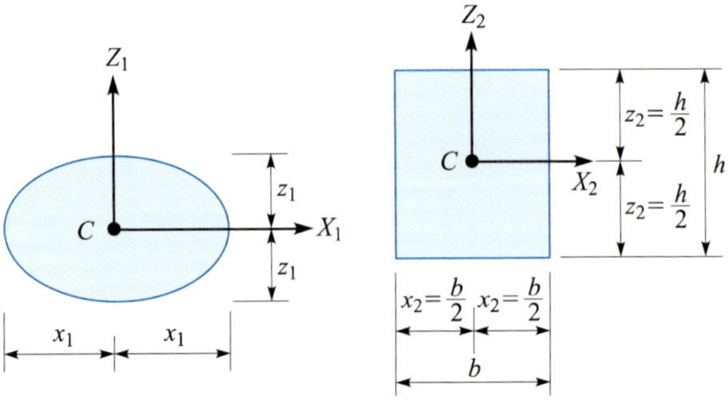

그림 II.6 단면계수

폭이 b이고 높이가 h인 직사각형 단면을 갖는 부재의 단면 2차 모멘트와 단면계수는 식 (II.14)와 같으며, 지름이 d인 원형 단면에 대한 단면 2차 모멘트와 단면계수는 식 (II.15)와 같다.

$$I_X = \frac{bh^3}{12} \qquad S_X = \frac{bh^3/12}{h/2} = \frac{bh^2}{6} \tag{II.14}$$

$$I_X = \frac{\pi d^4}{64} \qquad S_X = \frac{\pi d^4/64}{d/2} = \frac{\pi d^3}{32} \tag{II.15}$$

예제 II.9

그림과 같은 중공사각형 단면의 단면계수 S_X를 구하여라. 단면의 두께 $t=50$mm이다.

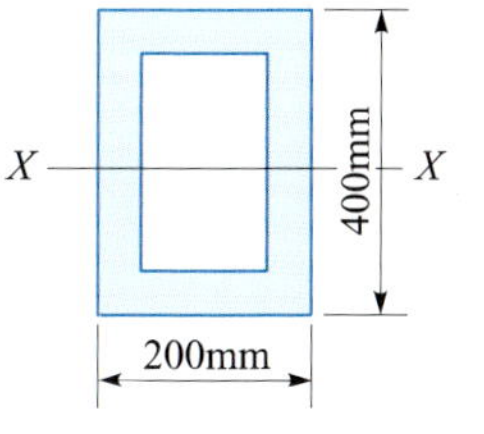

그림 예제 II.9

풀이

$$I_X = \frac{BH^3 - bh^3}{12} = \frac{200\times 400^3 - 100\times 300^3}{12} = 84{,}166.67\times 10^4 \text{mm}^4$$

$$S_X = \frac{I_X}{H/2} = \frac{84{,}166.67\times 10^4}{400/2} = 4{,}208.3\times 10^3 \text{mm}^3$$

II.7 주축과 주단면 2차 모멘트

구조물을 설계할 때 필요에 따라 부재 단면의 최대 혹은 최소 단면 2차 모멘트와 주축을 알아야 할 때가 있다. 이러한 이유는 같은 재료의 같은 단면이라도 힘의 작용방향에 따라 단면의 저항정도가 다르기 때문이다.

그림 II.7과 같이 xz평면을 갖는 좌표축을 반시계 방향으로 θ만큼 회전시키면 최초의 x, z좌표축은 x', z'라는 새로운 좌표축으로 변환되고 미소면적 dA의 좌표는 x', z'좌표축을 사용하여 다음과 같이 나타낼 수 있다.

$$x' = x\cos\theta + z\sin\theta \qquad \text{(II.16)}$$
$$z' = z\cos\theta - x\sin\theta$$

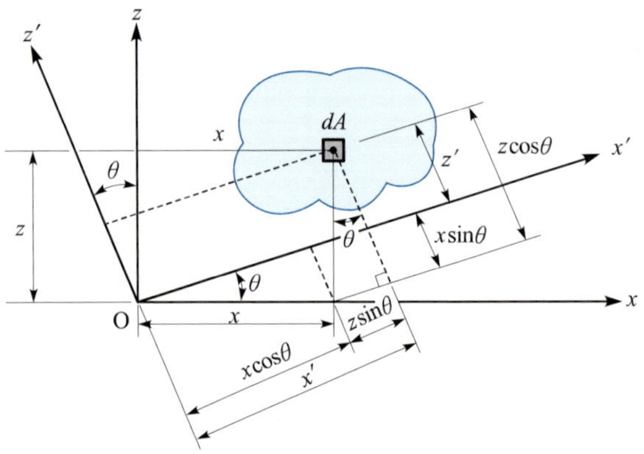

그림 II.7 주축의 회전

이 x'축에 대한 단면 2차 모멘트 $I_{x'}$는 다음과 같이 표현할 수 있다.

$$I_{x'} = \int z'^2 dA = \int (z\cos\theta - x\sin\theta)^2 dA$$

$$= \cos^2\theta \int z^2 dA + \sin^2\theta \int x^2 dA - 2\sin\theta\cos\theta \int xz dA$$

$$I_{x'} = I_x \cos^2\theta + I_z \sin^2\theta - 2I_{xz}\sin\theta\cos\theta \quad \text{(II.17)}$$

위의 식 (II.17)을 삼각함수의 2배각 공식을 이용하여 다시 정리하면 식 (II.18)과 같다. z'축에 대한 단면 2차 모멘트 $I_{z'}$ 역시 동일한 방법으로 정리하여 식 (II.19)와 같이 나타낼 수 있다.

$$\cos^2\theta = \frac{1}{2}(1+\cos 2\theta), \quad \sin^2\theta = \frac{1}{2}(1-\cos 2\theta), \quad 2\sin\theta\cos\theta = \sin 2\theta$$

$$I_{x'} = \frac{I_x + I_z}{2} + \frac{I_x - I_z}{2}\cos 2\theta - I_{xz}\sin 2\theta \quad \text{(II.18)}$$

$$I_{z'} = \frac{I_x + I_z}{2} - \frac{I_x - I_z}{2}\cos 2\theta + I_{xz}\sin 2\theta \quad \text{(II.19)}$$

위의 식으로부터 우리는 $I_x + I_z = I_x' + I_z'$라는 재미있는 결과를 발견할 수 있다. 이러한 결과에서 임의의 평면좌표축을 원점을 중심으로 회전시켜도 직각축의 모든 쌍에 관한 직각 단면 2차 모멘트의 합은 일정하다는 것을 알 수 있다.

이제 x', z'축에 관한 단면 상승 모멘트 $I_{x'z'}$를 구해보자.

$$I_{x'z'} = \int x'z'dA = \int (x\cos\theta + z\sin\theta)(z\cos\theta - x\sin\theta)\,dA \qquad \text{(II.20)}$$
$$= \frac{I_x - I_z}{2}\sin 2\theta + I_{xz}\cos 2\theta$$

여기에서 최초의 xz 좌표축을 반시계 방향으로 θ만큼 회전시키게 되면 단면 상승 모멘트 $I_{x'z'} = 0$이 되는 각의 위치가 나타나는데, 이때의 회전각을 θ_p라 정의하고 이때의 x', z'축을 단면의 주축이라고 한다. 이 주축을 결정하는 회전각 θ_p를 구해보자. θ_p의 조건은 $I_{x'z'} = I_{xz} = 0$이므로

$$I_{x'z'} = \frac{I_x - I_z}{2}\sin 2\theta + I_{xz}\cos 2\theta = 0 \qquad \text{(II.21)}$$
$$\tan 2\theta_p = -\frac{2I_{xz}}{I_x - I_z}$$

식 (II.21)에서 $2\theta_p$는 서로의 차가 180°인 2개의 값을 가짐을 알 수 있다. 주축을 결정하게 되면 주축에 대한 $I_{x'}$, $I_{z'}$를 각각 구할 수가 있다. 주축에 대한 단면 2차 모멘트 $I_{x'}$, $I_{z'}$는 각각 최대와 최소의 단면 2차 모멘트 값을 갖게 되며, 일반적으로 최대 단면 2차 모멘트를 I_1, 최소 단면 2차 모멘트를 I_2로 표현한다. I_1과 I_2를 주단면 2차 모멘트라 정의한다. 주단면 2차 모멘트를 결정하는 과정은 식 (II.21)을 이용하여 그림 II.8과 식 (II.22)와 같이 정리할 수 있다.

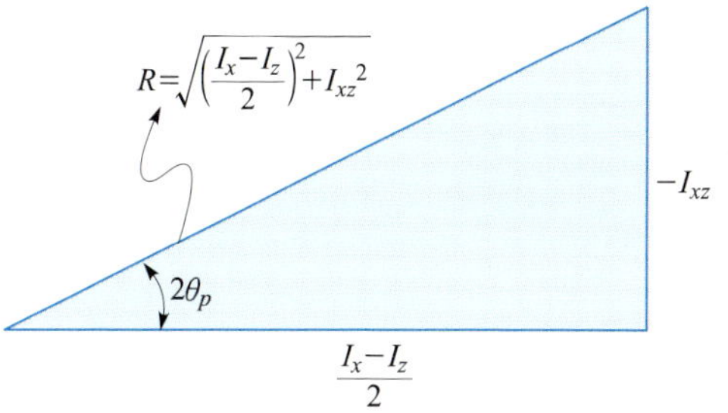

그림 II.8 식 (II.21)의 기하학적 표현

$$\cos 2\theta_p = \frac{I_x - I_z}{2R}, \quad \sin 2\theta_p = \frac{-I_{xz}}{R} \qquad \left(R = \sqrt{\left(\frac{I_x - I_z}{2}\right)^2 + I_{xz}^2}\right)$$

$$\therefore I_{1,2} = \frac{I_x + I_z}{2} \pm \sqrt{\left(\frac{I_x - I_z}{2}\right)^2 + I_{xz}^2} \qquad \text{(II.22)}$$

예제 II.10

그림과 같은 사각형 단면에서 주축 θ_p와 주단면 2차 모멘트 I_1, I_2의 값을 구하여라.

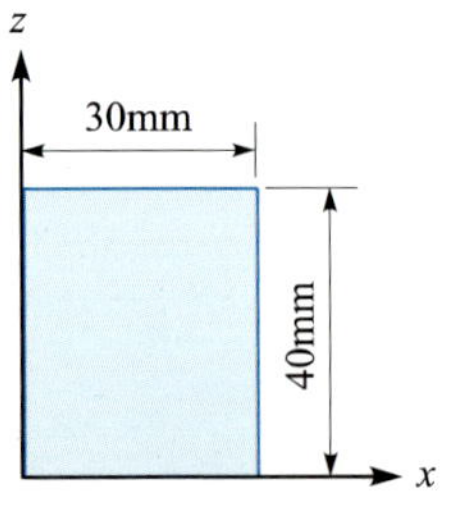

그림 예제 II.10

풀이

주축(θ_p)의 위치를 결정하기 위하여 단면 2차 모멘트와 단면 상승 모멘트를 구한다.

$$I_x = I_X + A\bar{z}^2 = \frac{30\times 40^3}{12} + 30\times 40\times 20^2 = 64\times 10^4 \text{mm}^4$$

$$I_z = I_Z + A\bar{x}^2 = \frac{40\times 30^3}{12} + 40\times 30\times 15^2 = 36\times 10^4 \text{mm}^4$$

$$I_{xz} = I_{XZ} + A\overline{xz} = 0 + 30\times 40\times 15\times 20 = 36\times 10^4 \text{mm}^4$$

$$\tan 2\theta_p = -\frac{2I_{xz}}{(I_x - I_z)} = -\frac{2(36\times 10^4)}{(64\times 10^4 - 36\times 10^4)} = -2.57$$

따라서

$$2\theta_p = \tan^{-1}(-2.57)$$

$2\theta p_1 = -68.74^\circ$　　$\therefore$ 주축 $\theta p_1 = -34.37^\circ$

$2\theta p_2 = 111.26^\circ$　　$\therefore$ 주축 $\theta p_2 = 55.63^\circ$

주단면 2차 모멘트(I_1, I_2)의 값을 구한다.

$$I_{1,2} = \frac{I_x + I_z}{2} \pm \sqrt{\left(\frac{I_x - I_z}{2}\right)^2 + I_{xz}^2}$$

$$= \frac{64\times 10^4 + 36\times 10^4}{2} \pm \sqrt{\left(\frac{64\times 10^4 - 36\times 10^4}{2}\right)^2 + (36\times 10^4)^2}$$

$$= 50\times 10^4 \pm 38.63\times 10^4$$

$\therefore$ 최대 단면 2차 모멘트　$I_1 = 88.63\times 10^4 \text{mm}^4$

최소 단면 2차 모멘트　$I_2 = 11.37\times 10^4 \text{mm}^4$

II.8 파푸스(Pappus)의 정리

파푸스(Pappus)의 정리란 회전체의 표면적과 체적을 구하는 원리로써 여기에 사용되는 인자들을 이용하여 단면의 도심을 구할 수도 있다. 회전체의 표면적과 체적을 구하는 방법에 따라 제1정리와 제2정리로 구분된다(그림 II.9 참조).

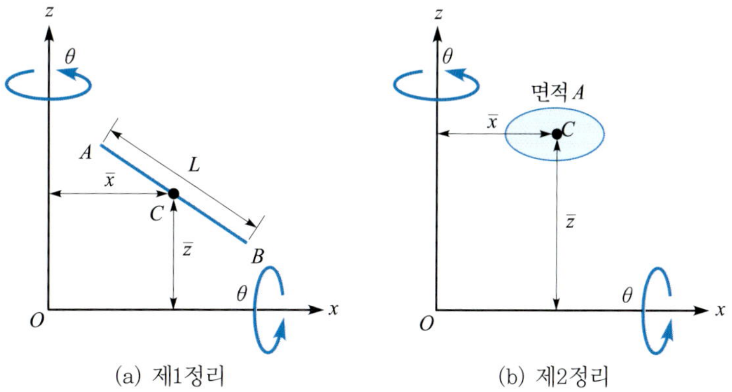

그림 II.9 파푸스의 정리

- 파푸스의 제1정리 : 회전체의 표면적 A는 회전체를 형성시키기 위해 회전시킨 곡선의 길이 L, 곡선의 도심까지의 거리 $\bar{z}$와 도심이 회전한 각 θ(radian)의 곱과 같다. 즉, L의 길이를 갖는 선분 AB를 x축(또는 z축)을 중심으로 θ만큼 회전시켰을 경우 여기에서 생기는 표면적 A를 구할 수 있다. 이를 식 (II.23)과 같이 정의할 수 있다.

$$A_x = L \cdot \bar{z} \cdot \theta (x\text{축 중심 회전})$$
$$A_z = L \cdot \bar{x} \cdot \theta (z\text{축 중심 회전}) \tag{II.23}$$

- 파푸스의 제2정리 : 회전체의 체적 V는 회전체를 형성시키기 위해 회전시킨 도형의 면적 A, 도심까지의 거리 $\bar{z}$ 또는 $\bar{x}$와 도심이 회전한 각 θ(radian)의 곱과 같다. 이를 식 (II.24)와 같이 정의할 수 있다.

$$V_x = A \cdot \bar{z} \cdot \theta (x\text{축 중심 회전})$$
$$V_z = A \cdot \bar{x} \cdot \theta (z\text{축 중심 회전}) \tag{II.24}$$

또한, 식 (II.23)과 식 (II.24)를 이용하여 역으로 도심을 구할 수 있다. 예를 들어 식 (II.24)의 경우 도심을 다음과 같이 구할 수 있다.

$$\bar{z} = \frac{V_x}{A \cdot \theta}, \quad \bar{x} = \frac{V_z}{A \cdot \theta}$$

예제 II.11

바깥지름이 140mm이고 안지름이 40mm인 도넛이 있다. 도넛의 단면이 전체적으로 일정하다고 가정할 때 도넛의 표면적(A)과 체적(V)을 구하여라.

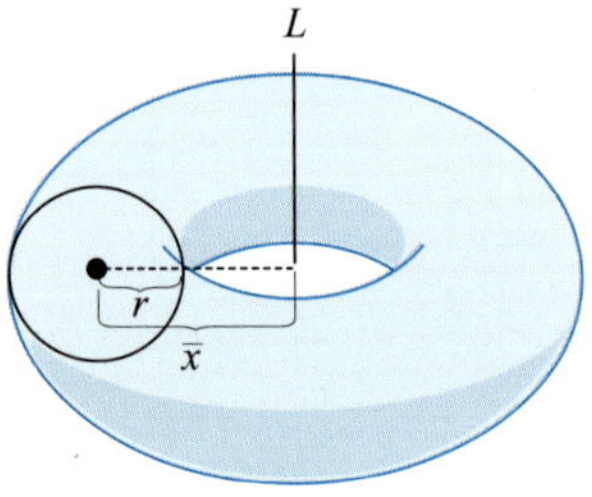

그림 예제 II.11

풀이

파푸스의 제1정리를 사용하여 도넛의 표면적(A)을 구한다.

표면적 ; A

$$\begin{aligned} A &= l \cdot \bar{x} \cdot \theta \\ &= (2\pi r) \cdot (\bar{x}) \cdot (2\pi) \\ &= (2\pi \cdot 25) \cdot (45) \cdot (2\pi) = 44{,}413.2\text{mm}^2 \end{aligned}$$

파푸스의 제2정리를 사용하여 도넛의 체적(V)을 구한다.

체적 ; A

$$\begin{aligned} V &= A \cdot \bar{x} \cdot \theta \\ &= (\pi r^2) \cdot (\bar{x}) \cdot (2\pi) \\ &= (\pi \cdot 25^2) \cdot (45) \cdot (2\pi) = 555{,}165.2\text{mm}^3 \end{aligned}$$

예제 II.12

삼각형 OCD가 Z축을 중심으로 360° 회전할 때 생기는 체적을 구하여라.

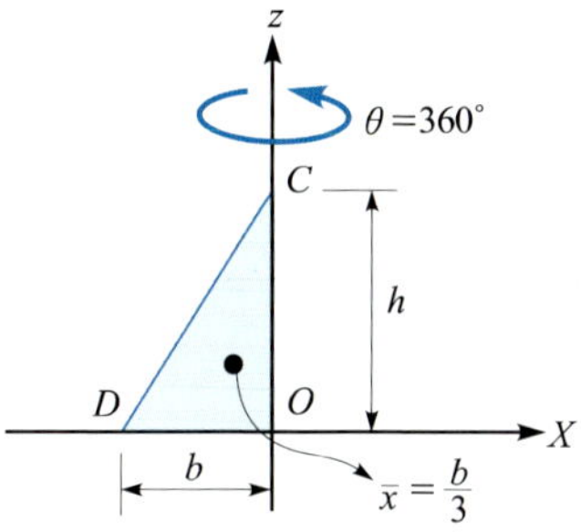

그림 예제 II.12

풀이

파푸스의 제2정리를 이용한다.

$$V_Z = A \cdot \bar{x} \cdot \theta$$

$$V_Z = \left(\frac{1}{2} b \cdot h\right) \cdot \left(\frac{b}{3}\right) \cdot (2\pi) = \frac{hb^2\pi}{3}$$

$$\therefore V_Z = \frac{hb^2\pi}{3}$$

II.9 단면의 기하학적 특성

1. 구형단면

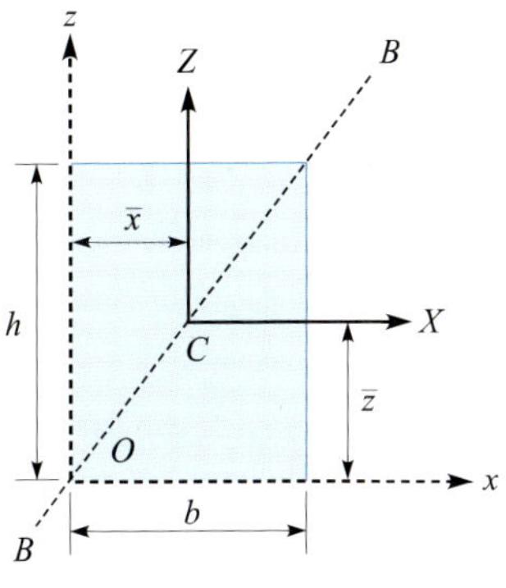

[X, Z축이 도심 C를 지날 때]

$$A = bh \qquad \bar{x} = \frac{b}{2} \qquad \bar{z} = \frac{h}{2}$$

$$I_X = \frac{bh^3}{12} \qquad I_Z = \frac{hb^3}{12} \qquad I_{XZ} = 0 \qquad I_P = \frac{bh}{12}(h^2 + b^2)$$

[x, z축이 O점을 지날 때]

$$I_x = \frac{bh^3}{3} \qquad I_z = \frac{hb^3}{3} \qquad I_{xz} = \frac{b^2h^2}{4}$$

$$I_P = \frac{bh}{3}(h^2 + b^2) \qquad I_{BB} = \frac{b^3h^3}{6(b^2 + h^2)}$$

2. 삼각형단면

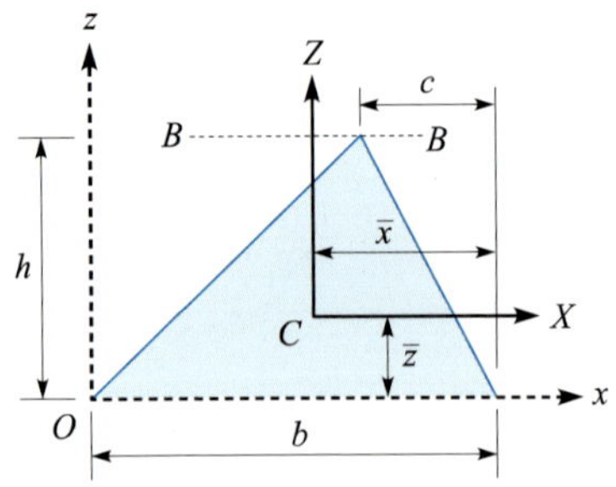

[X, Z축이 도심 C를 지날 때]

$$A=\frac{bh}{2}\qquad \bar{x}=\frac{b+c}{3}\qquad \bar{z}=\frac{h}{3}$$

$$I_X=\frac{bh^3}{36}\qquad I_Z=\frac{hb}{36}(b^2-bc+c^2)$$

$$I_{XZ}=\frac{bh^2}{72}(b-2c)\qquad I_P=\frac{bh}{36}(h^2+b^2-bc+c^2)$$

[x, z축이 O점을 지날 때]

$$I_x=\frac{bh^3}{12}\qquad I_z=\frac{hb}{12}(3b^2-3bc+c^2)$$

$$I_{xz}=\frac{bh^2}{24}(3b-2c)\qquad I_{BB}=\frac{bh^2}{4}$$

3. 직각삼각형단면

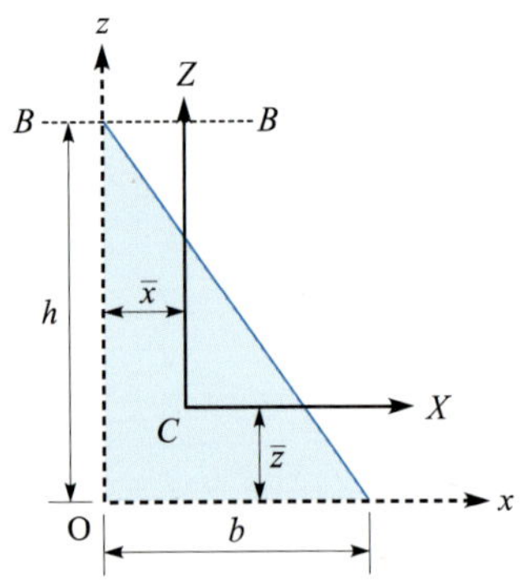

[X, Z축이 도심 C를 지날 때]

$$A=\frac{bh}{2}\qquad \bar{x}=\frac{b}{3}\qquad \bar{z}=\frac{h}{3}$$

$$I_X=\frac{bh^3}{36}\qquad I_Z=\frac{hb^3}{36}\qquad I_{XZ}=-\frac{b^2h^2}{72}$$

$$I_p=\frac{bh}{36}(h^2+b^2)\qquad I_{BB}=\frac{bh^3}{12}$$

[x, z축이 O점을 지날 때]

$$I_x=\frac{bh^3}{12}\qquad I_z=\frac{hb^3}{12}\qquad I_{xz}=\frac{b^2h^2}{24}$$

$$I_p=\frac{bh}{12}(h^2+b^2)\qquad I_{BB}=\frac{bh^3}{4}$$

4. 사다리꼴단면

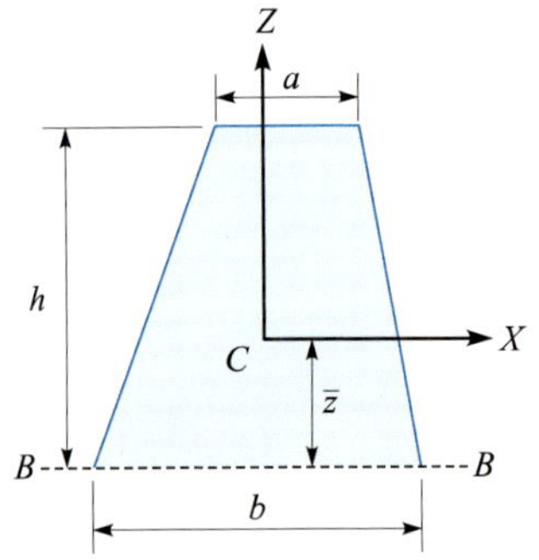

[X, Z축이 도심 C를 지날 때]

$$A=\frac{h(a+b)}{2}\qquad \bar{z}=\frac{h(2a+b)}{3(a+b)}$$

$$I_X=\frac{h^3(a^2+4ab+b^2)}{36(a+b)}\qquad I_{BB}=\frac{h^3(3a+b)}{12}$$

5. 원형단면

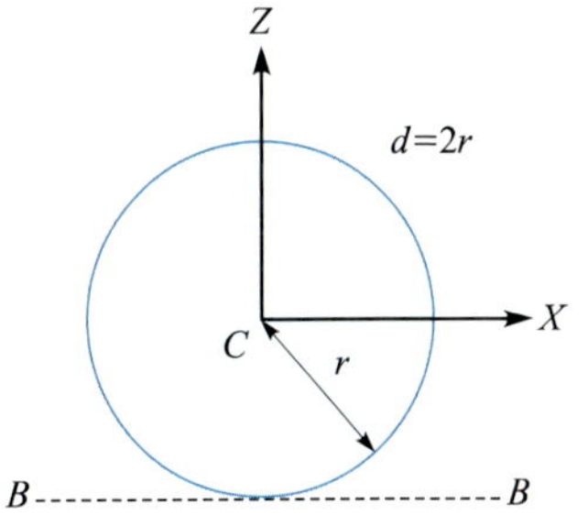

[X, Z축이 도심 C를 지날 때]

$$A = \pi r^2 = \frac{\pi d^2}{4} \qquad I_X = I_Z = \frac{\pi r^4}{4} = \frac{\pi d^4}{64}$$

$$I_{XZ} = 0 \qquad I_p = \frac{\pi r^4}{2} = \frac{\pi d^4}{32} \qquad I_{BB} = \frac{5\pi r^4}{4} = \frac{5\pi d^4}{64}$$

6. 반원형단면

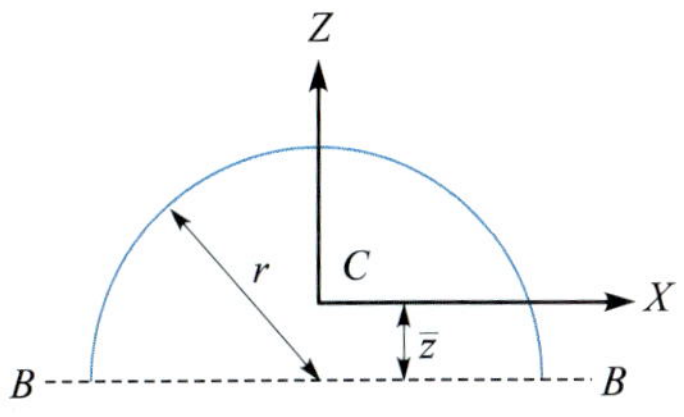

[X, Z축이 도심 C를 지날 때]

$$A = \frac{\pi r^2}{2} \qquad \bar{z} = \frac{4r}{3\pi}$$

$$I_X = \frac{(9\pi^2 - 64)r^4}{72\pi} \approx 0.1098 r^4 \qquad I_Z = \frac{\pi r^4}{8}$$

$$I_{XZ} = 0 \qquad I_{BB} = \frac{\pi r^4}{8}$$

7. 1/4원형단면

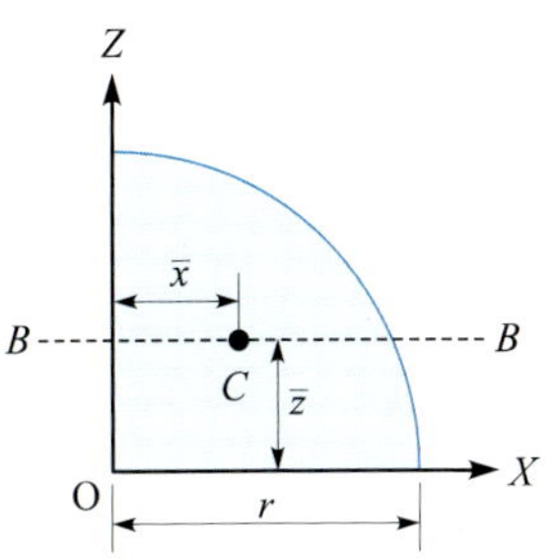

[X, Z축이 O점을 지날 때]

$$A = \frac{\pi r^2}{4} \qquad \bar{x} = \bar{z} = \frac{4r}{3\pi}$$

$$I_X = I_Z = \frac{\pi r^4}{16} \qquad I_{XZ} = \frac{r^4}{8}$$

$$I_{BB} = \frac{(9\pi^2 - 64)r^4}{144\pi} \approx 0.05488 r^4$$

8. 부채꼴단면

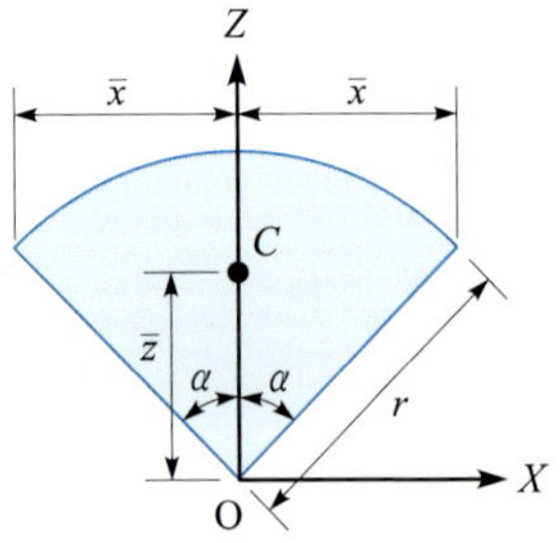

[X, Z축이 O점을 지날 때]

$(\alpha \leq \pi/2)$

$$A = \alpha r^2 \quad \bar{x} = r\sin\alpha \quad \bar{z} = \frac{2r\sin\alpha}{3\alpha}$$

$$I_X = \frac{r^4}{4}(\alpha + \sin\alpha\cos\alpha) \quad I_Z = \frac{r^4}{4}(\alpha - \sin\alpha\cos\alpha)$$

$$I_{XZ} = 0 \quad I_p = \frac{\alpha r^4}{2}$$

9. 2차 포물선단면

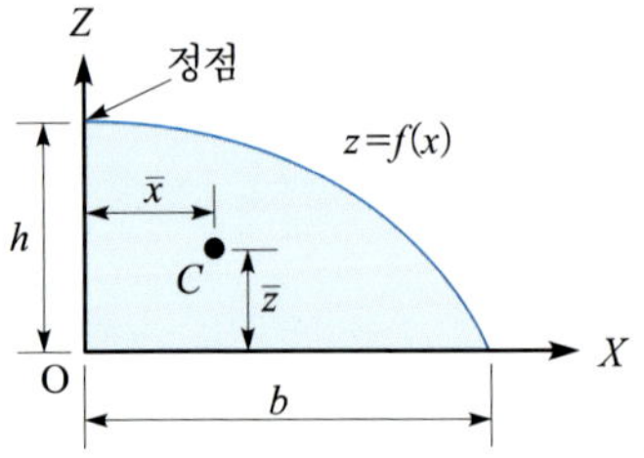

[X, Z축이 O점을 지날 때]

$$z = f(x) = h\left(1 - \frac{x^2}{b^2}\right)$$

$$A = \frac{2bh}{3} \quad \bar{x} = \frac{3b}{8} \quad \bar{z} = \frac{2h}{5}$$

$$I_X = \frac{16bh^3}{105} \quad I_Z = \frac{2hb^3}{15} \quad I_{XZ} = \frac{b^2h^2}{12}$$

10. 아치형 2차 포물선단면

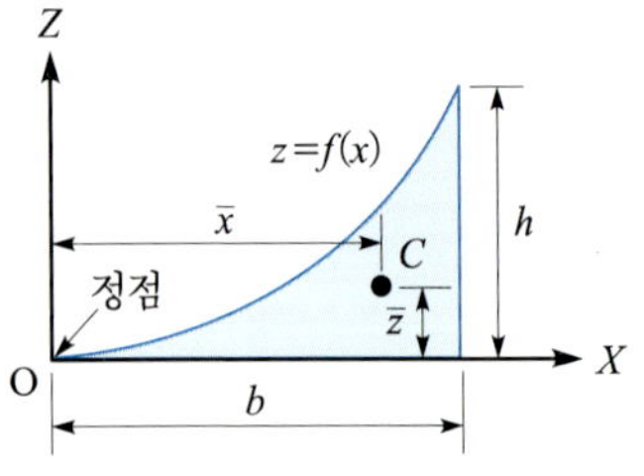

[X, Z축이 O점을 지날 때]

$$z = f(x) = \frac{hx^2}{b^2}$$

$$A = \frac{bh}{3} \quad \bar{x} = \frac{3b}{4} \quad \bar{z} = \frac{3h}{10}$$

$$I_X = \frac{bh^3}{21} \quad I_Z = \frac{hb^3}{5} \quad I_{XZ} = \frac{b^2h^2}{12}$$

11. n차 포물선단면

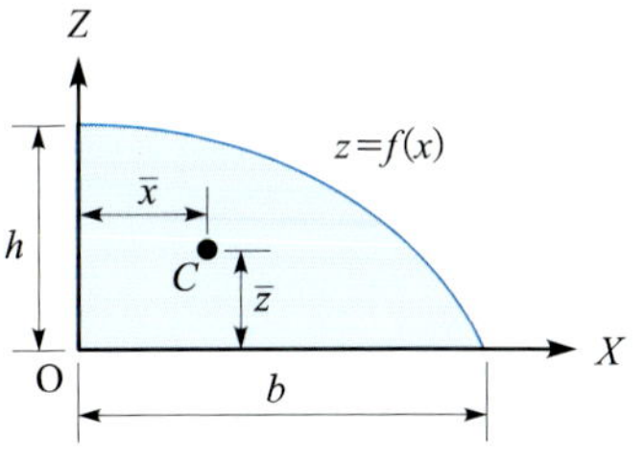

[X, Z축이 O점을 지날 때]

$$z = f(x) = h\left(1 - \frac{x^n}{b^n}\right) \quad (n > 0)$$

$$A = bh\left(\frac{n}{n+1}\right) \quad \bar{x} = \frac{b(n+1)}{2(n+2)} \quad \bar{z} = \frac{hn}{2n+1}$$

$$I_X = \frac{2bh^3n^3}{(n+1)(2n+1)(3n+1)} \quad I_Z = \frac{hb^3n}{3(n+3)}$$

$$I_{XZ} = \frac{b^2h^2n^2}{4(n+1)(n+2)}$$

12. 아치형 n차 포물선단면

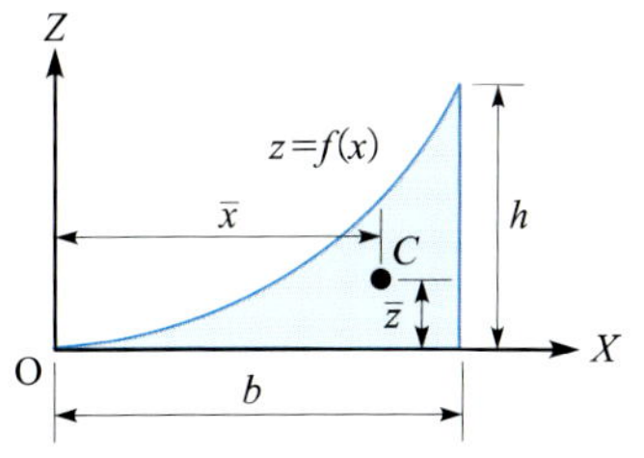

[X, Z축이 O점을 지날 때]

$$z = f(x) = \frac{hx^n}{b^n} \quad (n > 0)$$

$$A = \frac{bh}{n+1} \quad \bar{x} = \frac{b(n+1)}{n+2} \quad \bar{z} = \frac{h(n+1)}{2(2n+1)}$$

$$I_X = \frac{bh^3}{3(3n+1)} \quad I_Z = \frac{hb^3}{n+3} \quad I_{XZ} = \frac{b^2h^2}{4(n+1)}$$

13. 중공단면

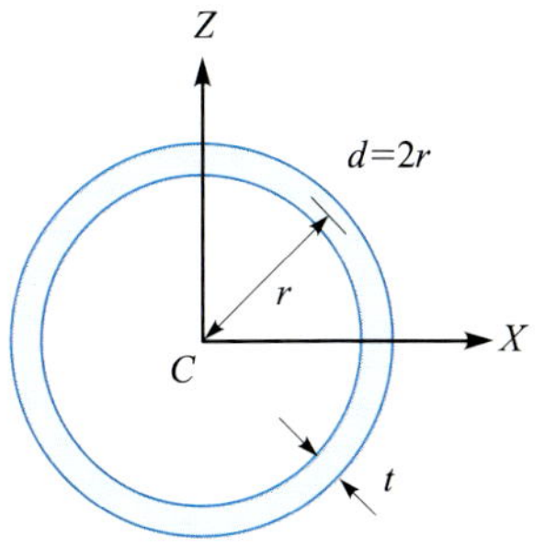

[X, Z축이 도심 C를 지날 때]

$$A = 2\pi rt = \pi dt \quad I_X = I_Z = \pi r^3 t = \frac{\pi d^3 t}{8}$$

$$I_{XZ} = 0 \quad I_p = 2\pi r^3 t = \frac{\pi d^3 t}{4}$$

연습문제 해답

CHAPTER 2 직선운동과 평면운동

2.1 $t = 18\text{s}$

2.2 가속도의 크기는 $a = 5\text{m/s}^2$이 된다.

그리고 가속도의 방향은 자동차의 진행하는 방향과 같다.

2.3 위치 $s_{10} = 6{,}120\text{m}$, 속도 $v_{10} = 1{,}608\text{m/s}$, 가속도 $a_{10} = 280\text{m/s}^2$

2.4 $a = -1.389\ \text{m/s}^2$, $s = 2{,}499.8\text{m} = 2.5\text{km}$

2.5 $a = -7.41\ \text{m/s}^2$, $s = 33.32\text{m}$

2.6 위치와 시간$(x-t)$의 관계를 그래프로 나타내면, 다음과 같이 된다.

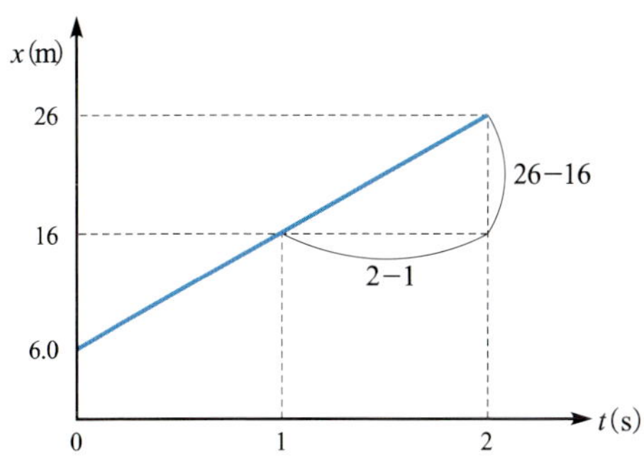

그리고 속력은 $v = 10\text{m/s}$이다.

2.7 고도 $s = 47.07\text{km}$, 속도 $v = 2{,}353.68\text{m/s}$

2.8 주행거리 $s = 60\text{m}$, 시간 $t = 2.7\text{s}$

2.9 1) 물체가 도달하는 최고 높이 y_{max}는 다음과 같이 된다.

$$y_{max} = H + \frac{v_0^2}{2g}$$

2) 물체가 지상에 도달할 때까지의 시간은

$$t = \sqrt{\frac{2H}{g}}$$

가 되고, 그때의 속도는 다음과 같이 구해진다.

$$v = \sqrt{2gH}$$

2.10 1) $v_0 = 32.845\,\text{m/s}$

2) $v_0 = 35.152\,\text{m/s}$

2.11 속도의 x, y성분은 다음과 같이 된다.

$v_x = -r\omega \sin \omega t$, $v_y = r\omega \cos \omega t$

가속도의 x, y성분은 다음과 같이 된다.

$a_x = -r\omega^2 \cos \omega t$, $a_y = -r\omega^2 \sin \omega t$

속도와 가속도의 크기는 각각 다음과 같이 된다.

$v = r\omega$, $a = r\omega^2$

2.12 $t = 4.5\,\text{s}$, $s = 90\,\text{m}$

2.13 $53.334\,\text{m}$

2.14 물체의 높이 : $y = 240.432\,\text{m}$

수평방향과 수직방향의 속도는 각각 $v_x = 40\,\text{m/s}$, $v_y = -9.174\,\text{m/s}$가 된다.

2.15 최소 초기속도 : $v_0 = 22.144\,\text{m/s}$

2.16 $78.456\,\text{m}$

2.17 $19.81\,\text{m/s}$

2.18 속도를 잃어버리는 시간 : $t = 6.118\,\text{s}$

이때의 높이(물체의 최고점에서의 높이) : $s = 183.542\,\text{m}$

물체가 지면에 도달하는 시간 : $t_1 = 12.236\,\text{s}$

2.19 두 물체가 만나는 점의 높이 : $H_2 = 109.65\,\text{m}$

두 물체가 만나기까지의 시간 : $t = 10\,\text{s}$

2.20 물체를 발사한 위치의 높이 : $y = 8.717\,\text{m}$

지면에 떨어지기까지의 시간 : $t = 1.333\,\text{s}$

CHAPTER 3 원운동과 곡선운동

3.1 $264.99\,\text{rpm}$

3.2 각가속도의 크기 : $\alpha = 15.71\,\text{rad/s}^2$

500회전

3.3 $100\,\text{mm/s}$

3.4 $\alpha = 0.47\,\text{rad/s}^2$, $a = 0.24\,\text{m/s}^2$

3.5 $\alpha = -1.4\,\text{rad/s}^2$, $n = 2{,}493$회전

3.6 CD의 재생 직후의 각속도 ω_0과 각가속도 α_0 : $\omega_0 = 50\,\text{rad/s}$, $\alpha_0 = -0.02\,\text{rad/s}^2$

800s 후의 각속도 ω와 각가속도 α : $\omega = 36.81\,\text{rad/s}$, $\alpha = -0.0134\,\text{rad/s}^2$

800s 사이에 회전한 각변위 θ : $\theta = 34{,}374.4\,\text{rad}$

3.7 1회전 직후의 각속도 : $\omega_1 = 10\,\text{rad/s}$

4회전 직후의 각속도 : $\omega_4 = 20.08\,\text{rad/s}$

8회전 직후의 각속도 : $\omega_8 = 28.4\,\text{rad/s}$

1회전 직후의 구심가속도 : $a_{r,1} = -120\,\text{rad/s}^2$

4회전 직후의 구심가속도 : $a_{r,4} = -483.85\,\text{rad/s}^2$

8회전 직후의 구심가속도 : $a_{r,8} = -967.87\,\text{rad/s}^2$

3.8 커브의 끝점에 도달하였을 때 접선가속도 : $a_\theta = -2.55\,\text{m/s}^2$

커브의 진입 시 법선가속도 : $a_r = -10.67\,\text{m/s}^2$

커브의 진출 시 법선가속도 : $a_r = -2.67\,\text{m/s}^2$

3.9 1) $\mathbf{r} = (1-3t)\,\mathbf{i} + (-2+8t)\,\mathbf{j} + \mathbf{k}\ \ (0 \le t \le 1)$

2) $\mathbf{r} = 10\cos t\,\mathbf{i} + 2\,\mathbf{j} + 10\sin t\,\mathbf{k}$

3.10 1) $\mathbf{v} = 2\sqrt{2}\,\mathbf{i} + 2e^t\mathbf{j} - 2e^{-t}\mathbf{k}$, $|\mathbf{v}| = 2(e^t + e^{-t})$, $\mathbf{a} = 0\,\mathbf{i} + 2e^t\mathbf{j} + 2e^{-t}\mathbf{k}$

2) $\mathbf{t} = \dfrac{1}{e^t + e^{-t}}(\sqrt{2}\,\mathbf{i} + e^t\mathbf{j} - e^{-t}\mathbf{k})$, $\mathbf{e} = \dfrac{1}{e^t + e^{-t}}((-e^t + e^{-t})\,\mathbf{i} + \sqrt{2}\,\mathbf{j} + \sqrt{2}\,\mathbf{k})$

3) $a_t = 2(e^t - e^{-t})$, $a_n = 2\sqrt{2}$, $\mathbf{a} = 2(e^t - e^{-t})\,\mathbf{t} + 2\sqrt{2}\,\mathbf{e}$

3.11 비행기가 날고 있는 속도의 크기 : $v = 515.63\,\text{km/h}$

속도의 방향 : $\theta = 14.32^\circ$

3.12 비의 열차에 대한 속도의 크기 : $v = 37.33\,\text{m/s}$

연직에 대한 각도 : $\theta = 36.67^\circ$

3.13 자동차 A에서 측정한 B의 상대속도의 크기 : $v_{B/A} = 132.16\,\text{m/s}$

3.14 $8.09\,\text{m/s}$

3.15 $v_{B/A} = 2.97\,\text{m/s}$, $L_{min} = 13.45\,\text{m}$, $t_{min} = 4.98\,\text{s}$

3.16 $\theta = 22.8^\circ$, $v = 29.37\,\text{m/s}$

3.17 수레 B의 위치 : $y_B = 20 - 3t\,(\text{m})$

수레 B의 속도 : $\dot{y}_B = -3\,\text{m/s}$

수레 B의 가속도 : $\ddot{y}_B = 0$

3.18 1) 구속조건은 $\Delta y_1 = 2\Delta y_2$가 된다.

2) 구속조건은 $\Delta y_1 = 4\Delta y_2$가 된다.

3) 구속조건은 $\dfrac{\Delta y_1}{r + r_1} = \dfrac{\Delta y_2}{r_1}\ (= \Delta\theta)$가 된다.

CHAPTER 4 힘과 운동역학의 법칙

4.1 1) $a=4\text{m/s}^2$ (가속도는 우측방향)

2) $F=20$ N (가속도는 우측방향)

4.2 -3.8kN

4.3 정지마찰계수 : $\mu_0=0.36$

4.4 마찰력 : $F_\mu=60$N

4.5 물체를 움직이게 하는 최소 힘 : $F_\text{T}=89.4$N

4.6 가속도 : $a=\dfrac{-m_1+m_2}{m_1+m_2}\text{g}$

장력 : $F_\text{T}=\dfrac{2m_1m_2}{m_1+m_2}\text{g}$

4.7 $F_\text{T}=\dfrac{2mgsy}{l^2}$

4.8 $F_\text{T}=m\text{g}+ma$

감속할 때에는 a의 부호가 $-$가 되는 것에 불과하다.

하강할 때에는 가속도가 상승하는 경우와 반대가 된다.

4.9 63.78N

4.10 2,646m

4.11 9.8m/s^2

4.12 1) $\mu_0=0.4$

2) 108.1N

4.13 $F_\text{T}=45.13$N

4.14 $F_\text{T}=m\left(-\text{g}+\dfrac{4\pi^2n^2L}{3{,}600}\right)$

4.15 $v=2.9$m/s, $F_\text{T}=17$N

4.16 $\theta=14.09^\circ$

4.17 $\dfrac{d^2\tilde{y}}{dt^2}=-\dfrac{\text{g}r^2}{(\tilde{y}+r)^2}$, $v=\sqrt{\dfrac{\text{g}r^2}{\tilde{y}+r}}$, $T=\dfrac{2\pi}{r}\sqrt{\dfrac{(\tilde{y}+r)^3}{\text{g}}}$ (9)

지구의 반지름을 $r=6{,}378$km라고 하면 지표로부터 고도 500km의 원 궤도를 갖는 인공위성의

속도 : $v=7.613$km/s, 공전주기 : $T=1$시간 34분 34초

4.18 $v=\sqrt{2r\text{g}(1-\cos\theta)}$, $N=m\text{g}(-2+3\cos\theta)$, $\theta_{br}=48.19^\circ$

4.19 1) $F_\text{G}=1.73\times10^{-8}$N

2) $F_\text{B}=2.04\times10^{-11}$N

3) $v_{\infty} = 1.05\text{m/s}$

4.20 $T_n = 1.27\text{s}$

4.21 $l = 0.052\text{m}$

4.22 자유진동에 대한 운동방정식 : $\begin{bmatrix} m_1 & 0 \\ 0 & m_2 \end{bmatrix} \begin{Bmatrix} \ddot{u}_1(t) \\ \ddot{u}_2(t) \end{Bmatrix} + \begin{bmatrix} k_1 + k_2 & -k_2 \\ -k_2 & k_2 \end{bmatrix} \begin{Bmatrix} u_1(t) \\ u_2(t) \end{Bmatrix} = \begin{Bmatrix} 0 \\ 0 \end{Bmatrix}$

원고유진동수 : $\omega_{n1} = 17.1\text{rad/sec}$, $\omega_{n2} = 41.3\text{rad/sec}$

CHAPTER 5 일과 에너지

5.1 1) 2

2) $\frac{15}{2}$

5.2 $U = 490$ J

5.3 1) 1,663J

2) -166J

5.4 1) 15m

2) 2,940J

5.5 $U = 12.6$J

5.6 외력 F가 한 일 : $U = 6$J

운동마찰력 F_μ가 한 일 : $U_\mu = -6$J

5.7 $U = 2$J

5.8 $F = \frac{mg}{2}$

5.9 12배

5.10 $U = 7,540$J

5.11 3.82Nm

5.12 136.7kW, 183.2hp

5.13 19,012W

5.14 62.8kW, 84.2hp

5.15 $K = 144,675.9$J, $h = 9.84$m

시속이 100km/h가 되면, 39.36m가 된다.

5.16 $v = \sqrt{2gr}$

5.17 $m\,g\,l(-\cos\theta_1+\cos\theta_2)$

5.18 1) $v_1=1.4\,\mathrm{m/s}$

2) $y_2=0.392\,\mathrm{m}$

5.19 $v=2.43\,\mathrm{m/s}$

CHAPTER 6 운동량과 충격량

6.1 120 kgm/s

6.2 19.4m/s

6.3 연직 아래쪽 방향으로 150N이 작용한다.

6.4 6kN

6.5 1) 두 물체 사이에서 미끄러지지 않는 경우

시간 t에서 물체 m_1, m의 운동량 G_{m1}, G_m은 다음과 같이 된다.

$$G_{m1}=\frac{m_1F}{m+m_1}t,\ G_m=\frac{mF}{m+m_1}t$$

2) 두 물체 사이에서 미끄러지는 경우

시간 t에서 물체 m, m_1의 운동량 G_m, G_{m1}은 다음과 같이 된다.

$$G_{m1}=(F-\mu m_1\mathrm{g})t,\ G_m=\mu m_1\mathrm{g}t$$

여기서, g는 중력가속도이다.

6.6 $N=\dfrac{m^2\mathrm{g}h}{s(m+m_1)}+(m+m_1)\mathrm{g}$

여기서, g는 중력가속도이다.

6.7 $\tilde{v}_1=4.95\,\mathrm{m/s}$ (정지해 있던 구의 충돌 후의 속도)

$\tilde{v}_2=1.05\,\mathrm{m/s}$ (운동하고 있던 구의 충돌 후의 속도)

6.8 $e=\sqrt{\dfrac{\tilde{h}}{h}}$

6.9 1) 0.85

2) 2,215 mm

6.10 충돌 후 Q의 속도 : $\tilde{v}_Q=4.67\,\mathrm{m/s}$

충돌 후 Q의 운동방향 : 구 Q의 운동방향을 x축으로 하고 x축으로부터 각 θ의 방향으로 하면,

$$\theta=29.47^\circ$$

6.11 $\Delta K=m_1\mathrm{g}(h-\tilde{h})$

CHAPTER 7 질점계의 운동

7.1 $1.6\,\mathrm{kgm^2/s}$

7.2 $\dfrac{d^2\theta}{dt^2} = -\dfrac{g}{L}\theta$

7.3 $v_1 = 139.92\,\mathrm{m/s}$

7.4 $\omega_2 = \dfrac{5}{3}\,\mathrm{rad/s}$

7.5 $\dot{\mathrm{H}}_{\mathrm{O}} = F_z l\,\mathbf{i} - F_x l\,\mathbf{k}$

CHAPTER 8 강체의 운동

8.1 $I = 392\ \mathrm{kgm^2}$, $\alpha = -1.57\,\mathrm{rad/s^2}$, $M = -615.44\,\mathrm{J}$

음의 부호는 회전방향에 대하여 각가속도와 모멘트가 반대방향이 된다는 것을 보여주고 있다.

8.2 $I_y = \dfrac{1}{3} m L^2$

8.3 $I_{\mathrm{G}} = \dfrac{1}{12}\rho t b h\left(b^2+h^2\right) = \dfrac{1}{12} m\left(b^2+h^2\right)$, $\kappa_{\mathrm{G}} = \dfrac{\sqrt{b^2+h^2}}{2\sqrt{3}}$

8.4 $I_{xx} = I_{yy} = 8\,\mathrm{kgm^2}$, $I_{zz} = 16\,\mathrm{kgm^2}$, $\kappa_{xx} = \kappa_{yy} = 1.0\,\mathrm{m}$, $\kappa_{zz} = 1.41\,\mathrm{m}$

8.5 $I_{\mathrm{O}} = 1{,}620.91\ \mathrm{kgm^2}$

8.6 $I_{zz} = \dfrac{1}{12} m\left(x_1^2+y_1^2\right)$, $I_{xx} = \dfrac{1}{12} m\left(y_1^2+z_1^2\right)$, $I_{yy} = \dfrac{1}{12} m\left(z_1^2+x_1^2\right)$

8.7 $I_{\mathrm{G}} = \dfrac{2}{5} m r_0^2$

8.8 $I_{xx} = m\left(\dfrac{1}{12}h^2 + \dfrac{1}{4}r_0^2\right)$, $I_{zz} = \dfrac{1}{2} m r_0^2$

8.9 $\alpha = 32.67\ \mathrm{rad/s^2}$, $a = 6.53\ \mathrm{m/s^2}$, $F_{\mathrm{T}} = 16.34\,\mathrm{N}$, $\omega = 163.35\ \mathrm{rad/s}$, $n = 1{,}559.88\ \mathrm{rpm}$

8.10 회전 운동방정식 : $\left(I_{\mathrm{G}} + m r^2\right)\ddot{\theta} + r m g\theta = 0$

고유진동수 : $f_n = \dfrac{\omega_n}{2\pi} = \dfrac{1}{2\pi}\sqrt{\dfrac{m g r}{I_{\mathrm{G}} + m r^2}}$

8.11 $a = \dfrac{3g}{4}$, $F_{\mathrm{T}} = \dfrac{mg}{4}$

8.12 $I = 10\ \mathrm{kgm^2}$, $H = 12.57\,\mathrm{kgm^2/s}$, $K_r = 7.9\,\mathrm{J}$

8.13 $v = 1.155\sqrt{g h_1}$

8.14 $(\theta, \psi, \phi) = (90^\circ, 90^\circ, -90^\circ)$ 또는 $(-90^\circ, -90^\circ, 90^\circ)$

8.15 질량중심 G의 순간속도 : $\mathbf{v}_G = (-8.886,\ -4.443,\ 4.443)\,(\mathrm{m/s})$

질량중심 G의 가속도 : $\mathbf{a}_G = (55.831,\ -69.789,\ -13.958)\,(\mathrm{m/s^2})$

8.16 자이로스코프의 각가속도 $\boldsymbol{\alpha}_g$: $\boldsymbol{\alpha}_g = \dot{\omega}_1 + \dot{\omega}_2 + \dot{\omega}_3 + \omega_1 \times \omega_2 + (\omega_1 + \omega_2) \times \omega_3$

점 Q의 가속도 : $\mathbf{a}_Q = \dot{\omega}_1 \times \mathbf{r}_1 + \omega_1 \times (\omega_1 \times \mathbf{r}_1) + \boldsymbol{\alpha}_g \times \mathbf{r}_2 + \omega \times (\omega \times \mathbf{r}_2)$

8.17 각운동량 : $\mathbf{H}_m = (\frac{1}{4} m r_0^2 \omega \cos\beta,\ 0,\ \frac{1}{2} m r_0^2 \omega \sin\beta)$

반력 : $M_{\bar{Y}} = -\frac{1}{4} m r_0^2\ \omega^2 \cos\beta \sin\beta$

찾아보기

ㅊ

ㅋ

ㅌ

ㅍ

ㅎ

기타

박 연 수
Imperial College, London, Visiting Prof.
Univ. of California, Irvine, Visiting Prof.
NTU, Singapore, Visiting Prof.

동역학 정가 22,000원

저자 : 박연수

발행인 : 임해진
발행처 : 도서출판 구미서관

인쇄 : 2020년 1월 13일
발행 : 2020년 1월 20일

등록 : 1979년 6월 29일 No.9-6호
주소 : 서울시 마포구 신촌로 2길 5-15 구미빌딩
전화 : 02-333-1101
팩스 : 02-335-2201
http://www.goomibook.com

ISBN 979-11-6257-097-5 (93530)